电子信息科学与工程类专业规划教材

信息论与编码
——理论及其应用

张 可 魏 勤 刘雪冬 于 泉 编著

電子工業出版社
Publishing House of Electronics Industry
北京 · BEIJING

内 容 简 介

信息论与编码是运用概率论与数理统计的方法研究信息、信息熵、通信系统、数据传输、数据压缩等问题的应用学科理论，是电子通信类专业重要的学科基础课。本书介绍香农信息论的基本内容：信息的度量方法、信源编码（无失真信源编码和限失真信源编码）、信道编码（纠错编码和安全编码）及网络编码的基本理论与方法。为方便学生理解，本书对重点、难点进行了数字化处理与演示；为培养学生解决实际问题的能力，在每章中引入了理论联系实际的内容。

本书可配合中国大学 MOOC 上的“信息理论与编码”线上课程使用，也可作为相关专业学生的配套教材。

图书在版编目（CIP）数据

信息论与编码：理论及其应用/张可等编著. —北京：电子工业出版社，2021.4

ISBN 978-7-121-40947-9

Ⅰ. ①信…　Ⅱ. ①张…　Ⅲ. ①信息论－高等学校－教材②信源编码－高等学校－教材　Ⅳ. ①TN911.2

中国版本图书馆 CIP 数据核字（2021）第 065330 号

责任编辑：谭海平
印　　刷：北京七彩京通数码快印有限公司
装　　订：北京七彩京通数码快印有限公司
出版发行：电子工业出版社
　　　　　北京市海淀区万寿路 173 信箱　　邮编：100036
开　　本：787×1092　1/16　印张：15.75　字数：403.2 千字
版　　次：2021 年 4 月第 1 版
印　　次：2024 年 7 月第 7 次印刷
定　　价：55.00 元

凡所购买电子工业出版社图书有缺损问题，请向购买书店调换。若书店售缺，请与本社发行部联系，联系及邮购电话：（010）88254888，88258888。

质量投诉请发邮件至 zlts@phei.com.cn，盗版侵权举报请发邮件至 dbqq@phei.com.cn。

本书咨询联系方式：（010）88254552，tan02@phei.com.cn。

前　言

信息论与编码是关于信息的本质和传输规律的科学理论，是人们在通信工程的长期实践中，通过通信技术与概率论、随机过程和数理统计逐步发展起来的学科，它在保证信息的高效、可靠、安全传输方面发挥着重要作用。

1948 年香农发表的科学论文《通信的数学理论》标志了信息论作为一门全新、独立的学科的诞生。信息论是研究信息、信息熵、通信系统、数据传输、数据压缩等问题的应用学科理论，是电子通信类专业重要的学科基础课。

学者们在信息论基础上进行了大量的研究和应用，而大多数现有的教材仅包含经典理论知识，对近年来的科学研究新成果鲜有涉及。本书的编写团队在长期从事信息论相关领域的研究的基础上，将国内外的最新研究成果编入本书，并对内容进行了扩展与创新：

1. 香农信息论包含压缩理论、传输理论、保密理论三部分内容，传统教材中一般只包含压缩理论和传输理论，对保密部分的介绍多为加密机制，很少涉及信道安全编码的内容。本书作者之一张可长期致力于信道安全编码方面的研究，将“信道安全编码”的内容引入本书，介绍了信息论中安全性的度量指标、理论模型、常用的安全编码方法等问题，对香农信息论的介绍更为完整。
2. 除香农经典信息论外，书中还增加了“网络编码”的内容。编写团队中的于泉长期从事网络编码方向的研究，对“网络编码”的基本理论及应用进行了总结和介绍。

为了提升学习的趣味性与应用性，除了包含传统信息论与编码的理论知识点，本书还在形式上有所创新：

1. 从第 2 章起，每章中增加了“应用实例”小节，将每章的理论知识与实际应用相关联，让学生认识到理论学习的目的，帮助学生更加深刻地理解理论知识，并用理论指导实践。
2. 在形式上充分利用了现代教材的建设手段，引入了数字化、立体化编撰方法，针对教材中的知识难点与重点，在不同章节中精心制作了 31 个教学视频与动画，并以精炼的内容讲解了某些知识点，增强了可读性和可用性。本书可以配合中国大学 MOOC 上本团队的“信息理论与编码”线上课程使用。

全书共 8 章。第 1 章介绍信息的概念、信息论与编码的主要研究内容、发展历程及应用；第 2 章介绍信源的分类及数学模型、自信息量、互信息量、熵、平均互信息量等概念及计算方法；第 3 章介绍信道的分类及数学模型、信道容量的概念及不同类型信道的信道容量的计算方法；第 4 章讨论香农第一编码定理与无失真信源编码方法及其应用；第 5 章讨论有噪信道编码定理、纠错编码方法及其应用；第 6 章讨论限失真信源编码定理、限失真信源编码方法及其应用；第 7 章介绍香农的安全编码思想、安全容量的概念、搭线窃听信道模型及安全编码方法；第 8 章叙述网络编码基础理论及相关应用。

本书的第 1 章、第 5 章及第 7 章由张可编写，第 2～3 章由魏勤编写，第 4 章、第 6 章由刘雪冬编写，第 8 章由于泉编写。全书由张可统稿。特别感谢吕锋教授和王虹教授在本书编写及出版过程中给予的大力支持！

受编著者水平所限，教材中难免出现错误或不足之处，敬请广大同行和读者批评指正。

编著者

2021 年 1 月 12 日

目　录

第1章 绪　　论

近年来，随着商业、政府及军事等领域用于交换、处理、存储数字信息的大规模高速数据网络的出现，人们对高效、可靠、安全的数据传输与存储系统的需求迅速提升。信息论与编码技术是关于信息的本质和传输规律的科学理论，是人们在通信工程的长期实践中，结合通信技术与概率论、随机过程和数理统计逐步发展起来的学科，它在保证信息的高效、可靠、安全传输方面发挥了主要作用。

本章首先介绍信息的概念，进而讨论信息论与编码理论的研究目的和研究内容，阐述信息论与编码理论的发展历程及相关应用。

1.1　信息的定义

人们通常用质量、速度等物理量来描述宇宙，然而信息其实与这些物理量同样重要。人类社会的生存与发展时时刻刻都离不开信息的获取、传递、处理、控制和利用。当今社会的多个领域（如计算机科学、进化论、物理学、人工智能、量子计算、脑科学等）的研究内容，很大程度上取决于它们处理信息的方式。

1948年，著名数学家、信息论奠基人香农（C. E. Shannon）发表了论文《通信的数学理论》（*A Mathematical Theory of Communication*），这标志着信息论的诞生。在该论文发表之前，通信领域对于信息的定义是含糊不清的，香农在论文中对信息进行了明确的定义，给出了信息的度量方法。香农的论文描述了一个微妙的理论，它告诉了我们一些关于宇宙运行方式的基本原理，并给我们提出了一些警告（什么事情可以做，什么事情不可以做）。因此，我们探索信息论的指导原则是，密切关注信息论中定义式的物理含义。

从通信的角度来看，香农指出信息是*通信过程中不确定性的减少量*。通信的过程实际上就是接收端逐渐获取从发送端发来的信息，从而消除不确定性的过程。在论文中，香农还给出了信息的数学定义式，用来精确地描述通信过程中传出的信息量。信息是不确定性的减少量，因此信息的度量与不确定性密切相关。信息论中用信息熵 H 来度量信源中所含的平均不确定性，信息熵则由发送端（信源）消息集合中各个状态的概率分布决定。就信源的单个状态而言，某个状态发生的概率越高，该状态发生的可能性越高，其不确定性就越低，反之亦然。例如，某地明天的天气状态有5种可能，即$\{a=$ 晴天，$b=$ 下雨，$c=$ 多云，$d=$ 阴天，$e=$ 下雪$\}$，每种天气的概率为$\{P(a)=0.3, P(b)=0.25, P(c)=0.25, P(d)=0.15, P(e)=0.05\}$。显然，明天下雪的可能性最低，于是其不确定性最高；明天晴天的可能性最高，其不确定性最低。通过这个例子，我们就对某个状态不确定性的度量有了一个初步的概念：概率越高，可能性越高，不确定性越低；概率越低，可能性越低，不确定性越高。对整个信源而言，其不确定性由所有可能状态的平均不确定性来描述。因此，在数学上，我们可用概率来描述某个状态的不确定性。

我们可将通信过程视为一个非理想的观察过程。所谓非理想，是指在观察过程可能出现错误，即观察的输出与输入未必相同（存在干扰）。图1.1.1中给出了非理想观察模型，其中

信源是 $X=\{x_k \mid k=1,2,\cdots,K\}$，它有 K 个可能的状态；$[X,P_X]=[x_k,P(x_k)\mid k=1,2,\cdots,K]$ 给出了信源中各个状态及其对应的概率，其中 P_X 称为 x_k 的先验概率；经过观察过程后的输出为 $Y=\{y_j \mid j=1,2,\cdots,J\}$；条件概率 $P_{Y|X}=\{P(y_j \mid x_k)\mid k=1,2,\cdots,K; j=1,2,\cdots,J\}$ 表示观察过程中干扰带来的有害影响，称为噪声引入的转移概率；条件概率 $P_{X|Y}=\{P(x_k \mid y_j)\mid k=1,2,\cdots,K; j=1,2\cdots,J\}$ 表示观察到结果 y_j 后关于观察输入 x_k 的概率，称为符号 x_k 的后验概率。该模型虽然简单，但是是对实际通信或信息传递系统的抽象，由它可引出信息传递的一些共性问题，并能对我们得出的一些理论结果做出简单明了的物理解释。

图 1.1.1　非理想观察模型

接收端在对信源进行观察之前，信源存在*先验不确定性*，它与信源的先验概率有关。观察之后，信源还存在*后验不确定性*，它与信源的后验概率有关。观察前后的概率变换为

$$P_X \Rightarrow P_{X|Y} \tag{1.1.1}$$

根据信息的定义可知，*信息是不确定性的减少量*。因此，通过观察信源输出，接收端获得的信息为

$$\text{信息 = 先验不确定性 - 后验不确定性} \tag{1.1.2}$$

1.2　本课程的主要研究内容

本课程主要学习香农信息论及编码理论，我们主要从通信工作者的角度来理解和研究信息。香农信息论回答了通信理论的两个基本问题：数据压缩的极限是多少（答案：信息熵 H）和信息传输速率的极限是多少（答案：信道容量 C）。

我们日常所见的各种通信系统，如电报、电话、电视、广播、计算机通信、移动通信、卫星通信等，虽然形式和功能互不相同，但本质是相同的，都是信息传输系统。一般的通信系统通常采用点对点通信，如果提取它们的共性，那么可以得到一个统一的信息传输基本模型，如图 1.2.1 所示。图 1.2.1 中的信源可以输出语音波形、磁带上的二进制数字序列、太空探测器的传感信号、雷达系统的目标信号等。信道可以代表电话线、高频无线链路、太空通信链路、存储介质、某种生物有机体（如信源将某一传感信号输出至有机体）等，并且信道中通常是存在各种噪声干扰的，例如，在电话线上通常存在时变频率响应、来自其他线路的串扰、热噪声和脉冲开关噪声等干扰。图 1.2.1 中的编码器表示在传输之前对信源的输出进行的各种处理，可能包含各种信号调制、数据压缩及增加来自信道的噪声干扰等。译码器表示对信道输出的处理，用于还原信息，使得接收端收到原本由信源发出的信息。

20 世纪 40 年代香农提出的信息论采用了数学的方法来研究通信的基本问题，利用概率论、随机过程和数理统计等数学方法来研究信息的存储、度量、编码、传输、处理中的一般规律，结合了数学理论与通信技术。香农信息论从通信的角度定义了信息，引入了概率这一数学工具来实现信息的度量，研究内容对应于信息传输基本模型的各个部分，通过理论证明给出了所有通信机制的极限，如图 1.2.2 所示。数据压缩的最小值，即信息熵 H，为所有通信方法的极限，所有的数据压缩机制都需要满足信息率大于等于 H 这一条件。另一个极限

则是数据传输速率的最大值，即信道容量 C，所有数据传输机制的信息率都要小于等于 C 时才可以实现无差错通信。因此，所有的数据压缩机制和调制机制的信息率需要在这两个极限之间。与此同时，以汉明为代表的编码理论学者给出了一系列信源、信道编译码方法，实现了信息的有效、可靠及安全传输。

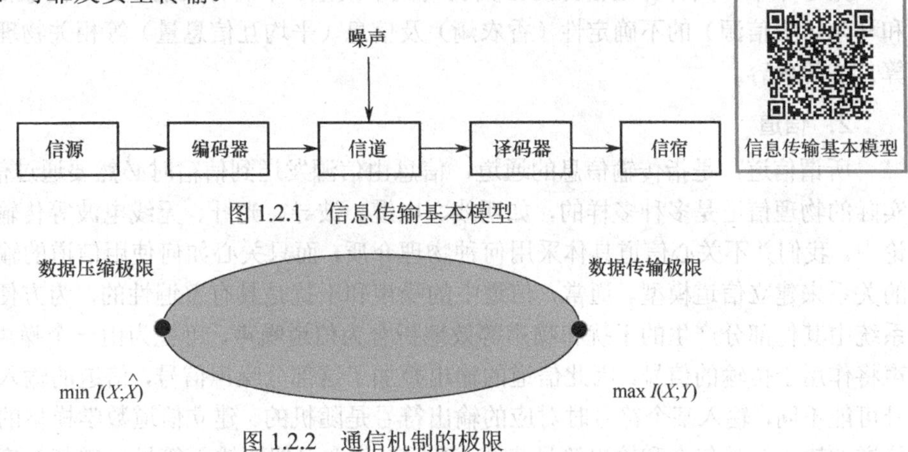

图 1.2.1　信息传输基本模型

图 1.2.2　通信机制的极限

香农信息论将图 1.2.1 中的编译码器又分为两部分，即信源编译码器和信道编译码器，如图 1.2.3 所示。信源编译码器的作用是用二进制序列来表示信源输出，其主要问题是如何用最短的二进制序列来表示一定的信息，即数据压缩的下限。信道编译码器的作用是让信源发送的信息在接收端无差错地再现，其主要问题是能否实现及如何实现无差错通信。从实用角度来看，将信源编译码与信道编译码分开，可以使得编译码设计更加便捷。让信道编译码器的设计独立于信源译码器，以二进制序列作为接口，即使同一信道传输不同的信源信息，其信道编译码器也不受影响。

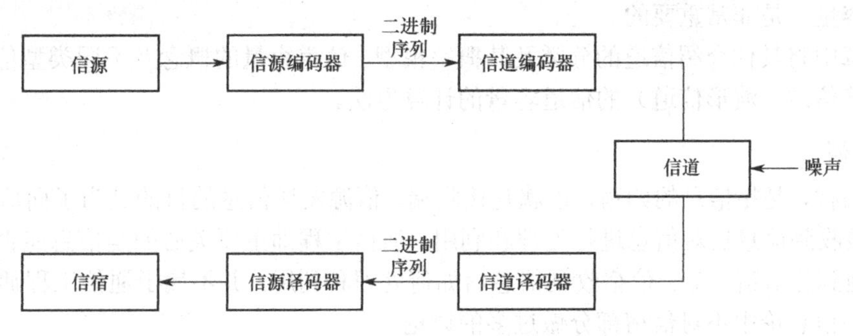

图 1.2.3　信息论中的信息传输基本模型

下面结合香农信息论与编码理论的研究内容，简要介绍图 1.2.3 中的各个部分。

1．信源

所谓信源，是指产生信息的源，它可以是人、生物或机器等事物。信源的性质完全由其输出所决定，实际信源的输出是多种多样的，如声音、图像、文字等，我们可把信源的输出视为事物各种运动状态或存在状态的集合。信源的输出统称消息，消息是具体的，可能携带信息，但它并不是信息本身。从信息论的角度来看，信源每次发出消息时，其实是从状态集合中随机地选取某个状态进行发送的过程。信息论中采用概率来描述信源，使用信源输出状态集合中各个状态的概率组成信源的概率空间 $[X, P_X]$，建立信源的数学模型，进而方便地对信源进行进一步的研究。概率空间确定后，代入香农熵的计算式得出整个信源所包含的平均信息量，同时将某个状态概率代入不确定性计算式得出某一状态的不确定性。因此，针对信源部分，信息论主要研究不同种类的信源的不确定性的度量及信息的度量问题。

第2章中将具体介绍信源的分类及其概率模型、不同种类的信源（离散信源、连续信源和马尔可夫信源）的不确定性（香农熵）及信息（平均互信息量）等相关物理量的定义与计算方法等内容。

2．信道

所谓信道，是指传输信息的通道，信息由信源发送到信宿时必然要通过信道进行传输。实际的物理信道是多种多样的，如明线、电缆、波导、光纤、无线电波等传输信道。在信息论中，我们并不关心信道具体采用何种物理介质，而只关心如何使用信道的输入与输出之间的关系来建立信道模型。通常，信道中的噪声和干扰是具有普遍性的，为方便起见，我们把系统中其他部分产生的干扰和噪声等效地折合为信道噪声，可视为由一个噪声源产生。该噪声将作用于传输的信号，因此信道的输出叠加了这部分噪声信号，信道的输入符号与输出符号可能不同，输入某个符号时对应的输出符号是随机的。建立信道数学模型的第一步是确定信道的输入符号集合和输出符号集合，然后对每个可能的输入符号确定其对应的所有可能输出符号的概率（条件概率）。信息论通过信道的输入/输出符号间的条件概率来描述信道，由所有可能的输入/输出符号对的条件概率（条件为输入符号）组成的集合，称为信道的转移概率集合，于是便构建了信道的数学模型。

显然，信道的作用是传输信息，信道传输信息的速率称为信息率。通常来说，为了保证信息传输的有效性，我们希望信道中的信息率越高越好，那么信息率是否可以无限提升呢？香农通过数学的方法证明了信息率是存在上限的，即信道容量，当信源发送信息的速度大于信道容量时，不管怎样，一定无法实现无差错通信。因此，对于不同类型的信道，分析并确定其信道容量，是非常重要的。

第3章中将具体介绍信道的分类及其概率模型、信道容量的概念及不同类型信道（离散信道、连续信道、波形信道）的信道容量的计算方法。

3．信宿

所谓信宿，是指信息的归宿，也就是接收端。信源发送信息的目的是为了向信宿传递信息，信宿接收到信息后对信息进行处理和利用。通信工程师主要关心的是信息能否有效、准确、安全地到达信宿，至于信宿收到信息后如何处理和利用，并不属于通信工程师关心的内容，因此在信息论中不对信宿部分做过多的讨论。

4．信源编码器和信源译码器

前面介绍的信源、信道、信宿是信息传输过程中最基本的三个部分，信源发送的信息经过信道后到达信宿，信息传输基本模型中包含的两对编译码器则是人为设计的部分，其目的是为了保证信息传输的有效性、可靠性及安全性，使整个信息传输系统达到最优。

信源的输出是多种多样的消息集合，并非所有消息都可直接放到信道上传输，例如目前最常见的数字信道只能传送二进制符号“0”或“1”，消息通常是不能直接在数字信道上传送的。信源编码的第一个作用是对信源的输出进行符号变换，将消息集合中的消息用能在信道中传输的符号表示。可见信源编码器对信源的输出采用另一种表示方法，对同一消息的表示方法是多种多样的，为了提升信息传输的速度，保证信息传输系统的有效性，我们追求用尽可能少的符号来表示一定量的信息，这就是信源编码的第二个作用：数据压缩，提升信息传输的有效性。原始信息之所以能够进行压缩，是因为其本身包含了大量的冗余，信源编码的本质就是减少冗余。那么这个压缩是否能无限地进行呢？是否存在极限呢？香农第一编码定理给出了答案，香农通过理论证明给出了数据压缩的极限，低于该极限后就无法保证信息的无失真表示。香农第一编码定理对信源编码方法具有理论指导作用，它告诉了我们信源编码的极限是什么，与此同时，编码理论的迅速发展也使得多位学者提出了各种实用的信源编码方法，如知名的霍夫曼编码、费诺编码、香农编码等。这部分内容将在第4章中详细介绍。

在讨论信源编译码时，我们认为通过信道编译码已将实际有噪信道中的错误全部纠正，通常把信源编码器与信源译码器之间的信道编码器、信道和信道译码器三部分视为一个等效的无噪信道，因此信源编码器的输出等于信源译码器的输入。

无失真信源编码器的输入/输出为一一映射，可把该编码器视为一个等效的理想无噪信道，编码前后信源的熵未发生改变，也称保熵编码，香农第一编码定理给出了保熵编码的压缩极限。如果信源编码允许一定程度的失真，那么我们还可以对信源进行进一步的压缩，这种信源编码方法称为*限失真信源编码*。此时，限失真信源编码可等效为有噪信道，经过编码后，信源的熵将发生改变。限失真信源编码的压缩极限和允许失真的大小有关，香农第三编码定理给出了理论证明。这部分内容将在第6章中详细介绍。

信源译码器将信道输出符号序列还原为信道可以理解的消息，译码为信源编码的反变换。有了信源编码方法，就可以直接推导其译码方法，因此我们将在讨论信源编译码的部分着重介绍编码方法。

第4章中将具体介绍香农第一编码定理、一些常见的无失真信源编码方法：定长编码方法与变长编码方法（霍夫曼编码、费诺编码、香农编码）及几种实用的无失真信源编码方法（游程编码、算数编码、字典编码），并具体介绍一些无失真信源编码的应用实例（MH码、Zip和Gzip软件、RAR和WinRAR软件、GIF图像、PNG图像）。第6章中将具体介绍限失真信源编码定理（香农第三编码定理）、不同信源（离散信源和连续信源）率失真函数的计算方法，并介绍一些图像信源限失真编码的应用实例（JPEG）。

5．信道编码器和信道译码器

与信源编译码相同，信道编译码器也是人为设计的部分，用来保证信息传输的可靠性和安全性。根据作用的不同，信道编码分为纠错编码和安全编码，它们的本质是一样的，都通过增加冗余的方法来实现某种目的。纠错编码通过增加冗余来实现检错纠错，提升信息传输的可靠性；安全编码则通过增加冗余来使编码更加随机，提升信息传输的安全性。

与信源编译码不同的是，信道编码器的输入/输出并不是一一对应的，而是一对多的关系。对于纠错编码而言，纠错编码器与纠错译码器之间的信道通常为有噪信道，纠错译码器的输入是纠错编码器输出与噪声的叠加，因此纠错译码方法与纠错编码方法不再是简单的函数反变换关系，纠错编码的译码规则由信道中的噪声特性决定。为了实现纠错功能，我们在设计译码器时通常选择可以使译码的平均差错率达到最低的译码方法。第5章中将具体介绍有噪信道编码定理（香农第二编码定理）以及一些纠错编译码方法，讨论三种纠错码译码规则：最佳译码规则、极大似然译码规则和最小汉明距离译码规则。根据有无记忆，编码可分为线性分组码和卷积码两种，本章中将详细介绍线性分组码的编码与译码方法。纠错编码已被应用到各种信息传输领域，第5章中还将简要描述纠错码的应用。

安全编码的基本思想是，通过编码增加码字选取的随机性，从而起到迷惑窃听者的目的，提升信息传输的保密性。目前，对安全编码的探索仍然主要集中在理论研究方面，现有的安全编码方法主要适用于主信道优于窃听信道的情况，具有一定的局限性。第 7 章中将介绍香农的安全编码思想、安全容量的概念、搭线窃听信道模型及安全编码方法，以便让读者对安全编码理论有一定的了解。

图 1.2.3 所示的信息传输基本模型是针对点对点单用户通信而言的。随着空间通信和计算机网络通信技术的发展，实际通信系统的输入端和接收端通常涉及两个及以上的多用户系统，因此信息论的研究也从单用户通信系统发展到网络通信系统，于是产生了网络编码。网络编码的研究对象是信息传输网络中的中间节点，在网络的中间节点上进行编码，提升网络的吞吐量。第 8 章中将简要介绍网络编码基础理论及相关应用。

1.3 信息论与编码的发展历程及相关应用

1.3.1 信息论与编码的发展

信息论作为真正意义上的一门科学，是从 19 世纪中叶开始的。19 世纪中叶到 20 世纪 40 年代可以认为是信息论产生前的准备阶段。公认 1948 年香农发表的著名论文《通信的数学原理》标志着现代信息论的诞生，它解决了通信传输中的一系列问题。现在，人们对信息论进行了更深入和更广泛的研究，从原来的语法信息深入到了语义信息和语用信息，即所谓的广义信息论。

17 世纪到 19 世纪，由于牛顿力学的巨大影响，机械唯物论在科学领域占统治地位，机械唯物论者否认客观世界存在偶然因素。但是，当绝大多数科学家都在用牛顿力学的方式思考时，美国物理学家吉布斯（J. W. Gibbs）和奥地利物理学家玻尔兹曼（L. Boltzmann）首先把统计学引入物理领域，使得物理学不得不考虑客观世界中存在的不确定性和偶然性。把研究偶然性作为一种科学方法引入物理学，是吉布斯的一大功绩，也为信息论的诞生做出了贡献。这种探究方法为信息论的创立提供了方法论的前提。玻尔兹曼指出，熵是关于一个物理系统分子运动状态的物理量，表示分子运动的混乱程度；同时，玻尔兹曼把熵和信息联系起来，提出“熵是一个系统失去的‘信息’的度量”。将偶然性、熵函数引入物理学，为信息论的产生提供了理论前提。

在这一时期，人们对传输理论也进行了一定程度的研究。例如，1832 年莫尔斯电报系统中的高效率编码方法对后来香农的编码理论是有启发作用的，1885 年凯尔文（L. Kelvin）曾经研究过一条电缆的极限传信速率问题。

20 世纪 20 年代，随着电话和电报等电子通信手段的发明与使用，人们对信息传输的要求越来越高，因此怎样提高通信系统传输信息的能力和传输的可靠性，怎样对各种形式的信息物理中所包含的信息进行定量描述，就成为当时迫切需要加以解决的问题。

1922 年，卡松（J. R. Carson）提出边带理论，指明了信号在调制（编码）和传送过程中与频谱宽度的关系。1924 年，奈奎斯特（H. Nyquist）也提出电信号的传输速率与信道频带宽度之间存在比例关系。哈特莱（R. V. Hartley）在 1922 年发表了《信息传输》一文，首先提出消息是代码、符号，而不是信息内容本身，区分了信息与消息；1928 年，他提出将消息考虑为代码或单语的序列，并用消息数量的对数来度量消息中含有的信息量。哈特莱的工作对后来香农的思想有很大的影响，为信息论的创立提供了思路。1936 年，阿姆斯特朗（E. H. Armstrong）提出，增加信号带宽可以增强抑制噪声干扰的能力，并给出了调制指数大的调频方式，使得调频实用化，出现了调频通信装置。1936年，达德利（H. Dudley）发明了声码器。当时他提出的概念是，通信所需要的带宽至少应与所传送的带宽相同。

20世纪40年代，随着雷达、无线电通信和电子计算机、自动控制的相继出现和发展，以及防空系统的需要，许多科学技术工作者对信息问题进行了大量的研究。

维纳在研究防空火炮的控制问题时，把随机过程和数理统计的观点引入通信和控制系统，揭示了信息传输和处理过程的本质。他从直流电流或者至少可视为直流电流的电路出发来研究信息论，独立于香农，将统计方法引入通信工程，奠定了信息论的理论基础。维纳把消息视为可测事件的时间序列，把通信视为统计问题，在数学上将消息作为平稳随机过程及其变换来研究。他阐明了信息定量化的原则和方法；类似地，用“熵”定义了连续信号的信息量，提出了度量信息量的香农-维纳公式：单位信息量就是对具有相等概念的二中择一的事物做单一选择时所传递出去的信息。维纳的这些开创性工作有力地推动了信息论的创立，并为信息论的应用开辟了广阔的前景。

1948年，香农发表了著名的论文《通信的数学理论》；1949年，他又发表了另一篇论文《噪声中的通信》。在这两篇论文中，香农用概率测度和数理统计的方法系统地讨论了通信的基本问题，得出了几个重要且带有普遍意义的结论。这两篇论文奠定了现代信息论的基础。而香农也被公认为现代信息论的创始人。

这一理论揭示了在通信系统中采用适当的编码后，能够实现高效率和高可靠的信息传输，并且得出了信源编码定理和信道编码定理；认为通信就是信息传输，是将消息由发信者送给收信者的过程，因而给出了一般通信系统的模型；采用统计数字的方法，正确处理了信息的形式和内容的辩证关系，解决了信息量问题，给出了信息量的数学公式。

信息论出现后，在科学界引发了极大的震动。随后，许多科学家在这方面进行了大量的工作，取得了一大批成果，使信息论（通信理论）发展成为一个相当成熟和完备的科学体系，为现代通信系统、现代网络传输和信息科学的发展提供了强有力的支撑。

数学家哥尔莫戈洛夫、范恩斯坦（A. Feinstein）、沃尔夫维兹（J. Woltwitz）等人对香农得到的数学结论做了进一步的严格论证和推广，使得这一理论有了更为坚实的数学基础。

1952年，费诺（R. M. Fano）给出并证明了费诺不等式，并且给出了关于香农信道编码逆定理的证明。1957年，沃尔夫维兹采用类似的典型序列方法证明了信道编码强逆定理。1961年，费诺又描述了分组码中码率、码长和错误概率的关系，并且提供了香农信道编码定理的充要性证明。1965年，格拉戈尔（R. G. Gallager）发展了费诺的证明结论，并且提供了一种简明的证明方法。1975年，科弗尔（T. M. Cover）采用典型序列方法证明了这一结论。1972年，阿莫托（S. Arimoto）和布莱哈特（R. Blahut）分别发展了信道容量的迭代算法。

香农在论文《通信的数学理论》中首先对高斯信道进行了分析和研究。1964年，霍尔辛格（J. L. Holsinger）进一步发展了对有色高斯噪声信道容量的研究。1969年，平斯尔克（M. S. Pinsker）提出了具有反馈的非白噪声高斯信道容量问题。科弗尔于1989年对平斯尔克的结论给出了简洁的证明。

香农在论文《通信的数学理论》中提出了无失真信源定理，同时给出了简单的编码方法（香农编码）。麦克米伦（B. McMillan）于1956年首先证明了唯一可译变长码的克拉夫特（Kraft）不等式。关于无失真信源的编码方法，费诺于1952年给出了一种费诺码。同年，霍夫曼（D. A. Huffman）首先构造了一种编码方法，即著名的霍夫曼编码，并证明了它是最佳码。从 20 世纪 70 年代后期开始，人们把兴趣转移到与实际应用有关的信源编码问题上。1968 年，埃利斯（P. Elias）发展了香农-费诺码，提出了算术编码的初步思想。1976 年，里斯桑内（J. Ressanen）给出和发展了算术编码。1982 年，里斯桑内和兰登（G. G. Langdon）一起将算术编码系统化，省去了乘法算法，使得它更为简化而便于实现。著名的 L-Z 编码（通用信源算法）由齐弗（J. Ziv）和兰佩尔（A. Lempel）于 1977 年提出，1978 年他们又给出了改进算法，并且证明了该方法可达到信源的熵值。1990 年，贝尔等人在 L-Z 编码的基础上又做了一系列变化和改进。目前，L-Z 编码已广泛用于计算机数据压缩中，如 UNIX 中的压缩算法使用的就是 L-Z 编码算法。

在研究信源编码的同时，人们在另一个重要分支——纠错码上也取得了很大的进展。1950 年汉明码出现后，人们把代数方法引入纠错码的研究，形成了代数编码理论。然而，由于代数编码的渐近性能不好，人们于 1960 年左右提出了卷积码的概率译码，并逐渐形成了一系列概率译码理论。以维特比（Viterbi）译码为代表的译码方法被美国卫星通信系统采用后，香农理论成为真正具有实用意义的科学理论。

在信道编码和无失真信源编码飞速发展的时候，限失真信源编码的研究却一直停滞不前。直到 1959 年香农发表《保真度准则下的离散信源编码定理》，首先提出率失真函数和率失真信源编码定理后，才发展成为信息率失真信源编码理论。1971 年，伯格尔（T. Berger）给出了更一般性源的率失真信源编码定理。率失真信源编码理论是信源编码的核心问题，是频带压缩、数据压缩的理论基础，至今仍是信息论研究的热门话题。

香农又于 1961 年发表了论文《双路通信信道》，开拓了网络信息论的研究。20 世纪 70 年代，随着卫星通信、计算机网络的迅速发展，网络信息论的研究非常活跃，成为信息论研究的中心课题之一。艾斯惠特（R. Ahlswede）和廖（H. Liao）分别于 1971 年和 1972 年找出了多元接入信道的信道容量区。1973 年，沃尔夫（J. K. Wolf）和斯莱平（D. Slepian）将其推广到公共信息的多元接入信道中。科弗尔、艾斯惠特于 1983 年分别发表文章讨论了相关信源在多元接入信道中的传输问题。

香农于 1949 年发表了论文《保密通信的信息论》，他首先用信息论的观点对信息保密问题做了全面的论述。然而，由于通信保密研究当时主要用于政府和军方，成果很少对外公布，因此公开发表的论文很少。直到 1976 年迪弗和海尔曼发表论文《密码学的新方向》，提出公钥密码体制后，保密通信问题才得到公开、广泛的研究。尤其是现在，信息安全已成为关系到信息产业发展的大问题。因此，密码学及信息安全已成为各国科学家研究的重点和热点。

可见，信息论主要研究通信的一般理论，包括信息的度量、信道的容量、信源和信道的编码、信号与噪声理论、信号过滤与检测、信号调制、抗干扰编码和通信保密等，即通信的基本问题，所以也可将其称为通信理论。

1.3.2 信息论与编码技术的交叉应用

信息论的发展及应用

随着信息论与编码技术的不断发展，其相关技术已应用于众多领域。例如，在信息论与物理学（统计力学）、数学（概率论）、电气工程（通信理论）和计算机科学（算法复杂性）等学科中有着广泛的交叉应用，图 1.3.1 中显示了信息论与其他学科的交叉。

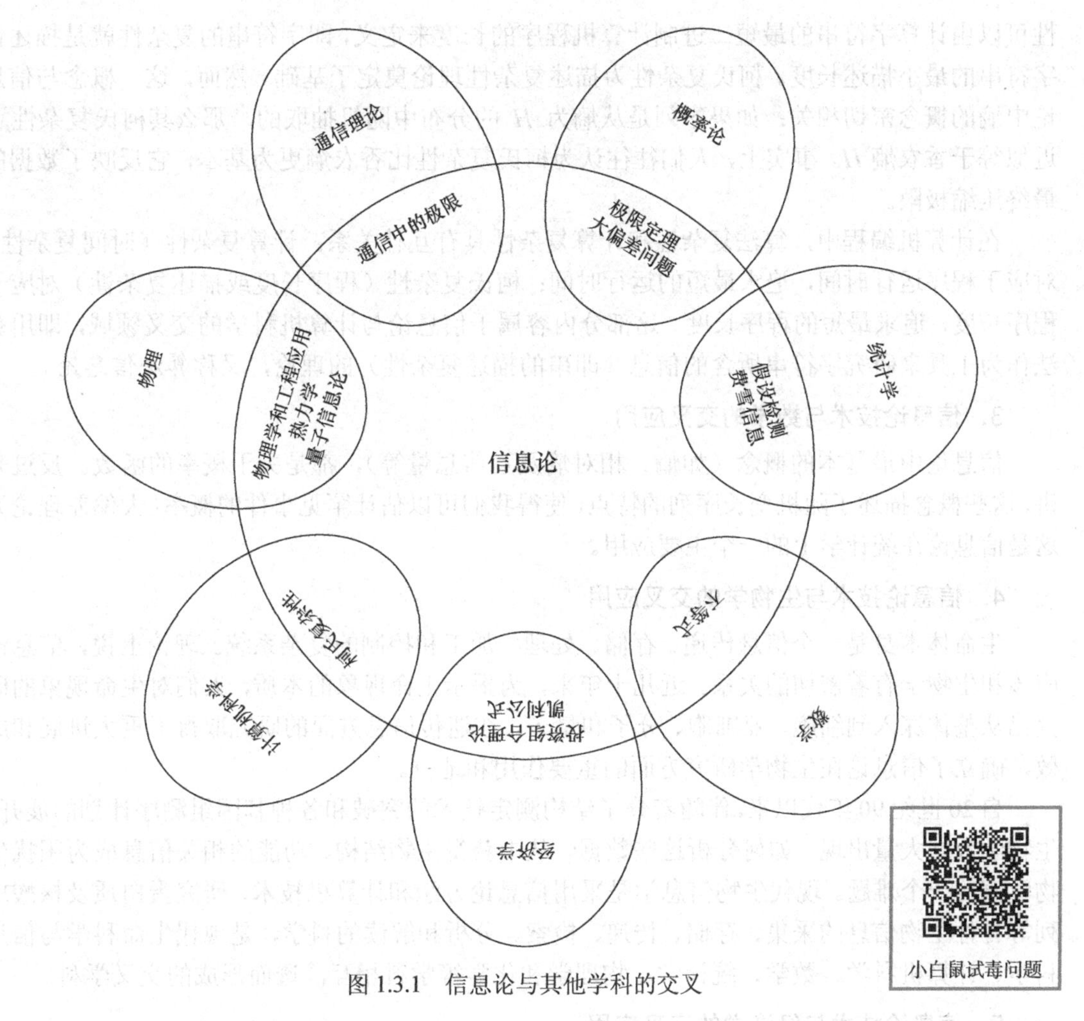

小白鼠试毒问题

图 1.3.1　信息论与其他学科的交叉

1．信息论技术与通信领域的交叉应用

20 世纪 40 年代早期，人们认为不可能以正速率实现信息的无差错传输。香农通过数学方法证明了当信息传输速率低于信道容量（根据信道的噪声特性可以简单地计算出信道容量）时，通过编码的方式一定可以实现无差错通信。这一结论使整个通信理论界大吃一惊。香农进一步指出，随机过程（如音乐、语音等）的复杂性有一个下限值，低于这个下限值，信号就无法被进一步压缩。他称之为熵，并认为如果信源的熵小于信道的最大传输能力，那么必然可以实现近似的无差错通信。

香农还给出了达到这些通信极限的方法。然而，这些理论上最优的通信机制在计算上是不可行的，因此实际采用的计算上可行的调制与解调机制并不是香农的随机编码和最近邻译码规则。随着集成电路及编码技术的发展，人们逐渐受益于香农信息论，Turbo 码的出现使得实用码逼近香农极限。例如，在光盘和 DVD 中使用的纠错码就是信息论的一个很好的应用。

2．信息论技术与计算机科学领域的交叉应用

柯氏复杂性是计算机科学中的一个非常重要的概念，它也广泛应用于目前非常热门的人工智能领域。Kolmogorov、Chaitin 和 Solomonoff 于 1963 年提出了如下观点：数据串的复杂

性可以由计算字符串的最短二进制计算机程序的长度来定义，即字符串的复杂性就是描述该字符串的最小描述长度。柯氏复杂性为描述复杂性理论奠定了基础。然而，这一概念与信息论中熵的概念密切相关：如果序列是从熵为 H 的分布中随机抽取的，那么其柯氏复杂性 K 近似等于香农熵 H。事实上，人们往往认为柯氏复杂性比香农熵更为基本，它反映了数据的最终压缩极限。

在计算机编程中，算法复杂性和计算复杂性具有互补关系：计算复杂性（时间复杂性）对应于程序运行时间，追求最短的运行时间；柯氏复杂性（程序长度或描述复杂性）对应于程序长度，追求最短的程序长度。这部分内容属于信息论与计算机科学的交叉领域，即用算法作为工具来研究字符串所含的信息（即串的描述复杂性）的理论，又称算法信息论。

3. 信息论技术与数学的交叉应用

信息论中最基本的概念（如熵、相对熵及互信息量等），都是关于概率的函数。反过来讲，这些概念描述了随机变长序列的特点，使得我们可以估计罕见事件的概率（大偏差理论）。这是信息论在统计学上的一个主要应用。

4. 信息论技术与生物学的交叉应用

生命体本身是一个信息传递、存储、处理、加工和控制的复杂系统。理论上说，信息论应该和生物学有着密切的关系。近几十年来，为揭示生命现象的本质，人们对生命现象的研究已从整体深入到细胞、亚细胞、分子和量子，在遗传信息方面的研究取得了重大进展和成效，确立了信息论在生物学研究方面的重要作用和地位。

自20世纪90年代以来，伴随着分子结构测定技术的突破和各种基因组测序计划的展开，生物学数据大量出现，如何分析这些数据，从中获得生物结构、功能的相关信息成为困扰生物学家的一个难题。现代生物信息学是采用信息论方法和计算机技术，研究蛋白质及核酸序列等各种生物信息的采集、存储、传递、检索、分析和解读的科学，是现代生命科学与信息科学、计算机科学、数学、统计学、物理学和化学等学科相互渗透而形成的交叉学科。

5. 信息论技术与经济学的交叉应用

信息论在经济学领域有着广泛的渗透。一方面，可以用经济学的观点来研究信息的一般问题，特别是信息的价值问题；另一方面，又可以用信息科学的观点和方法来重新认识与探讨经济活动的规律。目前，在经济学领域活跃着一门新的学科——信息经济学。

习题

1.1 结合非理想观察模型，解释信息的概念。

1.2 说明信息论中的信息基本传输模型由哪些部分组成，介绍各部分的功能。

1.3 结合信息传输基本模型的各个部分，试述信息论与编码研究的主要内容。

1.4 查找资料，调研信息论与编码技术在不同领域的应用现状，并举例说明。

第 2 章　信源与熵

第 1 章中介绍了信息的定义、含义及其发展与应用。信息作为记录和传递载体的一种抽象形式，如何对它进行物理层面的认识和数学层面的描述呢？这是本章介绍的主要内容。本章从现代通信所需信源的构建入手，利用集合、概率论等数学基础，讨论信息的数学描述、度量和计算方法。

2.1　信息与信源的关系

香农发表的《通信的数学理论》一文中给出了信息的定义，即“信息是用来消除随机不确定性的东西”，这一抽象概念将信息归入各个不同的领域和范畴。例如，在经典力学中，我们通过实验观察和测量物体的质量、运动速度和时间来明确受力的大小、方向和规律，这些数值化物理量就是我们认识力所需要的信息。同样，为了在通信过程中高效、准确地传递信息，我们需要对信息本身进行数学描述并建立传递模型，并将信息作为传递模型的输入，这就是信源的由来。

在通信系统中，信源与信宿是相对的：一个是系统发送信息的起点，另一个是系统接收信息的终点。为了实现信息的准确传递，信息的描述形式在信源或信宿上必须保持一致。

2.1.1　信源与随机变量

信源是信息的一种描述和表现形式。例如，在维基百科中，信源（Information Source）是指一类随机变量序列（a kind of sequence of Random Variables）。概率论中将随机变量定义为随机事件的数量表现，由于不同条件和因素的影响，数值存在不确定性和随机性。因此，随机变量可以作为信息的一种数学描述形式，即其可作为信源的数学形式。下面举例说明。

1. 天气预报

天气仅包含多云、雨、晴、阴天、雪等有限状态，因此可用离散随机变量进行字符或单词描述，如 $X=\{x_1=$ 多云，$x_2=$ 雨，$x_3=$ 晴，$x_4=$ 阴天，$x_5=$ 雪$\}$，并对每周、每月、每季和不同年份进行统计与分析。图 2.1.1 中显示了 2011 年 1 月 1 日至 2015 年 2 月 2 日间，武汉市不同天气的累积天数及其比例柱状图。因此，原有字符变量可表示为

$$X=\begin{Bmatrix} x_1 & x_2 & x_3 & x_4 & x_5 \\ 56.49\% & 32.06\% & 6.36\% & 3.21\% & 1.88\% \end{Bmatrix}$$

可见，通过统计一段时间内的不同天气，可以获得代表该段时间的某区域的天气分布比例，为自然灾害防范和农作物种植提供有效、可靠的预测信息。字符或单词的描述需要根据人为意图进行量化或数字化，对带有真实意图和目的的信息进行传输才是信源的目标。

2. 脑电信号

图 2.1.2 中显示了一段脑电时域信号，它通过电极测量人类大脑某区域内部神经元放电幅值来描述脑部神经元活动的能量信息。由于它在实数范围(−150mV, 200mV)内可随机地任意取值，因此可以采用连续随机变量及其函数来对其进行幅值概率分布表示。

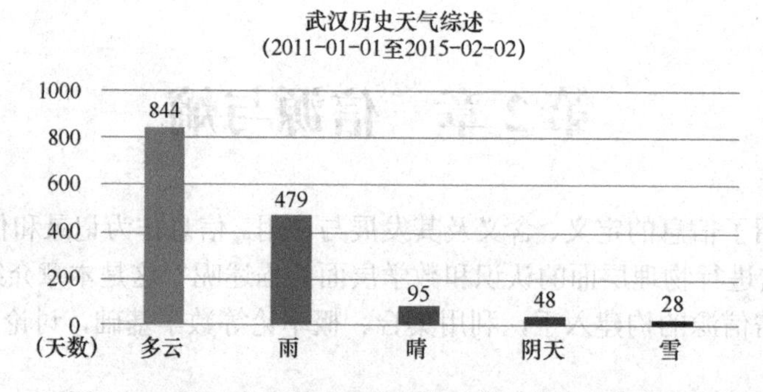

图 2.1.1 武汉市不同天气的累积天数及其比例柱状图

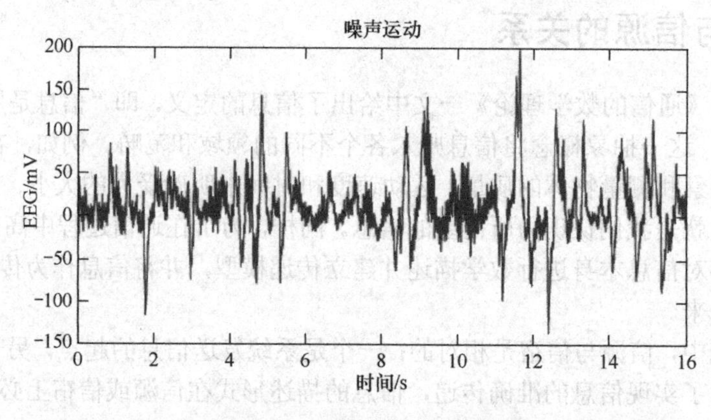

图 2.1.2 一段脑电时域信号

可见，不同类型的信息虽然通过不同的方式进行数值采集且具有不同的取值范围，但均可根据具体目的通过一个随机变量来统一表示。在通信系统中，不同类型的信息对应不同种类的通信方式，但通信系统模型本身保持不变。早期的香农通信系统模型框图如图 2.1.3 所示，其中信源即为根据传输目的而构建的一簇随机变量集合。

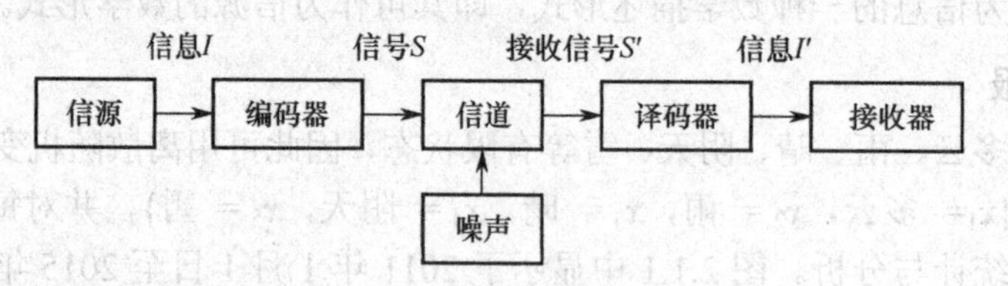

图 2.1.3 早期的香农通信系统模型框图

2.1.2 通信模型中的信源

根据上述介绍，通信系统模型中的信源统一由一簇随机变量 X 表示，但需要引入时间维度，因此信源在各个时刻的输出为

$$\left\{X_{t_k}, t_k \in T\right\} \tag{2.1.1}$$

式中，T 为（时间）参数集，信源在 t_k 时刻的输出 X_{t_k} 是一个取值于符号集合 E_X 的随机变量，E_X 为 X_{t_k} 的值域或取值空间。

根据参数集和值域是离散集合还是连续区间，可将信源分为 4 类，如表 2.1.1 所示。

表 2.1.1　信源分类

		时间参数集 T	
		离散	连续
取值空间 E_X	离散	时空离散信源	时间连续空间离散信源
	连续	时间离散空间连续信源	时空连续信源

在现代通信系统中，信源发出的模拟信号已根据采样定理转换为数字信号进行传输，因此后续讨论的信源如无特别说明，均为时间离散信源，即离散信源为时空离散信源，连续信源为时间离散空间连续信源。

根据信源中变量的统计相关性，可将其分为有记忆信源和无记忆信源。所谓记忆，是指信源中各随机变量统计相关，一般使用如下的 N 维分布函数表示：

$$F_{X_{t_1}\cdots X_{t_N}}(x_1,x_2,\cdots,x_N)=P(X_{t_1}\leqslant x_1,X_{t_2}\leqslant x_2,\cdots,X_{t_N}\leqslant x_N),\ N\to\infty \tag{2.1.2}$$

实际的信源通常都是有记忆的，但是直接对它进行研究与分析难度较大，因此仅使用一些近似的模型去模拟和逼近它。

与实际信源较为近似的一种信源模型是平稳信源。N 阶平稳信源的输出序列 $\{X_{t_k}\}$ 是 N 阶平稳的，即 N 维分布函数与时间的起点无关：

$$F_{X_{t_1+\tau}\cdots X_{t_N+\tau}}(x_1,x_2,\cdots,x_N)=F_{X_{t_1}\cdots X_{t_N}}(x_1,x_2,\cdots,x_N) \tag{2.1.3}$$

平稳信源也是有记忆信源，只是其记忆长度有限。N 阶平稳信源在任一时刻 t_k 的输出只与前面 $N-1$ 个时刻 $t_{k-(N-1)},\cdots,t_{k-2},t_{k-1}$ 的输出有关。由于 N 阶平稳信源的 N 维分布函数与时间的起点无关，因此只需考虑任意 N 个相邻时刻的输出序列 $X^N=X_1X_2\cdots X_N$。

一种最简单的信源模型是无记忆信源。这种信源的输出序列 $\{X_{t_k}\}$ 是一簇相互独立的随机变量，其联合分布函数等于边缘分布函数的乘积，即对任意有穷正整数 N，有

$$F_{X_{t_1}\cdots X_{t_N}}(x_1,x_2,\cdots,x_N)=\prod_{i=1}^{N}F_{X_{t_i}}(x_i) \tag{2.1.4}$$

无记忆信源的输出之间相互独立，因此分别研究各个时刻的输出随机变量即可。若假设信源各随机变量是同分布的，则称其为独立同分布信源。此时，只需考虑任一时刻的输出 X。后文中如无特殊说明，讨论的信源或随机变量均指离散无记忆信源（Discrete Memoryless Source，DMS）或离散独立分布随机变量。

2.2　香农熵及其特性

在香农熵出现前，熵的提出与信息或通信并无联系，其来源是经典热力学理论。因此，下面首先梳理熵的发展史，从根源区分它在不同领域和方向的研究对象、分析方法与应用差异。

2.2.1　熵的来源

热力学中的熵由鲁道夫·克劳修斯（T. Clausius）于 1854 年提出，起因是他发现在任何可以自发进行的过程中，恒温热 Q 和温度 T 的比值 Q/T 永远是一个正值，并用德语 Entropie 命名了该比值，比值的量纲为焦耳/开尔文（J/K）。南京大学物理学家胡刚复教授于 1923 年将此概念引入国内，并将其命名为熵。其实，这个物理量的提出是为了证实第二类永动机的

“不可能”：不可能把热量从低温物体传向高温物体而不引起其他变化（克劳修斯表述）；不可能制成一种循环动作的热机，从单一热源取热，使之完全变为功而不引起其他变化（开尔文表述）。也就是说，在满足能量守恒定律的条件下，能量的转换是存在方向性的，机械能完全变成热能不需要任何条件，但是热能做功却必须伴随热能的消散。这也说明能量本身存在优劣之分，优质能量能够完全转化为劣质能量，反之则需要额外的条件。

热力学第二定律在第一定律的基础上明确了能量转换过程中的方向、条件和限度问题。在自然过程中，一个孤立系统的总混乱度（即“熵”）不会减小，用熵增原理表述为“不可逆热力过程中熵的微增量总是大于零”。

熵的来源

因此，宏观形式的热力学熵为

$$\mathrm{d}S \equiv \frac{\mathrm{d}Q_{\mathrm{R}}}{T} \tag{2.2.1}$$

式中，$\mathrm{d}Q_{\mathrm{R}}$ 为熵增过程中物质增加的热量，T 为物质的热力学温度，下标 R 表示加热过程引起的变化过程是可逆的。然而，在实际应用中，熵增量仅与物质的始态、终态有关，而与可逆与否无关。根据大量观察结果统计出来的宏观形式的规律如下：在孤立系统中，体系与环境没有能量交换，体系总是自发地向混乱度增大的方向变化，使整个系统的熵值增大。例如，热量 Q 由高温（T_{H}）物体 X 传至低温（T_{L}）物体 Y，高温物体 X 的熵减少 $\mathrm{d}S_X = \mathrm{d}Q/T_{\mathrm{H}}$，低温物体 Y 的熵增加 $\mathrm{d}S_Y = \mathrm{d}Q/T_{\mathrm{L}}$。若将两个物体视为一个系统，则熵的变化为 $\mathrm{d}S = \mathrm{d}S_Y - \mathrm{d}S_X > 0$，即整个系统熵值是增加的。

微观形式的热力学熵为

$$S = k\ln\Omega \tag{2.2.2}$$

式中，k 为玻尔兹曼常数，它等于 $1.380649\,\mathrm{e}^{-23}\ \mathrm{J\cdot K^{-1}}$，$\Omega$ 为微观状态数，即微观上系统构成的所有可能的排列数。因此，Ω 也被理解为系统的“混乱程度”，该混乱程度的度量即为熵（这里的 k 仅提供量纲）。该式比宏观形式的热力学熵更加广为人知，但宏观形式描述在实际应用中更常见。

2.2.2 香农熵

在《通信的数学理论》一文中，香农重点关注的是通信系统中信息的度量，而不是信息概念或信息论。他在关于“选择、不确定性与熵”的讨论中提出：

“假设有一事件集合 $X \in \{x_1, x_2, \cdots, x_K\}$，关于任一事件发生的概率已知且仅知分别为 $\{p_1, p_2, \cdots, p_K\}$，是否能够找到一种度量方法来确定事件可选择结果的数量和选择结果的不确定性。

如果存在这一度量 $H(p_1, p_2, \cdots, p_K)$，那么其合理地满足如下属性：

（1）H 在 p_k 上连续。

（2）如果为等概率事件，即 $p_i = 1/K$，那么 H 为 K 的单调递增函数，并且事件可能性越多，等概率事件就具有更多种选择结果或更大的不确定性。

（3）如果事件本身可分解为两个连续的子事件，那么原事件的度量 H 可表示为这两个连续子事件的单个 H 数值的加权和。”

理论已经证明，表达式

$$H(p_1, p_2, \cdots, p_K) = -\sum_{k=1}^{K} p_k \log p_k \tag{2.2.3}$$

满足香农提出的关于信息、选择与不确定性度量的三种假设。该表达式与热力学第二定律的微观形式表达式相似，但香农侧重表达了香农熵是一组事件的概率分布$\{p_1, p_2, \cdots, p_K\}$的度量，而不是一个孤立系统的微观状态数。

可见，香农的本意是将熵定义为“信息、选择和不确定性的度量”，即关于满足某概率分布的事件结果所包含的信息、选择与不确定性的度量，而不是抽象信息的一般性度量或者统计力学中热力熵关于宏观和微观的运动描述。两者在研究背景和应用领域上存在本质的区别。因此，香农在信息自身的度量上并未深入探索，而仅在概率分布领域中提出了他的度量方法和数值。

2.2.3　香农熵的含义

香农熵的含义可从香农关注的不确定性、非似然性和信息三个方面进行说明。

1．不确定性度量

假设随机变量X取值于K元符号表，$X = \{x_k \mid k = 1, 2, \cdots, K\}$，且已知符号表中的各符号概率$P_X = \{P(x_k) \mid k = 1, 2, \cdots, K\}$，$1 \geqslant P(x_k) \geqslant 0$。因此，随机变量$X$的概率空间为

$$[X, P_X] = [x_k, P(x_k) \mid k = 1, 2, \cdots, K] \tag{2.2.4}$$

也可表示为

$$\begin{bmatrix} X \\ P_X \end{bmatrix} = \begin{bmatrix} x_1 & x_2 & \cdots & x_K \\ P(x_1) & P(x_2) & \cdots & P(x_K) \end{bmatrix} \tag{2.2.5}$$

其满足概率完备性约束条件：

$$\sum_{k=1}^{K} P(x_k) = 1 \tag{2.2.6}$$

随机变量X取值为x_k的可能性与其概率$P(x_k)$有关，$P(x_k)$大意味着X取值x_k的确定性较大，不确定性较小，并且$P(x_k) = 1$时X取值为x_k是确定事件。如图 2.2.1 所示，函数$-\log_2 P(x_k)$随着概率$P(x_k)$单调递减，而$-P(x_k)\log_2 P(x_k)$是非单调递减函数，因此定义函数$-\log P(x_k)$是X取值为x_k的不确定性度量$H(X = x_k)$，也称取值x_k的自信息量，如下所示：

$$H(X = x_k) = I(x_k) = \log \frac{1}{P(x_k)} = -\log P(x_k),\ k = 1, 2, \cdots, K \tag{2.2.7}$$

显而易见，此处$H(X = x_k)$仅描述X取值为x_k的不确定性，$H(X)$则为随机变量X取值结果的平均不确定性度量，而非变量本身：

$$H(X) = -\sum_{k=1}^{K} P(x_k) \log P(x_k) \tag{2.2.8}$$

不确定性的单位与公式中对数的底的选取有关。若对数的底为 2，则称为二进制单位，也称比特（bit，binary digit 的缩写）；若对数的底为 e，则称为自然单位，也称奈特（nat，natural digit 的缩写）；若对数的底为 10，则称为十进制单位，也称迪特（dit，decimal digit 的缩写），此时也可用哈特（Hart）作为单位；若对数取正整数r为底，则称为r进制单位。

单位之间的转换是直接而简单的：

$$1\,\text{bit} = \ln 2\,\text{nat} = \log_{10} 2\,\text{dit} = \log_r 2 \quad r\text{进制单位} \tag{2.2.9}$$

为强调符号的不确定性，我们将单位写成比特/符号、奈特/符号、迪特/符号、r进制单位/符号。本书中若不另加说明，符号 log 表示不指定对数的底；若对数的底指定为r，则用符号$\log_r$表示。本书中的计算通常采用以 2 为底的对数，即$\log_2$，单位为比特/符号。

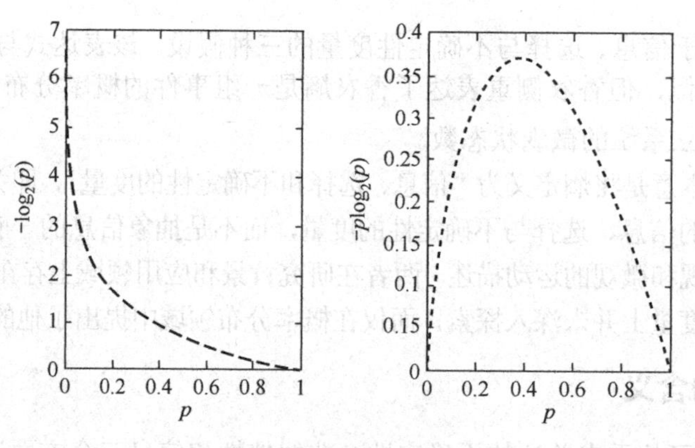

图 2.2.1 函数分布图

2．非似然性度量

在统计学中，似然和概率是两个不同的概念。概率是指特定条件下某事件发生的可能性，仅描述事件结果产生之前某种结果的可能性；似然则相反，它描述已知结果下推测该结果产生的对应条件参数。假设θ为条件参数，随机变量X在特定条件下的概率可用条件概率$P(X|\theta)$表示，似然则表示为$L(\theta|X)$，可见概率为事件的函数，描述事件的先验不确定性；而似然为条件参数的函数，描述后验不确定性，两者从不同角度描述一件事情。当结果与参数相互对应时，概率与似然在数值上相等。因此，与概率相关的函数$-\log P(x_k)$可表示为随机变量X取值为x_k的非似然性度量，而$H(X)$则为随机变量X取值结果的平均非似然性度量。

3．信息度量

香农在通信理论中研究了传输线中信息传输的相关参量，如成本、效率和时间等，目的是节约成本，提高信噪比、传输效率和可靠性。有些学者将$I(x_k)$描述为随机变量X取值x_k的自信息量，$H(X)$则为随机变量X取值满足分布$\{p_1,p_2,\cdots,p_K\}$的平均信息量。

定义 2.1 若离散信源X取值满足分布$\{p_1,p_2,\cdots,p_n\}$，则X的香农熵、信息熵或离散熵（此后简称为熵）记为$H(X)$，其计算公式为

$$H(X)=H(p_1,p_2,\cdots,p_K)=-\sum_{i=1}^{K}p_i\log p_i \tag{2.2.10}$$

若对数的底为 2，则单位为比特/符号。上式也可理解为熵是随机变量X取值x_k的自信息量的期望，即

$$H(X)=E[I(x_k)]=E[-\log p_i] \tag{2.2.11}$$

注意，此处只是数学表示。

以上从不确定性度量、非似然性度量和信息度量三个角度说明随机变量的熵描述了信源符号集合在已知概率分布条件下的平均不确定性，即信源所包含的实在信息，同时也是在无损传输条件下可以获得的最大信息。

【例 2.1】 有两个信源X和Y，它们的概率空间分别为

$$\begin{bmatrix}X\\P\end{bmatrix}=\begin{bmatrix}x_1 & x_2\\0.99 & 0.01\end{bmatrix},\qquad \begin{bmatrix}Y\\P\end{bmatrix}=\begin{bmatrix}y_1 & y_2\\0.5 & 0.5\end{bmatrix}$$

比较信源 X 和信源 Y 的平均不确定性。

解：信源 X 和信源 Y 的信源熵分别为

$$H(X)=-\sum_{i=1}^{2}p(x_i)\log_2 p(x_i)=-0.99\log_2 0.99-0.01\log_2 0.01=0.08 \text{ 比特/符号}$$

$$H(Y)=-\sum_{i=1}^{2}p(y_i)\log_2 p(y_i)=-0.5\log_2 0.5-0.5\log_2 0.5=1 \text{ 比特/符号}$$

【例 2.2】 甲乙两地的天气预报情况如下。

（1）甲地：晴（占 4/8）、阴（占 2/8）、大雨（占 1/8）、小雨（占 1/8）。

（2）乙地：晴（占 7/8）、小雨（占 1/8）。

试比较两地天气的平均不确定性。

解：甲地天气的先验概率空间为

$$\begin{bmatrix} X \\ P_X \end{bmatrix}=\begin{bmatrix} x_1 & x_2 & x_3 & x_4 \\ \frac{4}{8} & \frac{2}{8} & \frac{1}{8} & \frac{1}{8} \end{bmatrix}$$

其熵为

$$\begin{aligned} H(X)&=-\sum_{k=1}^{4}P(x_k)\log_2 P(x_k) \\ &=-\tfrac{4}{8}\times\log_2\tfrac{4}{8}-\tfrac{2}{8}\times\log_2\tfrac{2}{8}-\tfrac{1}{8}\times\log_2\tfrac{1}{8}-\tfrac{1}{8}\times\log_2\tfrac{1}{8} \\ &=1.75 \text{ 比特/符号} \end{aligned}$$

即甲地天气的总体平均不确定性为 1.75 比特/符号。

乙地天气的先验概率空间为

$$\begin{bmatrix} Y \\ P_Y \end{bmatrix}=\begin{bmatrix} y_1 & y_2 \\ \frac{7}{8} & \frac{1}{8} \end{bmatrix}$$

其熵为

$$H(Y)=-\sum_{j=1}^{2}P(y_j)\log_2 P(y_j)=-\tfrac{7}{8}\times\log_2\tfrac{7}{8}-\tfrac{1}{8}\times\log_2\tfrac{1}{8}\approx 0.544 \text{ 比特/符号}$$

即乙地天气的总体平均不确定性为 0.544 比特/符号。

因为 $H(X)>H(Y)$，所以甲地天气比乙地天气的平均不确定性高。

2.2.4　香农熵的特性

香农熵公式具有如下一些重要性质。

1．对称性

$$H(p_1,p_2,\cdots,p_K)=H(p_{m(1)},p_{m(2)},\cdots,p_{m(K)}) \tag{2.2.12}$$

式中，$\{m(1),m(2),\cdots,m(K)\}$ 是 $\{1,2,\cdots,K\}$ 的任意置换。

2．可扩展性

$$\begin{aligned} H(p_1,p_2,\cdots,p_K)&=H(0,p_1,p_2,\cdots,p_K)=\cdots=H(p_1,p_2,\cdots,p_i,0,p_{i+1},\cdots,p_K) \\ &=H(p_1,p_2,\cdots,p_K,0),\ i=1,2,\cdots,K-1 \end{aligned} \tag{2.2.13}$$

加入零概率事件不会改变熵。

3．非负性

$$H(p_1,p_2,\cdots,p_K)=H(P)\geqslant 0 \tag{2.2.14}$$

式中，等号成立的充要条件是：在概率分布中，只有一个概率为 1，其余概率均为 0；这种分布称为确定性概率分布，记为 P_s；具有确定性概率分布的随机变量没有不确定性（完全肯定），即 $H(P_s)=0$。

4．确定性

当且仅当某个 $p_i=1$ 时，$H(X)=0$。此时随机变量 X 取值为 a_i 是确定事件，没有不确定性。

5．强可加性

$$\begin{aligned}&H(p_1q_{11},p_1q_{12},\cdots,p_1q_{1J},\cdots,p_Kq_{K1},\cdots,p_Kq_{KJ})\\&=H(p_1,p_2,\cdots,p_K)+\sum_{k=1}^{K}p_kH(q_{k1},q_{k2},\cdots,q_{kJ})\end{aligned}\tag{2.2.15}$$

式中，

$$0\leqslant p_k\leqslant 1,\ k=1,2,\cdots,K;\quad \sum_{k=1}^{K}p_k=1$$

$$0\leqslant q_{kj}\leqslant 1;\ j=1,2,\cdots,J;\quad \sum_{j=1}^{J}q_{kj}=1,\ k=1,2,\cdots,K$$

6．可加性

$$H(p_1q_1,\cdots,p_1q_J,\cdots,p_Kq_1,\cdots,p_Kq_J)=H(p_1,p_2,\cdots,p_K)+H(q_1,q_2,\cdots,q_J)\tag{2.2.16}$$

式中，

$$0\leqslant p_k\leqslant 1,\ k=1,2,\cdots,K;\quad \sum_{k=1}^{K}p_k=1;\quad 0\leqslant q_j\leqslant 1;\ j=1,2,\cdots,J;\quad \sum_{j=1}^{J}q_j=1$$

7．渐化性

$$H(p_1,p_2,p_3,\cdots,p_K)=H(p_1+p_2,p_3,\cdots,p_K)+(p_1+p_2)H\left(\frac{p_1}{p_1+p_2},\frac{p_2}{p_1+p_2}\right)\tag{2.2.17}$$

式中，$0\leqslant p_k\leqslant 1$，$k=1,2,\cdots,K$；$\sum_{k=1}^{K}p_k=1$；$p_1+p_2>0$。

8．凸状性

$H(p_1,p_2,\cdots,p_K)$ 是上凸函数。

9．极值性

$$H(p_1,p_2,\cdots,p_K)\leqslant H(1/K,1/K,\cdots,1/K)=\log K\tag{2.2.18}$$

该极值也被称为最大离散熵定理。

性质 9 基于信息论不等式，常用于信息论理论中。

定理 2.1　信息论不等式：对于任意实数 $z>0$，有不等式

$$\ln z\leqslant z-1\tag{2.2.19}$$

当且仅当 $z=1$ 时，等式成立。

证明：在图 2.2.2 中，直线 $z-1$ 在 $z=1$ 处与曲线 $\ln z$ 相切，且处于上方，式（2.2.19）显然成立。严格的数学证明要用到凸函数概念，此处从略。

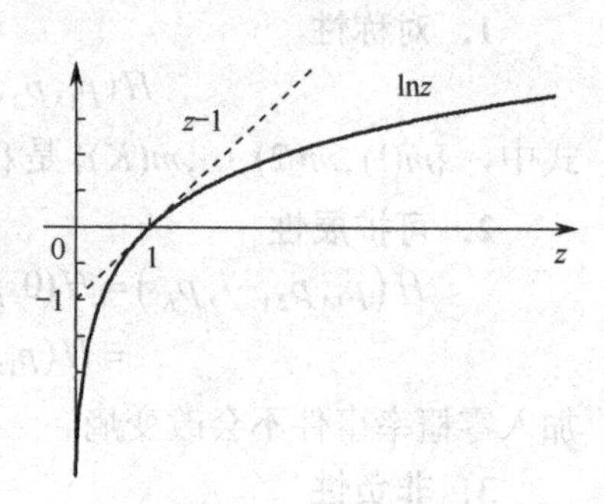

图 2.2.2　信息论不等式图示

应用信息论不等式，很容易证明另一个常用的不等式，即香农不等式：

$$-\sum_{k=1}^{K} p_k \log p_k \leqslant -\sum_{k=1}^{K} p_k \log q_k \tag{2.2.20}$$

式中，$0 \leqslant p_k \leqslant 1, k=1,2,\cdots,K$；$\sum_{k=1}^{K} q_k = 1$；$0 \leqslant q_k \leqslant 1, k=1,2,\cdots,K$；$\sum_{k=1}^{K} q_k = 1$。等号成立，当且仅当 $p_k = q_k, k=1,\cdots,K$。

要证明香农不等式，只需证明

$$-\sum_{k=1}^{K} p_k \log p_k - \left(-\sum_{k=1}^{K} p_k \log q_k\right) \leqslant 0 \tag{2.2.21}$$

该变形方式在信息论理论证明中经常用到。经过简单的恒等变换，再用信息论不等式，有

$$\begin{aligned} -\sum_{k=1}^{K} p_k \log p_k - \left(-\sum_{k=1}^{K} p_k \log q_k\right) &= \sum_{k=1}^{K} p_k \log \frac{q_k}{p_k} \\ &\leqslant \log \mathrm{e} \sum_{k=1}^{K} p_k \left(\frac{q_k}{p_k} - 1\right) \\ &= \log \mathrm{e} \left(\sum_{k=1}^{K} q_k - \sum_{k=1}^{K} p_k\right) = 0 \end{aligned} \tag{2.2.22}$$

证明过程表明，当且仅当 $p_k = q_k, k=1,2,\cdots,K$ 时等式成立。

性质 9 的证明：令 $q_k = 1/K, k=1,2,\cdots,K$，代入香农不等式，即得式（2.2.18），等号成立的充要条件是 $p_k = q_k = 1/K, k=1,2,\cdots,K$。

上述部分性质可以抛硬币为例来说明。由于硬币仅有正反两面，即事件仅包含两个结果，其概率空间为 $\begin{bmatrix} X \\ P_X \end{bmatrix} = \begin{bmatrix} x_1 & x_2 \\ p & 1-p \end{bmatrix}, p \in [0,1]$，其香农熵可表示为 $H(p,1-p)$，可见其能够表示为单一结果概率 p 的函数，对研究信息度量的最小值及其分布有指导意义。

当 $K = 2$ 时，$H(p,1-p) = H(p) = -p\log_2 p - (1-p)\log_2(1-p)$，如图 2.2.3 所示，它为上凸函数，当 $p = 1/2$ 时有最大值，两端的 0 是最小值。

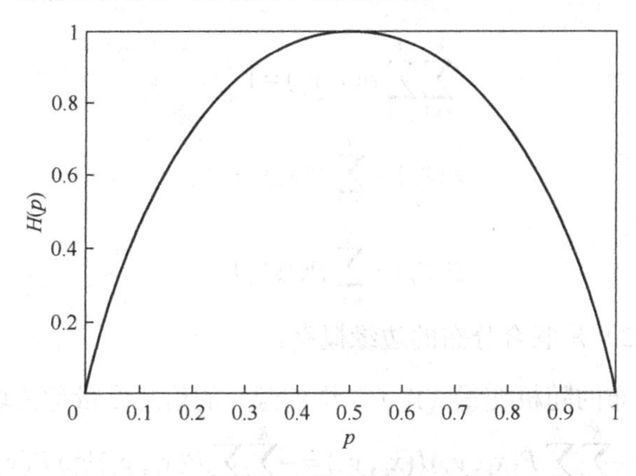

图 2.2.3　熵函数的上凸性与非负性

【例 2.3】（二元信源和三元信源的熵）设二元信源和三元信源分别为

$$\begin{bmatrix} X \\ P_X \end{bmatrix} = \begin{bmatrix} x_1 & x_2 \\ p & 1-p \end{bmatrix}, \quad \begin{bmatrix} X \\ P_X \end{bmatrix} = \begin{bmatrix} x_1 & x_2 & x_3 \\ p_1 & p_2 & 1-p_1-p_2 \end{bmatrix}$$

试绘出熵函数的图形。

解：二元信源的熵为

$$H(p,1-p)=-p\log p-(1-p)\log(1-p)$$

它是关于 p 的一元函数，有时也记为 $h_2(p)$，如图 2.8(a)所示。

三元信源的熵为

$$H(p_1,p_2,1-p_1-p_2)=-p_1\log p_1-p_2\log p_2-(1-p_1-p_2)\log(1-p_1-p_2)$$

它是关于 p_1 和 p_2 的二元函数，如图 2.8(b)所示。

由图 2.2.4 可以直观地看出，熵函数是非负函数、上凸函数，等概率时达到最大值。

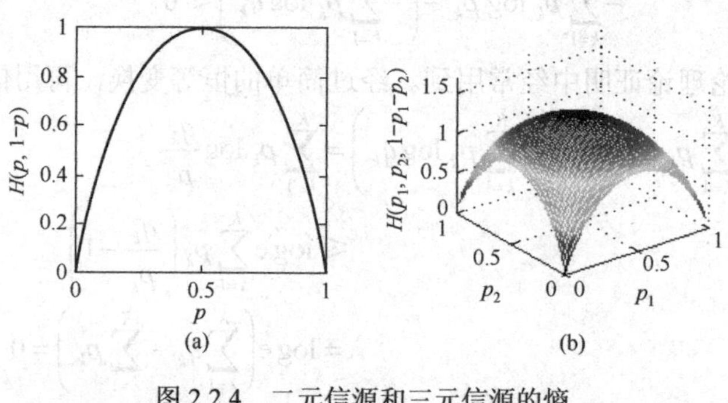

图 2.2.4 二元信源和三元信源的熵

2.3 联合熵与条件熵

2.3.1 联合分布与联合熵

若一维信源 X 的概率分布的信息度量是 $H(X)$，则二维信源或多维信源的概率分布的信息度量是 $H(XY)$ 或 $H(X_1X_2\cdots X_N)$，此时需要利用联合概率分布来度量多维信源的信息量。

设二维信源的概率分布空间 $[XY,P_{XY}]$ 为

$$[XY,P_{XY}]=[(x_k,y_j),P(x_k,y_j)\,|\,k=1,2,\cdots,K;\ j=1,2,\cdots,J]$$

且联合概率是完备的，满足

$$\sum_{k=1}^{K}\sum_{j=1}^{J}p(x_k y_j)=1 \tag{2.3.1}$$

$$p(x_k)=\sum_{j=1}^{J}p(x_k y_j) \tag{2.3.2}$$

$$p(y_j)=\sum_{k=1}^{K}p(x_k y_j) \tag{2.3.3}$$

式（2.3.2）和式（2.3.3）是联合分布的边缘概率。

定义 2.2 联合分布的随机变量 XY（二维信源）的信息度量称为联合熵，记为

$$H(XY)=-\sum_{k=1}^{K}\sum_{j=1}^{J}P(x_k,y_j)I(x_k,y_j)=-\sum_{k=1}^{K}\sum_{j=1}^{J}P(x_k,y_j)\log P(x_k,y_j) \tag{2.3.4}$$

扩展至 N 个随机变量 $X_1X_2\cdots X_N$ 的联合熵，有

$$H(X_1X_2\cdots X_N)=-\sum_{i_1,i_2,\cdots,i_N}P(x_{i_1},x_{i_2},\cdots,x_{i_N})\log P(x_{i_1},x_{i_2},\cdots,x_{i_N}) \tag{2.3.5}$$

可见，多维信源或多个随机变量的联合熵可视为单一信源熵或单个随机变量熵的推广，因此同样具备熵的一些基本性质。

2.3.2　条件熵

对于二维信源 XY，已知 $Y=y_j$ 时，$H(X|Y=y_j)$ 是随机变量 X 在给定条件 Y 下取值为 y_i 的信息熵：

$$H(X|Y=y_j)=-\sum_{k=1}^{K}P(x_k|y_j)\log P(x_k|y_j) \tag{2.3.6}$$

上式仅描述给定条件 $Y=y_j$ 下有关随机变量 X 的平均不确定性。

对随机变量 Y 分布取统计平均，可得 Y 已知时，X 的平均不确定性为

$$\begin{aligned} H(X|Y) &= \sum_{j=1}^{J}P(y_j)H(X|Y=y_j) \\ &= -\sum_{k=1}^{K}\sum_{j=1}^{J}P(y_j)P(x_k|y_j)\log P(x_k|y_j) \\ &= -\sum_{k=1}^{K}\sum_{j=1}^{J}P(x_k,y_j)\log P(x_k|y_j) \end{aligned} \tag{2.3.7}$$

因此有如下定义。

定义 2.3　$H(X|Y)$ 是 Y 已知条件下 X 的条件熵，计算公式为

$$H(X|Y)=-\sum_{k=1}^{K}\sum_{j=1}^{J}P(x_k,y_j)\log P(x_k|y_j) \tag{2.3.8}$$

可见，相对于 $H(X|Y)$，$H(X|Y=y_j)$ 是另一种条件熵，它只对 X 而未对 Y 求统计平均。对 $H(X|Y=y_j)$，$j=1,2,\cdots,J$ 关于 Y 求统计平均，就得到条件熵 $H(X|Y)$。

2.3.3　各类信源熵的关系

前面介绍了三种不同的信源熵，即单一信源熵 $H(X)$、联合信源熵 $H(XY)$ 和条件熵 $H(X|Y)$，它们之间的关系是

$$\begin{aligned} H(XY) &= \sum_{k=1}^{K}\sum_{j=1}^{J}P(x_k,y_j)I(x_k,y_j) \\ &= \sum_{k=1}^{K}\sum_{j=1}^{J}P(x_k,y_j)I(y_j)+\sum_{k=1}^{K}\sum_{j=1}^{J}P(x_k,y_j)I(x_k|y_j)=H(Y)+H(X|Y) \\ &= \sum_{k=1}^{K}\sum_{j=1}^{J}P(x_k,y_j)I(x_k)+\sum_{k=1}^{K}\sum_{j=1}^{J}P(x_k,y_j)I(y_j|x_k)=H(X)+H(Y|X) \end{aligned}$$

即

$$H(XY)=H(X)+H(Y|X)=H(Y)+H(X|Y) \tag{2.3.9}$$

上式是熵的强可加性的另一种表达方式。

进一步扩展到多维信源或多个随机变量，式（2.3.9）可表示成

$$H(X_1X_2\cdots X_N)=H(X_1)+H(X_2|X_1)+H(X_3|X_1X_2)+\cdots+H(X_N|X_1X_2\cdots X_{N-1}) \tag{2.3.10}$$

记 $X^N=X_1X_2\cdots X_N$，则有

$$H(X^N)=\sum_{n=1}^{N}H(X_n\mid X^{n-1}) \tag{2.3.11}$$

当 X 与 Y 为相互独立的随机变量，即 $p(x,y)=p(x)p(y)$ 时，有

$$H(XY)=H(X)+H(Y) \tag{2.3.12}$$

$$H(X\mid Y)=H(X) \tag{2.3.13}$$

2.4 平均互信息量

在图 2.1.3 所示的通信系统模型中，设从信源产生的随机变量 X 的信息熵为 $H(X)$，描述为信源的先验不确定性，而在译码器输出和接收器收到的随机变量 Y 关于 X 的后验不确定性则是条件熵 $H(X\mid Y)$，且 $H(X\mid Y)\leqslant H(X)$ 成立。通过传输后得到的单一符号信息量称为单一符号互信息量，记为 $I(X=x_k;Y=y_j)$，描述为：信源输出单一符号 x_k，传输得到 y_j 后消除的关于 x_k 的不确定性，或得到的关于 x_k 的信息度量。整体随机变量 X 和 Y 间的统计平均互信息量记为 $I(X;Y)$。

2.4.1 平均互信息量及其计算

定义 2.4 随机变量 X 和 Y 间的平均互信息量 $I(X;Y)$ 的计算公式为

$$\begin{aligned}I(X;Y)&=H(Y)+H(X)-H(XY)\\&=H(Y)-H(Y\mid X)\\&=H(X)-H(X\mid Y)\\&=\sum_{k=1}^{K}\sum_{j=1}^{J}p(x_k,y_j)\log\left[\frac{p(x_k,y_j)}{p(x_k)p(y_j)}\right]\end{aligned} \tag{2.4.1}$$

其中单一符号信源的互信息量为

$$\begin{aligned}I(X=x_k;Y=y_j)&=\log\frac{p(x_k,y_j)}{p(x_k)p(y_j)}=\log\frac{P(x_k\mid y_j)}{P(x_k)}\\&=[-\log P(x_k)]-[-\log P(x_k\mid y_j)]\\&=I(x_k)-I(x_k\mid y_j)\end{aligned} \tag{2.4.2}$$

因此，x_k 的先验不确定性 $I(x_k)$ 减去 x_k 的后验不确定性 $I(x_k\mid y_j)$ 后，得到两符号间的互信息量，且随机变量 X 和 Y 总体联合概率分布的统计平均互信息量 $\sum_{k=1}^{K}\sum_{j=1}^{J}p(x_k,y_j)I(x_k;y_j)$ 即为两变量间的互信息量。

在式（2.4.2）中，如果 x_k 的后验概率 $P(x_k\mid y_j)$ 为 1，那么意味着收到 y_j 时就能完全肯定此时的输入一定是 x_k，x_k 的后验不确定性被完全消除，即

$$I(x_k\mid y_j)=-\log_2 P(x_k\mid y_j)=0\ \text{比特/符号} \tag{2.4.3}$$

于是，从 y_j 得到了 x_k 实有的全部信息量—— x_k 的实在信息量，即

$$I(x_k;y_j)=I(x_k)-0=I(x_k) \tag{2.4.4}$$

上式说明，x_k 的先验不确定性 $I(x_k)$ 在数值上等于自身含有的实在信息量。因此，在某些特定

场合，会把$I(x_k)$当作实在信息量来加以解释。这或许是将其取名为“自信息量”的原因之一。但要强调的是，信息量与不确定性是两个不同的物理概念，$I(x_k)$不是信息量，只是不确定性，互信息量$I(x_k;y_j)$才是信息量，把$I(x_k)$当作信息量只是为了说明一种数量上的相等关系。

【例 2.4】甲在一个 8×8 的方格棋盘上随意放入一枚棋子，在乙看来棋子落入的位置是不确定的。

（1）甲告知乙棋子落入方格的行号时，乙得到了多少信息量？

（2）甲将棋子落入方格的行号和列号都告知乙时，乙得到了多少信息量？

解：（1）棋子落入方格的顺序号用随机变量Z表示，棋子落入方格的行号用随机变量X表示，即

$$Z=\{z_l \mid l=1,2,\cdots,64\}$$
$$X=\{x_k \mid k=1,2,\cdots,8\}$$

乙从甲告知的方格行号x_k获得的关于方格顺序号z_l的信息就是互信息量$I(z_l;x_k)$。按照定义，$I(z_l;x_k)$应等于获知行号x_k前后z_l的不确定性的减少量。此时，有

$$I(z_l;x_k)=I(z_l)-I(z_l \mid x_k)=6-3=3\ \text{比特/符号}$$

由互信息量的概率计算式可得出相同的结果：

$$I(z_l;x_k)=\log_2\frac{P(z_l \mid x_k)}{P(x_k)}=\log_2\frac{1/8}{1/64}=3\ \text{比特/符号}$$

（2）用随机变量Y表示棋子落入方格的列号，即$Y=\{y_j \mid j=1,2,\cdots,8\}$。当甲将棋子落入方格的行号和列号都告知乙时，乙就可以完全确定棋子落入方格的顺序号。这时，z_l的后验概率为

$$P(z_l \mid x_k y_j)=1$$

z_l的后验不确定性为

$$I(z_l \mid x_k y_j)=-\log_2 P(z_l \mid x_k y_j)=0$$

因此互信息量为

$$I(z_l;x_k y_j)=I(z_l)-I(z_l \mid x_k y_j)=6-0=6\ \text{比特/符号}$$

类似于信息熵和条件熵，平均互信息量作为熵运算也可以推广到多个随机变量。

定义 2.5 式

$$I(X;Y|Z)=\sum_{k,j,i}P(x_k,y_j,z_i)\log\left[\frac{P(x_k,y_j|z_i)}{P(x_k|z_i)P(y_j|z_i)}\right]$$

是在Z已知的条件下，随机变量X与Y的平均互信息量，它满足

$$\begin{aligned}I(X;Y|Z)&=H(X|Z)+H(Y|Z)-H(XY|Z)\\&=H(Y|Z)-H(Y|XZ)\\&=H(X|Z)-H(X|YZ)\end{aligned}$$

可见，条件平均互信息量$I(X;Y|Z)$仅在平均互信息量$I(X;Y)$的基础上增加了条件Z，其他均与两变量的形式相同，且条件互信息量也满足非负性，即$I(X;Y|Z)\geqslant 0$。

2.4.2 平均互信息量的性质

平均互信息量的性质

平均互信息量有如下基本性质。

（1）互易性，即$I(X;Y)=I(Y;X)$。

由式（2.4.1）应用概率的乘法公式，不难推出

$$I(Y;X)=\sum_{k=1}^{K}\sum_{j=1}^{J}P(x_k,y_j)\log\left[\frac{P(x_k,y_j)}{P(x_k)P(y_j)}\right] \quad (2.4.5)$$

这意味着$I(X;Y)=I(Y;X)$，即具备互易性，说明X给出的关于Y的信息与Y给出的关于X的信息同样多！互易性也可用下式表示：

$$I(X;Y)=H(X)-H(X|Y)=H(Y)-H(Y|X)=I(Y;X) \quad (2.4.6)$$

（2）非负性，即$I(X;Y)\geqslant 0$。

单一符号互信息量$I(x_i;y_j)$可正可负，还可为0，但平均互信息量是非负的，即$I(X;Y)\geqslant 0$，等号成立的充要条件是X与Y相互独立。其物理意义是：对于两个独立的随机实验，其中任何一个随机实验的结果不会提供另一个随机实验的任何信息。

利用信息论不等式，不难给出$I(X;Y)$非负的数学证明：

$$\begin{aligned}-I(X;Y)&=\sum_{k,j}P(x_k,y_j)\log\left[\frac{P(x_k)}{P(x_k|y_j)}\right]\\&\leqslant\log\mathrm{e}\sum_{k=1}^{K}\sum_{j=1}^{J}P(y_j)P(x_k|y_j)\left[\frac{P(x_k)}{P(x_k|y_j)}-1\right]\\&=\log\mathrm{e}\left[\sum_{k=1}^{K}\sum_{j=1}^{J}P(x_k)P(y_j)-\sum_{k=1}^{K}\sum_{j=1}^{J}P(y_j)P(x_k|y_j)\right]\\&=0\end{aligned}$$

当$P(y_j)\neq 0$时，等式成立当且仅当$P(x_k)=P(x_k|y_j)$，对所有k,j，这意味着X与Y相互独立。

由平均互信息量的非负性可以得出熵的一个有用性质。因为

$$I(X;Y)=H(X)-H(X|Y)\geqslant 0$$

所以有

$$H(X|Y)\leqslant H(X) \quad (2.4.7)$$

这说明条件熵不会大于无条件熵，增加条件只能使不确定性减小，但不会增大不确定性；进一步推广后，可以说条件多的熵不大于条件少的熵，即

$$H(X|Y_1Y_2\cdots Y_N)\leqslant H(X|Y_1Y_2\cdots Y_{N-1})\leqslant\cdots\leqslant H(X) \quad (2.4.8)$$

（3）有界性，即

$$I(X;Y)=I(Y;X)\leqslant\begin{cases}H(X)=I(X)\\H(Y)=I(Y)\end{cases} \quad (2.4.9)$$

也就是说，从Y（或X）得到的关于X（或Y）的信息，不会多于X（或Y）自身的实在信息。这与我们的常识是吻合的。

有界性的证明可由平均互信息量的定义和熵的非负性得出。

2.4.3　熵及平均互信息量之间的关系

各种熵及平均互信息量之间的关系可用图 2.4.1 表示。

熵及平均互信息量之间的关系

图 2.4.1　各种熵及平均互信息量之间的关系

两种极端情况如下：

（1）当 X 与 Y 是相互独立的随机变量时，$I(X;Y)=0$，即相互独立的随机变量间无互信息量。

（2）当 $X=Y$ 时，$H(XY)=H(X)=H(Y)$，有 $I(X;Y)=H(X)$。

2.5　各类信源熵的扩展

2.5.1　离散无记忆扩展信源的信息熵

对于离散无记忆信源 X，考虑任意 N 个相邻时刻的输出随机变量 $X^N=X_1X_2\cdots X_N$，将 X^N 视为一个新的离散无记忆信源的输出，记为 X^N 的这个信源，称为 X 的 N 次扩展信源。由于 X 无记忆，所以各个 $X_n, n=1,2,\cdots,N$ 独立同分布，都等同于同一个随机变量 X，因此扩展信源 X^N 的熵为

$$H(X^N)=H(X_1)+H(X_2)+\cdots+H(X_N)=NH(X)\ \text{比特}/N\text{长符号串} \tag{2.5.1}$$

需要注意的是，X 和 X^N 是两个不同的模型，但描述的是同一个信源。X 描述信源单个符号的统计特性，X^N 描述信源 N 长符号串的统计特性。如果信源无记忆，那么两个模型是等价的。式（2.5.1）说明，N 长符号串的平均不确定性 $H(X^N)$ 是单个符号平均不确定性 $H(X)$ 的 N 倍。

扩展信源概率空间和熵的求法如下例所示。

【例 2.5】 设有离散无记忆信源 $X=[x_1,x_2]$, $P(x_1)=p$。

（1）求 $[X^2,P_{X^2}]$ 和 $[X^3,P_{X^3}]$。

（2）当 $p=1/2$ 时，计算 $H(X^3)$。

解：（1）2 次和 3 次扩展信源的符号表的求法如图 2.5.1 所示，结果为

$$X^2=[x_1x_1,x_1x_2,x_2x_1,x_2x_2]$$

$$X^3=[x_1x_1x_1,x_1x_1x_2,x_1x_2x_1,x_1x_2x_2,x_2x_1x_1,x_2x_1x_2,x_2x_2x_1,x_2x_2x_2]$$

根据概率的完备性，可求出 $P(x_2)=q=1-p$。由于信源的无记忆特性，有

$$P(x_1x_1)=P(x_1,x_1)=P(x_1)P(x_1)=p^2$$

$$P(x_1x_2)=P(x_1,x_2)=P(x_1)P(x_2)=pq$$

$$P(x_2x_1)=P(x_2,x_1)=P(x_2)P(x_1)=qp=pq$$

$$P(x_2x_2)=P(x_2,x_2)=P(x_2)P(x_2)=q^2$$

2 次扩展信源的概率空间为

$$\begin{bmatrix} X^2 \\ P_{X^2} \end{bmatrix} = \begin{bmatrix} x_1x_1 & x_1x_2 & x_2x_1 & x_2x_2 \\ p^2 & pq & pq & q^2 \end{bmatrix}$$

同理，可求出 3 次扩展信源的概率空间：

$$\begin{bmatrix} X^3 \\ P_{X^3} \end{bmatrix} = \begin{bmatrix} x_1x_1x_1 & x_1x_1x_2 & x_1x_2x_1 & x_1x_2x_2 & x_2x_1x_1 & x_2x_1x_2 & x_2x_2x_1 & x_2x_2x_2 \\ p^3 & p^2q & p^2q & pq^2 & p^2q & pq^2 & pq^2 & q^3 \end{bmatrix}$$

当 $p=1/2$ 时，$q=1/2$，此时

$$\begin{bmatrix} X^3 \\ P_{X^3} \end{bmatrix} = \begin{bmatrix} x_1x_1x_1 & x_1x_1x_2 & x_1x_2x_1 & x_1x_2x_2 & x_2x_1x_1 & x_2x_1x_2 & x_2x_2x_1 & x_2x_2x_2 \\ \frac{1}{8} & \frac{1}{8} & \frac{1}{8} & \frac{1}{8} & \frac{1}{8} & \frac{1}{8} & \frac{1}{8} & \frac{1}{8} \end{bmatrix}$$

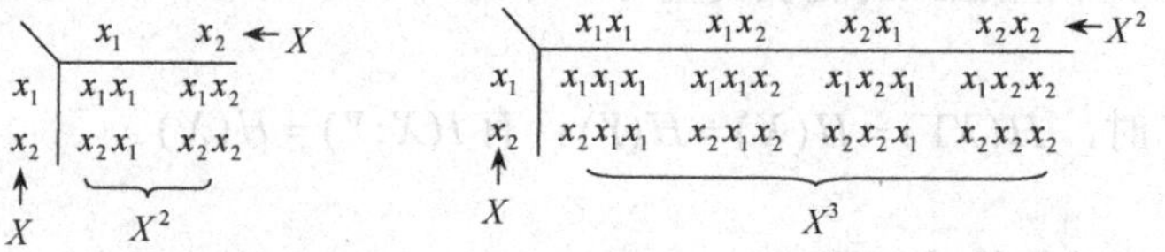

X \	x_1	x_2 ← X
x_1	x_1x_1	x_1x_2
x_2	x_2x_1	x_2x_2

（行：X；表体：X^2）

X \	x_1x_1	x_1x_2	x_2x_1	x_2x_2 ← X^2
x_1	$x_1x_1x_1$	$x_1x_1x_2$	$x_1x_2x_1$	$x_1x_2x_2$
x_2	$x_2x_1x_1$	$x_2x_1x_2$	$x_2x_2x_1$	$x_2x_2x_2$

（行：X；表体：X^3）

图 2.5.1　2 次和 3 次扩展信源的符号表的求法

（2）可用两种方法求 3 次扩展信源的熵。一种方法是直接根据 3 次扩展信源的概率空间求熵：

$$H(X^3)=\log_2 8=3\ \text{比特/3 长符号串}$$

第二种方法是根据扩展信源与原信源熵的关系求解：

$$H(X^3)=3H(X)=3\sum_{i=1}^{2}P(x_i)\log_2\frac{1}{P(x_i)}=3\times\left(\tfrac{1}{2}\log_2 2+\tfrac{1}{2}\log_2 2\right)=3\ \text{比特/3 长符号串}$$

两种方法所得的结果相同。

2.5.2　离散平稳信源的信息熵

当离散有记忆信源 X 的 N 维分布函数与时间的起点无关，即 X 是 N 阶离散平稳信源时，只需考虑任意 N 个相邻时刻的随机变量序列 $X_1X_2\cdots X_N$ 即能覆盖信源整体。因此，N 阶平稳信源 X 的熵为联合熵，表示为

$$H(X^N)=H(X_1X_2\cdots X_N)\ \text{比特/}N\text{ 长符号串} \tag{2.5.2}$$

或

$$H_N(X)=\tfrac{1}{N}H(X^N)=\tfrac{1}{N}H(X_1X_2\cdots X_N)\ \text{比特/符号} \tag{2.5.3}$$

对于一般的离散有记忆信源，需要考虑 $N\to\infty$ 时的极限熵：

$$H_\infty(X)=\lim_{N\to\infty}H_N(X)=\lim_{N\to\infty}\tfrac{1}{N}H(X_1X_2\cdots X_N)\ \text{比特/符号} \tag{2.5.4}$$

关于极限熵 $H_\infty(X)$ 的存在性和具体计算方法，这里只做简单的讨论。

首先，由熵的性质不难证明 $H_N(X)$ 是非增的、有界的：

$$0\leqslant H_N(X)\leqslant H_{N-1}(X)\leqslant\cdots\leqslant H_1(X)\leqslant H_0(X)<\infty \tag{2.5.5}$$

式中，$H_1(X)=H(X)$ 是 X 为离散无记忆信源时的熵；$H_0(X)=H_{\max}(X)$ 是 X 为等概率分布时的熵，即最大熵。上式表明，当信源内部有关联（也称有记忆）时会使熵降低，其包含的实在信息量也会降低。

其次，由于 $H_N(X)$ 有界，因此极限熵 $H_\infty(X)$ 存在。进一步推导可得

$$H_\infty(X)=\lim_{N\to\infty}H(X_N\,|\,X_1X_2\cdots X_{N-1})=\lim_{N\to\infty}H(X_N\,|\,X^{N-1}) \tag{2.5.6}$$

如果 X 是无记忆的，那么有

$$\begin{aligned}H(X^N)&=H(X_1X_2\cdots X_N)\\&=H(X_1)+H(X_2)+\cdots+H(X_N)\\&=NH(X)\end{aligned} \tag{2.5.7}$$

于是有

$$H_\infty(X)=\lim_{N\to\infty}H_N(X)=\lim_{N\to\infty}\tfrac{1}{N}H(X^N)=H(X)\ \text{比特/符号} \tag{2.5.8}$$

信源的实在信息量在数值上等于其平均不确定性，因此，一般情况下，恒有

$$I(X)=H_\infty(X) \tag{2.5.9}$$

信源的信息速率 R_t 是信源单位时间内发出的平均信息量，若信源平均 t_s 秒发出一个符号，则有

$$R_t=\frac{R}{t_s}=\frac{H_\infty(X)}{t_s}\ \text{比特/秒} \tag{2.5.10}$$

信源的信息含量效率 η 定义为实际的实在信息量与最大的实在信息量之比：

$$\eta=\frac{I(X)}{I_{\max}(X)}=\frac{H_\infty(X)}{H_{\max}(X)} \tag{2.5.11}$$

显然有

$$0\leqslant\eta\leqslant1 \tag{2.5.12}$$

当且仅当 X 是离散无记忆信源且等概率分布（$P_X=P_0$）时，$\eta=1$。

另外，我们定义

$$\gamma=1-\eta=1-\frac{H_\infty(X)}{H_{\max}(X)}=\frac{H_{\max}(X)-H_\infty(X)}{H_{\max}(X)} \tag{2.5.13}$$

为信源 X 的（信息）相对冗余度，表示信源含无效成分的程度。当然，这时也有

$$0\leqslant\gamma\leqslant1 \tag{2.5.14}$$

$\gamma=0$ 当且仅当等概率分布 $P_X=P_0$。

传送信源输出的消息符号时，从提高信息传递效率出发，必须先对信源进行改造（变换），以最大限度地减小改造后的等效信源的冗余（无效成分）。这种去冗余的任务由“信源编码”承担。

上面的信息（速）率、信息含量效率及冗余度都是针对一般信源定义的。对于 DMS，只需把公式中的极限熵 $H_\infty(X)$ 换成普通熵 $H(X)$ 即可。

【例 2.6】 有一个离散无记忆信源

$$\begin{bmatrix}X\\P\end{bmatrix}=\begin{bmatrix}x_1 & x_2 & x_3\\ \frac{1}{2} & \frac{1}{4} & \frac{1}{4}\end{bmatrix},\ \sum_{i=1}^{3}p(x_i)=1$$

求这个离散无记忆信源的二次扩展信源的熵。

解： 离散无记忆信源的二次扩展信源的输出，是信源 X 的输出长度为 2 的符号序列。因为信源 X 共有 3 个不同的符号，所以由信源 X 中的每两个符号组成的长度为 2 的不同符号

序列共有 $3^2=9$ 个，即二次扩展信源 X^2 共有 9 个不同的符号序列。因为信源 X 是无记忆的，所以有 $p(\alpha_i)=p(x_{i_1}x_{i_2})=p(x_{i_1})p(x_{i_2})$，$i_1,i_2=1,2,3$，于是可得信源序列 X^2 的概率空间为

$$\begin{bmatrix} X^2 \\ P(\alpha_i) \end{bmatrix}=\begin{bmatrix} x_1x_1 & x_1x_2 & x_1x_3 & x_2x_1 & x_2x_2 & x_2x_3 & x_3x_1 & x_3x_2 & x_3x_3 \\ \frac{1}{4} & \frac{1}{8} & \frac{1}{8} & \frac{1}{8} & \frac{1}{16} & \frac{1}{16} & \frac{1}{8} & \frac{1}{16} & \frac{1}{16} \end{bmatrix}$$

可以算得

$$H(x)=-\sum_{i=1}^{3}p(x_i)\log_2 p(x_i)=1.5\ \text{比特/符号}$$

$$H(x^2)=-\sum_{i=1}^{9}p(x_i)\log_2 p(x_i)=3\ \text{比特/符号}$$

所以有

$$H(x^2)=2H(x)$$

【例 2.7】 设信源为 $X=[x_1,x_2,x_3]$，$p(x_1)=1/2,\ p(x_2)=1/3$。求信息含量效率和相对冗余度。

解：

$$\eta=\frac{H(X)}{H_{\max}(X)}=\frac{\frac{1}{2}\log_2 2+\frac{1}{3}\log_2 3+\frac{1}{6}\log_2 6}{\log_2 3}\approx 92\%,\quad \gamma=1-\eta=0.08$$

2.5.3 连续信源的信息熵

1. 连续随机变量的熵

在讨论连续信源的熵之前，先回顾离散信源的熵。设 X 为离散随机变量，其统计特性由概率空间

$$[X,P_X]=[x_k,p_k\mid k=1,2,\cdots,K],\quad p_k\geqslant 0,\quad \sum_{k=1}^{K}p_k=1$$

描述。X 的熵为

$$H(X)=-\sum_{k=1}^{K}p_k\log p_k$$

如果 X 是连续随机变量，那么其取值集合是连续区间 $[a,b]$，统计特性由定义于 $[a,b]$ 上的概率密度函数 $f_X(x)$ 描述。因此，连续信源 X 的数学模型为

$$\begin{gathered}[X,P_X]=[x,f_X(x)\mid x\in[a,b]] \\ f_X(x)\geqslant 0,\quad \int_a^b f_X(x)\,\mathrm{d}x=1\end{gathered}\tag{2.5.15}$$

如果把连续熵视为离散熵的极限情况，那么可先将 X 的值域 $[a,b]$ 等分为 K 个子区间：

$$\varDelta_1,\varDelta_2,\cdots,\varDelta_K,\quad \varDelta_k=\varDelta=\frac{b-a}{K},\quad k=1,2,\cdots,K$$

第 k 个子区间内的概率 p_k 为

$$p_k=\int_{a+(k-1)\varDelta}^{a+k\varDelta}f_X(x)\,\mathrm{d}x=f_X(x_k)\varDelta,\quad a+(k-1)\varDelta\leqslant x_k\leqslant a+k\varDelta$$

这样就得到一个离散随机变量 $X_\varDelta$，其概率空间为

$$\begin{bmatrix} X_\varDelta \\ P_{X_\varDelta} \end{bmatrix}=\begin{bmatrix} x_1 & x_2 & \cdots & x_K \\ f_X(x_1)\varDelta & f_X(x_2)\varDelta & \cdots & f_X(x_K)\varDelta \end{bmatrix}$$

且概率空间是完备的：

$$\sum_{k=1}^{K} f_X(x_k)\varDelta = \sum_{k=1}^{K}\left[\int_{a+(k-1)\varDelta}^{a+k\varDelta} f_X(x)\,\mathrm{d}x\right] = \int_a^b f_X(x)\,\mathrm{d}x = 1$$

于是，根据离散熵公式，有

$$\begin{aligned} H(X_\varDelta) &= -\sum_{k=1}^{K}[f_X(x_k)\varDelta]\log[f_X(x_k)\varDelta] \\ &= -\left[\sum_{k=1}^{K} f_X(x_k)\log f_X(x_k)\right]\cdot\varDelta - (\log\varDelta)\sum_{k=1}^{K} f_X(x_k)\cdot\varDelta \\ &= -\left[\sum_{k=1}^{K} f_X(x_k)\log f_X(x_k)\right]\cdot\varDelta - \log\varDelta \end{aligned}$$

可以用离散熵 $H(X_\varDelta)$ 来近似连续熵 $H(X)$，如果将区间 $[a,b]$ 无限细分，即 $K\to\infty$，$\varDelta\to 0$，那么对离散熵 $H(X_\varDelta)$ 取极限即可得连续熵 $H(X)$ 的实际值：

$$\begin{aligned} H(X) &= \lim_{\substack{K\to\infty \\ (\varDelta\to 0)}} H(X_\varDelta) \\ &= -\int_a^b f_X(x)\log f_X(x)\,\mathrm{d}x - \lim_{\substack{K\to\infty \\ (\Delta\to 0)}} \log\varDelta \\ &= -\int_a^b f_X(x)\log f_X(x)\,\mathrm{d}x + \infty \end{aligned}$$

式中，第二项为无穷大，因此按离散熵的概念推出的连续熵为无穷大，失去意义。尽管如此，上式中的第一项作为连续熵的相对值仍有一定的意义，为了与连续熵的实际值相区别，称其为连续随机变量 X 的微分熵，记为 $h(X)$：

$$h(X) = -\int_a^b f_X(x)\log f_X(x)\,\mathrm{d}x$$

考虑到 X 的取值区间可能扩展到整个实轴 R，因此微分熵的更一般的定义式为

$$\begin{aligned} h(X) &= -\int_{-\infty}^{\infty} f_X(x)\log f_X(x)\,\mathrm{d}x \\ &= -\int_R f_X(x)\log f_X(x)\,\mathrm{d}x \end{aligned} \tag{2.5.16}$$

微分熵与离散熵在表示形式上具有相似性，只是将概率换成了概率密度函数，将求和换成了积分。事实上，香农在 1948 年发表的论文中，直接将上式定义为连续随机变量的熵。

尽管微分熵与离散熵在表示形式上具有相似性，但二者在概念上是有区别的。首先，微分熵只是实际熵的有限项，去掉了无穷大项，不能作为连续随机变量不确定性的度量公式；其次，连续随机变量取值于连续区间，有无穷多个取值点，每个取值点的概率均为 0，自信息量无意义，因此不能将其理解为自信息量的统计平均，以此区别于离散熵。在离散情况下的自信息量、条件自信息量及事件信息，在连续情况下都失去了物理意义。

因此，微分熵 $h(X)$ 不能作为连续随机变量 X 不确定性的真正测度。那么微分熵 $h(X)$ 的意义何在呢？为此，我们可以改变一下考虑问题的角度：孤立地看某个连续随机变量的微分熵时，它的确无意义，但在比较两个连续随机变量不确定性的大小，即两者的差异时，微分熵就有了实用性。例如，为确定两个连续随机变量 X 和 Y 的不确定性大小，可以忽略实际熵中的无穷大项，直接比较微分熵 $h(X)$ 和 $h(Y)$ 的大小。因此，考虑熵的变化时，微分熵仍具有相对意义。

由于微分熵只是实际熵中的有限项，因此微分熵具有如下性质。

① 不满足非负性，不同于离散熵，微分熵可能出现负值。

② 可加性，即

$$h(XY)=h(X)+h(Y/X)=h(Y)+h(X/Y)$$

$$h(X/Y)\leqslant h(X)$$

$$h(Y/X)\leqslant h(Y)$$

$$h(XY)\leqslant h(X)+h(Y)$$

当且仅当 X 和 Y 统计独立时，等号成立。

③ 凸状性和极值性。微分熵是连续随机变量 X 的概率分布函数 $p(x)$ 的凸函数，因此对于给定的概率密度函数，可得到微分熵的最大值。

【例 2.8】（均匀分布随机变量的熵）设连续随机变量 X 的概率密度函数为

$$f_X(x)=\begin{cases}1/(b-a), & x\in[a,b]\\ 0, & x\notin[a,b]\end{cases}$$

即服从均匀分布，求微分熵。

解：由微分熵的定义式，很容易求出 X 的微分熵：

$$h(X)=-\int_a^b \frac{1}{b-a}\log\frac{1}{b-a}\,\mathrm{d}x=\log(b-a)$$

若 $b-a<1$，则 $h(X)<0$，微分熵变为负值。由这一反例可知，微分熵不具有非负性。

【例 2.9】（高斯分布随机变量的熵）设随机变量服从高斯分布，即

$$f_X(x)=\frac{1}{\sqrt{2\pi\sigma^2}}\mathrm{e}^{-(x-\mu)^2/2\sigma^2},\quad -\infty<x<+\infty$$

求微分熵。

解：求积分时要注意计算技巧。由微分熵的定义，有

$$\begin{aligned}H(X)&=-\int_{-\infty}^{\infty} f_X(x)\log f_X(x)\,\mathrm{d}x\\&=-\int_{-\infty}^{\infty} f_X(x)\log\left[\frac{1}{\sqrt{2\pi\sigma^2}}\mathrm{e}^{-(x-\mu)^2/2\sigma^2}\right]\mathrm{d}x\\&=-\int_{-\infty}^{\infty} f_X(x)\log\left[\frac{1}{\sqrt{2\pi\sigma^2}}\right]\mathrm{d}x-\int_{-\infty}^{\infty} f_X(x)\log\left[\frac{1}{\sqrt{2\pi\sigma^2}}\mathrm{e}^{-(x-\mu)^2/2\sigma^2}\right]\mathrm{d}x\\&=\log\sqrt{2\pi\sigma^2}\int_{-\infty}^{\infty} f_X(x)\,\mathrm{d}x+\frac{\log \mathrm{e}}{2\sigma^2}\int_{-\infty}^{\infty} f_X(x)(x-\mu)^2\,\mathrm{d}x\end{aligned}$$

式中，

$$\int_{-\infty}^{\infty} f_X(x)\,\mathrm{d}x=1,\quad \int_{-\infty}^{\infty} f_X(x)(x-\mu)^2\,\mathrm{d}x=\sigma^2$$

所以

$$H(X)=\log\sqrt{2\pi\sigma^2}+\frac{\log \mathrm{e}}{2\sigma^2}\sigma^2=\log\sqrt{2\pi \mathrm{e}\,\sigma^2}$$

2. 连续随机变量的联合熵、条件熵和平均互信息量

微分熵的概念可以推广到多个连续随机变量，于是有联合微分熵和条件微分熵，它们与普通微分熵一样，都只具有相对意义。以下讨论两个连续随机变量下联合微分熵和条件微分

熵的定义式，多于两个随机变量的情形可以类推。

连续随机变量 X 和 Y 的联合微分熵 $h(XY)$ 定义为

$$h(XY) = -\int_{-\infty}^{\infty}\int_{-\infty}^{\infty} f_{XY}(x,y)\log f_{XY}(x,y)\,\mathrm{d}x\,\mathrm{d}y \tag{2.5.17}$$

连续随机变量 X 和 Y 的条件微分熵 $h(X|Y)$ 定义为

$$h(X|Y) = -\int_{-\infty}^{\infty}\int_{-\infty}^{\infty} f_{XY}(x,y)\log f_{X|Y}(x|y)\,\mathrm{d}x\,\mathrm{d}y \tag{2.5.18}$$

各类微分熵之间存在与离散熵相类似的关系，例如恒等关系：

$$h(XY) = h(X) + h(Y|X) = h(Y) + h(X|Y) \tag{2.5.19}$$

不等关系：

$$\begin{aligned} h(X|Y) &\leqslant h(X) \\ h(XY) &\leqslant h(X) + h(Y) \end{aligned} \tag{2.5.20}$$

式中，等号成立的充要条件是 X 与 Y 统计独立。

任意两个连续随机变量 X 和 Y 之间的平均互信息量 $I(X;Y)$ 的计算式为

$$\begin{aligned} I(X;Y) &= \int_{-\infty}^{\infty}\int_{-\infty}^{\infty} f_{XY}(x,y)\log\frac{f_{XY}(x,y)}{f_X(x)f_Y(y)}\,\mathrm{d}x\,\mathrm{d}y \\ &= \int_{-\infty}^{\infty}\int_{-\infty}^{\infty} f_{XY}(x,y)\log\frac{f_{X|Y}(x|y)}{f_X(x)}\,\mathrm{d}x\,\mathrm{d}y \end{aligned} \tag{2.5.21}$$

上式可用离散化取极限的方法严格推出，是精确的，并未舍弃无穷大项而取相对值，因此采用与离散情形下相同的符号，即 $I(X;Y)$。

由式（2.5.21）可推出平均互信息量与微分熵之间的关系：

$$\begin{aligned} I(X;Y) &= \int_{-\infty}^{\infty}\int_{-\infty}^{\infty} f_{XY}(x,y)\log\frac{f_{X|Y}(x|y)}{f_X(x)}\,\mathrm{d}x\,\mathrm{d}y \\ &= -\int_{-\infty}^{\infty}\log f_X(x)\,\mathrm{d}x\int_{-\infty}^{\infty} f_{XY}(x,y)\,\mathrm{d}y + \int_{-\infty}^{\infty}\int_{-\infty}^{\infty} f_{XY}(x,y)\log f_{XY}(x|y)\,\mathrm{d}x\,\mathrm{d}y \\ &= -\int_{-\infty}^{\infty} f_X(x)\log f_X(x)\,\mathrm{d}x + \int_{-\infty}^{\infty}\int_{-\infty}^{\infty} f_{XY}(x,y)\log f_{XY}(x|y)\,\mathrm{d}x\,\mathrm{d}y \end{aligned}$$

即

$$I(X;Y) = h(X) - h(X|Y) \tag{2.5.22}$$

平均互信息量概念本身就具有相对意义，求平均互信息量时，实际连续熵中的无穷大项相互抵消，只剩下有限值相减。

连续情况下的平均互信息量有实际的物理意义，仍具有互易性和非负性，即

$$\begin{aligned} I(X;Y) &= h(X) - h(X|Y) = h(Y) - h(Y|X) = I(Y;X) \\ I(X;Y) &\geqslant 0 \end{aligned} \tag{2.5.23}$$

【例 2.10】 X 和 Y 是二维正态分布随机变量，$E[X]=E[Y]=0$，$\mathrm{Var}[X]=\sigma_1^2$，$\mathrm{Var}[Y]=\sigma_2^2$，$\rho = E[XY]/\sigma_1\sigma_2$，求 $H(X), H(X|Y), I(X;Y)$。

解： 由概率论知识可知，联合概率密度函数为

$$f_{XY}(x,y) = \frac{1}{2\pi\sigma_1\sigma_2\sqrt{1-\rho^2}}\mathrm{e}^{-(x^2/\sigma_1^2 + y^2/\sigma_2^2 - 2\rho xy/\sigma_1\sigma_2)/2(1-\rho^2)}$$

由此可以求出边缘密度和条件密度：

$$f_X(x)=\int_{-\infty}^{\infty} f_{XY}(x,y)\,\mathrm{d}y=\frac{1}{\sqrt{2\pi\sigma_1^2}}\mathrm{e}^{-x^2/2\sigma_1^2}$$

$$f_Y(y)=\int_{-\infty}^{\infty} f_{XY}(x,y)\,\mathrm{d}x=\frac{1}{\sqrt{2\pi\sigma_2^2}}\mathrm{e}^{-y^2/2\sigma_2^2}$$

$$f_{X|Y}(x\,|\,y)=f_{XY}(x,y)/f_Y(y)=\frac{1}{\sqrt{2\pi\sigma_1^2(1-\rho^2)}}\mathrm{e}^{-(x-\frac{\sigma_1}{\sigma_2}\rho y)^2\Big/2\sigma_1^2(1-\rho^2)}$$

再由微分熵的定义式得

$$H(X)=\log\sqrt{2\pi\mathrm{e}\sigma_1^2}$$
$$H(X\,|\,Y)=\log\sqrt{2\pi\mathrm{e}\sigma_1^2(1-\rho^2)}$$

于是有

$$I(X;Y)=h(X)-h(X\,|\,Y)=\log\sqrt{1/(1-\rho^2)}$$

3．微分熵的极大化问题

离散熵的极大化问题很简单，我们已经知道结论，即等概率分布时熵最大。求连续随机变量的最大微分熵时，还要附加一些约束条件，如幅值受限、功率受限等。

（1）幅值受限

所谓幅值受限，是指随机变量的取值受限于某个区间。由于幅值受限，所以峰值功率也受限，二者是等价的。在幅值受限条件下，随机变量服从均匀分布时，微分熵最大，具体结论由以下定理给出。

定理 2.2 设 X 的取值受限于有限区间 $[a,b]$，则 X 服从均匀分布时，其熵达到最大。

证明：因为 X 的取值受限于有限区间 $[a,b]$，所以有

$$\int_a^b f_X(x)\,\mathrm{d}x=1 \tag{2.5.24}$$

要在以上约束条件下求微分熵的最大值，可利用拉格朗日乘数法，令

$$F[f_X(x)]=-\int_a^b f_X(x)\log f_X(x)\,\mathrm{d}x+\lambda\left[\int_a^b f_X(x)\,\mathrm{d}x-1\right]$$

于是，问题转化为求 $F[f_X(x)]$ 的最大值问题。简单推导后，应用 $\ln z\leqslant z-1$（定理 2.1）有

$$F[f_X(x)]=\log\mathrm{e}\int_a^b f_X(x)\ln\left[\frac{2^\lambda}{f_X(x)}\right]\mathrm{d}x-\lambda$$
$$\leqslant\log\mathrm{e}\int_a^b f_X(x)\left[\frac{2^\lambda}{f_X(x)}-1\right]\mathrm{d}x-\lambda$$

上式中等号成立时即取最大值，由定理 2.1 可知，等号成立的充要条件是

$$\frac{2^\lambda}{f_X(x)}=1$$

即

$$f_X(x)=2^\lambda$$

由式（2.5.24）的约束条件决定常数 λ（或 2^λ）有

$$\int_a^b f_X(x)\,\mathrm{d}x=\int_a^b 2^\lambda\,\mathrm{d}x=2^\lambda(b-a)=1$$

所以

$$f_X(x)=2^{\lambda}=\frac{1}{b-a}$$

即 X 服从均匀分布：

$$f_X(x)=\begin{cases}1/(b-a),\ x\in[a,b]\\0,\ x\notin[a,b]\end{cases}$$

此时，最大微分熵为

$$h(X)=-\int_a^b\frac{1}{b-a}\log\frac{1}{b-a}\mathrm{d}x=\log(b-a)$$

（2）方差受限

设 X 的方差受限于 σ^2，即

$$\int_{-\infty}^{\infty}(x-\mu)^2 f_X(x)\mathrm{d}x=\sigma^2 \tag{2.5.25}$$

式中，μ 为 X 的均值。而

$$\int_{-\infty}^{\infty}(x-\mu)^2 f_X(x)\mathrm{d}x=\int_{-\infty}^{\infty}(x^2-2x\mu+\mu^2)f_X(x)\mathrm{d}x=\int_{-\infty}^{\infty}x^2 f_X(x)\mathrm{d}x-\mu^2$$

所以

$$\int_{-\infty}^{\infty}x^2 f_X(x)\mathrm{d}x=\sigma^2+\mu^2=P \tag{2.5.26}$$

也就是说，均值一定时，方差受限于 σ^2 等价于平均功率受限于 $P=\sigma^2+\mu^2$。

方差受限条件下，当随机变量服从高斯分布时，微分熵最大，具体结论由以下定理给出。

定理 2.3 设 X 的均值为 μ，方差受限为 σ^2，则 X 服从高斯分布时，其熵达到最大。

证明：考虑方差受限条件和概率完备性条件，令

$$\begin{aligned}F[f_X(x)]&=-\int_{-\infty}^{\infty}f_X(x)\log f_X(x)\mathrm{d}x+\lambda_1\left[\int_{-\infty}^{\infty}f_X(x)\mathrm{d}x-1\right]+\lambda_2\left[\int_{-\infty}^{\infty}(x-\mu)^2 f_X(x)\mathrm{d}x-\sigma^2\right]\\&=\log\mathrm{e}\int_{-\infty}^{\infty}f_X(x)\ln\frac{2^{\lambda_1}2^{\lambda_2(x-\mu)^2}}{f_X(x)}\mathrm{d}x-\lambda_1-\lambda_2\sigma^2\end{aligned}$$

应用 $\ln z\leqslant z-1$，有

$$F[f_X(x)]\leqslant\log\mathrm{e}\int_{-\infty}^{\infty}f_X(x)\left[\frac{2^{\lambda_1}2^{\lambda_2(x-\mu)^2}}{f_X(x)}-1\right]\mathrm{d}x-\lambda_1-\lambda_2\sigma^2$$

等号成立的充要条件是

$$\frac{2^{\lambda_1}2^{\lambda_2(x-\mu)^2}}{f_X(x)}=1$$

即

$$f_X(x)=2^{\lambda_1}2^{\lambda_2(x-\mu)^2}$$

由方差受限条件和概率完备性条件可以确定常数 2^{λ_1} 和 2^{λ_2}：

$$\begin{aligned}\int_{-\infty}^{\infty}(x-\mu)^2 2^{\lambda_1}2^{\lambda_2(x-\mu)^2}\mathrm{d}x&=2^{\lambda_1}\int_{-\infty}^{\infty}(x-\mu)^2\mathrm{e}^{-\frac{(x-\mu)^2}{2(\sqrt{1/2\ln 2^{-\lambda_2}})^2}}\mathrm{d}x\\&=2^{\lambda_1}\sqrt{2\pi}\sqrt{1/2\ln 2^{-\lambda_2}}(\sqrt{1/2\ln 2^{-\lambda_2}})^2=\sigma^2\end{aligned}$$

$$\int_{-\infty}^{\infty} 2^{\lambda_1} 2^{\lambda_2 (x-\mu)^2} \mathrm{d}x = 2^{\lambda_1} \int_{-\infty}^{\infty} \mathrm{e}^{-\frac{(x-\mu)^2}{2(\sqrt{1/2\ln 2^{-\lambda_2}})^2}} \mathrm{d}x = 2^{\lambda_1} \sqrt{2\pi} \sqrt{1/2\ln 2^{-\lambda_2}} = 1$$

解得

$$2^{\lambda_1} = \frac{1}{\sqrt{2\pi}\sigma}, \quad 2^{\lambda_2} = \mathrm{e}^{-\frac{1}{2\sigma^2}}$$

所以

$$f_X(x) = 2^{\lambda_1} (2^{\lambda_2})^{(x-\mu)^2} = \frac{1}{\sqrt{2\pi}\sigma} \mathrm{e}^{-(x-\mu)^2/2\sigma^2}$$

即 X 服从均值为 μ 、方差为 σ^2 的高斯分布时，其熵最大，最大熵为

$$h(X) = \log\sqrt{2\pi \mathrm{e} \sigma^2}$$

作为定理 2.3 的一个常见的特例，当均值为零时，平均功率 P 与方差受限于 σ^2 相等，即 $P = \sigma^2$，这时定理 2.3 的结论可表述如下：若 X 的均值为零、平均功率受限于 P，则 X 服从概率密度函数为

$$f_X(x) = \frac{1}{\sqrt{2\pi P}} \mathrm{e}^{-(x-\mu)^2/2P}$$

的高斯分布时，其熵达到最大，最大熵为

$$h(X) = \log\sqrt{2\pi \mathrm{e} P}$$

实际的信号平均功率总是受限的，信号服从高斯分布时其熵最大。这一结论给了我们一个有益的提示：传输信息时，使用高斯分布的输入信号较为有利，而噪声服从高斯分布时较为不利。

4．连续信源的熵功率

从最大熵定理可知，在 X 的平均功率受限于 P 的条件下（设均值为零），X 服从高斯分布时其熵最大，为 $h(X) = \log\sqrt{2\pi \mathrm{e} P}$，若以奈特为单位，则为 $h(X) = \ln\sqrt{2\pi \mathrm{e} P}$，因此，当 X 服从高斯分布时，平均功率可表示成

$$P = \frac{1}{2\pi \mathrm{e}} \mathrm{e}^{2h(X)}$$

若 X 的平均功率仍然受限于 P 但不是高斯分布时，则

$$h(X) \leqslant \ln\sqrt{2\pi \mathrm{e} P}$$

即

$$P \geqslant \frac{1}{2\pi \mathrm{e}} \mathrm{e}^{2h(X)}$$

定义

$$\overline{P} = \frac{1}{2\pi \mathrm{e}} \mathrm{e}^{2h(X)} \tag{2.5.27}$$

为 X 的熵功率。显然，熵功率不大于平均功率，即

$$\overline{P} \leqslant P$$

当且仅当 X 服从高斯分布时，等号成立，熵功率等于平均功率。

可以用平均功率与熵功率的差值来表示连续信源的剩余度，即

$$\text{连续信源的剩余度} = P - \overline{P}$$

按此定义，只有高斯分布的信源的剩余度才为零。

2.5.4　马尔可夫信源的信息熵

1. 马尔可夫信源

设信源所处的状态序列为 $u_1,u_2,\cdots,u_i,\cdots \in \{S_1,S_2,\cdots,S_J\}$，在每个状态下可能输出的符号序列为 $x_1,x_2,\cdots,x_i,\cdots \in \{a_1,a_2,\cdots,a_q\}$，并且认为在每一时刻，当信源发出一个符号后，信源所处的状态将发生转移。若信源输出的符号序列和状态序列满足下列条件：

（1）某个时刻信源符号的输出只与当时的信源状态有关，而与以前的状态无关，即

$$p(x_l = a_k \mid u_l = S_j, x_{l-1} = a_k, u_{l-1} = S_i, \cdots) = p(x_l = a_k \mid u_l = S_j) \tag{2.5.28}$$

式中，$a_k \in (a_1,a_2,\cdots,a_q)$，$S_i,S_j \in (S_1,S_2,\cdots,S_J)$。

当具有时齐性时，有

$$p(x_l = a_k \mid u_l = S_j) = p(a_k \mid S_j) \quad 和 \quad \sum_{a_k \in A} p(a_k \mid S_j) = 1 \tag{2.5.29}$$

（2）信源状态只由当前输出符号和前一时刻的信源状态唯一确定，即

$$p(x_l = S_i \mid x_l = a_k, u_{l-1} = S_j) = \begin{Bmatrix} 1 \\ 0 \end{Bmatrix} \tag{2.5.30}$$

则此信源就是一个马尔可夫信源。

设信源处在某个状态 S_i，当它发出一个符号后，所处的状态就变了，即从状态 S_i 变为另一个状态。显然，状态的转移依赖于发出的信源符号，因此任何时刻信源处在什么状态完全由前一时刻的状态和发出的符号决定。如此就把信源输出的符号序列变换为状态序列，这个状态序列在数学模型上可以作为时齐马尔可夫链来处理，一般用马尔可夫链的状态转移图来描述这种信源。在状态转移图上，我们用一个圆圈表示可能状态中的每个状态，它们之间用有向线连接，表示信源发出某个符号后由某个状态到另一个状态的转移，并把发出的某个符号及状态转移概率标在有向线的一侧。

【例 2.11】 设信源符号为 $X \in \{a_1,a_2,a_3\}$，信源所处的状态为

$$u \in S = \{S_1,S_2,S_3,S_4,S_5\}$$

状态转移图如图 2.5.2 所示。判断该信源是否是马尔可夫信源。

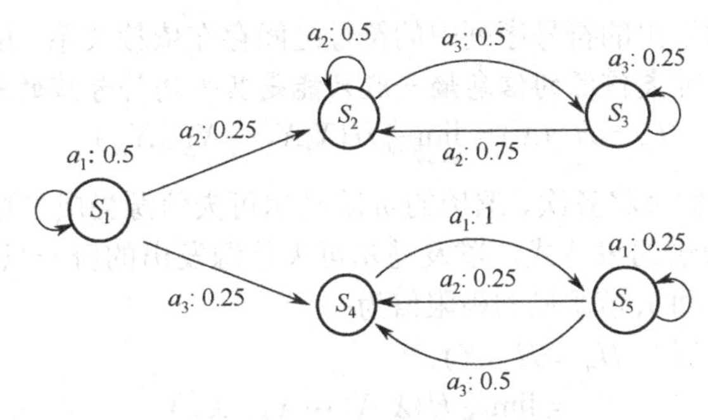

图 2.5.2　状态转移图

解： 由图 2.5.2 可知，状态下发符号的概率分别如下：

$$P(a_1 \mid S_1) = 0.5,\ P(a_2 \mid S_2) = 0.5,\ P(a_1 \mid S_5) = 0.25$$

$$P(a_2 \mid S_1)=0.25, P(a_3 \mid S_2)=0.5, P(a_2 \mid S_5)=0.25$$
$$P(a_3 \mid S_1)=0.25, P(a_2 \mid S_3)=0.75, P(a_3 \mid S_5)=0.5$$
$$P(a_1 \mid S_4)=1, P(a_3 \mid S_3)=0.25, \cdots, P(a_k \mid S_i)=0$$

可见，它们满足 $\sum_{k=1}^{3} P(a_k \mid S_i)=1,\ i=1,2,3,4,5$ 。又

$$p(u_l=S_2 \mid x_l=a_1, u_{l-1}=S_1)=0$$
$$p(u_l=S_1 \mid x_l=a_1, u_{l-1}=S_1)=1$$
$$p(u_l=S_2 \mid x_l=a_2, u_{l-1}=S_1)=1$$
$$p(u_l=S_2 \mid x_l=a_3, u_{l-1}=S_1)=0$$
$$\cdots$$

根据上面的结果，可求得状态的一步转移概率为

$$P(S_1 \mid S_1)=0.5, P(S_2 \mid S_2)=0.5, P(S_3 \mid S_3)=0.25$$
$$P(S_2 \mid S_1)=0.25, P(S_3 \mid S_2)=0.5, P(S_5 \mid S_4)=1$$
$$P(S_4 \mid S_1)=0.25, P(S_2 \mid S_3)=0.75, P(S_5 \mid S_5)=0.25$$
$$P(S_4 \mid S_5)=P(a_2 \mid S_5)+P(a_3 \mid S_5)=0.75, \cdots, P(S_j \mid S_i)=0$$

可见该信源满足马尔可夫信源的所有条件式，是马尔可夫信源。

由上例还可以看出，对于一般的 m 阶有记忆马尔可夫信源，其数学模型可由一组信源符号集和一组条件概率确定；通过引入状态转移概率，就可转化为马尔可夫链，因此马尔可夫信源的状态空间可表示为

$$\begin{bmatrix} S_1 & S_2 & \cdots & S_{q^m} \\ & p(S_j \mid S_i) & & \end{bmatrix} \tag{2.5.31}$$

式中，状态转移概率 $p(S_j \mid S_i), i,j \in (1,2,\cdots,q^m)$ 由信源符号条件概率确定。

2. 马尔可夫信源熵

根据马尔可夫信源和条件熵的定义，可计算得到信源处于状态 S_j 时，发出一个信源符号所携带的平均信息量，即在状态 S_j 下发出一个符号的条件熵为

$$H(X \mid u=S_j)=-\sum_{k=1}^{q} P(a_k \mid S_j)\log P(a_k \mid S_j) \tag{2.5.32}$$

由于马尔可夫信源发出的符号序列中的符号之间存在依赖关系，并且这种依赖关系有可能是无限的，所以马尔可夫信源的信息熵一般只能是其平均符号熵的极限值，即

$$H_\infty = H_\infty(X)=\lim_{N\to\infty}\tfrac{1}{N}H(X_1X_2\cdots X_{N-1}X_N) \tag{2.5.33}$$

时间足够长时，我们可将齐次、遍历的 m 阶马尔可夫信源当成平稳信源处理。根据离散平稳有记忆信源的极限熵的表达式，以及马尔可夫信源发出的符号只与最近的 m 个符号有关，可以推出 m 阶马尔可夫信源熵的极限值为

$$\begin{aligned} H_\infty &= H_\infty(X) \\ &= \lim_{N\to\infty}\tfrac{1}{N}H(X_1X_2\cdots X_{N-1}X_N) \\ &= \lim_{N\to\infty}H(X_N \mid X_1X_2\cdots X_{N-1}) \\ &= H(X_{m+1} \mid X_1X_2\cdots X_m) \\ &= H_{m+1} \end{aligned} \tag{2.5.34}$$

上式说明 m 阶马尔可夫信源的极限熵等于 m 阶条件熵。

证明：对于齐次、遍历的马尔可夫链，其状态 S_j 可由 $(a_{k_1},a_{k_2},\cdots,a_{k_m})$ 唯一确定，因此有

$$p(a_{k_{m+1}}\,|\,a_{k_m},\cdots,a_{k_2},a_{k_1})=p(a_{k_{m+1}}\,|\,S_j)$$

上式两端同时取对数，并对 $(a_{k1},a_{k2},\cdots,a_{km},a_{km+1})$ 和 S_j 求统计平均再取负，可得

$$\begin{aligned}
\text{左端}&=-\sum_{k_1,k_2,\cdots,k_{m+1};S_j} p(a_{k_{m+1}},\cdots,a_{k_2},a_{k_1};S_j)\cdot\log p(a_{k_{m+1}}\,|\,a_{k_m},\cdots,a_{k_2},a_{k_1})\\
&=-\sum_{k_1,k_2,\cdots,k_{m+1}} p(a_{k_{m+1}},\cdots,a_{k_2},a_{k_1})\cdot\log p(a_{k_{m+1}}\,|\,a_{k_m},\cdots,a_{k_2},a_{k_1})\\
&=H(a_{k_{m+1}}\,|\,a_{k_m},\cdots,a_{k_2},a_{k_1})\\
&=H_{m+1}
\end{aligned}$$

$$\begin{aligned}
\text{右端}&=-\sum_{k_1,k_2,\cdots,k_{m+1};S_j} p(a_{k_{m+1}},\cdots,a_{k_2},a_{k_1};S_j)\cdot\log p(a_{k_{m+1}}\,|\,S_j)\\
&=-\sum_{k_1,k_2,\cdots,k_{m+1};S_j} p(a_{k_m},\cdots,a_{k_2},a_{k_1};S_j)p(a_{k_{m+1}}\,|\,S_j)\cdot\log p(a_{k_{m+1}}\,|\,S_j)\\
&=-\sum_{k_{m+1}}\sum_{S_j} p(S_j)p(a_{k_{m+1}}\,|\,S_j)\cdot\log p(a_{k_{m+1}}\,|\,S_j)\\
&=\sum_{S_j} p(S_j)H(X\,|\,S_j)
\end{aligned}$$

所以有

$$H_{m+1}=\sum_{S_j}p(S_j)H(X\,|\,S_j)=-\sum_{k_{m+1}}\sum_{S_j}p(S_j)p(a_{k_{m+1}}\,|\,S_j)\cdot\log p(a_{k_{m+1}}\,|\,S_j)\tag{2.5.35}$$

上式就是齐次、遍历的 m 阶马尔可夫信源的熵计算公式。其中，熵函数 $H(X\,|\,S_j)$ 表示信源处于状态 S_j 时发出一个消息符号的平均不确定性；$p(S_j)$ 是马尔可夫链的平稳分布，其满足

$$p(S_j)=\sum_{S_j\in S}p(S_j)P(S_i\,|\,S_j),\qquad \sum_{S_i\in S}p(S_i)=1\tag{2.5.36}$$

实际中，m 阶马尔可夫信源的状态一步转移概率是可以测定的。因此，关键问题是马尔可夫信源稳定后（$N\to\infty$）状态极限概率 $p(S_j)$ 是否存在，即要判断由 m 个符号组成的状态所构成的马尔可夫链是否具有各态遍历性。于是，将已知的状态一步转移概率代入式（2.5.36），即可解出状态极限概率 $p(S_j)$，再代入式（2.5.35）就可计算出极限熵。m 阶马尔可夫信源的极限熵表示信源稳定后每发出一个符号所能提供的平均信息量。

说明如下。

（1）在讨论 N 维离散平稳有记忆信源 $X=X_1X_2\cdots X_n$ 时，把时间上有统计联系的无穷序列视为由每 N 个符号组成的消息的一个序列，消息与消息之间视为统计独立的，且只在由 N 个符号组成的每一组消息内具体考虑符号之间的统计依赖关系，从而将一个实际上的统计依赖关系延伸至无穷的无限问题，近似地用一个有限问题来处理，用平均符号熵 $H_N=\frac{1}{N}H(X_1X_2\cdots X_N)$ 表示离散平稳有记忆信源 X 的每个符号所提供的平均信息量；而在马尔可夫信源极限熵的求解过程中，则把符号之间的依赖关系延伸至无穷。但是，信源 X 每发出一个符号所提供的平均信息量并不是平均符号熵，而是 $N\to\infty$ 时平均符号熵的极限值，即 $N\to\infty$ 时条件熵的极限值。因此，马尔可夫信源的熵是由条件熵组成的，它与离散无记忆信源相比，由于信源字母分布不均匀及信源字母序列前后间的约束关系，导致其熵变小。

（2）若信源输出的字母总数为K，则在一般情况下，m阶马尔可夫信源的状态总数是$S=K^m$，因而阶数越高，对马尔可夫信源的描述就越复杂。例如，对英文马尔可夫信源来说，字母的概率分布是不均匀，且每个字母的发生概率还受其前面字母的影响。那么每个字母发生的概率到底与前面多少个字母有关呢？这就与具体要求的精度有关。理论上，这种约束关系可追溯到很远之前。例如，在书中某章的末尾处发现的错误，有可能借助本书前面的内容来纠正；然而，实际上，英文字母的发生概率在考虑大约前5个字母后就变化不大。所以可用一个5阶马尔可夫信源来近似实际的英文信源。如何选择合适阶数的马尔可夫信源来近似实际信源，是工程上要考虑的重要问题，这一问题需要具体情况具体分析。

2.6　应用实例

2.6.1　信源信息传播因素分析

在信息爆炸时代，人们借助网络技术进行各种信息的传递和分享。例如，微博作为展示自我和分享内容的平台，使用者通过发布不同的内容来吸引读者的关注，实现更广的传播范围，提升自身的可信度和影响力。因此，微博内容作为信息的一种形式，转发即为信息传播的过程，根据香农信息传输模型，其包含微博发布者（信源）、微博接收者（信宿）、微博内容（信息）和微博平台（信道）4个要素。为研究信息传播的影响，Petty R. E.等人提出了精细加工可能性模型（Elaboration Likelihood Model，ELM），如图2.6.1所示。以微博传播为例，其传播过程即为用户对博文信息进行加工处理的过程。

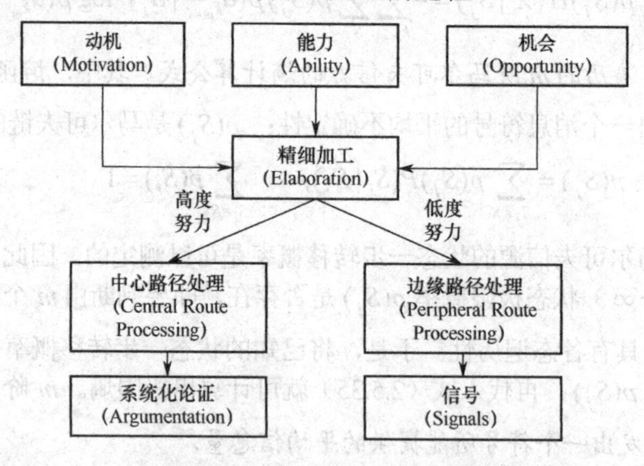

图2.6.1　精细加工可能性模型

在ELM模型中，信宿通过两条信息加工路径来改变对信源信息的态度与行为：中心路径和边缘路径。其中，中心路径是指信宿通过对问题相关的真实信息特质进行高度努力的思考而改变态度的过程。信息特质主要与信息质量相关，如信息内容的质量与信息内容的新颖性。边缘路径是指通过对问题相关的外围线索进行低度努力的思考而改变态度的过程，主要与信源特征有关，如信源的可信度和权威性等。因此，信宿对于信息的传播意愿主要基于对信息效用的认可，而信息有用性是由信息内容的质量和信源特征的信誉度共同决定的。

2.6.2　智能变电站通信网络的广义信源

在智能电网中，电力网络与通信网络关系紧密、交互频繁，并且构成了典型的电网信息物理系统（Cyber Physical Power System，CPPS）。智能变电站作为智能电网的重要组成单元，也是一个信息物理系统，其中电力二次 IED（具有自主发出信息能力的信息单元），如变电站的MU、二次测控装置和保护装置等，均通过通信交换机进行数据发送。因此，定义所有可能向所在通信网络注入信息的信息设备模块均可抽象为广义信源，可对其报文长度、发送频率进行存储与计算。

通过建立智能变电站信息物理交互模型，可有效研究电力网络和通信网络间的耦合关系与交互机理，分析两者交互过程中的运行状态与动态性能，以此作为通信系统设计、运行、控制和维护的重要理论依据。

本章基本概念

1．各种自信息量。

（1）自信息量：$I(x_k)=-\log P(x_k)$。

（2）联合自信息量：$I(x_k,y_j)=-\log P(x_k,y_j)$。

（3）条件自信息量：$I(x_k\mid y_j)=-\log P(x_k\mid y_j)$。

（4）相互关系：$I(x_k,y_j)=I(x_k)+I(x_k\mid y_j)=I(y_j)I(y_j\mid x_k)$。

各种自信息量都是非负的。

2．互信息量。

（1）互信息量：$I(x_k;y_j)=\log\dfrac{P(x_k,y_j)}{P(x_k)P(y_j)}=\log\dfrac{P(x_k\mid y_j)}{P(x_k)}$。

（2）条件互信息量：$I(x_k;y_j\mid z_i)=\log\dfrac{P(x_k\mid y_jz_i)}{p(x_k\mid z_i)}$。

（3）互信息量与自信息量之间的关系：

$$I(x_k;y_j)=I(x_k)-I(x_k\mid y_j)=I(y_j)-I(y_j\mid x_k)$$

$$I(x_k;y_j\mid z_i)=I(x_k\mid z_i)-I(x_k\mid y_jz_i)=I(y_j\mid z_i)-I(y_j\mid x_kz_i)$$

注意：互信息量不满足非负性。

3．各类熵。

（1）熵：$H(X)=-\sum\limits_{k=1}^{K}P(x_k)\log P(x_k)$。

（2）联合熵：$H(XY)=-\sum\limits_{k=1}^{K}\sum\limits_{j=1}^{J}P(x_k,y_j)\log P(x_k,y_j)$。

（3）条件熵：

$$H(X\mid Y=y_j)=-\sum_{k=1}^{K}P(x_k\mid y_j)\log P(x_k\mid y_j)$$

$$H(X\mid Y)=\sum_{j=1}^{J}P(y_j)H(X\mid Y=y_j)=-\sum_{k=1}^{K}\sum_{j=1}^{J}P(x_k,y_j)\log P(x_k\mid y_j)$$

（4）熵、条件熵、联合熵之间的具体关系：

$$H(XY)=H(X)+H(Y\mid X)=H(Y)+H(X\mid Y)$$

$$H(XY)\leqslant H(X)+H(Y)$$

$$H(X\mid Y)\leqslant H(X)$$

$$H(Y\mid X)\leqslant H(Y)$$

当且仅当X与Y统计独立时，不等式中的等号成立。

（5）熵的链公式：

$$H(X_1X_2\cdots X_N)=H(X_1)+H(X_2|X_1)+H(X_3|X_1X_2)+\cdots+H(X_N|X_1X_2\cdots X_{N-1})$$

4．平均互信息量。

（1）平均互信息量：

$$I(X;Y)=\sum_{k=1}^{K}\sum_{j=1}^{J}P(x_k,y_j)\log\frac{P(x_k,y_j)}{P(x_k)P(y_j)}=\sum_{k=1}^{K}\sum_{j=1}^{J}P(x_k,y_j)\log\frac{P(x_k|y_j)}{P(x_k)}$$

（2）与熵的关系：

$$I(X;Y)=H(X)-H(X|Y)=H(Y)-H(Y|X)$$

5．DMS扩展信源的熵：$H(X^N)=NH(X)$。

6．极限熵：$H_\infty(X)=\lim\limits_{N\to\infty}H_N(X)=\lim\limits_{N\to\infty}H(X_N|X_1X_2\cdots X_{N-1})$。

7．离散信源的信息含量效率和冗余度。

（1）信息含量效率：$\eta=\dfrac{H_\infty}{H_0}$。

（2）冗余度：$\gamma=1-\eta=1-\dfrac{H_\infty}{H_0}$。

8．连续随机变量的微分熵和平均互信息量。

（1）微分熵：$h(X)=-\int_{-\infty}^{\infty}f_X(x)\log f_X(x)\,\mathrm{d}x$。

（2）联合微分熵：$h(XY)=-\int_{-\infty}^{\infty}\int_{-\infty}^{\infty}f_{XY}(x,y)\log f_{XY}(x,y)\,\mathrm{d}x\,\mathrm{d}y$。

（3）条件微分熵：$h(X|Y)=-\int_{-\infty}^{\infty}\int_{-\infty}^{\infty}f_{XY}(x,y)\log f_{X|Y}(x|y)\,\mathrm{d}x\,\mathrm{d}y$。

（4）各类微分熵之间的关系：

$$h(XY)=h(X)+h(Y|X)=h(Y)+h(X|Y)$$

$$h(X|Y)\leqslant h(X)$$

$$h(XY)\leqslant h(X)+h(Y)$$

其中，不等式中等号成立的充要条件是X与Y统计独立。

（5）平均互信息量：

$$I(X;Y)=\int_{-\infty}^{\infty}\int_{-\infty}^{\infty}f_{XY}(x,y)\log\frac{f_{XY}(x,y)}{f_X(x)f_Y(y)}\mathrm{d}x\,\mathrm{d}y$$

$$=\int_{-\infty}^{\infty}\int_{-\infty}^{\infty}f_{XY}(x,y)\log\frac{f_{X|Y}(x|y)}{f_X(x)}\mathrm{d}x\,\mathrm{d}y$$

$$I(X;Y)=h(X)-h(X|Y)=h(Y)-h(Y|X)=I(Y;X)$$

（6）最大微分熵：

a. 幅值受限条件下，随机变量服从均匀分布时，微分熵最大，最大微分熵为

$$h(X)=\log(b-a)$$

b. 方差受限条件下，随机变量服从高斯分布时，微分熵最大，最大微分熵为

$$h(X)=\log\sqrt{2\pi\mathrm{e}\sigma^2}$$

（7） 熵功率：

$$\overline{P}=\frac{1}{2\pi\mathrm{e}}\mathrm{e}^{2h(X)}$$

9．马尔可夫信源的信息熵。

（1）马尔可夫链：

$$P\{X_n=S_{i_n}|X_{n-1}=S_{i_{n-1}},X_{n-2}=S_{i_{n-2}},\cdots,X_1=S_{i_1}\}=P\{X_n=S_{i_n}|X_{n-1}=S_{i_{n-1}}\}$$

（2）马尔可夫信源的信息熵：

$$\begin{aligned} H_\infty &= H_\infty(X) \\ &= \lim_{N\to\infty} H(X_N \mid X_1, X_2, \cdots, X_{N-1}) \\ &= H(X_{m+1} \mid X_1, X_2, \cdots, X_m) \\ &= H_{m+1} \end{aligned}$$

$$H_{m+1} = \sum_{S_j} p(S_j) H(X \mid S_j) = -\sum_{k_{m+1}} \sum_{S_j} p(S_j) p(a_{k_{m+1}} \mid S_j) \cdot \log p(a_{k_{m+1}} \mid S_j)$$

习题

2.1 同时抛掷一对质地均匀的骰子，各面朝上发生的概率均为 1/6。试求：

（1）“3 和 5 同时发生”这一事件的自信息量。

（2）“两个 6 同时发生”这一事件的自信息量。

（3）“两个点数中至少有一个是 2”这一事件的自信息量。

（4）“两个点数之和为 7”这一事件的自信息量。

2.2 对于一副充分洗乱了的牌（没有大王和小王，只含 52 张牌），试问：

（1）任意一个特定排列所给出的信息量是多少？

（2）若从中抽取 13 张牌，则所给出的点数都不相同时能得到多少信息量？

2.3 大量统计表明，男性红绿色盲的发病率为 7%，女性的发病率为 0.5%。若你问一位男同志是否为红绿色盲，他的回答可能是“是”或“否”。

（1）这两个回答中各含多少信息量？

（2）平均每个回答中含有多少信息量？

（3）若你问一位女同志，则答案中含有的平均信息量是多少？

2.4 每帧电视图像都可视为由 3×10^5 个独立变化的像素组成，每个像素又取 128 个不同的亮度电平，并设亮度电平是等概率出现的。问每帧图像含有多少信息量？现假设一名广播员在约 10000 个汉字中选择 1000 个汉字来口述该帧图像，试问广播员描述该帧图像的信息量是多少？假设汉字词汇是等概率分布的，并且彼此无依赖关系。若要恰当地描述该帧图像，则广播员在口述时至少需要多少个汉字？

2.5 有一个 6 行 8 列的棋盘形方格，若有 2 个质点 A 和 B 分别等概率地落入任意一个方格内，且它们的坐标分别为 (X_A, Y_A)、(X_B, Y_B)，但 A 和 B 不能落入同一方格内，试求：

（1）若仅有质点 A，求 A 落入任意一个方格的平均自信息量。

（2）若已知 A 落入方格，求 B 落入方格的平均自信息量。

（3）若 A、B 是可分辨的，求 A、B 同时落入方格的平均自信息量。

2.6 对某城市进行了交通忙闲的调查，并将天气分成晴、雨两种状态，将气温分成冷、暖两种状态。调查结果得到联合出现的相对频度如下：

$$\text{忙}\begin{cases}\text{晴}\begin{cases}\text{冷} & 12\\ \text{暖} & 8\end{cases}\\ \text{雨}\begin{cases}\text{冷} & 27\\ \text{暖} & 16\end{cases}\end{cases} \qquad \text{忙}\begin{cases}\text{晴}\begin{cases}\text{冷} & 8\\ \text{暖} & 15\end{cases}\\ \text{雨}\begin{cases}\text{冷} & 4\\ \text{暖} & 12\end{cases}\end{cases}$$

若把这些频度视为概率测度，求：

（1）交通忙、闲的无条件熵。

（2）天气状态和气温状态已知时的条件熵。

2.7 某个无记忆信源的符号集为{0, 1}，已知信源的概率空间为

$$\begin{bmatrix} X \\ P \end{bmatrix} = \begin{bmatrix} 0 & 1 \\ \frac{1}{4} & \frac{3}{4} \end{bmatrix}$$

（1）求消息符号的平均熵。

（2）对于由 100 个符号构成的序列，求每个特定序列（如由 m 个"0"和 $100-m$ 个"1"构成的序列）的自信息量的表达式。

（3）计算（2）问中的熵。

2.8 令 X 为抛掷硬币直至其正面第一次向上所需的次数，求 $H(X)$。

2.9 已知随机变量 X 和 Y 的联合概率分布 $p(a_i,b_j)$ 满足

$$p(a_1)=\tfrac{1}{2},\quad p(a_2)=p(a_3)=\tfrac{1}{4},\ p(b_1)=\tfrac{2}{3},\ p(b_2)=p(b_3)=\tfrac{1}{6}$$

试求能使 $H(X,Y)$ 取最大值的联合概率分布。

2.10 一个消息符号由 0, 1, 2, 3 组成，已知 $P(0)=3/8, P(1)=1/4, P(2)=1/4, P(3)=1/8$。试求由无记忆信源产生的 60 个符号构成的消息的平均自信息量。

2.11 设有一个信源，它产生 0,1 序列的消息。不论以前发出过什么消息符号，该信源在任意时刻都按 $P(1)=0.4, P(1)=0.6$ 的概率发出信号。

（1）这个信源是否平稳？

（2）计算 $H(X^2)$、$H(X_3 \mid X_1, X_2)$ 和 $\lim\limits_{N\to\infty} H_N(X)$。

（3）计算 $H(X^4)$ 并写出 X^4 信源中可能发出的所有符号。

2.12 设连续随机变量 X 的概率密度函数为

$$f_X(x)=\begin{cases} bx^2, & 0\leqslant x\leqslant a \\ 0, & 其他 \end{cases}$$

（1）求 X 的熵。

（2）求 $Y=X+A(A>0)$ 的熵。

（3）求 $Y=2X$ 的熵。

2.13 设连续随机变量 X 和 Y 的联合概率密度函数为

$$f_{XY}(x,y)=\frac{1}{2\pi\sqrt{SN}}\exp\left\{-\frac{1}{2N}\left[x^2\left(1+\frac{N}{S}\right)-2xy+y^2\right]\right\}$$

（1）求 X 的熵。

（2）求 Y 的熵。

（3）求 $h(Y \mid X)$。

（4）求平均互信息量 $I(X;Y)$。

2.14 设 X 和 Y 是相互独立的高斯随机变量，均值分别为 μ_x、μ_y，方差分别为 σ_x^2、σ_y^2。变量变换为 $U=X+Y$ 和 $V=X-Y$，试求 $I(U;V)$。

2.15 求连续随机变量 X 在均值受限条件

$$\int_{-\infty}^{\infty} x f_X(x)\,\mathrm{d}x=\mu$$

下达到最大值熵的概率密度函数，并计算最大熵。

2.16 有一个二阶马尔可夫信源，其状态转移概率如题 2.16 图所示，括号中的数表示转移时发出的符号。求各状态的稳定概率和信源的符号熵。

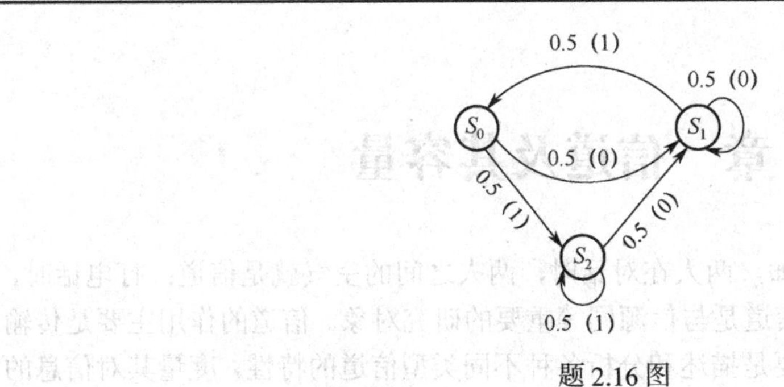

题 2.16 图

2.17 设一个马尔可夫链的状态一步转移概率矩阵为

$$\begin{array}{c} \\ 0 \\ 1 \\ 2 \end{array}\begin{array}{c} \begin{array}{ccc} 0 & 1 & 2 \end{array} \\ \begin{bmatrix} q & p & 0 \\ q & 0 & p \\ 0 & q & p \end{bmatrix} \end{array}$$

试计算：

（1）该马尔可夫链的状态二步转移概率矩阵。

（2）平稳后状态"0""1""2"的极限概率。

2.18 设离散无记忆信源发出两个消息 x_1 和 x_2，它们的概率分别为 $p(x_1)=\frac{3}{4}$ 和 $p(x_2)=\frac{1}{4}$。求该信源的最大熵及与最大熵有关的冗余度。

2.19 有一个一阶平稳马尔可夫链 $X_1,X_2,\cdots,X_r,\cdots$，各 X_r 取值于集合 $A=\{a_1,a_2,\cdots,a_n\}$，已知起始概率 $P=(x_1)$ 为 $p_1=P=(X=x_1)=\frac{1}{2}$，$p_2=p_3=\frac{1}{4}$，其转移概率由下表列出。

j	1	2	3
1	$\frac{1}{2}$	$\frac{1}{4}$	$\frac{1}{4}$
2	$\frac{2}{3}$	0	$\frac{1}{3}$
3	$\frac{2}{3}$	$\frac{1}{3}$	0

（1）求 X_1、X_2、X_3 的联合熵和平均符号熵。

（2）求这个链的极限平均符号熵。

（3）求 H_0、H_1、H_2 及它们对应的冗余度。

第 3 章　信道及其容量

信道是信息传输的通道。例如，两人在对话时，两人之间的空气就是信道；打电话时，电话线就是信道。在信息论中，信道是与信源同等重要的研究对象。信道的作用主要是传输与存储信息。研究信道的目的主要是描述和分析各种不同类型信道的特性，度量其对信息的极限传输能力。

3.1　信道的分类及模型

信息论是针对一般信息传递系统的信息理论，其理论和方法应对各种特殊信息传递系统的分析与设计起指导作用。因此，在信息论中主要讨论信源和信道的信息传输，而在通信原理中还需要考虑调制/解调。通信中的传输模型可以通过输入随机变量 X、与输入有关的输出随机变量 Y 及一个噪声干扰 N 形成一个等效的一般性信息输入/输出信道模型，如图 3.1.1 所示。由于信道的输入、输出及干扰都由随机变量来描述，因此信道的特性完全由信道的输入/输出随机变量间的统计关系确定。本章仅研究信息系统模型中的信道，而不关注信道的物理构造和信息在信道中传输的物理过程。后续章节中总假定信道的输入/输出统计关系已知，在此条件下研究信道传输信息的特性和能力。

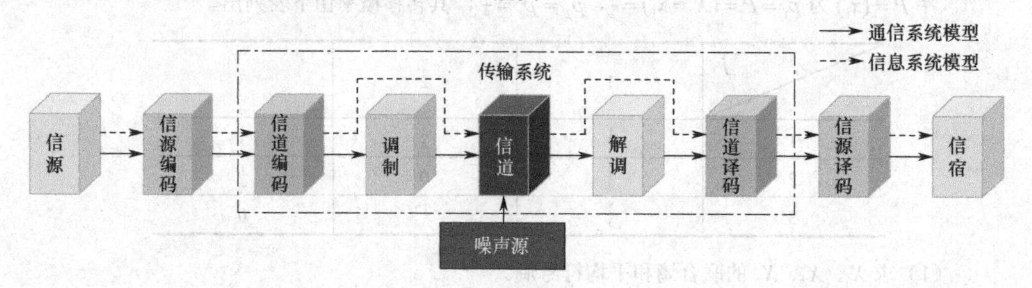

(a) 通信与信息传输模型

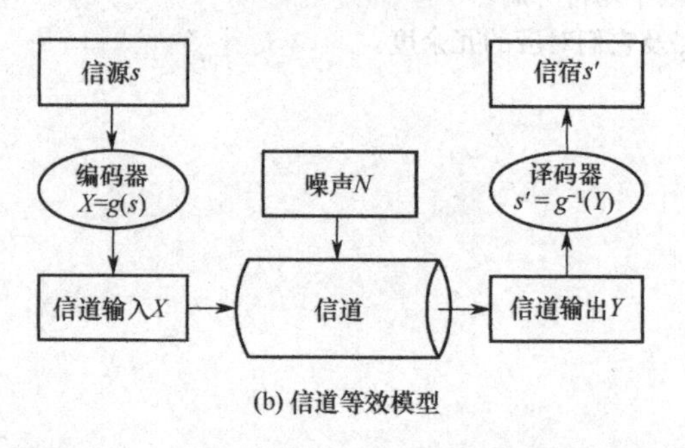

(b) 信道等效模型

图 3.1.1　通信中的信息传输模型与信息等效模型

3.1.1　信道的分类

1. 信道的一般分类

根据通信传输特性，可对信道进行一般性分类，具体如下。

（1）**广义信道** 按照功能进行划分，信道可以分为调制信道和编码信道两类。除传输介质外，还包含相关变换装置（如发送设备、接收设备、馈线与天线、调制器、解调器等）。

（2）**狭义信道** 发射端和接收端之间传输介质的总称，是任何一个通信系统不可或缺的组成部分。按传输介质的不同，狭义信道又可分为有线信道与无线信道两类。

（3）**调制信道** 调制器输出端到解调器输入端的部分。从调制和解调的角度看，调制器输出端到解调器输入端的所有变换装置及传输介质，不论其过程如何，都不过是对已调信号进行某种变换。根据信道参数类型可分为恒参信道（时不变信道）和随参信道（时变信道）：恒参信道的统计特性不随时间变化，多为有线信道，如光纤、同轴电缆等；随参信道的统计特性随时间变化，多为无线信道，如短波无线信道、移动通信信道等。

（4）**编码信道** 编码器输出端到译码器输入端的部分，且通过编码技术实现传输符号间的依赖性或称为记忆性，因此分为有记忆信道与无记忆信道：无记忆信道的输出只与当前的输入有关；有记忆信道的输出不但与当前的输入有关，而且与当前时刻以前的输入有关。可见，它只关注编码后与译码前两组符号序列之间的变换关系，这种关系通常采用多端口网络的转移概率作为数学模型进行描述。

表 3.1.1 中显示了通信信道的一般分类。

表 3.1.1 通信信道的一般分类

<table>
<tr><td rowspan="6">信道</td><td rowspan="4">广义信道</td><td rowspan="2">调制信道</td><td>恒参信道</td><td>架空明线和电缆、中长波地波传播、超短波及微波视距传播、人造卫星中继、光纤及光波视距传播等信道</td></tr>
<tr><td>随参信道</td><td>短波电离层反射信道、对流层散射信道、移动通信等信道</td></tr>
<tr><td rowspan="2">编码信道</td><td>有记忆信道</td><td></td></tr>
<tr><td>无记忆信道</td><td></td></tr>
<tr><td rowspan="2">狭义信道</td><td colspan="2">有线信道</td><td>明线、对称电缆、同轴电缆和光纤</td></tr>
<tr><td colspan="2">无线信道</td><td>无线通信信道</td></tr>
</table>

2. 按信道噪声类型分类

通信中的信道噪声按与传输信号的关系可分为乘性噪声和加性噪声，乘性噪声由信道特性随机变化引起，如电离层和对流层的随机变化引起的干扰，多集中在无线电通信信道中；加性噪声与传输信号无关，其来源主要分为三类：人为噪声、自然噪声和内部噪声。人为噪声源于无关的其他信号源，如外台信号、开关接触噪声、工业点火辐射及荧光灯干扰等；自然噪声源于自然界存在的各种电磁波源，如闪电、大气中的电暴、银河系噪声及其他各种宇宙噪声等；内部噪声源于系统设备本身产生的各种噪声，如在电阻一类的导体中的自由电子的热运动（常称为热噪声）、真空管中电子的起伏发射和半导体中载流子的起伏变化及电源哼声等。

根据噪声是否可以确定与预测，还可将噪声分为随机噪声与非随机噪声。随机噪声可分为单频噪声、脉冲噪声和起伏噪声。单频噪声是一种连续波干扰，可视为已调正弦波，其幅度、频率或相位事先不能预知，主要特点是占有极窄的频带，在频率轴上的位置可以实测。脉冲噪声是在时间上无规则地突发的短促噪声，如工业点火辐射、闪电及偶然的碰撞和电气开关通断等产生的噪声，主要特点是突发的脉冲幅度大，持续时间短，相邻突发脉冲之间有较长的安静时段，从频谱上看，有较宽的频谱，频率越高，频谱强度就越小。起伏噪声是以热噪声、散弹噪声及宇宙噪声为代表的噪声。热噪声是由电阻等导体中的自由电子的布朗运动引起的噪声，电子的这种随机运动会产生一个交流电流成分，即热噪声，它服从高斯分布。散弹噪声是由真空电子管和半导体器件中电子发射的不均匀性引起的，在给定的温度下，二极管热阴极每秒发射的电子平均数是常数，但电子发射的实际数量随时间是变化的和不能预测的，幅值不是固定不变的，而是在一个平均值上起伏变化，且服从高斯分布。宇宙噪声是天体辐射波对接收机形成的噪声，宇宙噪声在整个空间的分布是不均匀的，且强度与季节、频率等因素有关，服从高斯分布，在一般的工作频率范围内具有平均的功率谱密度。

以上是通信信道中存在的不同噪声，在信息论中我们只讨论加性噪声对信道的影响。

3．按输入/输出类型分类

在信息论中，信道只根据输入/输出信号在时域和幅值上的采样与取值类型来划分，如表 3.1.2 所示。

表 3.1.2　信息论中的信道分类

<table>
<tr><td rowspan="4">信道</td><td rowspan="2">时间离散信道</td><td>时间离散、幅值离散信道，简称离散信道（discrete channel）或数字信道（digital channel）</td></tr>
<tr><td>时间离散、幅值连续信道，简称连续信道（continuous channel）</td></tr>
<tr><td rowspan="2">时间连续信道</td><td>时间连续、幅值离散信道</td></tr>
<tr><td>时间连续、幅值连续信道，简称波形信道（waveform channel）或模拟信道（analog channel）</td></tr>
</table>

信道分类

3.1.2　信道的模型描述

信道的结构和干扰的类型决定了信道的模型，因此图 3.1.1 中的信道等效模型可以表示为仅包含输入、输出和加性噪声的信道模型，如图 3.1.2 所示，N 维随机变量 X 和 Y 分别作为信道的输入变量与输出变量，在信道输入与输出信号之间，由于引入了加性噪声或随机噪声作为信道干扰，导致信号产生了失真。为了描述该模型即信道本身，通过分析输入和输出信号的形式和两者之间的统计依赖特性，就能确定信道的基本特性。

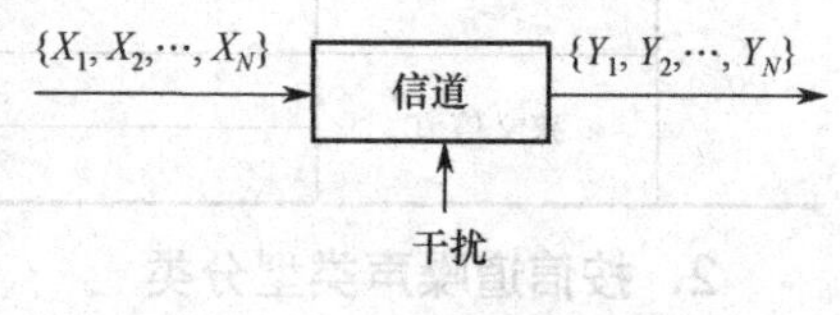

图 3.1.2　信道的简化模型

已知信道输入概率空间 $[X, p(x)]$ 和输出概率空间 $[Y, p(y)]$ 后，信号传输过程中两变量之间的映射过程为 $p(y|x): X \to Y$，此时可以通过统计条件概率来描述输入与输出变量之间的依赖关系，并且称该条件概率为信道传递概率或转移概率。信道的模型描述可以表示为

$$\{X, p(y|x), Y\}$$

根据转移概率的不同，可将信道分为如下几种。

1. 无干扰信道

由于信道无干扰，输入 X 与输出随机变量 Y 之间是确定关系，转移概率 $p(y|x)$ 满足

$$y = f(x),\ \ p(y/x) = \begin{cases} 1, & y = f(x) \\ 0, & y \neq f(x) \end{cases}$$

它只包含 0 和 1 两个值。

2. 有干扰无记忆信道

这种信道是实际应用中的常见信道，由于引入了干扰，输入与输出变量之间没有确定关系，转移概率为一般概率分布。无记忆使信道在任一时刻的输出变量只统计依赖于对应时刻的输入变量，转移概率满足

$$p(y\mid x)=p(y_1y_2\cdots y_N\mid x_1x_2\cdots x_N)=\prod_{i=1}^{N}p(y_i\mid x_i)$$

3. 有干扰有记忆信道

一般信道是有干扰和有记忆的，其在任一时刻的输出变量不仅与对应时刻的输入变量有关，而且与之前其他时刻信道的输入和输出变量有关，其转移概率函数更复杂。解决方法如下：① 将有记忆信道转化为无记忆信道，由此引入的误差会随着随机变量维数 N 的增加而减少；② 将有记忆信道当作有限记忆信道，即马尔可夫链，因此信道的统计特性可采用已知时刻的输入变量和前一时刻信道所处的状态，以及信道输出变量和当时所处状态的联合条件概率来描述。

3.1.3　离散信道的数学模型

离散无记忆信道（Discrete Memoryless Channel，DMC）的输入和输出都取值于离散集合的随机变量序列，并且信道当前的输出只与信道当前的输入有关。对于 DMC，由于各个时刻的传送之间统计独立，因此只要把一对相应时刻的输入/输出统计关系描述清楚就已足够。因此，可以采用简单的单符号离散信道数学模型，如图 3.1.3 所示。

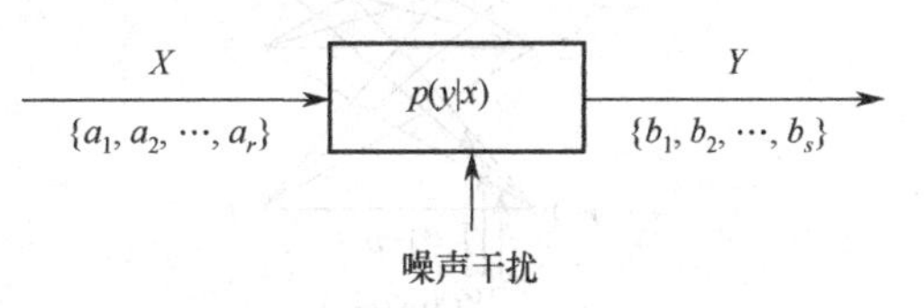

图 3.1.3　单符号离散信道数学模型

离散无记忆信道的输入是随机变量 X，它取值于输入符号集 $A=\{a_1,a_2,\cdots,a_r\}$；相应时刻的输出是随机变量 Y，它取值于输出符号集 $B=\{b_1,b_2,\cdots,b_s\}$。对信道进行描述，实质上是对其干扰特性进行描述。信道无干扰时，输入某个符号 $a_i\in A$ 时，在信道的输出端一定会收到某个确定的符号 $b_j\in B$ 与之对应。然而，信道受干扰影响是客观存在的，有干扰时，对某个输入符号 $a_i\in A$，可能有多个输出符号 $b_j\in B$ 与之对应。输入符号为 a_i 时，收到的输出符号为 b_j 的可能性可用条件概率 $P(b_j\mid a_i)$ 来描述。条件概率 $P(b_j\mid a_i)$ 描述了输入至输出状态转移的统计特性，也称转移概率。有 r 个输入符号和 s 个输出符号的 DMC，其状态转移关系需要用 $r\times s$ 个转移概率来描述，所有这些转移概率组成的集合称为转移概率集合，记为

$$P_{Y|X}=\{P(b_j\mid a_i)\mid i=1,2,\cdots,r;j=1,2,\cdots,s\}\tag{3.1.1}$$

DMC 的数学模型记为 $\{X,P_{Y|X},Y\}$。

为分析计算方便，常常把所有转移概率排成矩阵，称为转移（概率）矩阵，记为 $\boldsymbol{P}_{Y|X}$。转移矩阵的习惯排列原则是，行对应输入符号，列对应输出符号，即

$$\begin{array}{cc} & \begin{array}{cccc} b_1 & b_2 & \cdots & b_s \end{array} \\ \boldsymbol{P}_{Y|X}= & \begin{bmatrix} P(b_1\mid a_1) & P(b_2\mid a_1) & \cdots & P(b_s\mid a_1)\\ P(b_1\mid a_2) & P(b_2\mid a_2) & \cdots & P(b_s\mid a_2)\\ \vdots & \vdots & \ddots & \vdots\\ P(b_1\mid a_r) & P(b_2\mid a_r) & \cdots & P(b_s\mid a_r) \end{bmatrix} \begin{array}{c} a_1\\ a_2\\ \vdots\\ a_r \end{array} \end{array}\tag{3.1.2}$$

信道加一个输入时，必然产生一个输出，因此转移矩阵中各行 s 个转移概率自身是完备的，即各行 s 个转移概率之和为 1：

$$\sum_{j=1}^{s} P(b_j \mid a_i) = 1 \text{ , } i = 1,2,\cdots,r \tag{3.1.3}$$

如果想要直观明了，那么可以用信道线图表示 DMC 模型，图 3.1.4 所示为一些常见的 DMC 线图，标在输入与输出符号连线上的数值是对应的转移概率。

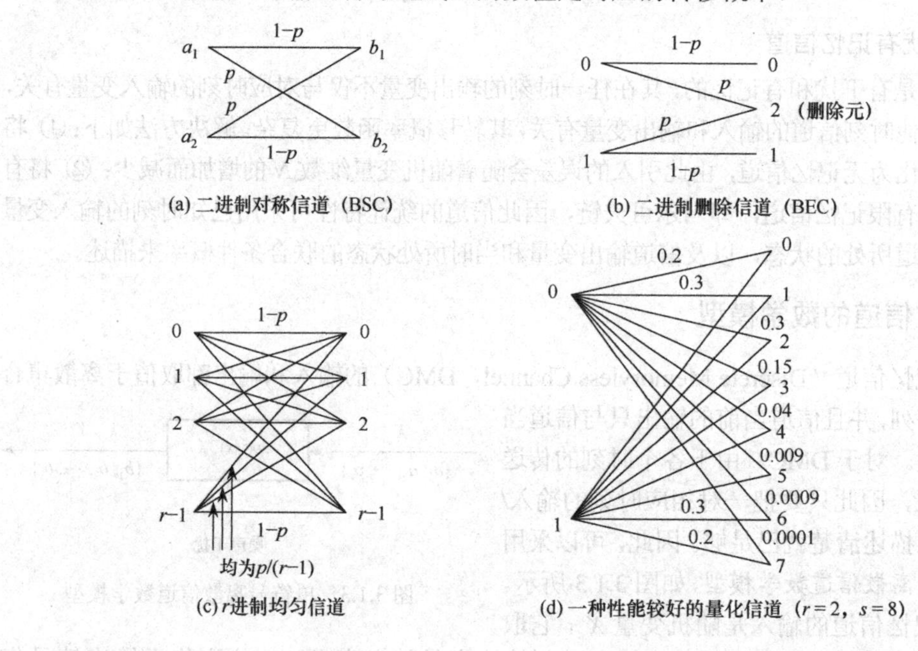

(a) 二进制对称信道（BSC） (b) 二进制删除信道（BEC）

(c) r进制均匀信道 (d) 一种性能较好的量化信道（r = 2，s = 8）

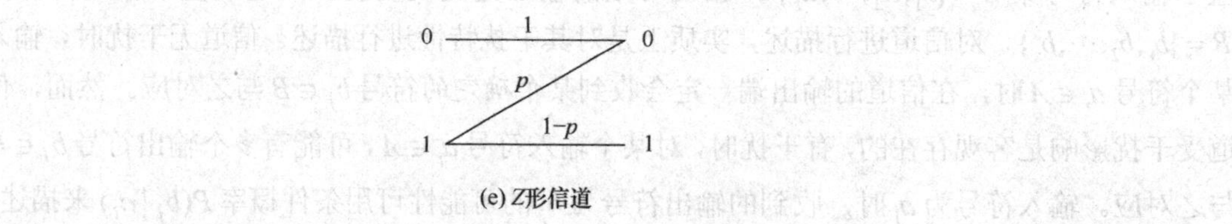

(e) Z形信道

图 3.1.4 一些常见的 DMC 线图

3.2 信道的平均互信息量

对于图 3.1.3 中所示的 DMC，从输出 Y 中获得的关于输入 X 的平均信息量，就是信道的平均互信息量 $I(X;Y)$，$I(X;Y)$ 与各类熵之间的关系为

$$\begin{aligned} I(X;Y) &= H(X) - H(X \mid Y) \\ &= H(Y) - H(Y \mid X) \end{aligned} \tag{3.2.1}$$

3.2.1 信道的疑义度

将式（3.2.1）中的第一式重写如下：

$$I(X;Y) = H(X) - H(X \mid Y) \tag{3.2.2}$$

上式与信息的定义完全相符，即从输出 Y 获得的关于输入 X 的平均信息量 $I(X;Y)$，等于 X

的先验平均不确定性 $H(X)$ 减去 X 的后验平均不确定性 $H(X|Y)$，也就是 X 的平均不确定性的减少量。由于存在后验平均不确定性 $H(X|Y)$，因此说明收到输出 Y 后对输入 X 还存有疑义。另外，根据各类熵非负的性质，有

$$I(X;Y) \leqslant H(X) \tag{3.2.3}$$

这说明对于有噪信道，输入 X 的平均信息 $H(X)$ 不可能全部送达输出。由于干扰的影响，来自输入的部分信息在传输过程中损失了，损失的部分就是 $H(X|Y)$。

由上面的分析可知，$H(X|Y)$ 既代表收到输出 Y 后对输入 X 还存有的疑义，又代表信道在传输过程中的信息损失，因此，我们通常把 $H(X|Y)$ 称为信道 $\{X,P_{Y|X},Y\}$ 的疑义度或损失熵。损失熵为0的信道称为无损信道。$H(X|Y)$ 是条件自信息量 $I(a_i|b_j)$ 的统计平均：

$$\begin{aligned} H(X|Y) &= \sum_{i=1}^{r}\sum_{j=1}^{s} P(a_i,b_j) I(a_i|b_j) \\ &= \sum_{i=1}^{r}\sum_{j=1}^{s} P(a_i,b_j)\log\frac{1}{P(a_i|b_j)} \\ &= \sum_{j=1}^{s} P(b_j)\sum_{i=1}^{r} P(a_i|b_j)\log\frac{1}{P(a_i|b_j)} \\ &= \sum_{j=1}^{s} P(b_j) H(X|Y=b_j) \end{aligned} \tag{3.2.4}$$

式中，$H(X|Y=b_j)$，简记为 $H(X|b_j)$，代表给定条件 $Y=b_j$ 下有关 X 的（平均）不确定性，也就是收到输出符号 b_j 后对输入 X 还存有的疑义。$H(X|b_j)$ 很容易计算，将后验概率矩阵 $\boldsymbol{P}_{X|Y}$ 的第 j 列的 r 个后验概率代入香农熵公式即可：

$$\begin{aligned} H(X|b_j) &= H(X|Y=b_j) \\ &= -\sum_{i=1}^{r} P(a_i|b_j)\log P(a_i|b_j) \\ &= H[P(a_1|b_j),P(a_2|b_j),\cdots,P(a_r|b_j)] \end{aligned} \tag{3.2.5}$$

下面来看一个特例。如果后验概率矩阵每列的元素都组成确定性概率分布，即在后验概率矩阵各列的 r 个后验概率中，只有一个为1，其余均为0，那么

$$H(X|b_j) = H(1,0,\cdots,0) = 0\text{，所有 } j \tag{3.2.6}$$

此时，损失熵为0：

$$H(X|Y) = \sum_{j=1}^{s} P(b_j) H(X|b_j) = 0 \tag{3.2.7}$$

信道是无损的。

【例3.1】如图3.2.1所示，二进制删除信道（BEC）的输入概率为 $P(a_1)=0.2$，$P(a_2)=0.8$，求信道的疑义度。

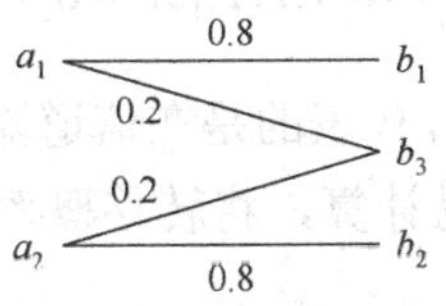

图3.2.1　例3.1图

解：由已知条件可知

$$\boldsymbol{P}_X=\begin{bmatrix}0.2 & 0.8\end{bmatrix}，\ \boldsymbol{P}_{Y|X}=\begin{bmatrix}0.8 & 0 & 0.2\\ 0 & 0.8 & 0.2\end{bmatrix}$$

直接由熵公式求 X 的熵：

$$\begin{aligned}H(X)&=H(0.2,0.8)\\&=-0.2\times\log_2 0.2-0.8\times\log_2 0.8\\&=0.7219\ \text{比特/符号}\end{aligned}$$

由式（3.2.6）有

$$\begin{aligned}H(X|b_1)&=H(1,0)=0\\H(X|b_2)&=H(0,1)=0\\H(X|b_3)&=H(0.2,0.8)=0.7219\end{aligned}$$

由式（3.2.7）可求出疑义度：

$$\begin{aligned}H(X|Y)&=\sum_{j=1}^{3}P(b_j)H(X|b_j)\\&=0.16\times 0+0.64\times 0+0.2\times 0.7219\\&=0.1444\ \text{比特/符号}\end{aligned}$$

3.2.2 信道的散布度

接下来讨论式（3.2.1）中的第二式，即

$$I(X;Y)=H(Y)-H(Y|X) \tag{3.2.8}$$

式中，$H(Y)$ 代表输出 Y 中含有的全部信息，其中既包含从输入端送来的有用信息，又包含由噪声引入的无用信息。$H(Y|X)$ 称为信道 $\{X,P_{Y|X},Y\}$ 的*散布度*或*噪声熵*，表示的是信道因噪声干扰所呈现的无序程度，可将其视为*干扰信息的直接度量*；这样，式（3.2.8）就可理解为：从信道输出信息中减去干扰信息，得到的就是关于输入 X 的（有用）信息。噪声熵为 0 的信道称为*确定信道*。

$H(Y|X)$ 是条件自信息量 $I(b_j|a_i)$ 的统计平均：

$$\begin{aligned}H(Y|X)&=\sum_{i=1}^{r}\sum_{j=1}^{s}P(a_i,b_j)I(b_j|a_i)\\&=\sum_{i=1}^{r}\sum_{j=1}^{s}P(a_i,b_j)\log\frac{1}{P(b_j|a_i)}\\&=\sum_{i=1}^{r}P(a_i)\sum_{j=1}^{s}P(b_j|a_i)\log\frac{1}{P(b_j|a_i)}\\&=\sum_{i=1}^{r}P(a_i)H(Y|X=a_i)\end{aligned} \tag{3.2.9}$$

式中，$H(Y|X=a_i)$，简记为 $H(Y|a_i)$，代表的是在信道输入为 $X=a_i$ 时噪声的影响。$H(Y|a_i)$ 只与信道的转移概率有关，也很容易计算，将转移概率矩阵 $\boldsymbol{P}_{Y|X}$ 中第 i 行的 s 个转移概率代入香农熵公式即可：

$$
\begin{aligned}
H\left(Y|a_i\right) &= H(Y|X=a_i) \\
&= -\sum_{j=1}^{s} P(b_j|a_i)\log P(b_j|a_i) \qquad (3.2.10) \\
&= H\left[P(b_1|a_i), P(b_2|a_i), \cdots, P(b_s|a_i)\right]
\end{aligned}
$$

下面来看一个特例。如果转移概率矩阵中每行的元素都组成确定性概率分布，则

$$H(Y|a_i) = H(1,0,\cdots,0) = 0\text{，}\quad \text{所有 } i \qquad (3.2.11)$$

这时，噪声熵为 0：

$$H(Y|X) = \sum_{i=1}^{r} P(a_i)H(Y|a_i) = 0 \qquad (3.2.12)$$

信道是确定的。

在研究信道时，总假设信道的统计特性是已知的，即所有的转移概率已知。这时应用式（3.2.8）～式（3.2.10），就可方便地求出信道的平均互信息量，并且在信道较为特殊时，可使计算简化。

【例 3.2】 2 个 DMC 的转移矩阵如下，假设输入都是等概率分布，求散布度。

$$\text{(a) } \boldsymbol{P}_{Y|X} = \begin{bmatrix} 0.98 & 0.02 \\ 0.05 & 0.95 \end{bmatrix}\text{；(b) } \boldsymbol{P}_{Y|X} = \begin{bmatrix} 0.8 & 0.15 & 0.05 \\ 0.05 & 0.15 & 0.8 \end{bmatrix}$$

解： 对于(a)，因为输入等概率，即

$$\boldsymbol{P}_X = \begin{bmatrix} 0.5 & 0.5 \end{bmatrix}$$

由式（3.2.10），有

$$
\begin{aligned}
H(Y|a_1) &= H(0.98, 0.02) = 0.1414 \\
H(Y|a_2) &= H(0.05, 0, 95) = 0.2864
\end{aligned}
$$

由式（3.2.12）可求出散布度：

$$
\begin{aligned}
H(Y|X) &= \sum_{i=1}^{2} P(a_i)H(Y|a_i) \\
&= 0.05\times 0.1414 + 0.05\times 0.2864 \\
&= 0.2139 \text{ 比特/符号}
\end{aligned}
$$

对于(b)，观察信道的转移矩阵可以注意到，各行的转移概率具有相同的元素，只是元素的排列位置不同。根据熵的对称性质可知，这种情况下熵不变：

$$H(X|a_i) = H(0.8, 0.15, 0.05) = 0.8842,\ i = 1,2$$

这说明 $H(X|a_i)$ 与输入 a_i 无关，因此，散布度为

$$H(Y|X) = \sum_{i=1}^{3} P(a_i)H(Y|a_i) = H(Y|a_i) = 0.8842 \text{ 比特/符号}$$

3.2.3　信道的平均互信息量

第 2 章中的平均互信息量描述的是在两个随机变量中，一个随机变量所含的关于另一个随机变量的信息量。本章的出发点是信道模型，随机变量 X 由信源发出，并且是输入信道的符号，随机变量 Y 由信道输出，并且是由信宿接收的符号，因此信道的平均互信息量 $I(X;Y)$ 是输入符号 X 和输出符号 Y 之间互相包含的信息，其存在决定了收到 Y 后一定能够获得信源符号 X 的一定信息量。

结合前面介绍的信道损失熵和散布度，信源$H(X)$在信道的传输过程中，信道疑义度$H(X|Y)$损失在信道中，未到达信宿或接收器，平均信息量$I(X;Y)=H(X)-H(X|Y)$为余下的部分，并且在继续传输的过程中增加了由噪声引起的噪声熵$H(Y|X)$，最后到达信宿的是平均信息量与噪声熵之和，即$H(Y)=I(X;Y)+H(Y|X)$。

3.2.4 信道的平均条件互信息量

针对多随机变量X、Y和Z，当信道输入或输出为多符号联合分布时，其平均联合互信息量表示为

$$I(X;YZ)=\sum_{i=1}^{r}\sum_{j=1}^{s}\sum_{k=1}^{m}P(a_ib_jc_k)\log\frac{P(a_i|b_jc_k)}{P(a_i)} \tag{3.2.13}$$

在Z已知的情况下，信道输入X与输出Y之间的平均条件互信息量表示为

$$I(X;Y/Z)=\sum_{i=1}^{r}\sum_{j=1}^{s}\sum_{k=1}^{m}P(a_ib_jc_k)\log\frac{P(a_i|b_jc_k)}{P(a_i|c_k)} \tag{3.2.14}$$

并且平均联合互信息量与平均条件互信息量之间满足

$$I(X;YZ)=I(X;Y)+I(X;Y/Z) \tag{3.2.15}$$

上式表明在三维联合集X、Y和Z上，联合分布Y和Z与X之间的平均互信息量，是X和Y之间的平均互信息量与平均条件互信息量之和。无论是平均联合互信息量还是平均条件互信息量，均满足平均互信息量特性。

3.3 平均互信息量的特性

第2章给出了平均互信息量$I(X;Y)$的定义，详细讨论了它的基本性质，当时是将X和Y当作两个任意的随机变量或随机实验来讨论的。现在，我们将X和Y分别视为离散无记忆信道$\{X,P_{Y|X},Y\}$的输入和输出来回顾平均互信息量的有关性质，以便加深对信息传递的有关特性的了解。

首先，平均互信息量是非负的，即

$$I(X;Y)\geqslant 0 \tag{3.3.1}$$

根据定义，平均互信息量$I(X;Y)$是事件信息$I(a_i;b_j)$的统计平均，但$I(a_i;b_j)$不具备非负性质。对于这一困惑的解释如下：信道做一次符号传送，从接收的符号b_j中可能获得输入符号a_i的一些信息，这时$I(a_i;b_j)$为正值；也可能从b_j中得不到a_i的任何信息，这时$I(a_i;b_j)$为0；还可能从b_j中不但得不到a_i的任何信息，反而会使a_i的不确定性增加，这时$I(a_i;b_j)$为负值。若信道多做几次传送（理论上为无穷次），则从平均意义上讲，从信道的一个输出符号中获得的一个输入符号的信息，即平均互信息量$I(X;Y)$，是非负的；$I(X;Y)$为0意味着信道输入与输出之间统计独立。

其次，平均互信息量是有界的，这种性质也是极值性，即

$$\begin{aligned}I(X;Y)&=H(X)-H(X|Y)\leqslant H(X)\\ I(X;Y)&=H(Y)-H(Y|X)\leqslant H(Y)\end{aligned} \tag{3.3.2}$$

由“各类熵均非负”这一性质不难判断上式的正确性。这个性质说明，从信道输出端得到的信息是有限的，不可能无限大。进一步，$I(X;Y)$不大于$H(X)$，说明来自信道输入端

的信息一般不会全部到达信道的输出端，损失的信息为 $H(X|Y)$。只有无损信道才不会有信息损失，这时 $H(X|Y)$ 为 0，$I(X;Y)$ 等于 $H(X)$，来自信道输入端的信息全部到达信道输出端。另外，$I(X;Y)$ 也不大于 $H(Y)$，这说明从信道输出端接收的并不都是来自输入端的有用信息，其中还包含由噪声引入的无用信息，即噪声熵 $H(Y|X)$。只有信道的 $H(Y|X)$ 为 0 时，$I(X;Y)$ 才等于 $H(Y)$，接收的全部是来自输入端的有用信息。

最后介绍平均互信息量的凸状性。凸状性是一种数学性质，我们需要进行一些数学推导才能了解其意义。对于图 3.1.3 所示的 DMC，平均互信息量 $I(X;Y)$ 的概率表达式为

$$I(X;Y)=\sum_{i=1}^{r}\sum_{j=1}^{s}P(a_i,b_j)\log\frac{P(a_i,b_j)}{P(a_i)P(b_j)} \tag{3.3.3}$$

由于

$$\begin{aligned}P(a_i)&=\sum_{j=1}^{s}P(a_i,b_j)\\P(b_j)&=\sum_{i=1}^{r}P(a_i,b_j)\end{aligned} \tag{3.3.4}$$

所以 $I(X;Y)$ 实际上是两个随机变量 X 和 Y 的联合概率分布 $P_{XY}=\{P(a_i,b_j)\}_{i,j}$ 的函数。根据概率的乘法关系

$$P(a_i,b_j)=P(a_i)P(b_j|a_i)=P(b_j)P(a_i|b_j) \tag{3.3.5}$$

可将 $I(X;Y)$ 的表达式化为

$$I(X;Y)=\sum_{i=1}^{r}\sum_{j=1}^{s}P(a_i)P(b_j|a_i)\log\frac{P(b_j|a_i)}{\sum_{i=1}^{r}P(a_i)P(b_j|a_i)} \tag{3.3.6}$$

于是，$I(X;Y)$ 就成了信道输入随机变量 X 的概率向量 $\boldsymbol{P}_X=\{P(a_i)\}_i$ 和信道转移概率向量 $\boldsymbol{P}_{Y|X}=\{P(b_j|a_i)\}_{i,j}$ 的函数，可记为 $I(\boldsymbol{P}_X,\boldsymbol{P}_{Y|X})$。信道输入随机变量 X 的统计特性由输入概率向量 $\boldsymbol{P}_X$ 描述，信道的统计特性由转移概率向量 $\boldsymbol{P}_{Y|X}$ 描述。记号 $I(\boldsymbol{P}_X,\boldsymbol{P}_{Y|X})$ 形象地说明，通过信道的平均互信息量既与信道的输入有关，又与信道本身有关。平均互信息量的凸状性是指 $I(X;Y)$ 作为 $\boldsymbol{P}_X$ 和 $\boldsymbol{P}_{Y|X}$ 的函数，具有凸函数的性质。具体结论由以下两个定理给出，定理的证明从略。

定理 3.1 若信道给定（即 $\boldsymbol{P}_{Y|X}$ 给定），则 $I(\boldsymbol{P}_X,\boldsymbol{P}_{Y|X})$ 是输入概率 $\boldsymbol{P}_X$ 的上凸函数。

定理 3.2 若信源给定（即 $\boldsymbol{P}_X$ 给定），则 $I(\boldsymbol{P}_X,\boldsymbol{P}_{Y|X})$ 是转移概率 $\boldsymbol{P}_{Y|X}$ 的下凸函数。

本书后面的有关章节中会用到以上两个定理。具体来说，讨论“信道容量”时要用到定理 3.1，讨论“率失真函数”时要用到定理 3.2。

最后讨论一个例题，该例题针对二元信源和二进制对称信道（BSC），绘制平均互信息量的图形，以直观地反映平均互信息量的凸状性。

【例 3.3】 平均互信息量的凸状性质的直观示意图。

解： 对于图 3.1.4(a)所示的 BSC，设输入随机变量 X 的概率分布为 $\boldsymbol{P}_X=[q,1-q]$。在这种情况下，输入概率只有一个独立变量 q，转移概率只有一个独立变量 p，平均互信息量 $I(X;Y)$ 是变量 q 和 p 的二元函数。为使符号简明，令

$$\overline{q}=1-q$$
$$\overline{p}=1-p$$

例 3.1 仿真

则输出概率为

$$\boldsymbol{P}_Y=\boldsymbol{P}_X\boldsymbol{P}_{Y|X}=\begin{bmatrix}q & \overline{q}\end{bmatrix}\begin{bmatrix}\overline{p} & p\\ p & \overline{p}\end{bmatrix}=\begin{bmatrix}\overline{p}q+p\overline{q} & 1-\overline{p}q-p\overline{q}\end{bmatrix}$$

Y 的熵为

$$H(Y)=H(\overline{p}q+p\overline{q},1-\overline{p}q-p\overline{q})$$

由式（3.2.10）有

$$H(Y\,|\,a_1)=H(Y\,|\,a_2)=H(p,\overline{p})$$

由式（3.2.12）可求出散布度为

$$H(Y\,|\,X)=\sum_{i=1}^{2}P(a_i)H(Y\,|\,a_i)=\sum_{i=1}^{2}P(a_i)H(p,\overline{p})=H(p,\overline{p})$$

于是，平均互信息量为

$$I(X;Y)=H(Y)-H(Y\,|\,X)=H(\overline{p}q+p\overline{q},1-\overline{p}q-p\overline{q})-H(p,\overline{p})$$

用熵公式不难将上式展开，然后用 MATLAB 绘出 $I(X;Y)$ 的图形，如图 3.3.2 所示。不难看出，$I(X;Y)$ 是输入概率 q 的上凸函数，是转移概率 p 的下凸函数，这正是定理 3.1 和定理 3.2 给出的结论。

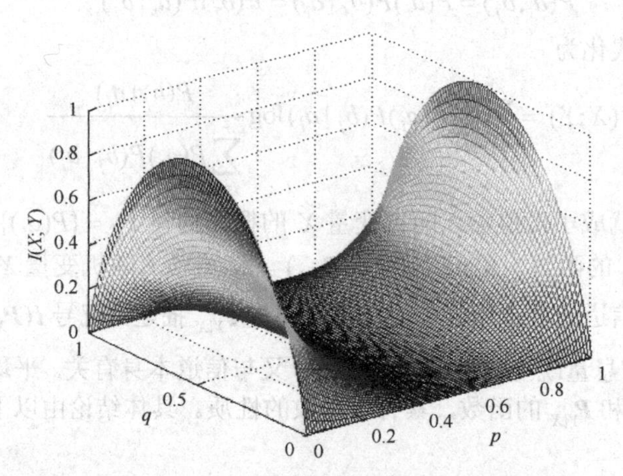

图 3.3.2 平均互信息量凸状性质的直观示意图

3.4 信道容量及其一般计算方法

衡量一个信息传递系统好坏的主要指标通常有两个。一是数量（速度）指标：信息（传输）率 R，即信道中平均每个符号传递的信息量；二是质量指标：平均差错率 P_e，即对信道输出符号进行译码的平均错误概率。我们总是希望信道传输信息时速度快、错误少，即 R 尽量大而 P_e 尽量小。信息率 R 能大到什么程度是信道容量问题，采用什么方法降低差错率则是信道编码问题。本节讨论前者，后者将在第 5 章中讨论。

3.4.1 信道容量的定义

DMC 中平均每个符号传递的信息量，即信道的信息率 R，就是信道的平均互信息量：

$$R = I(X;Y) = H(X) - H(X|Y) = H(Y) - H(Y|X) \text{比特/符号} \tag{3.4.1}$$

若信道平均传送一个符号所需要的时间为 t 秒，则

$$R_t = \frac{1}{t} I(X;Y) \text{比特/秒} \tag{3.4.2}$$

称为信息（传输）速率。

我们希望信道传输信息的速度越快越好，即希望信道的信息率 R 或平均互信息量 $I(X;Y)$ 越大越好。对于给定的信道，信道的平均互信息量的大小完全取决于信道输入端所连接的信源，即取决于输入概率分布 $\boldsymbol{P}_X$，$\boldsymbol{P}_X$ 不同，$I(X;Y)$ 也不同。由定理 3.1 可知，$I(X;Y)$ 是输入概率分布 $\boldsymbol{P}_X$ 的上凸函数，这意味着 $I(X;Y)$ 关于 $\boldsymbol{P}_X$ 存在最大值。换句话说，对于给定的信道，总存在一个信源（其概率分布为 $\boldsymbol{P}_X^*$），会使信道的信息率 R 达到最大。

每个给定的信道都存在一个最大的信息率，这个最大的信息率定义为该信道的信道容量，记为 C，即

$$C = \max_{\boldsymbol{P}_X} R = \max_{\boldsymbol{P}_X} I(X;Y) \text{ 比特/符号} \tag{3.4.3}$$

信道容量也可以定义为信道的最大信息速率，记为 C_t：

$$C_t = \max_{\boldsymbol{P}_X} R_t = \max_{\boldsymbol{P}_X} \left\{ \frac{1}{t} I(X;Y) \right\} \text{比特/秒} \tag{3.4.4}$$

对信道容量的定义需要做如下解释。

（1）信道容量 C 是信道信息率 R 的上限，它定量描述了信道（信息）的最大通过能力。

（2）使得给定信道的 $I(X;Y)$ 达到最大值（即信道容量 C）的输入分布，称为最佳输入（概率）分布，记为 $\boldsymbol{P}_X^*$。

（3）信道的 $I(X;Y)$ 与输入概率分布 $\boldsymbol{P}_X$ 和转移概率分布 $\boldsymbol{P}_{Y|X}$ 两者有关，但信道容量 C 是信道的固有参数，只与信道转移概率 $\boldsymbol{P}_{Y|X}$ 有关。

信道容量是信息论中最富有贡献的概念之一。研究信道时，核心问题就是求信道容量和最佳输入分布。根据定义，求信道容量问题就是求平均互信息量 $I(X;Y)$ 关于输入概率分布 $\boldsymbol{P}_X$ 的最大值问题。一般来说，这是一个很困难的问题，只对某些特殊信道（如无噪信道、对称信道等）才能得到解析解，对一般信道则必须借助于数值算法。

【例 3.4】 Z 形信道的输入概率分布为

$$\boldsymbol{P}_{Y|X} = \begin{bmatrix} 1 & 0 \\ p & \bar{p} \end{bmatrix}, \bar{p} = 1 - p$$

求信道容量 C。

解： 用求导数的方法求信道容量。为便于求导，公式中的所有对数均用自然对数。先计算 $H(Y|a_i)$：

$$H(Y|a_1) = -1 \times \ln 1 - 0 \times \ln 0 = 0$$

$$H(Y|a_2) = -p \ln p - (1-p)\ln(1-p) = \ln(p^{-p} \bar{p}^{-\bar{p}}) = h_2(p)$$

令输入概率分布为

$$\boldsymbol{P}_X = [q \quad 1-q] = [q \quad \bar{q}]$$

则有

$$P_Y = P_X P_{Y|X} = [q \quad 1-q]\begin{bmatrix}1 & 0\\ p & 1-p\end{bmatrix} = [1-\overline{qp} \quad \overline{qp}]$$

式中，$\overline{q}=1-q$，$\overline{p}=1-p$。再根据平均互信息量公式，有

$$\begin{aligned}I(X;Y) &= H(Y)-H(Y|X)\\ &= H(1-\overline{qp},\overline{qp})-qH(Y|a_1)-\overline{q}H(Y|a_2)\\ &= -(1-\overline{qp})\ln(1-\overline{qp})-(\overline{qp})\ln(\overline{qp})-\overline{q}h_2(p)\end{aligned}$$

求导得

$$\frac{\mathrm{d}[I(X;Y)]}{\mathrm{d}\overline{q}} = \overline{p}\ln(1-\overline{pq})+\overline{p}-\overline{p}\ln(\overline{pq})-\overline{p}-h_2(p)=0$$

$$\ln\frac{1-\overline{qp}}{\overline{qp}} = \overline{p}^{-1}h_2(p) = \ln(p^{-p}\overline{p}^{-\overline{p}})^{\overline{p}^{-1}} = \ln(p^{-p\overline{p}^{-1}}\overline{p}^{-1})$$

$$P^*(a_2)=\overline{q}=\frac{p^{p\overline{p}^{-1}}}{1+\overline{p}p^{p\overline{p}^{-1}}}$$

代入平均互信息量公式，得到信道容量为

$$C=\ln[1+\overline{p}p^{p\overline{p}^{-1}}]\text{ 奈特/符号}$$

3.4.2　离散无噪信道的信道容量

这里所说的无噪信道是无损信道、确定信道及无损确定信道的统称，以下分别讨论。

1. 无损信道

损失熵为 0 的信道称为无损信道，典型的离散无损信道线图如图 3.4.1 所示。从线图上看，s 个输出符号可划分为 r 个子集（与输入符号的个数相同），每个子集与唯一的输入符号对应。反映在转移矩阵上，每列只有一个非 0 元素。对于图 3.4.1 所示的信道，当 $r=3$ 时，转移矩阵为

$$P_{Y|X}=\begin{bmatrix}\frac{1}{4} & \frac{3}{4} & 0 & 0 & 0 & 0\\ 0 & 0 & \frac{1}{5} & \frac{2}{5} & \frac{2}{5} & 0\\ 0 & 0 & 0 & 0 & 0 & 1\end{bmatrix}$$

设输入概率分布为 $P_X=[p_1 \quad p_2 \quad p_3]$，可求出联合概率矩阵、输出概率矩阵和后验概率矩阵如下：

$$P_{XY}=\begin{bmatrix}p_1/4 & 3p_1/4 & 0 & 0 & 0 & 0\\ 0 & 0 & p_2/5 & 2p_2/5 & 2p_2/5 & 0\\ 0 & 0 & 0 & 0 & 0 & p_3\end{bmatrix}$$

$$P_Y=\begin{bmatrix}\frac{1}{4}p_1 & \frac{3}{4}p_1 & \frac{1}{5}p_2 & \frac{2}{5}p_2 & \frac{2}{5}p_2 & p_3\end{bmatrix}$$

$$P_{X|Y}=\begin{bmatrix}1 & 1 & 0 & 0 & 0 & 0\\ 0 & 0 & 1 & 1 & 1 & 0\\ 0 & 0 & 0 & 0 & 0 & 1\end{bmatrix}$$

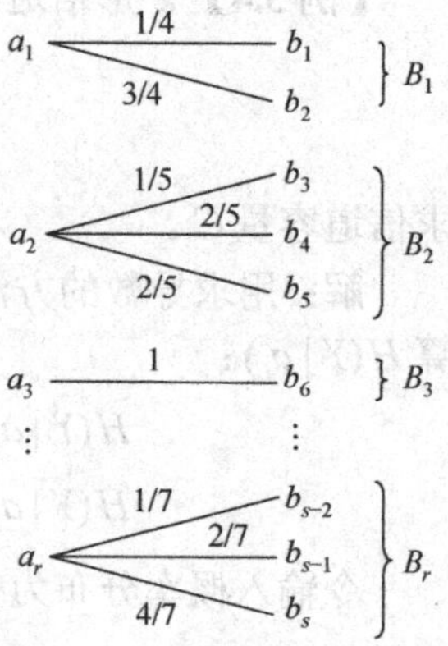

图 3.4.1　离散无损信道线图

从后验概率矩阵可以看出，每行只有一个元素为 1，其余元素均为 0，各行的后验概率均组成确定性概率分布，即

$$P(a_i|b_j)=\begin{cases}1, & b_j\in B_i\\ 0, & b_j\notin B_i\end{cases} \tag{3.4.5}$$

因此损失熵 $H(X|Y)=0$，平均互信息量与输入熵相等：

$$I(X;Y)=H(X)-H(X|Y)=H(X) \tag{3.4.6}$$

这时，求信道容量问题就转化为求输入的最大熵问题。当输入为等概率分布时，输入熵最大，因此信道容量为

$$C=\max_{P_X} I(X;Y)=\max_{P_X} H(X)=H(X)\big|_{P(a_i)=1/r}=\log r \tag{3.4.7}$$

【例 3.5】 已知信道的转移矩阵如下，求最佳输入概率分布和信道容量。

$$\boldsymbol{P}_{Y|X}=\begin{bmatrix}\frac{1}{4} & \frac{3}{4} & 0 & 0 & 0\\ 0 & 0 & \frac{2}{5} & \frac{3}{5} & 0\\ 0 & 0 & 0 & 0 & 1\end{bmatrix}$$

解： 根据转移矩阵的特征，每列只有一个非 0 元素，可判定是无损信道。转移矩阵行数（与输入符号个数对应）$r=3$，最佳输入概率分布和信道容量为

$$\boldsymbol{P}_X^*=\begin{bmatrix}\frac{1}{3} & \frac{1}{3} & \frac{1}{3}\end{bmatrix}$$

$$C=H(X)\big|_{P(a_i)=1/3}=\log_2 3=1.585\text{比特/符号}$$

2．确定信道

噪声熵为 0 的信道称为*确定信道*，典型的离散确定信道线图如图 3.4.2 所示。从线图上看，r 个输入符号可划分为 s 个子集（与输出符号的个数相同），每个子集与唯一的输出符号对应。转移矩阵中的每行只有一个转移概率为 1，其余均为 0，即组成确定性概率分布：

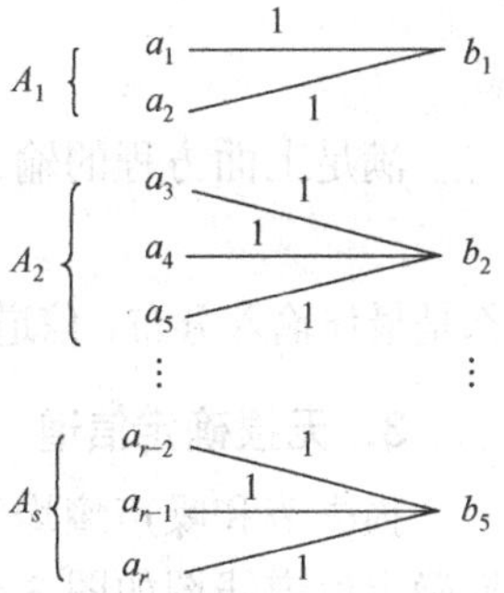

$$P(b_j|a_i)=\begin{cases}1, & a_i\in A_j\\ 0, & a_i\notin A_j\end{cases}$$

例如，对于图 3.4.2 所示的信道，当 $s=2$ 时，转移矩阵为

$$\boldsymbol{P}_{Y|X}=\begin{bmatrix}1 & 0\\ 1 & 0\\ 0 & 1\\ 0 & 1\\ 0 & 1\end{bmatrix}$$

图 3.4.2　离散确定信道线图

由于转移矩阵各行概率组成确定性分布，所以 $H(Y|X)=0$，平均互信息量与输出熵相等：

$$I(X;Y)=H(Y)-H(Y|X)=H(Y) \tag{3.4.8}$$

这时，求信道容量问题就转变为求输出熵关于输入概率分布的最大值问题。根据最大熵的概念，只有输出符号等概率分布时，输出熵 $H(Y)$ 才达到最大。而且，至少能够找到一种输入分布使输出 Y 的取值符号达到等概率分布，甚至有多个或无穷个输入分布满足条件。因此，无噪信道的信道容量为

$$C=\max_{P_X} I(X;Y)=\max_{P_X} H(Y)=H(Y)\big|_{P(b_j)=1/s}=\log s \tag{3.4.9}$$

【例 3.6】已知信道的转移矩阵如下，求最佳输入概率分布和信道容量。

$$\boldsymbol{P}_{Y|X}=\begin{bmatrix}0 & 1\\0 & 1\\1 & 0\\1 & 0\end{bmatrix}$$

解：根据转移矩阵的特征，每行只有一个转移概率为 1，其余均为 0，因此该信道是确定信道，$r=4$，$s=2$。

至少能找到一种输入分布使得输出分布到达等概率分布。设最佳输入概率分布为

$$\boldsymbol{P}_X^*=\left[P^*(a_1)\quad P^*(a_2)\quad P^*(a_3)\quad P^*(a_4)\right]$$

根据转移矩阵，可求出联合概率为

$$\boldsymbol{P}_{Y|X}=\begin{bmatrix}0 & P^*(a_1)\\0 & P^*(a_2)\\P^*(a_3) & 0\\P^*(a_4) & 0\end{bmatrix}$$

由联合概率可求出输出概率为

$$\boldsymbol{P}_Y^*=\left[P^*(a_3)+P^*(a_4)\quad P^*(a_1)+P^*(a_2)\right]$$

达到信道容量时，输出呈等概率分布，因此有

$$\begin{cases}P^*(a_3)+P^*(a_4)=1/2\\P^*(a_1)+P^*(a_2)=1/2\end{cases}$$

满足上面方程的输入分布都是最佳的，有无穷多组解。例如，

$$\left[\tfrac{1}{4}\quad\tfrac{1}{4}\quad\tfrac{1}{4}\quad\tfrac{1}{4}\right],\quad\left[\tfrac{1}{8}\quad\tfrac{3}{8}\quad\tfrac{1}{6}\quad\tfrac{1}{3}\right]$$

都是最佳输入分布。信道容量为$C=\log_2 s=\log_2 2=1$比特/符号。

3．无损确定信道

损失熵和噪声熵均为 0 的信道称为无损确定信道，离散无损确定信道线图如图 3.4.3 所示。可见，输入符号个数与输出符号个数相等（$r=s$），输入符号与输出符号呈一一对应关系。转移概率矩阵为单位阵，即

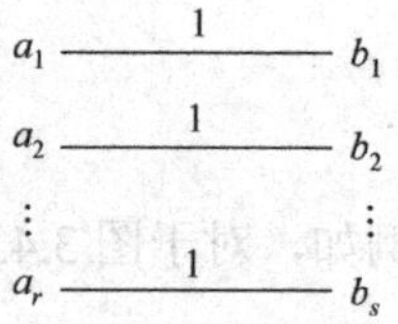

图 3.4.3 离散无损确定信道线图

$$\boldsymbol{P}_{Y|X}=\begin{bmatrix}1 & 0 & \cdots & 0\\0 & 1 & \cdots & 0\\\vdots & \vdots & \ddots & \vdots\\0 & 0 & \cdots & 1\end{bmatrix}\tag{3.4.10}$$

设输入概率矩阵为$\boldsymbol{P}_X=[p_1\quad p_2\quad\cdots\quad p_r]$，不难求出其他概率矩阵如下：

$$\boldsymbol{P}_{XY}=\begin{bmatrix}p_1 & 0 & \cdots & 0\\0 & p_2 & \cdots & 0\\\vdots & \vdots & \ddots & \vdots\\0 & 0 & \cdots & p_r\end{bmatrix}\tag{3.4.11}$$

$$\boldsymbol{P}_Y=\left[p_1\quad p_2\quad\cdots\quad p_r\right]\tag{3.4.12}$$

$$P_{X|Y}=\begin{bmatrix}1&0&\cdots&0\\0&1&\cdots&0\\\vdots&\vdots&\ddots&\vdots\\0&0&\cdots&1\end{bmatrix} \tag{3.4.13}$$

输出符号的概率与对应的输入符号概率相等，后验概率矩阵也为单位阵。转移概率矩阵各行的概率组成确定性分布，后验概率矩阵各列的概率也组成确定性分布，因此噪声熵和损失熵均为 0：

$$\begin{aligned}H(Y|X)=0\\H(X|Y)=0\end{aligned} \tag{3.4.14}$$

平均互信息量与输入熵和输出熵均相等：

$$I(X;Y)=H(X)=H(Y) \tag{3.4.15}$$

显然，当输入等概率分布时，信道达到信道容量：

$$C=\max_{P_X} I(X;Y)=\max_{P_X} H(X)=H(X)\big|_{P(a_i)=1/r}=\log r \tag{3.4.16}$$

最后需要说明一点，离散无损确定信道输入等概率分布时，信道达到信道容量，此时输出也为等概率分布。

3.4.3　对称离散信道的信道容量

对称信道在通信系统中扮演着重要的角色。在一些实际系统中，人们总是希望采取一些设计手段使系统实现对称信道的功能，尽管这并不总是可行的。之所以如此，主要是与相应的非对称信道相比而言，对称信道有较大的信道容量。

1. 定义

按对称性限制条件的不同，对称信道可细分为几种不同的形式，其中最重要的是对称信道和准对称信道。DMC 的统计特性完全由其转移矩阵确定，因此可根据转移矩阵的结构特点来讨论信道的对称性质。根据信道转移矩阵的排列原则得知，转移矩阵的行与信道输入符号对应，转移矩阵的列与信道输出符号对应，由此，我们引入一些新的定义。

定义 3.1　信道 $r\times s$ 转移矩阵 $P_{Y|X}$ 每一行的 s 个元素都由同一组元素 $\{p_1',p_2',\cdots,p_s'\}$ 的不同排列组成时，称 $P_{Y|X}$ 为行排列阵，此类信道称为离散输入对称信道。

例如，转移矩阵

$$P_{Y|X}=\begin{bmatrix}0.1&0.2&0.3&0.4\\0.2&0.3&0.4&0.1\end{bmatrix}$$

是行排列阵，它的两行元素都由同一组元素 $\{0.1,0.2,0.3,0.4\}$ 的不同排列组成，对应的信道为离散输入对称信道。另外，前面讨论的离散无噪信道也是输入对称的，它的转移矩阵的各行都由一组确定性分布 $\{1,0,\cdots,0\}$ 的不同排列组成。

离散输入对称信道转移矩阵的各行由同一组元素 $\{p_1',p_2',\cdots,p_s'\}$ 的不同排列组成，因此各行（与各输入符号）对应的条件熵 $H(Y|a_i),i=1,2,\cdots,r$ 与输入概率无关，都是相等的：

$$H(Y|a_i)=H(p_1',p_2',\cdots,p_s'),\quad i=1,2,\cdots,r \tag{3.4.17}$$

噪声熵也与输入概率无关：

$$H(Y\mid X)=\sum_{i=1}^{r}P(a_i)H(Y\mid a_i)=H(Y\mid a_i)\sum_{i=1}^{r}P(a_i)=H(p_1',p_2',\cdots,p_s') \tag{3.4.18}$$

平均互信息量为

$$I(X;Y)=H(Y)-H(Y\mid X)=H(Y)-H(p_1',p_2',\cdots,p_s') \tag{3.4.19}$$

式中，随输入概率分布 $\boldsymbol{P}_X$ 改变的只有 $H(Y)$，因此离散输入对称信道的信道容量为

$$\begin{aligned}C&=\max_{\boldsymbol{P}_X} I(X;Y)\\&=\max_{\boldsymbol{P}_X}\{H(Y)-H(Y\mid X)\}\\&=\max_{\boldsymbol{P}_X}\{H(Y)\}-H(p_1',p_2',\cdots,p_s')\end{aligned} \tag{3.4.20}$$

只要求出输出熵 $H(Y)$ 关于输入概率分布 $\boldsymbol{P}_X$ 的最大值就可计算出信道容量，但这通常是一项非常困难的工作。因为，由最大熵原理可知，输出分布 $\boldsymbol{P}_Y$ 等概率时，输出熵 $H(Y)$ 达到最大，但现在改变的参量是输入概率分布 $\boldsymbol{P}_X$，一般来说，变动 $\boldsymbol{P}_X$ 未必一定能使 $\boldsymbol{P}_Y$ 达到等概率分布，也就是说不一定能使 $H(Y)$ 达到通常意义下的最大。只是在一些特殊情况下，变动输入概率分布 $\boldsymbol{P}_X$ 才会使输出概率分布 $\boldsymbol{P}_Y$ 变为等概率分布，这时 $H(Y)$ 达到通常意义下的最大值，前面讨论过的无噪信道就是其中的一例。

定义 3.2 信道 $r\times s$ 转移矩阵 $\boldsymbol{P}_{Y|X}$ 中每列的 r 个元素都由同一组元素 $\{q_1',q_2',\cdots,q_r'\}$ 的不同排列组成时，称 $\boldsymbol{P}_{Y|X}$ 为列排列阵，此类信道称为离散输出对称信道。

例如，转移矩阵

$$\boldsymbol{P}_{Y|X}=\begin{bmatrix}0.4 & 0.6\\0.6 & 0.4\\0.5 & 0.5\end{bmatrix}$$

是列排列阵，两列元素都由同一组元素 $\{0.4,0.6,0.5\}$ 的不同排列组成，对应的信道为离散输出对称信道。

定义 3.3 信道转移矩阵 $\boldsymbol{P}_{Y|X}$ 既是行排列阵又是列排列阵时，称 $\boldsymbol{P}_{Y|X}$ 为行列排列阵，此类信道称为离散对称信道。

例如，转移矩阵

$$\boldsymbol{P}_{Y|X}=\begin{bmatrix}\frac{1}{3} & \frac{1}{3} & \frac{1}{6} & \frac{1}{6}\\\frac{1}{6} & \frac{1}{6} & \frac{1}{3} & \frac{1}{3}\end{bmatrix}$$

是行列排列阵，两行元素都由同一组元素 $\{\frac{1}{3},\frac{1}{3},\frac{1}{6},\frac{1}{6}\}$ 的不同排列组成，4 列元素都由同一组元素 $\{\frac{1}{3},\frac{1}{6}\}$ 的不同排列组成，对应的信道称为离散对称信道。

2. 信道容量

离散对称信道必定是输入对称的，可用离散输入对称信道的信道容量表达式（3.4.20）来求信道容量，问题是能否容易求出输出熵 $H(Y)$ 关于输入概率分布 $\boldsymbol{P}_X$ 的最大值。另外，离散对称信道又是输出对称的，由此我们可以直观地判断：当信道输入等概率分布时，信道输出也等概率分布。如果此判断为真，那么离散对称信道的信道容量计算问题就迎刃而解。下面的引理证明了我们所做的直观判断的正确性。

引理 离散对称信道输入等概率分布时，输出也等概率分布。

证明：设信道的r个输入符号为$a_i, i=1,\cdots,r$，s个输出符号为$b_j, j=1,\cdots,s$。因为输入等概率分布，即

$$P(a_i)=1/r, \quad i=1,2,\cdots,r$$

所以任一输出符号的概率为

$$P(b_j)=\sum_{i=1}^{r}P(a_i,b_j)=\sum_{i=1}^{r}P(a_i)P(b_j\mid a_i)=\frac{1}{r}\sum_{i=1}^{r}P(b_j\mid a_i)$$

式中，求和号后的转移概率$P(b_j\mid a_i), i=1,\cdots,r$是信道转移矩阵中第$j$列的$r$个转移概率之和。因为离散对称信道的每列都是同一组元素$\{q_1',q_2',\cdots,q_r'\}$的不同排列，因此

$$P(b_j)=\frac{1}{r}\sum_{i=1}^{r}P(b_j\mid a_i)=\frac{1}{r}\sum_{i=1}^{r}q_i'$$

以转移矩阵中的所有转移概率之和为媒介，可求列元素之和。离散对称信道的每行又都是同一组元素$\{p_1',p_2',\cdots,p_s'\}$的不同排列，且每行的$s$个转移概率是完备的，等于1，由此可得转移矩阵中的所有转移概率之和为

$$s\left(\sum_{i=1}^{r}q_i'\right)=r\left(\sum_{j=1}^{s}p_j'\right)=r\times 1=r$$

由此推得

$$\sum_{i=1}^{r}q_i'=\frac{r}{s}$$

于是

$$P(b_j)=\frac{1}{r}\sum_{i=1}^{r}q_i'=\frac{1}{r}\cdot\frac{r}{s}=\frac{1}{s}$$

s个输出符号中的任意一个符号的概率均为$1/s$，即输出也是等概率分布的。

根据上述引理及前面的讨论，关于离散对称信道的信道容量有如下定理。定理给出的结论是显而易见的，此处不加以证明。

定理3.3（对称DMC的信道容量）对于对称DMC，当输入等概率时达到信道容量，且

$$C=\log_2 s-H(p_1',p_2',\cdots,p_s')\text{比特/符号} \tag{3.4.21}$$

式中，s是信道输出符号的个数或转移矩阵的列数，$\{p_1',p_2',\cdots,p_s'\}$是转移矩阵中任意一行的$s$个转移概率。

【例3.7】设某对称离散信道的信道矩阵为

$$\boldsymbol{P}=\begin{bmatrix}\frac{1}{2}&\frac{1}{6}&\frac{1}{6}&\frac{1}{6}\\\frac{1}{6}&\frac{1}{2}&\frac{1}{6}&\frac{1}{6}\\\frac{1}{6}&\frac{1}{6}&\frac{1}{2}&\frac{1}{6}\\\frac{1}{6}&\frac{1}{6}&\frac{1}{6}&\frac{1}{2}\end{bmatrix}$$

求其信道容量。

解：由对称信道的信道容量公式得

$$C=\log_2 s-H(\boldsymbol{P}\text{的行向量})=\log_2 4-H(\tfrac{1}{2},\tfrac{1}{6},\tfrac{1}{6},\tfrac{1}{6})=0.21\text{ 比特/符号}$$

在这个信道中，每个符号平均能够传输的最大信息为0.21比特，而且只有当信道输入等概率分布时才能达到这个最大值。

【例 3.8】求图 3.1.4(a)所示的二进制对称信道（BSC）和图 3.1.4(c)所示的 r 进制均匀信道的信道容量。

解：r 进制均匀信道也称均匀信道或强对称信道，当 $r=2$ 时退化为 BSC。先求出均匀信道的信道容量，在结果中令 $r=2$，即得到 BSC 的信道容量。对照图 3.1.4(c)列出均匀信道的转移矩阵：

$$
\boldsymbol{P}_{Y|X}=\begin{bmatrix} \bar{p} & \dfrac{p}{r-1} & \dfrac{p}{r-1} & \cdots & \dfrac{p}{r-1} \\ \dfrac{p}{r-1} & \bar{p} & \dfrac{p}{r-1} & \cdots & \dfrac{p}{r-1} \\ \vdots & \vdots & \vdots & \ddots & \vdots \\ \dfrac{p}{r-1} & \dfrac{p}{r-1} & \dfrac{p}{r-1} & \cdots & \bar{p} \end{bmatrix}
$$

式中，$p+\bar{p}=1$。均匀信道的转移矩阵是一个对称方阵，$s=r$。由定理 3.3 可知，均匀信道的最佳输入分布为等概率分布：

$$
P^*(a_i)=1/r, \qquad i=1,2,\cdots,r
$$

均匀信道的信道容量为

$$
\begin{aligned}
C &= \log_2 s - H(p_1',p_2',\cdots,p_s') \\
&= \log_2 r - H\left(\bar{p},\frac{p}{r-1},\cdots,\frac{p}{r-1}\right) \\
&= \log_2 r + p\log_2\frac{p}{r-1} + (1-p)\log_2(1-p)\text{比特/符号}
\end{aligned}
$$

取 $r=2$ 得 BSC 的信道容量为

$$
C_{\mathrm{BSC}} = 1 + p\log_2 p + (1-p)\log_2(1-p) = 1 - h_2(p)\text{比特/符号}
$$

式中，$h_2(p)=H(p,1-p)$ 是二元信源的熵。

3.4.4 准对称信道的信道容量

1. 定义

如果把对称性条件减弱一些，那么可以给出准对称信道的定义。

定义 3.4　若信道转移矩阵 $\boldsymbol{P}_{Y|X}$ 的列可被划分为若干互不相交的子集，且每个子集组成的子阵是行列排列阵，则称此类信道为离散准对称信道。

要判断一个信道是否为离散准对称信道，必须对该信道的转移矩阵进行适当的调整，即先按列重排，后按列分块。这种调整的过程就是定义中所说的将转移矩阵的列划分为子集再组成子阵的过程。我们知道，转移矩阵的列与输出符号对应，因此把转移矩阵的列划分为互不相交的子集，也就相当于把信道的输出符号集中的符号划分为互不相交的子集。

图 3.4.4 中给出了二进制删除信道（BEC）转移矩阵的重排和分块过程。

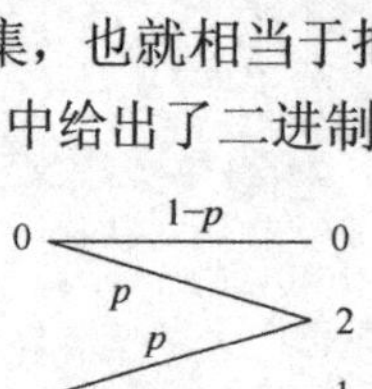

(a)

X \ Y	0	2	1
0	1−p	p	0
1	0	p	1−p

(b)

X \ Y	0	1	2
0	1−p	0	p
1	0	1−p	p

(c)

图 3.4.4　BEC 转移矩阵的重排和分块过程

最后得到的子阵为

$$\begin{bmatrix}1-p & 0\\ 0 & 1-p\end{bmatrix},\qquad \begin{bmatrix}p\\ p\end{bmatrix}$$

显然，这两个子阵都是行列排列阵，因此 BEC 是离散准对称信道。

2．信道容量

可以证明，离散准对称信道的最佳输入分布仍为等概率分布，但此时输出不是等概率的，因此不能按定理 3.3 给出的公式计算信道容量。关于离散准对称信道的信道容量，有如下定理。

定理 3.4（准对称 DMC 的信道容量）对于准对称 DMC，当输入等概率时达到信道容量。

如果将准对称 DMC 的 $\boldsymbol{P}_{Y|X}$ 分为 n 个行列排列子阵 $\{\boldsymbol{Q}_1,\cdots,\boldsymbol{Q}_n\}$，再根据定理 3.4，可得准对称 DMC 的信道容量计算公式为

$$C=-\sum_{k=1}^{n}s_k(M_k/r)\log(M_k/r)-H(p_1',p_2',\cdots,p_s') \tag{3.4.22}$$

式中，r 是转移矩阵 $\boldsymbol{P}_{Y|X}$ 的行数，s_k 是子阵 $\boldsymbol{Q}_k$ 的列数，M_k 是子阵 $\boldsymbol{Q}_k$ 的任意一列元素之和，$\{p_1',p_2',\cdots,p_s'\}$ 是转移矩阵 $\boldsymbol{P}_{Y|X}$ 的任意一行的元素。

上述公式的推导过程留给读者作为练习。另外，在推导式（3.4.22）的过程中不难证明：输入等概率时，准对称 DMC 各分块子阵 $\boldsymbol{Q}_k$ 对应的输出符号的概率都相等，即式中的 (M_k/r)。

【例 3.9】求图 3.1.4(a)中二进制删除信道（BEC）的信道容量。

解：根据图 3.1.4(a)，BEC 是准对称信道，转移矩阵划分为 2 个子阵，各参数如下：

$$\begin{cases}r=2\\ \{p_1',p_2',\cdots,p_s'\}:\{1-p,p,0\}\end{cases},\qquad \begin{cases}s_1=2\\ M_1=1-p\end{cases},\qquad \begin{cases}s_2=1\\ M_2=2p\end{cases}$$

信道容量为

$$\begin{aligned}C&=-\sum_{k=1}^{n}s_k(M_k/r)\log_2(M_k/r)-H(p_1',p_2',\cdots,p_s')\\&=-2\times\left(\frac{1-p}{2}\right)\log_2\left(\frac{1-p}{2}\right)-1\times\left(\frac{2p}{2}\right)\log_2\left(\frac{2p}{2}\right)-H(1-p,p,0)\\&=1-p\text{ 比特/符号}\end{aligned}$$

最佳输入分布为等概率分布，有 $\boldsymbol{P}_X^*=\{\frac{1}{2},\frac{1}{2}\}$。

【例 3.10】对如下的信道转移矩阵，求信道容量 C。

$$\boldsymbol{P}_{Y|X}=\begin{bmatrix}\frac{1}{3} & \frac{1}{3} & \frac{1}{6} & \frac{1}{6}\\ \frac{1}{6} & \frac{1}{3} & \frac{1}{6} & \frac{1}{3}\end{bmatrix}$$

解：将信道转移矩阵按列重排并分块如下：

$$\left[\begin{array}{cc|c|c}\frac{1}{3} & \frac{1}{6} & \frac{1}{6} & \frac{1}{3}\\ \frac{1}{6} & \frac{1}{3} & \frac{1}{6} & \frac{1}{3}\end{array}\right]$$

分块阵均为行列排列阵，因此该信道是准对称信道，最佳输入分布是等概率的，即

$$\boldsymbol{P}_X^*=\begin{bmatrix}\frac{1}{2} & \frac{1}{2}\end{bmatrix}$$

根据输入概率和转移概率可求出联合概率和输出概率：

$$\boldsymbol{P}_{XY}=\begin{bmatrix}\frac{1}{6} & \frac{1}{6} & \frac{1}{12} & \frac{1}{12}\\ \frac{1}{12} & \frac{1}{6} & \frac{1}{12} & \frac{1}{6}\end{bmatrix},\quad \boldsymbol{P}_{Y}=\begin{bmatrix}\frac{1}{4} & \frac{1}{3} & \frac{1}{6} & \frac{1}{4}\end{bmatrix}$$

于是，与最佳输入分布对应的平均互信息量即为信道容量。为便于计算，我们先计算有关熵，再计算平均互信息量：

$$H(X)=H\left(\tfrac{1}{2},\tfrac{1}{2}\right)=\log_2 2=1 \text{ 比特/符号}$$

$$H(Y)=H\left(\tfrac{1}{4},\tfrac{1}{3},\tfrac{1}{6},\tfrac{1}{4}\right)=2\times\tfrac{1}{4}\log_2 4+\tfrac{1}{3}\log_2 3+\tfrac{1}{6}\log_2 6=1.959 \text{ 比特/符号}$$

$$H(Y|a_1)=H(Y|a_2)=H\left(\tfrac{1}{3},\tfrac{1}{3},\tfrac{1}{6},\tfrac{1}{6}\right)=2\times\tfrac{1}{3}\log_2 3+2\times\tfrac{1}{6}\log_2 6=1.918 \text{ 比特/符号}$$

$$H(Y|X)=\sum_{i=1}^{2}P(a_i)H(Y|a_i)=1.918 \text{ 比特/符号}$$

$$C=I(X;Y)=H(Y)-H(Y|X)=1.959-1.918=0.041 \text{ 比特/符号}$$

为了验证结果，可按准对称信道的容量公式重新计算一下。根据重排之后的信道转移矩阵可得到有关参数为

$$\begin{cases}r=2\\ \{p_1',p_2',p_3',p_4'\}:\{\frac{1}{3},\frac{1}{6},\frac{1}{6},\frac{1}{3}\}\end{cases},\quad \begin{cases}s_1=2\\ M_1=\frac{1}{2}\end{cases},\quad \begin{cases}s_2=1\\ M_2=\frac{1}{3}\end{cases},\quad \begin{cases}s_3=1\\ M_3=\frac{2}{3}\end{cases}$$

应用准对称信道的容量公式，有

$$\begin{aligned}C&=-\sum_{k=1}^{3}s_k\left(M_k/r\right)\log_2\left(M_k/r\right)-H(p_1',p_2',p_3',p_4')\\ &=-2\times\left(\tfrac{1/2}{2}\right)\times\log_2\left(\tfrac{1/2}{2}\right)-1\times\left(\tfrac{1/3}{2}\right)\times\log_2\left(\tfrac{1/3}{2}\right)-1\times\left(\tfrac{2/3}{2}\right)\times\log_2\left(\tfrac{2/3}{2}\right)-H\left(\tfrac{1}{3},\tfrac{1}{6},\tfrac{1}{6},\tfrac{1}{3}\right)\\ &=0.041 \text{ 比特/符号}\end{aligned}$$

最佳输入分布为等概率分布，即 $\boldsymbol{P}_X^*=\left\{\frac{1}{2},\frac{1}{2}\right\}$，两种方法得出的结果相同。

3.4.5 Kuhn-Tucker 定理及一般离散信道的信道容量

对于一般的 DMC 来说，$\{X,\boldsymbol{P}_{Y|X},Y\}$ 的最佳输入分布 $\boldsymbol{P}_X^*$ 未必是等概率分布，只能按定义求解信道容量，即求 $I(X;Y)$ 关于输入分布 $\boldsymbol{P}_X$ 的最大值，当输入的维数很高时，计算量非常大，甚至找不出正确的答案。为此，我们干脆不去刻意寻找信道容量的解析表达式，而把注意力转到信道容量解的充要条件上。借助于该充要条件，我们可以排除一些不可能的边界，且在某些特殊情况下可快速找到最大值（最小值）的位置。

信道容量解的充要条件实际上是著名的 Kuhn-Tucker 定理的直接推论。Kuhn-Tucker 定理给出了凸函数存在最大值的充要条件，即 K-T 条件。

定理 3.5（Kuhn-Tucker）设 $f(\boldsymbol{x})$ 是定义在所有分量均非负的半 $\boldsymbol{n}$ 维空间上的上凸函数，其中 $\boldsymbol{x}=\{x_1,x_2,\cdots,x_n\}$，假定 $f(\boldsymbol{x})$ 的一阶偏导数存在，且在定义空间上连续，则 $f(\boldsymbol{x})$ 在定义空间上的点 $\boldsymbol{x}=\boldsymbol{x}^*$ 处取最大值的充要条件是

$$\left.\frac{\partial f(\boldsymbol{x})}{\partial x_i}\right|_{\boldsymbol{x}=\boldsymbol{x}^*}=0,\ x_i^*>0 \tag{3.4.23}$$

$$\left.\frac{\partial f(\boldsymbol{x})}{\partial x_i}\right|_{\boldsymbol{x}=\boldsymbol{x}^*} \leqslant 0,\quad x_i^* = 0 \tag{3.4.24}$$

证明：因为 $f(\boldsymbol{x})$ 是上凸函数，当极值点不是定义空间的边界点，即 $x_i^* > 0$ 时，极值就是最大值。由微分学知道，极值点的充要条件就是式（3.4.23）。当极值点在定义空间的边界上，即 $x_i^* = 0$ 时，$f(\boldsymbol{x})$ 在该极值点取最大值的充要条件是，$f(\boldsymbol{x})$ 沿 $x_i^* > 0$ 向定义空间的值是下降的，其数学表示即为式（3.4.24）。

由于一般 DMC 的 $I(X;Y)$ 是 $\boldsymbol{P}_X$ 的上凸函数，应用定理 3.5 不难得出 $I(X;Y)$ 达到最大值的充要条件，即信道容量解的充要条件。在给出充要条件之前，我们先定义一个新的互信息量——偏互信息量 $I(a_i;Y)$：

$$I(a_i;Y) = \sum_{j=1}^{s} P(b_j \mid a_i) \log \frac{P(b_j \mid a_i)}{P(b_j)} \tag{3.4.25}$$

$I(a_i;Y)$ 也是一种互信息量，只对输出 Y 进行统计平均，它代表从输出 Y 得到的关于输入 a_i 的信息，或者说是信源符号 a_i 所传送的平均互信息量。由

$$I(X;Y) = \sum_{i=1}^{r} P(a_i) \sum_{j=1}^{s} P(b_j \mid a_i) \log \frac{P(b_j \mid a_i)}{P(b_j)} = \sum_{i=1}^{r} P(x_i) I(a_i;Y) \tag{3.4.26}$$

可知，$I(X;Y)$ 是 $I(a_i;Y)$ 关于 a_i 的统计平均。

定理 3.6（一般 DMC 信道容量解的充要条件）一般 DMC $\{X, Y, \boldsymbol{P}_{Y|X}\}$ 的平均互信息量 $I(X;Y)$ 在输入分布为 $\boldsymbol{P}_X^* = \{P^*(a_1), P^*(a_2), \cdots, P^*(a_r)\}$ 时取最大值的充要条件是

$$I(a_i;Y)\big|_{\boldsymbol{P}_X = \boldsymbol{P}_X^*} = C,\quad P^*(a_i) > 0 \tag{3.4.27}$$

$$I(a_i;Y)\big|_{\boldsymbol{P}_X = \boldsymbol{P}_X^*} \leqslant C,\quad P^*(a_i) = 0 \tag{3.4.28}$$

式中，C 是信道容量。

证明：根据定义，DMC 的信道容量就是 $I(X;Y)$ 在约束条件

$$\begin{cases} P(a_i) \geqslant 0 \\ \sum_{i=1}^{r} P(a_i) = 1 \end{cases}$$

下的最大值。由拉格朗日乘数法，可将这个约束极值问题转化为拉格朗日函数

$$f(\boldsymbol{P}_X) = I(X;Y) - \lambda \left(\sum_{i=1}^{r} P(a_i) - 1 \right)$$

的无约束极值问题。由于 $I(X;Y)$ 是 $\boldsymbol{P}_X$ 的上凸函数，且 $f(\boldsymbol{P}_X)$ 是 $I(X;Y)$ 与 $\boldsymbol{P}_X$ 的线性函数之和，所以 $f(\boldsymbol{P}_X)$ 也是 $\boldsymbol{P}_X$ 的上凸函数。由定理 3.5 所给的 K-T 条件可知，上凸函数 $f(\boldsymbol{P}_X)$ 在 $\boldsymbol{P}_X = \boldsymbol{P}_X^* = \{P^*(a_1), P^*(a_2), \cdots, P^*(a_r)\}$ 处取最大值的充要条件是

$$\left.\frac{\partial f(\boldsymbol{P}_X)}{\partial P(a_i)}\right|_{\boldsymbol{P}_X = \boldsymbol{P}_X^*} = 0,\qquad P^*(a_i) > 0$$

$$\left.\frac{\partial f(\boldsymbol{P}_X)}{\partial P(a_i)}\right|_{\boldsymbol{P}_X = \boldsymbol{P}_X^*} \leqslant 0,\qquad P^*(a_i) = 0$$

计算偏导数

$$\begin{aligned}
\frac{\partial f(\boldsymbol{P}_X)}{\partial P(a_i)} &= \frac{\partial}{\partial P(a_i)}\left[\sum_{i=1}^{r}\sum_{j=1}^{s}P(a_i)P(b_j\,|\,a_i)\log\frac{P(b_j\,|\,a_i)}{P(b_j)}\right]-\lambda \\
&= \sum_{j=1}^{s}\left\{\frac{\partial}{\partial P(a_i)}\left[\sum_{i=1}^{r}P(a_i)P(b_j\,|\,a_i)\right]\log\frac{P(b_j\,|\,a_i)}{P(b_j)}\right\}+ \\
&\quad \sum_{i=1}^{r}\sum_{j=1}^{s}P(a_i)P(b_j\,|\,a_i)\frac{\partial}{\partial P(a_i)}\left[\log\frac{P(b_j\,|\,a_i)}{P(b_j)}\right]-\lambda \\
&= \sum_{j=1}^{s}P(b_j\,|\,a_i)\log\frac{P(b_j\,|\,a_i)}{P(b_j)}-\log\mathrm{e}-\lambda \\
&= I(a_i;Y)-\log\mathrm{e}-\lambda
\end{aligned}$$

于是，充要条件变为

$$I(a_i;Y)\big|_{\boldsymbol{P}_X=\boldsymbol{P}_X^*}=\lambda+\log\mathrm{e}\,,\qquad P^*(a_i)>0$$

$$I(a_i;Y)\big|_{\boldsymbol{P}_X=\boldsymbol{P}_X^*}\leqslant\lambda+\log\mathrm{e}\,,\qquad P^*(a_i)=0$$

为确定常数λ，可对上式两边关于a_i求统计平均：

$$\left[\sum_{i=1}^{r}P(a_i)I(a_i;Y)\right]\Bigg|_{\boldsymbol{P}_X=\boldsymbol{P}_X^*}=\sum_{i=1}^{r}P(a_i)(\lambda+\log\mathrm{e})$$

即

$$\lambda+\log\mathrm{e}=\left[\sum_{i=1}^{r}P(a_i)I(a_i;Y)\right]\Bigg|_{\boldsymbol{P}_X=\boldsymbol{P}_X^*}=I(X;Y)\big|_{\boldsymbol{P}_X=\boldsymbol{P}_X^*}=C$$

代入即得定理所述的结果。

定理 3.6 说明，当信道平均互信息量达到最大时，所有概率非 0 的输入符号都传送相同的平均互信息量。对此可做一个直观的解释。对于给定的信道，为使$I(X;Y)$达到最大，必须调整输入符号的概率分布。若某个符号a_i所传送的平均互信息量$I(a_i;Y)$比其他符号所传送的大，则可更多地使用a_i，即提高$P(a_i)$，使总的平均互信息量$I(X;Y)$增加。但是$P(a_i)$增加会使$P(b_j)$接近$P(b_j\,|\,a_i)$，因为

$$P(b_j)=\sum_{k=1}^{r}P(a_k)P(b_j\,|\,a_k)$$

从而使$I(a_i;Y)$减小。这样反复调整输入符号的概率分布，最后必然使得所有使用的符号$I(a_i;Y)$相等，且等于信道容量C。致使$I(a_i;Y)$小于C的符号是不值得使用的，其概率为 0。

利用定理 3.6，可将一般信道的信道容量问题转化为解代数方程问题，以下给出两例。

【例 3.11】设信道转移矩阵为

$$\boldsymbol{P}_{Y|X}=\begin{bmatrix}1 & 0 & 0\\ 0 & 1-\delta & \delta\\ 0 & \delta & 1-\delta\end{bmatrix}$$

求信道容量C和最佳输入分布。

解：该信道属于一般信道，设最佳输入分布为 $\boldsymbol{P}_X^* = \{P^*(a_1), P^*(a_2), P^*(a_3)\}$。由于有 3 个输入概率外加 1 个信道容量 C，共 4 个参数，因此需要列 4 个方程。由定理 3.6 有

$$\begin{cases} I(a_1;Y) = \log\dfrac{1}{P(b_1)} = C \\ I(a_2;Y) = (1-\delta)\log\dfrac{1-\delta}{P(b_2)} + \varepsilon\log\dfrac{\delta}{P(b_3)} = C \\ I(a_3;Y) = \delta\log\dfrac{\delta}{P(b_2)} + (1-\delta)\log\dfrac{1-\delta}{P(b_3)} = C \\ P(b_1) + P(b_2) + P(b_3) = 1 \end{cases}$$

化简得

$$\begin{cases} \log P(y_1) = -C \\ (1-\delta)\log P(y_2) + \delta\log P(y_3) = -[C + h_2(\delta)] \\ \delta\log P(y_2) + (1-\delta)\log P(y_3) = -[C + h_2(\delta)] \\ P(y_1) + P(y_2) + P(y_3) = 1 \end{cases}$$

解得

$$C = \log(1 + 2^{[1-h_2(\delta)]}) = \log[1 + 2\delta^{\delta}(1-\delta)^{(1-\delta)}]$$

$$P(y_1) = 2^{-C} = \frac{1}{1 + 2\delta^{\delta}(1-\delta)^{(1-\delta)}}$$

$$P(y_2) = P(y_3) = 2^{-[C + h_2(\delta)]} = \frac{\delta^{\delta}(1-\delta)^{(1-\delta)}}{1 + 2\delta^{\delta}(1-\delta)^{(1-\delta)}}$$

转移概率 $P(y_j \mid x_i)$ 已知，输出分布 $P(y_j)$ 已求出，于是根据 $P(y_j) = \sum_i P(x_i)P(y_j \mid x_i)$ 可求出 $P^*(a_i)$：

$$\begin{cases} P(y_1) = P^*(x_1) \\ P(y_2) = (1-\delta)P^*(x_2) + \delta P^*(x_3) \\ P(y_3) = \delta P^*(x_2) + (1-\delta)P^*(x_3) \end{cases}$$

解得

$$P^*(x_1) = \frac{1}{1 + 2\delta^{\delta}(1-\delta)^{(1-\delta)}}, \quad P^*(x_2) = P^*(x_3) = \frac{\delta^{\delta}(1-\delta)^{(1-\delta)}}{1 + 2\delta^{\delta}(1-\delta)^{(1-\delta)}}$$

【例 3.12】 设离散信道的转移概率矩阵为

$$\boldsymbol{P} = \begin{bmatrix} 1 & 0 & 0 \\ \frac{1}{3} & \frac{1}{3} & \frac{1}{3} \\ 0 & 1 & 0 \\ 0 & 0 & 1 \end{bmatrix}$$

求信道容量。

解：根据信道矩阵可知，该信道既不是对称信道，又不是准对称信道。

设输入符号集为 $\{a_1, a_2, a_3, a_4\}$，输出符号集为 $\{b_1, b_2, b_3\}$。仔细观察矩阵 $\boldsymbol{P}$，发现输入符号 a_1, a_3, a_4 与输出符号 b_1, b_2, b_3 是一一对应的，而输入符号 a_2 等概率地映射到了 3 个输出符

号。如果将a_2的概率置 0，那么信道变为一个理想信道，于是可将a_1,a_3,a_4设置为等概率分布，即

$$P(a_2)=0$$
$$P(a_1)=P(a_3)=P(a_4)=1/3$$

分别求出所有概率非 0 的符号对象的互信息量：

$$I(x=a_1;Y)=\sum_{j=1}^{3}P(b_j\mid a_1)\log_2\frac{P(b_j\mid a_1)}{P(b_j)}=\log_2 3\ \text{比特/符号}$$

$$I(x=a_2;Y)=\sum_{j=1}^{3}P(b_j\mid a_2)\log_2\frac{P(b_j\mid a_2)}{P(b_j)}=0\ \text{比特/符号}$$

$$I(x=a_3;Y)=\sum_{j=1}^{3}P(b_j\mid a_3)\log_2\frac{P(b_j\mid a_3)}{P(b_j)}=\log_2 3\ \text{比特/符号}$$

$$I(x=a_4;Y)=\sum_{j=1}^{3}P(b_j\mid a_4)\log_2\frac{P(b_j\mid a_4)}{P(b_j)}=\log_2 3\ \text{比特/符号}$$

可见，该分布对应的互信息量为

$$\begin{cases}I(x_i;Y)=\log_2 3, & p_i\neq 0\\ I(x_i;Y)=0<\log_2 3, & p_i=0\end{cases}$$

所以，该分布为最佳分布，对应的信道容量为$C=\log_2 3$比特/符号。

3.4.6　信道容量的迭代算法

一般 DMC 信道容量的计算非常困难。1972 年，S. Arimoto 和 R. E. Blahut 给出了 DMC 信道容量计算的迭代算法，该算法能在给定的精度下用有限步数计算出一般 DMC 的信道容量。这一迭代算法是以下述定理为基础建立起来的。

定理 3.7　设 DMC 的转移概率向量为$\boldsymbol{P}_{Y|X}=\{P(b_j\mid a_i)\}_{i,j}$，记$\boldsymbol{P}_X^0=\{P^0(a_i)\}_i$是任意给定的一组初始输入分布，其所有分量$\boldsymbol{P}^0(a_i)$均不为 0。按下式不断地对输入分布进行迭代、更新：

$$\boldsymbol{P}^{n+1}(a_k)=\boldsymbol{P}^n(a_k)\frac{\beta_k(\boldsymbol{P}_X^n)}{\sum_{i=1}^{r}\boldsymbol{P}^n(a_i)\beta_i(\boldsymbol{P}_X^n)}\tag{3.4.29}$$

式中，

$$\beta_k(\boldsymbol{P}_X^n)=\exp\left[I(x=a_k;Y)\right]\Big|_{\boldsymbol{P}_X=\boldsymbol{P}_X^n}=\exp\left\{\sum_{j=1}^{s}P(b_j\mid a_k)\log\frac{P(b_j\mid a_k)}{\sum_{i=1}^{r}\boldsymbol{P}^n(a_i)P(b_j\mid a_i)}\right\}\tag{3.4.30}$$

则由此所得的$I(\boldsymbol{P}_X^n;\boldsymbol{P}_{Y|X})$序列收敛于信道容量$C$。

定理的证明从略。

在前面对定理 3.6 进行解释时曾说过，不断提高具有较大$I(a_k;Y)$的输入符号a_k的概率，同时降低具有较小$I(a_k;Y)$的输入符号a_k的概率，会使平均互信息量$I(X;Y)$或$I(\boldsymbol{P}_X;\boldsymbol{P}_{Y|X})$逐步增加，逼近信道容量$C$。定理 3.7 给出的输入分布的迭代、更新方法正好与这一思路相吻合。

由定理 3.7 不难给出信道容量的迭代算法流程图，如图 3.4.5 所示。

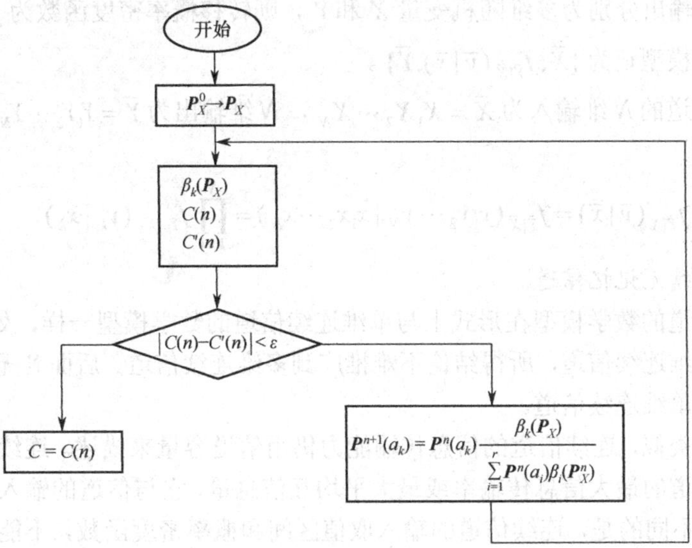

开始

$P_X^0 \to P_X$

$\beta_k(P_X)$
$C(n)$
$C'(n)$

$|C(n)-C'(n)|<\varepsilon$

$C=C(n)$

$P^{n+1}(a_k)=P^n(a_k)\dfrac{\beta_k(P_X)}{\sum_{i=1}^{r}P^n(a_i)\beta_i(P_X^n)}$

图 3.4.5 信道容量的迭代算法流程图

在迭代算法流程图中，

$$C(n)=\ln\left\{\sum_{k=1}^{r}P(a_k)\beta_k(P_X)\right\} \tag{3.4.31}$$

$$C'(n)=\ln\left\{\max_k \beta_k(P_X)\right\} \tag{3.4.32}$$

当 $C(n)$ 与 $C'(n)$ 的差值小于某个给定值时，迭代结束，这是 Blahut 建议的迭代终止条件。也可选用相邻的迭代结果 $C(n)$ 与 $C(n+1)$ 的差值小于某个给定值作为迭代终止条件，但 Blahut 建议的迭代终止条件更为合理。

3.5 连续信道及其信道容量

连续信道是时间离散、幅值连续信道的简称。连续信道与离散信道的不同是，连续信道的输入和输出都是定义在整个实域 R 或 R 的某个子集上的连续随机变量。本节讨论连续信道的数学模型、平均互信息量及信道容量，很多结果与离散信道的类似，只需将概率改为概率密度函数，将求和改为积分。

3.5.1 连续信道的数学模型

最基本的连续信道是单维连续信道，其输入 X、输出 Y 及噪声 Z 都是取值于整个实域 R 的一维连续随机变量。单维连续信道模型如图 3.5.1 所示。连续信道的统计特性由转移概率密度函数 $f_{Y|X}(y|x)$ 描述，$f_{Y|X}(y|x)$ 满足如下约束条件：

$$\int_R f_{Y|X}(y|x)\,\mathrm{d}y=1 \tag{3.5.1}$$

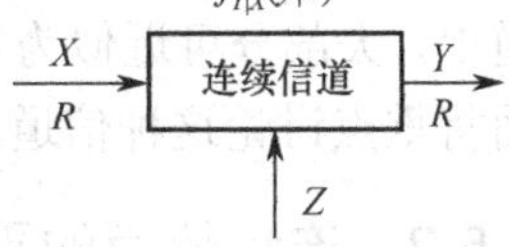

单维连续信道的数学模型记为 $\{X, f_{Y|X}(y|x), Y\}$。

$f_{Y|X}(y|x)$
X R → 连续信道 → Y R
Z

图 3.5.1 单维连续信道模型

如果信道的输入和输出都是多维连续随机变量序列，那么可以采用多维连续信道模型来描述。设输入和输出分别为多维随机变量 $\overline{X}$ 和 $\overline{Y}$ ，则转移概率密度函数为 $f_{\overline{Y}|\overline{X}}(\overline{y}|\overline{x})$。多维连续信道的数学模型记为 $\{\overline{X}, f_{\overline{Y}|\overline{X}}(\overline{y}|\overline{x}), \overline{Y}\}$ 。

假设连续信道的 N 维输入为 $\overline{X}=X_1X_2\cdots X_N$ ， N 维输出为 $\overline{Y}=Y_1Y_2\cdots Y_N$ ，若转移概率密度函数满足

$$f_{\overline{Y}|\overline{X}}(\overline{y}|\overline{x}) = f_{\overline{Y}|\overline{X}}(y_1y_2\cdots y_N | x_1x_2\cdots x_N) = \prod_{k=1}^{N} f_{Y_k|X_k}(y_k|x_k) \tag{3.5.2}$$

则称此信道为*连续无记忆信道*。

多维连续信道的数学模型在形式上与单维连续信道的数学模型一样，处理方式也相同。以下重点讨论单维连续信道，所得结论不难推广到多维连续信道。后面若无特殊说明，所说的连续信道都指单维连续信道。

与离散信道类似，连续信道的信息传输能力仍用信道容量来描述。连续信道的信道容量仍然定义为该信道的最大信息传输率或最大平均互信息量，它与信道的输入概率密度函数有关。与离散信道不同的是，连续信道的输入取值区间和概率密度函数，不能完全描述实际输入的某些性质，如输入信号的幅值受限、功率受限等。为了适当反映这种情况，可对连续信道的输入加一个限制条件 $b(X)$，而连续信道的信道容量定义为该信道的 $I(X;Y)$ 在条件 $b(X)$ 下关于 $f_X(x)$ 的最大值：

$$C = \max_{f_X(x)}\{I(X;Y); b(X)\} = \max_{f_X(x)}\{h(Y)-h(Y|X); b(X)\} \tag{3.5.3}$$

若最大值不存在，则可取其最小上界：

$$C = \sup_{f_X(x)}\{I(X;Y); b(X)\} = \sup_{f_X(x)}\{h(Y)-h(Y|X); b(X)\} \tag{3.5.4}$$

在实际应用中，信道输入信号的平均功率 $E(X^2)$ 总是限定在某个范围内。假设输入信号的平均功率限定在 P_S 内，这时，对信道输入信号的限制条件可描述为

$$b(X): E(X^2) \leqslant P_S \tag{3.5.5}$$

于是，连续信道在输入平均功率受限时的信道容量为

$$\begin{aligned} C(P_S) &= \max_{f_X(x)}\{I(X;Y); E(X^2)\leqslant P_S\} \\ &= \max_{f_X(x)}\{h(Y)-h(Y|X); E(X^2)\leqslant P_S\} \end{aligned} \tag{3.5.6}$$

或

$$\begin{aligned} C(P_S) &= \sup_{f_X(x)}\{I(X;Y); E(X^2)\leqslant P_S\} \\ &= \sup_{f_X(x)}\{h(Y)-h(Y|X); E(X^2)\leqslant P_S\} \end{aligned} \tag{3.5.7}$$

求解一般连续信道的信道容量非常困难，往往只能得出数值解。只有对一些特殊的连续信道（如*加性噪声信道*）才能推出简明的信道容量表达式。所幸的是，在实际使用的连续信道中，大部分可近似为加性噪声信道，研究这种信道在理论和实践两方面都有重大意义，后面将重点讨论这种信道。

3.5.2 连续信道的平均互信息量及其特性

连续信道的平均互信息量定义为

$$
\begin{aligned}
I(X;Y) &= \iint_{R\,R} f_{XY}(x,y)\log\frac{f_{XY}(x,y)}{f_X(x)f_Y(y)}\,\mathrm{d}x\,\mathrm{d}y \\
&= \iint_{R\,R} f_X(x)f_{Y|X}(y|x)\log\frac{f_{Y|X}(y|x)}{f_Y(y)}\,\mathrm{d}x\,\mathrm{d}y
\end{aligned} \tag{3.5.8}
$$

且

$$
\begin{aligned}
I(X;Y) &= h(Y)-h(Y|X) \\
&= h(X)-h(X|Y)
\end{aligned} \tag{3.5.9}
$$

这些都与离散情形下的$I(X;Y)$类似，只是概率换成了概率密度函数，求和换成了积分，离散熵换成了微分熵。

3.5.3　高斯加性噪声信道的信道容量

如果信道的输入X、输出Y及噪声Z三个随机变量之间满足

$$Y = X + Z \tag{3.5.10}$$

且输入X与噪声Z无关，那么称该信道为*加性噪声信道*。

加性噪声信道的转移概率密度函数$f_{Y|X}(y|x)$与噪声的概率密度函数$f_Z(z)$之间存在固定关系。根据概率论知识，因为X、Y及Z满足式（3.5.10），且X与Z无关，于是联合概率密度函数为

$$f_{XY}(x,y) = f_{XZ}(x,z) = f_X(x)f_Z(z) \tag{3.5.11}$$

再经过简单推导，得出信道的转移概率密度函数为

$$f_{Y|X}(y|x) = \frac{f_{XY}(x,y)}{f_X(x)} = \frac{f_X(x)f_Z(z)}{f_X(x)} = f_Z(z) = f_Z(y-x) \tag{3.5.12}$$

上式说明，转移概率密度函数是由噪声引起的，加性噪声信道的转移概率密度函数等于噪声的概率密度函数，也是输入、输出之间差值的函数。

最常见的加性噪声是*高斯噪声*，其瞬时值服从高斯（正态）分布：

$$f_Z(z) = \frac{1}{\sqrt{2\pi\sigma^2}}\mathrm{e}^{-(z-\mu)^2/2\sigma^2} \tag{3.5.13}$$

对于加性高斯噪声信道，转移概率密度函数为

$$f_{Y|X}(y|x) = f_Z(y-x) = \frac{1}{\sqrt{2\pi\sigma^2}}\mathrm{e}^{-(y-x-\mu)^2/2\sigma^2} \tag{3.5.14}$$

转移概率密度函数的特殊性使得$I(X;Y)$有简单的关系式。因为

$$I(X;Y) = h(Y) - h(Y|X)$$

而

$$
\begin{aligned}
h(Y|X) &= \iint_{R\,R} f_X(x)f_{Y|X}(y|x)\log\frac{1}{f_{Y|X}(y|x)}\,\mathrm{d}x\,\mathrm{d}y \\
&= \iint_{R\,R} f_X(x)f_Z(y-x)\log\frac{1}{f_Z(y-x)}\,\mathrm{d}x\,\mathrm{d}y \\
&= \iint_{R\,R} f_X(x)f_Z(z)\log\frac{1}{f_Z(z)}\,\mathrm{d}x\,\mathrm{d}z \\
&= h(Z)
\end{aligned} \tag{3.5.15}
$$

于是

$$I(X;Y) = h(Y) - h(Z) \tag{3.5.16}$$

因为 Z 与 X 无关，故加性噪声信道的信道容量可简化为

$$C(P_{\mathrm{S}}) = \max_{f_X(x)}\{h(Y); E(X^2) \leqslant P_{\mathrm{S}}\} - h(Z) \tag{3.5.17}$$

或

$$C(P_{\mathrm{S}}) = \sup_{f_X(x)}\{h(Y); E(X^2) \leqslant P_{\mathrm{S}}\} - h(Z) \tag{3.5.18}$$

这样一来，就把对 $I(X;Y)$ 求最大值的问题转化为对 $h(Y)$ 求最大值的问题，难度大大下降，并且能得出一些有价值的结论。

在加性噪声信道中，若噪声服从高斯分布，则称其为**加性高斯噪声信道**。高斯分布的热噪声就是一种普遍存在的加性噪声，因此加性高斯噪声信道可作为很多实际信道的模型。下面对这种信道做深入研究。

设加性噪声 Z 服从均值为 0、方差为 σ_z^2 的高斯分布，即概率密度函数为

$$f_Z(z) = \frac{1}{\sqrt{2\pi\sigma_z^2}} \mathrm{e}^{-z^2/2\sigma_z^2} \tag{3.5.19}$$

这里，假设 Z 的均值为 0 不失一般性。因为若 Z' 是均值为 μ 的随机变量，通过坐标变换 $Z = Z' - \mu$，则 Z 是均值为 0 的随机变量，并且这种特殊的坐标变换不改变随机变量的熵，即 $h(Z) = h(Z')$。

因为 Z 的均值 $E(Z) = 0$，这时 Z 的方差 σ_z^2 具有明确的物理意义，它等于 Z 的平均功率 P_{N}：

$$\sigma_z^2 = E(Z^2) - \left[E(Z)\right]^2 = E(Z^2) = P_{\mathrm{N}} \tag{3.5.20}$$

所以，Z 的概率密度函数可重新写成

$$f_Z(z) = \frac{1}{\sqrt{2\pi P_{\mathrm{N}}}} \mathrm{e}^{-z^2/2P_{\mathrm{N}}} \tag{3.5.21}$$

由此可求得 Z 的微分熵为

$$h(Z) = \tfrac{1}{2}\log\left(2\pi\mathrm{e} P_{\mathrm{N}}\right) \tag{3.5.22}$$

于是，根据加性噪声信道的信道容量定义，当输入平均功率受限时，信道容量为

$$C(P_{\mathrm{S}}) = \max_{f_X(x)}\{h(Y); E(X^2) \leqslant P_{\mathrm{S}}\} - \tfrac{1}{2}\log\left(2\pi\mathrm{e}P_{\mathrm{N}}\right) \tag{3.5.23}$$

因此，问题的关键在于求信道输出 Y 关于输入概率密度函数 $f_X(x)$ 的最大熵，可按如下步骤求出信道容量：

（1）与对待噪声 Z 的方式一样，不妨假设信道输入 X 的均值为 0，则信道输出 Y 的均值为

$$E(Y) = E(X + Z) = E(X) + E(Z) = 0 \tag{3.5.24}$$

平均功率为

$$\begin{aligned} E(Y^2) &= E\left[(X + Z)^2\right] \\ &= E(X^2) + E(Z^2) + 2E(XZ) \\ &= E(X^2) + E(Z^2) \\ &\leqslant P_{\mathrm{S}} + P_{\mathrm{N}} \end{aligned} \tag{3.5.25}$$

上式说明，对于加性噪声信道，当输入 X 和噪声 Z 的均值都是 0、平均功率分别受限于 P_S 和 P_N 时，输出 Y 的均值也为 0，其平均功率受限于 P_S+P_N。

（2）根据连续最大熵的结论可知，平均功率受限时，随机变量只有服从高斯分布才会使熵最大。现在，信道输出 Y 的均值为 0，平均功率受限于 P_S+P_N，因此只有 Y 服从高斯分布

$$f_Y(y)=\frac{1}{\sqrt{2\pi(P_S+P_N)}}\mathrm{e}^{-y^2/2(P_S+P_N)} \tag{3.5.26}$$

时，其熵最大。

找出最佳输出分布后，由加性噪声信道的性质可推出最佳输入分布。因为 Y 和 Z 均服从高斯分布，而 $X=Y-Z$，所以 X 也服从高斯分布，而 X 的均值为 0、平均功率受限于 P_S，所以最佳的输入分布为

$$f_X(x)=\frac{1}{\sqrt{2\pi P_S}}\mathrm{e}^{-x^2/2P_S} \tag{3.5.27}$$

（3）已知 Y 和 X 的最佳分布后，不难求出 Y 关于输入概率密度函数的最大熵：

$$\begin{aligned}\max_{f_X(x)}\left[h(Y);E(X^2)\leqslant P_S\right]&=\max_{f_Y(y)}\left[h(Y);E(Y^2)\leqslant P_S+P_N\right]\\&=\tfrac{1}{2}\log\left[2\pi\mathrm{e}\left(P_S+P_N\right)\right]\end{aligned} \tag{3.5.28}$$

因此，当输入平均功率受限时，加性高斯噪声信道的信道容量为

$$\begin{aligned}C(P_S)&=\tfrac{1}{2}\log\left[2\pi\mathrm{e}\left(P_S+P_N\right)\right]-\tfrac{1}{2}\log\left(2\pi\mathrm{e}P_N\right)\\&=\tfrac{1}{2}\log\left(1+\frac{P_S}{P_N}\right)\end{aligned} \tag{3.5.29}$$

以上分析说明，在加性高斯噪声信道中传输信息时，高斯分布的输入信号是最有效的；信道容量与信噪比 P_S/P_N 有关。反过来，对于加性噪声信道，若输入信号服从高斯分布，则什么性质的噪声最有害呢？下面的定理回答了这一问题。

定理 3.8　对于无记忆加性噪声信道，假设输入信号服从高斯分布，且噪声的平均功率受限，则服从高斯分布的噪声使信道平均互信息量最小。

定理的证明从略。信道输出信号的概率分布与信道输入信号和噪声两者的概率分布有关，根据加性噪声信道的性质，当输入信号和噪声都服从高斯分布时，输出信号也服从高斯分布。如果用下标 G 来标识服从高斯分布的随机变量，那么定理 3.8 所给的结论可用下式表示：

$$I(X_G;Y)\geqslant I(X_G;Y_G) \tag{3.5.30}$$

【例 3.13】设一时间离散、幅度连续的无记忆信道的输入是一个均值为 0、方差为 E 的高斯随机变量，信道噪声为加性高斯噪声，方差为 $\delta^2=1\mu\mathrm{W}$，信道的符号传输速率为 $r=8000$ 符号/秒。令一路电话通过该信道，电话机产生的信息率为 64kbit/s，求 E 的最小值。

解：由加性高斯噪声信道容量公式，得该信道的信道容量为

$$C_t=\frac{r}{2}\log_2\left(1+\frac{P_S}{P_N}\right)=\frac{r}{2}\log_2\left(1+\frac{E}{\delta^2}\right)=\frac{8000}{2}\log_2(1+E)$$

为使电话机产生的信息率为 64kbit/s 的数据正确通过信道，必须有

$$64\times10^3\leqslant C^t$$

即

$$\frac{8000}{2}\log_2(1+E)\geqslant 64\times10^3$$

得

$$E\geqslant 1\times(2^{16}-1)=65535\mu\text{W}$$

E 即输入信号的平均功率，应不小于65.5mW。

3.5.4 一般加性噪声信道的信道容量及其边界

非高斯加性噪声信道的信道容量计算非常复杂，即使是在平均功率受限的条件下，也无法给出解析解，而只能对其上下界做出估计。以下定理给出了平均功率受限条件下一般加性噪声信道的信道容量的上下界。

定理 3.9 对于一般的无记忆加性噪声信道，假设输入信号的平均功率受限于 P_{S}，噪声的平均功率受限于 P_{N}，则信道容量 $C(P_{\text{S}})$ 的上下界为

$$\tfrac{1}{2}\log\left(1+\frac{P_{\text{S}}}{P_{\text{N}}}\right)\leqslant C(P_{\text{S}})\leqslant\tfrac{1}{2}\log\left(\frac{P_{\text{S}}+P_{\text{N}}}{P_{\text{e}}}\right)\tag{3.5.31}$$

式中，

$$P_{\text{e}}=\frac{1}{2\pi\text{e}}\text{e}^{2h(Z)}\tag{3.5.32}$$

是具有微分熵 $h(Z)$ 的随机变量 Z 的熵功率。

证明：先证下界。仍然假设输入信号和噪声的均值为0。因为信道容量是平均互信息量的最大值，即

$$C(P_{\text{S}})=\max_{f_X(x)}\left\{I(X;Y);E(X^2)\leqslant P_{\text{S}}\right\}\geqslant I(X_{\text{G}};Y)$$

由定理3.8可知

$$I(X_{\text{G}};Y)\geqslant I(X_{\text{G}};Y_{\text{G}})$$

而 $I(X_{\text{G}};Y_{\text{G}})$ 实际上是上节推导的加性高斯噪声的信道容量，故

$$C(P_{\text{S}})\geqslant I(X_{\text{G}};Y_{\text{G}})=\tfrac{1}{2}\log\left(1+\frac{P_{\text{S}}}{P_{\text{N}}}\right)$$

下界得证。

再证上界。由上节的分析可知，当输入信号和噪声的平均功率分别受限于 P_{S} 和 P_{N} 时，信道输出信号 Y 的平均功率受限于 $P_{\text{S}}+P_{\text{N}}$，$Y$ 服从高斯分布时其熵最大，即

$$h(Y)\leqslant\max_{f_Y(y)}\left[h(Y);E(Y^2)\leqslant P_{\text{S}}+P_{\text{N}}\right]=\tfrac{1}{2}\log\left[2\pi\text{e}\left(P_{\text{S}}+P_{\text{N}}\right)\right]$$

于是有

$$C(P_{\text{S}})\leqslant\tfrac{1}{2}\log\left[2\pi\text{e}(P_{\text{S}}+P_{\text{N}})\right]-h(Z)$$

上式实际上是信道容量 $C(P_{\text{S}})$ 的上界，只要已知噪声特性就可求出上界的值。用熵功率可将上界表示成统一形式，因为噪声 Z 的熵功率为

$$P_{\text{e}}=\frac{1}{2\pi\text{e}}\text{e}^{2h(Z)}$$

则 Z 的熵为

$$h(Z)=\tfrac{1}{2}\ln\left(2\pi e P_e\right)$$

上式中熵的单位是奈特，若不指定对数的底，则有

$$h(Z)=\tfrac{1}{2}\log\left(2\pi e P_e\right)$$

代入信道容量 $C(P_S)$ 的上界表达式中，有

$$C(P_S)\leqslant\tfrac{1}{2}\log\left[2\pi e\left(P_S+P_N\right)\right]-\tfrac{1}{2}\log\left(2\pi e P_e\right)=\tfrac{1}{2}\log\left(\frac{P_S+P_N}{P_e}\right)$$

上界得证。

3.6 波形信道及其信道容量

波形信道（waveform channel）是指输入/输出随时间连续取值且取值集合是连续区间的信道，也称模拟信道（analog channel）。波形信道的输入和输出分别用随机过程 $X(t)$ 和 $Y(t)$ 描述。为了将问题转化成我们熟悉的情形，可在波形信道的持续时间 T 内对其输入和输出进行采样，采样所得的信道可用一个 N 维连续信道来近似，如图 3.6.1 所示。

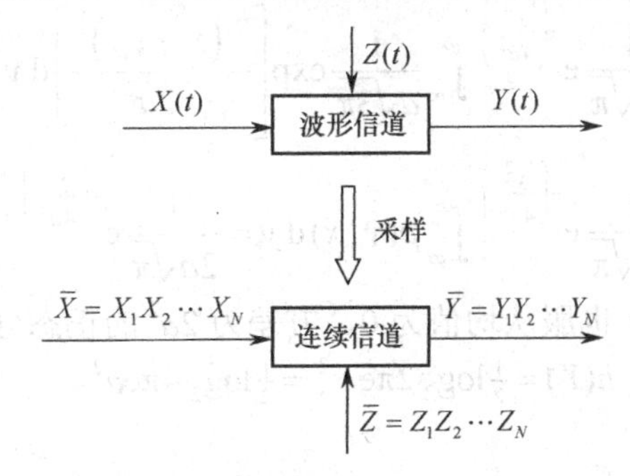

图 3.6.1 波形信道转化为多维连续信道

定义持续时间为 T 的波形信道的信道容量为

$$C_T(P_S)=\lim_{N\to\infty}\max_{f_{\bar{X}}(\bar{x})}\{I(\bar{X};\bar{Y});E(\bar{X}^2)\leqslant P_S\} \tag{3.6.1}$$

波形信道是无穷维连续信道，信道容量的一般性研究在数学上存在相当大的困难。因此，我们只讨论一种简单的波形信道——限带、加性高斯白噪声信道，对该信道的研究在理论与实用上都有重大意义。

3.6.1 波形信道的平均互信息量

一般来说，波形信道是无穷维连续信道，所以当 $N\to\infty$ 时，N 维连续信道的平均互信息量的极限就是波形信道的平均互信息量：

$$I\left(X(t);Y(t)\right)=\lim_{N\to\infty}I(\bar{X};\bar{Y})=\lim_{N\to\infty}I(X_1X_2\cdots X_N;Y_1Y_2\cdots Y_N) \tag{3.6.2}$$

【例 3.14】 设某连续信道的转移概率密度函数为

$$p(y\,|\,x)=\frac{1}{a\sqrt{3\pi}}e^{-\left(y-\frac{1}{2}x\right)^{2/3a^2}},\quad -\infty<x,\,y<\infty$$

而信道输入变量 X 的概率密度函数为

$$p(x)=\frac{1}{2a\sqrt{\pi}}\mathrm{e}^{-(x^2/4a^2)}$$

计算信源的微分熵 $h(X)$和平均互信息量 $I(X;Y)$。

解：将 $p(x)$变形为

$$p(x)=\frac{1}{2a\sqrt{\pi}}\mathrm{e}^{-\left(\frac{x^2}{4a^2}\right)}=\frac{1}{\sqrt{2\pi}\cdot\sqrt{2}a}\cdot\mathrm{e}^{-\frac{(x-0)^2}{2(\sqrt{2}a)^2}}=\frac{1}{\sqrt{2\pi}\sigma}\cdot\mathrm{e}^{-\frac{(x-\mu)^2}{2\sigma^2}}$$

可见，信源 X 是均值为 0、方差为 $2a^2$ 的正态分布，所以

$$h(X)=\tfrac{1}{2}\log_2 2\pi\mathrm{e}\sigma^2=\tfrac{1}{2}\log_2 4\pi\mathrm{e}a^2$$

输出概率密度函数为

$$\begin{aligned}p(y)&=\int_{-\infty}^{\infty}p(xy)\,\mathrm{d}x=\int_{-\infty}^{\infty}p(x)p(y|x)\,\mathrm{d}x\\&=\int_{-\infty}^{\infty}\frac{1}{2a\sqrt{\pi}}\exp\left[-\frac{y^2}{4a^2}\right]\frac{1}{a\sqrt{3\pi}}\exp\left[-\frac{\left(x-\frac{1}{2}y\right)^2}{3a^2}\right]\mathrm{d}x\\&=\frac{1}{2a\sqrt{\pi}}\mathrm{e}^{-\left(\frac{y^2}{4a^2}\right)}\int_{-\infty}^{\infty}\frac{1}{a\sqrt{3\pi}}\exp\left[-\frac{\left(x-\frac{1}{2}y\right)^2}{3a^2}\right]\mathrm{d}y\\&=\frac{1}{2a\sqrt{\pi}}\mathrm{e}^{-\left(\frac{y^2}{4a^2}\right)}\int_{-\infty}^{\infty}p(y|x)\,\mathrm{d}y=\frac{1}{2a\sqrt{\pi}}\mathrm{e}^{-\left(\frac{y^2}{4a^2}\right)}\end{aligned}$$

可见，输出随机变量 Y 也服从均值为 0、方差为 $2a^2$ 的正态分布，输出熵为

$$h(Y)=\tfrac{1}{2}\log_2 2\pi\mathrm{e}\sigma^2=\tfrac{1}{2}\log_2 4\pi\mathrm{e}a^2$$

又因噪声熵为

$$h(Y|X)=-\int_{-\infty}^{\infty}\int_{-\infty}^{\infty}p(x)p(y|x)\log_2 p(y|x)\,\mathrm{d}x\,\mathrm{d}y=\tfrac{1}{2}\log_2 3\pi\mathrm{e}a^2$$

所以

$$\begin{aligned}I(X;Y)&=h(Y)-h(Y|X)\\&=\tfrac{1}{2}\log_2 4\pi\mathrm{e}a^2-\tfrac{1}{2}\log_2 3\pi\mathrm{e}a^2\\&=\tfrac{1}{2}\log_2\tfrac{4}{3}\approx 0.208\ \text{比特/符号}\end{aligned}$$

3.6.2 加性噪声波形信道的信道容量

带限、加性高斯白噪声信道是频带限制在一定范围之内、受加性高斯白噪声干扰的波形信道。

噪声按其功率谱密度的性质可分为两类：白噪声和有色噪声。如果噪声的功率谱密度在整个频带内均匀分布，则称其为白噪声，反之则称其为有色噪声。“白”的含义是由光学概念引申而来的，因为光学中白光在整个可见光谱范围内是连续和均匀的。

白噪声的功率谱密度是均匀的。如果白噪声 $Z(t)$ 的频带限制为 B，即 $f\leqslant|B|$，那么称其为带限白噪声，其功率谱密度为

$$P_Z(f)=\frac{N_0}{2},\qquad -B\leqslant f\leqslant B \tag{3.6.3}$$

式中，N_0 是一个常数，其单位为 W/Hz（瓦特/赫兹）。

白噪声是一种理想的噪声信号，实际上并不存在。然而，如果噪声功率谱密度均匀分布的频率范围远大于所研究系统的带宽，那么可认为该噪声是白噪声，白噪声经滤波变为带限白噪声。服从高斯分布的带限白噪声称为带限高斯白噪声。带限白噪声的相关函数是其功率谱密度的傅里叶反变换：

$$R_Z(\tau)=\int_{-B}^{B}\frac{N_0}{2}\mathrm{e}^{\mathrm{j}2\pi f\tau}\,\mathrm{d}f=N_0B\frac{\sin(2\pi B\tau)}{2\pi B\tau} \tag{3.6.4}$$

其平均功率为

$$P_{\mathrm{N}}=R_Z(0)=N_0B \tag{3.6.5}$$

图 3.6.2 所示为带限白噪声的自相关函数和功率谱密度的图形。

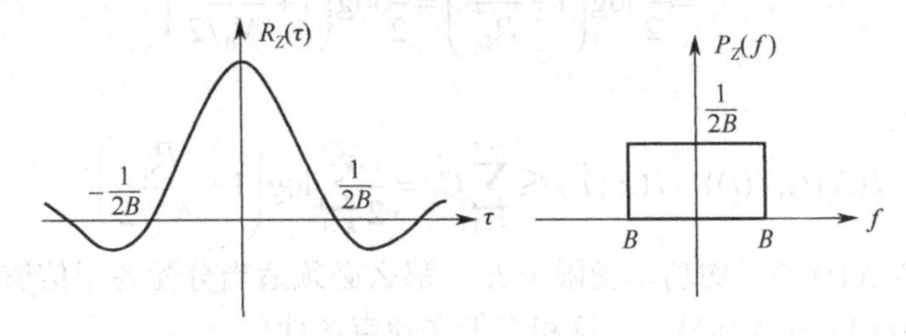

图 3.6.2 限带白噪声的自相关函数和功率谱密度的图形

由图 3.6.2 可以看到，当 $\tau=k/2B, k=1,2,3,\cdots$ 时，$R_Z(\tau)=0$，即从这些点上得到的所有随机变量 $\{Z(k/2B), k=1,2,\cdots\}$ 互不相关。因此，根据采样定理，带限为 B 的随机信号 $Z(t)$ 可用一个独立随机变量序列 $\{Z(k/2B), k=1,2,\cdots\}$ 来近似地表示。另外，工程中遇到的信号通常是限时信号，即只在有限的时段起作用。如果 $Z(t)$ 的作用时段为 $[0,T]$，且在此时段内以频率 $f=2B$ 进行采样，那么只能采 $N=2BT$ 个点。若记 $Z_k=Z(k/2B)$，则上述结论可归纳如下：*带限为 B、时限为 T 的随机信号 $Z(t)$ 可用 $N=2BT$ 个相互独立的随机变量组成的序列 $\overline{Z}=Z_1Z_2\cdots Z_N$ 来近似地表示。*如果 $Z(t)$ 服从均值为 0 的高斯分布，那么采样后所得的 $2BT$ 个独立分量也服从均值为 0 的高斯分布，各独立分量的平均功率等于时段 $[0,T]$ 内的总功率除以分量个数：

$$P_{\mathrm{N}_k}=\frac{P_{\mathrm{N}}T}{N}=\frac{N_0BT}{2BT}=\frac{N_0}{2},\ \ k=1,2,\cdots,N \tag{3.6.6}$$

根据以上分析，可按如下步骤求出带限为 B、时限为 T 的加性高斯白噪声信道的信道容量。

（1）因为是加性信道，故有

$$Y(t)=X(t)+Z(t) \tag{3.6.7}$$

又因为信道带限为 B、时限为 T，按采样定理，对信号和噪声都只需要 $N=2BT$ 个采样点，因此波形信道可用 N 维连续信道来近似：

$$\overline{Y}=\overline{X}+\overline{Z} \tag{3.6.8}$$

式中，

$$\overline{X}=X_1X_2\cdots X_N,\quad \overline{Y}=Y_1Y_2\cdots Y_N,\quad \overline{Z}=Z_1Z_2\cdots Z_N$$

（2）根据信道的无记忆特性和噪声分量的相互独立性质，上述 N 维连续信道又可视为 N 个独立的一维连续加性噪声信道的并联：

$$Y_k=X_k+Z_k,\ \ k=1,2,\cdots,N \tag{3.6.9}$$

并且

$$I\big(X(t);Y(t)\big)=I(\bar{X};\bar{Y})\leqslant\sum_{k=1}^{2BT}I(X_k;Y_k) \tag{3.6.10}$$

因为$Z(t)$服从均值为 0 的高斯分布，且平均功率为$P_{\mathrm{N}}=N_0B$，所以采样所得的噪声分量Z_k也服从均值为 0 的高斯分布，平均功率为$P_{Z_k}=N_0/2$，N个独立的一维连续加性噪声信道都是加性高斯信道。前面讨论过加性高斯信道的信道容量，在输入分量X_k的平均功率受限于P_{S_k}的条件下，当X_k服从均值为 0 的高斯分布时，各子信道达到信道容量：

$$\begin{aligned}C_k\left(P_{\mathrm{S}_k}\right)&=\max\left\{I(X_k;Y_k);E(X_k^2)\leqslant P_{\mathrm{S}_k}\right\}\\&=\frac{1}{2}\log\left(1+\frac{P_{\mathrm{S}_k}}{P_{\mathrm{N}_k}}\right)=\frac{1}{2}\log\left(1+\frac{P_{\mathrm{S}_k}}{N_0/2}\right)\end{aligned} \tag{3.6.11}$$

因此有

$$I(X(t);Y(t))=I(\bar{X};\bar{Y})\leqslant\sum_{k=1}^{2BT}C_k=\frac{1}{2}\sum_{k=1}^{2BT}\log\left(1+\frac{P_{\mathrm{S}_k}}{N_0/2}\right) \tag{3.6.12}$$

（3）如果输入$X(t)$的平均功率受限于P_{S}，那么必须适当分配各子信道输入的平均功率P_{S_k}，才能使$I(X(t);Y(t))$达到最大，这相当于在约束条件

$$P_{\mathrm{S}}=\frac{1}{T}\int_0^T E\left[X^2(t)\right]\mathrm{d}t=\frac{1}{T}\sum_{k=1}^{2BT}E(X_k^2)=\frac{1}{T}\sum_{k=1}^{2BT}P_{\mathrm{S}_k} \tag{3.6.13}$$

下，求

$$C_T(P_{\mathrm{S}})=\max I(\bar{X};\bar{Y})=\max\left[\frac{1}{2}\sum_{k=1}^{2BT}\log\left(1+\frac{P_{\mathrm{S}_k}}{N_0/2}\right)\right] \tag{3.6.14}$$

这是凸函数在约束条件下的求极值问题。由拉格朗日乘数法不难得知，当所有输入分量的平均功率P_{S_k}都相等时，出现最大值，即

$$P_{\mathrm{S}}=\frac{1}{T}\sum_{k=1}^{2BT}P_{\mathrm{S}_k}=\frac{1}{T}2BTP_{\mathrm{S}_k}=2BP_{\mathrm{S}_k} \tag{3.6.15}$$

$$P_{\mathrm{S}_k}=\frac{P_{\mathrm{S}}}{2B} \tag{3.6.16}$$

信道容量为

$$\begin{aligned}C_T(P_{\mathrm{S}})&=\frac{1}{2}\sum_{k=1}^{2BT}\log_2\left(1+\frac{P_{\mathrm{S}}/2B}{N_0/2}\right)\\&=BT\log_2\left(1+\frac{P_{\mathrm{S}}}{N_0B}\right)\text{比特}/T\text{秒}\end{aligned} \tag{3.6.17}$$

单位化为比特/秒时，可以写为

$$C(P_{\mathrm{S}})=B\log_2\left(1+\frac{P_{\mathrm{S}}}{N_0B}\right)\text{比特/秒} \tag{3.6.18}$$

上式就是著名的香农信道容量公式。

根据香农信道容量公式，为了保证足够大的信道容量，在不同场合可采取不同的方法。

（1）用频带换取信噪比，即采用扩频通信。在信噪比$P_{\mathrm{S}}/P_{\mathrm{N}}=P_{\mathrm{S}}/N_0B$不变的前提下，增大频带$B$，可增大信道容量$C$。这种方法对空间通信有很现实的意义，因为这种情况下频率

资源相对丰富，而能源则很珍贵。但是，用扩频方法来增大信道容量，其作用是有限的，因为当 $B\to\infty$ 时，信道容量 C 的极限是有限的：

$$\lim_{B\to\infty} C(P_{\mathrm{S}}) = \lim_{B\to\infty} B\log_2\left(1+\frac{P_{\mathrm{S}}}{N_0 B}\right) = \frac{P_{\mathrm{S}}}{N_0 \ln 2} \approx 1.44\frac{P_{\mathrm{S}}}{N_0}\ \text{比特/秒} \tag{3.6.19}$$

（2）用信噪比换取频带。频带 B 不变时，增大信噪比 $P_{\mathrm{S}}/P_{\mathrm{N}}$ 即可增大信道容量 C。这种方法也有局限性，因为增大信噪比 $P_{\mathrm{S}}/P_{\mathrm{N}}$ 是靠加大输入功率 P_{S} 来实现的，而

$$\lim_{P_{\mathrm{S}}\to\infty}\frac{\mathrm{d}C(P_{\mathrm{S}})}{\mathrm{d}P_{\mathrm{S}}} = \lim_{P_{\mathrm{S}}\to\infty}\frac{1}{\ln 2}\left(\frac{1}{N_0+P_{\mathrm{S}}/B}\right)=0 \tag{3.6.20}$$

随着 P_{S} 的增大，$C(P_{\mathrm{S}})$ 的增长率逐步变小，直至为 0。这意味着当 P_{S} 大到一定程度后，即使 P_{S} 增加很多，$C(P_{\mathrm{S}})$ 的增长幅度也很小，得不偿失。

3.7　扩展信道及其信道容量

单符号信道的输入和输出都只有一个随机变量，描述的是信道传送单个符号的情形。为了讨论符号序列的传送问题，我们引入多符号离散信道或扩展信道。

3.7.1　扩展信道的数学模型

图 3.7.1 所示的是 N 次扩展信道的模型，其输入和输出均为 N 元随机变量序列。记输入为 $\bar{X}=X_1X_2\cdots X_N$，序列中各随机变量 X_k 均取值于输入符号集 $A=\{a_1,a_2,\cdots,a_r\}$；输出为 $\bar{Y}=Y_1Y_2\cdots Y_N$，其中各 Y_k 均取值于输出符号集 $B=\{b_1,b_2,\cdots,b_s\}$。这时，把输入 $\bar{X}$（也记为 X^N）和输出 $\bar{Y}$（也记为 Y^N）分别当作一个新的随机变量——联合随机变量，它们的取值集合分别为 A^N 和 B^N，A^N 或 B^N 中的一个符号就是取值于 A 或 B 的 N 元符号串：

$$\begin{aligned}
&\bar{X}: A^N=\{\alpha_1,\alpha_2,\cdots,\alpha_{r^N}\}\\
&\quad \alpha_h=(a_{h_1}a_{h_2}\cdots a_{h_N})\\
&\quad a_{h_1},a_{h_2},\cdots,a_{h_N}\in A=\{a_1,a_2,\cdots,a_r\}\\
&\bar{Y}: B^N=\{\beta_1,\beta_2,\cdots,\beta_{s^N}\}\\
&\quad \beta_l=(b_{l_1}b_{l_2}\cdots b_{l_N})\\
&\quad b_{l_1},b_{l_2},\cdots,b_{l_N}\in B=\{b_1,b_2,\cdots,b_s\}
\end{aligned} \tag{3.7.1}$$

这样处理后，N 次扩展信道的模型与单符号信道模型就没有什么两样了。N 次扩展信道的输入是取值于 A^N 的离散随机变量 $\bar{X}$，输出是取值于 B^N 的离散随机变量 $\bar{Y}$，转移概率集合为

$$\boldsymbol{P}_{\bar{Y}|\bar{X}}=\{P(\beta_l\,|\,\alpha_h)\,|\,h=1,2,\cdots,r^N;l=1,2,\cdots,s^N\} \tag{3.7.2}$$

N 次扩展信道的数学模型可记为 $\{\bar{X},\boldsymbol{P}_{\bar{Y}|\bar{X}},\bar{Y}\}$。

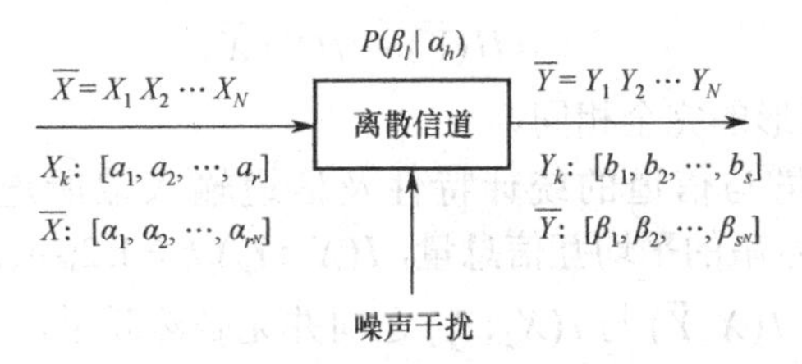

图 3.7.1　N 次扩展信道的模型

根据DMC的定义不难证明，信道为DMC的充要条件是

$$P(\beta_l \mid \alpha_h) = P(b_{l_1} b_{l_2} \cdots b_{l_N} \mid a_{h_1} a_{h_2} \cdots a_{h_N}) = \prod_{k=1}^{N} P(b_{l_k} \mid a_{h_k}) \tag{3.7.3}$$

对任意N均成立。根据上式，由DMC的单符号信道模型可求出其扩展信道模型。

【例3.15】 求如图3.7.2所示的二元无记忆离散对称信道的二次扩展信道的信道矩阵。

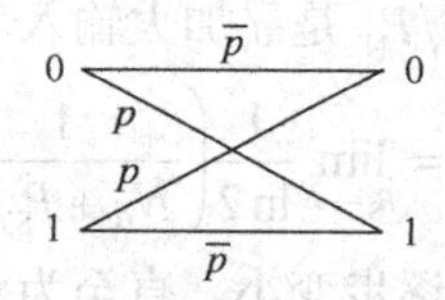

图3.7.2　二元无记忆离散对称信道

解： 因为二元对称信道的输入和输出变量X和Y取值都是0和1，因此二次扩展信道的输入符号集为$X=\{00,01,10,11\}$，共有4个符号。输出集$Y=\{00,01,10,11\}$，也共有4个符号。根据无记忆信道的特性，求得二次扩展信道的转移概率为

$$P(\beta_1 \mid \alpha_1) = P(00 \mid 00) = P(0 \mid 0)P(0 \mid 0) = \bar{p}^2$$
$$P(\beta_2 \mid \alpha_1) = P(01 \mid 00) = P(0 \mid 0)P(1 \mid 0) = \bar{p}p$$
$$P(\beta_3 \mid \alpha_1) = P(10 \mid 00) = P(1 \mid 0)P(0 \mid 0) = p\bar{p}$$
$$P(\beta_4 \mid \alpha_1) = P(11 \mid 00) = P(1 \mid 0)P(1 \mid 0) = p^2$$

同理，可求得其他转移概率矩阵$\boldsymbol{P}(\beta_h \mid a_k)$，因此二次扩展信道的信道矩阵为

$$\boldsymbol{P}_{\bar{Y}|\bar{X}} = \begin{array}{c} \begin{array}{cccc} \beta_1 & \beta_2 & \beta_3 & \beta_4 \end{array} \\ \begin{bmatrix} \bar{p}^2 & \bar{p}p & \bar{p}p & p^2 \\ \bar{p}p & \bar{p}^2 & p^2 & \bar{p}p \\ \bar{p}p & p^2 & \bar{p}^2 & \bar{p}p \\ p^2 & \bar{p}p & \bar{p}p & \bar{p}^2 \end{bmatrix} \end{array} \begin{array}{c} \alpha_1 \\ \alpha_2 \\ \alpha_3 \\ \alpha_4 \end{array}$$

3.7.2　扩展信道的平均互信息量和信道容量

扩展信道的平均互信息量的概率表达式为

$$\begin{aligned} I(\bar{X};\bar{Y}) = I(X^N;Y^N) &= \sum_{h=1}^{r^N}\sum_{l=1}^{s^N} P(\alpha_h,\beta_l)\log\frac{P(\alpha_h,\beta_l)}{P(\alpha_h)P(\beta_l)} \\ &= \sum_{h=1}^{r^N}\sum_{l=1}^{s^N} P(\alpha_h)P(\beta_l \mid \alpha_h)\log\frac{P(\beta_l \mid \alpha_h)}{P(\beta_l)} \end{aligned} \tag{3.7.4}$$

平均互信息量与各类熵之间的恒等式为

$$\begin{aligned} I(\bar{X};\bar{Y}) &= H(\bar{X}) - H(\bar{X} \mid \bar{Y}) \\ &= H(\bar{Y}) - H(\bar{Y} \mid \bar{X}) \end{aligned} \tag{3.7.5}$$

以上两式与单符号信道情形的完全相同。

信道的平均互信息量与信道的统计特性及信道输入端所连信源的统计特性有关。$I(\bar{X};\bar{Y})$表示传送N元符号串的平均互信息量，$I(X_k;Y_k), k=1,2,\cdots,N$表示传送单个符号的平均互信息量。一般来说，$I(\bar{X};\bar{Y})$与$I(X_k;Y_k)$之间并无必然联系，只有当信道或信源较为特殊时，才会得出一些有用的结果。以下就信道和信源，分三种情形给出两个定理和一个推论。

定理 3.10 信源发出的 N 元随机变量序列 $\bar{X}=X_1X_2\cdots X_N$ 通过信道传送，输出 N 元随机变量序列 $\bar{Y}=Y_1Y_2\cdots Y_N$。若信道无记忆，则有

$$I(\bar{X};\bar{Y})\leqslant\sum_{k=1}^{N}I(X_k;Y_k) \tag{3.7.6}$$

证明：平均互信息量与熵之间有如下恒等式：

$$I(\bar{X};\bar{Y})=H(\bar{Y})-H(\bar{Y}\mid\bar{X})$$

因为信道无记忆，故

$$\begin{aligned}H(\bar{Y}\mid\bar{X})&=-\sum_{h=1}^{r^N}\sum_{l=1}^{s^N}P(\alpha_h,\beta_l)\log P(\beta_l\mid\alpha_h)\\&=-\sum_{h_1,h_2,\cdots,h_N}\sum_{l_1,l_2,\cdots,l_N}P(a_{h_1}a_{h_2}\cdots a_{h_N},b_{l_1}b_{l_2}\cdots b_{l_N})\log\left[\prod_{k=1}^{N}P(b_{l_k}\mid a_{h_k})\right]\\&=-\sum_{k=1}^{N}\sum_{h_k}\sum_{l_k}P(a_{h_k},b_{l_k})\log P(b_{l_k}\mid a_{h_k})\\&=-\sum_{k=1}^{N}H(Y_k\mid X_k)\end{aligned}$$

且

$$\begin{aligned}H(\bar{Y})&=H(Y_1Y_2\cdots Y_N)\\&=H(Y_1)+H(Y_2\mid Y_1)+H(Y_3\mid Y_1Y_2)+\cdots+H(Y_N\mid Y_1Y_2\cdots Y_{N-1})\\&\leqslant\sum_{k=1}^{N}H(Y_k)\end{aligned}$$

因此，若信道无记忆，则有

$$I(\bar{X};\bar{Y})\leqslant\sum_{k=1}^{N}H(Y_k)-\sum_{k=1}^{N}H(Y_k\mid X_k)=\sum_{k=1}^{N}I(X_k;Y_k)$$

定理 3.11 信源发出的 N 元随机变量序列 $\bar{X}=X_1X_2\cdots X_N$ 通过信道传送，输出 N 元随机变量序列 $\bar{Y}=Y_1Y_2\cdots Y_N$。若信源无记忆，则有

$$I(\bar{X};\bar{Y})\geqslant\sum_{k=1}^{N}I(X_k;Y_k) \tag{3.7.7}$$

证明：平均互信息量与熵之间有如下恒等式：

$$I(\bar{X};\bar{Y})=H(\bar{X})-H(\bar{X}\mid\bar{Y})$$

因为信源无记忆，故

$$H(\bar{X})=H(X_1X_2\cdots X_N)=\sum_{k=1}^{N}H(X_k)$$

且

$$\begin{aligned}H(\bar{X}\mid\bar{Y})&=H(X_1X_2\cdots X_N\mid Y_1Y_2\cdots Y_N)\\&=H(X_1\mid Y_1Y_2\cdots Y_N)+H(X_2\mid X_1Y_1Y_2\cdots Y_N)+H(X_3\mid X_1X_2Y_1Y_2\cdots Y_N)+\cdots+\\&\quad H(X_N\mid X_1X_2\cdots X_{N-1}Y_1Y_2\cdots Y_N)\\&\leqslant\sum_{k=1}^{N}H(X_k\mid Y_k)\end{aligned}$$

因此，若信源无记忆，则有

$$I(\bar{X};\bar{Y}) \geqslant \sum_{k=1}^{N} H(X_k) - \sum_{k=1}^{N} H(X_k \mid Y_k) = \sum_{k=1}^{N} I(X_k;Y_k)$$

由上述两个定理可直接得出如下推论。

推论 信源发出的N元随机变量序列$\bar{X} = X_1X_2\cdots X_N$通过信道传送，输出$N$元随机变量序列$\bar{Y} = Y_1Y_2\cdots Y_N$。若信道和信源均无记忆，则有

$$I(\bar{X};\bar{Y}) = \sum_{k=1}^{N} I(X_k;Y_k) \tag{3.7.8}$$

信源无记忆意味着其N元随机变量序列$\bar{X} = X_1X_2\cdots X_N$中各$X_k$独立同分布，即所有$X_k$都是完全相同的随机变量，记这些相同的输入随机变量为X。无记忆信源的N元序列加到无记忆信道，得到的N元输出序列$\bar{Y} = Y_1Y_2\cdots Y_N$中各$Y_k$必然是独立同分布的，所有$Y_k$都是完全相同的随机变量，记这些相同的输出随机变量为Y。因此有

$$I(X_1;Y_1) = I(X_2;Y_2) = \cdots = I(X_k;Y_k) = I(X;Y) \tag{3.7.9}$$

于是，若信道和信源均无记忆，则有

$$I(\bar{X};\bar{Y}) = NI(X;Y) \tag{3.7.10}$$

因为离散无记忆信道的平均互信息量满足定理 3.10 给出的表达式（3.7.6），所以N次扩展信道的信道容量为

$$C^N = \max_{P_{\bar{X}}} I(\bar{X};\bar{Y}) = \max_{P_{\bar{X}}} \sum_{k=1}^{N} I(X_k;Y_k) = \sum_{k=1}^{N} \max_{P_X} I(X_k;Y_k) = \sum_{k=1}^{N} C_k \tag{3.7.11}$$

又因为信道容量是信道的固有参数，只与信道自身的统计特性有关，对同一信道，所有C_k均相同，等于单符号信道容量C，因此，离散无记忆信道的N次扩展信道的信道容量又可表示为

$$C^N = NC \tag{3.7.12}$$

3.8 组合信道及其信道容量

信道可以通过串联或并联的方式组合起来，形成新的信道。本节讨论组合信道的组合方式、平均互信息量及信道容量。

3.8.1 串联信道

信道串联是信道组合的基本方式，许多实际信道都可视为几个简单信道的串联。信道串联所需满足的条件是，前一信道的输出符号集与后一信道的输入符号集一致。图 3.8.1 所示为两个信道组成的串联信道，$\boldsymbol{Q}_1$和$\boldsymbol{Q}_2$分别是两个信道的转移概率矩阵。以下讨论串联信道中几种互信息量之间的关系。

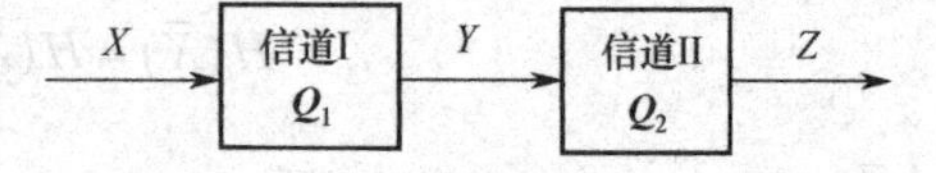

图 3.8.1 两个信道组成的串联信道

记串联信道中三个随机变量X、Y及Z的取值符号集分别为

$$A_X = \{a_1, a_2, \cdots, a_r\}$$
$$A_Y = \{b_1, b_2, \cdots, b_s\}$$
$$A_Z = \{c_1, c_2, \cdots, c_t\}$$

由于两个信道是各自独立的，因此信道 I 的统计特性由转移概率$\{P(b_j \mid a_i)\}_{i,j}$刻画，信道 II 的统计特性由转移概率$\{P(c_k \mid b_j)\}_{j,k}$刻画，并且在给定$Y$后，$Z$的取值与$X$无关，这意味着

$$P(c_k \mid a_i b_j) = P(c_k \mid b_j), \quad 所有 i,j,k \tag{3.8.1}$$

也就是说，X、Y和Z组成一个马尔可夫链。根据上式，串联信道的转移概率与各单元信道的转移概率之间有如下关系：

$$\begin{aligned} P(c_k \mid a_i) &= \sum_{j=1}^{s} P(b_j c_k \mid a_i) \\ &= \sum_{j=1}^{s} P(b_j \mid a_i) P(c_k \mid a_i b_j), \quad 所有 i,j,k \\ &= \sum_{j=1}^{s} P(b_j \mid a_i) P(c_k \mid b_j) \end{aligned} \tag{3.8.2}$$

这说明串联信道的转移概率矩阵是各单元信道的转移概率矩阵之积。设N个单元信道的转移概率矩阵分别为$\boldsymbol{Q}_1, \boldsymbol{Q}_2, \cdots, \boldsymbol{Q}_N$，则整个串联信道的转移概率矩阵为

$$\boldsymbol{Q} = \boldsymbol{Q}_1 \boldsymbol{Q}_2 \cdots \boldsymbol{Q}_N = \prod_{k=1}^{N} \boldsymbol{Q}_k \tag{3.8.3}$$

对于马尔可夫链，有如下定理。

定理 3.12 若随机变量X、Y和Z组成马尔可夫链，则有

$$I(X;Z) \leqslant I(X;Y) \tag{3.8.4}$$

$$I(X;Z) \leqslant I(Y;Z) \tag{3.8.5}$$

式（3.8.4）中等号成立的充要条件是马尔可夫链XYZ还满足

$$P(a_i \mid b_j c_k) = P(a_i \mid c_k), \quad 所有 i,j,k \tag{3.8.6}$$

式（3.8.5）中等号成立的充要条件是马尔可夫链XYZ还满足

$$P(c_k \mid a_i b_j) = P(c_k \mid a_i), \quad 所有 i,j,k \tag{3.8.7}$$

定理的证明从略，下面只就串联信道解释该定理所给结论的物理意义。

式（3.8.4）说明，从Z中所得X的信息不大于从Y中所得X的信息，即信道 II 对我们了解X的信息无任何帮助。这一结论也可表述为*信息不增性原理*：通过信道的信息不会增加。如果把信道 II 视为数据处理系统或装置，如通信系统中常用的采样、量化、编码及译码等单元，那么上述结论又可表述为*数据处理定理*：数据经过处理后，不会使信息增加，随着数据的不断处理，从处理后的数据中所得的原始信息会越来越少。

串联信道的信道容量与组成串联信道的各分信道的信道容量之间无确切关系，必须根据整个信道的数学模型进行求解。

【例 3.16】 求两个相同二元对称信道（BSC）组成的串联信道的信道容量。

解： 单个 BSC 的转移概率矩阵为

$$\boldsymbol{Q}_1 = \boldsymbol{Q}_2 = \begin{bmatrix} \bar{p} & p \\ p & \bar{p} \end{bmatrix}$$

串联信道转移概率矩阵为

$$Q = Q_1 Q_2 = \begin{bmatrix} \bar{p} & p \\ p & \bar{p} \end{bmatrix} \begin{bmatrix} \bar{p} & p \\ p & \bar{p} \end{bmatrix} = \begin{bmatrix} 1-2p\bar{p} & 2p\bar{p} \\ 2p\bar{p} & 1-2p\bar{p} \end{bmatrix}$$

串联信道仍然是二元对称信道，因此

$$C = \log_2 s - H(p'_1, p'_2, \cdots, p'_s) = 1 - h_2(2p\bar{p})\text{比特/符号}$$

接上例，如果是 N 个 BSC 串联，那么可以通过正交变换的方法求出总转移概率矩阵：

$$Q = \left\{ \begin{bmatrix} \bar{p} & p \\ p & \bar{p} \end{bmatrix} \right\}^N = \begin{bmatrix} 1 - \dfrac{1-(1-2p)^N}{2} & \dfrac{1-(1-2p)^N}{2} \\ \dfrac{1-(1-2p)^N}{2} & 1 - \dfrac{1-(1-2p)^N}{2} \end{bmatrix}$$

它也是对称信道，信道容量为

$$C_{(N)} = 1 - h_2\left(\frac{1-(1-2p)^N}{2} \right)\text{比特/符号}$$

可以看出，只要 BSC 是有噪的，即 $0 < p < 1$，就有

$$\lim_{N \to \infty} Q = \begin{bmatrix} \frac{1}{2} & \frac{1}{2} \\ \frac{1}{2} & \frac{1}{2} \end{bmatrix}$$

$$\lim_{N \to \infty} C_{(N)} = 1 - h_2\left(\tfrac{1}{2}\right) = 0\text{比特/符号}$$

这说明有噪 BSC 的串联信道，随着串联级数的增加，整个信道的信道容量趋于 0。这不难理解，因为随着有噪串联环节的增加，串联信道的平均互信息量是递减的。

3.8.2 独立并联信道

独立并联信道如图 3.8.2 所示。N 维输入 $\bar{X}$ 的各个分量分别送入 N 个独立信道，各独立信道的输出组成 N 维输出 $\bar{Y}$。因此，独立并联信道可等效为一个多符号信道——N 次扩展信道 $\{\bar{X}, \boldsymbol{P}_{\bar{X}|\bar{Y}}, \bar{Y}\}$，其平均互信息量为 $I(\bar{X};\bar{Y})$。由独立并联信道的特点可知，Y_k 只与 X_k 有关，即等效信道是无记忆的，根据定理 3.10，平均互信息量满足

$$I(\bar{X};\bar{Y}) \leqslant \sum_{k=1}^{N} I(X_k;Y_k) \tag{3.8.8}$$

所以，独立并联信道的信道容量为

$$C = \max_{P_{\bar{X}}} I(\bar{X};\bar{Y}) = \max \sum_{k=1}^{N} I(X_k;Y_k) = \sum_{k=1}^{N} C_k \tag{3.8.9}$$

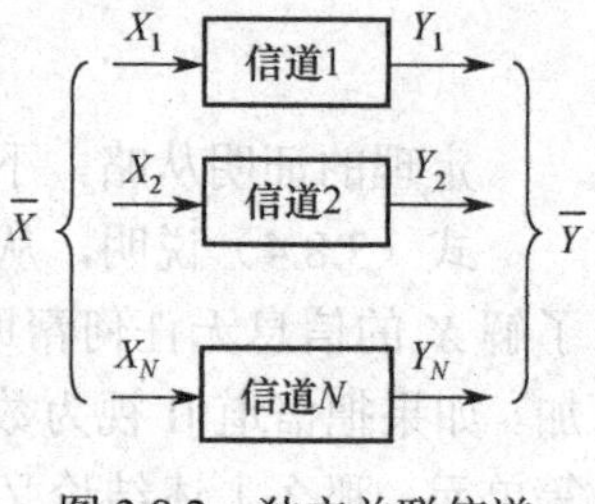

图 3.8.2 独立并联信道

即独立并联信道的信道容量为各组成信道的信道容量之和。

3.9 信源与信道的匹配

信源发出的消息符号最终要通过信道传送，因此要求信源的输出与信道的输入匹配。

（1）**符号匹配** 信源输出的符号必须是信道能够传送的符号，即要求信源符号集是信道的入口符号集或入口符号集的子集，这是实现信息传输的必要条件，可在信源与信道之间加入编码器予以实现。

（2）**信息匹配**　信源与信道（信息）匹配的程度可用信道剩余度来衡量，其定义如下：

$$信道绝对剩余度 = C - I(X;Y) \tag{3.9.1}$$

$$信道相对剩余度 = \frac{C - I(X;Y)}{C} \times 100\% = \left[1 - \frac{I(X;Y)}{C}\right] \times 100\% \tag{3.9.2}$$

剩余度大，说明信源与信道（信息）匹配程度低，信道的信息传递能力未得到充分利用；剩余度小，说明信源与信道（信息）匹配程度高，信道的信息传递能力得到充分利用；剩余度为 0，说明信源与信道（信息）完全匹配，信道的信息传递能力得到完全利用。一般来说，实际信源的概率分布 $\boldsymbol{P}_X$ 未必是信道的最佳输入分布 $\boldsymbol{P}_X^*$，所以 $I(X;Y) \leqslant C$，剩余度不为 0。因此，要求信源与信道达到信息的完全匹配是不现实的，只要信道剩余度较小即可。

3.10　应用实例

1. LED 光通信信道模型

LED 光通信是一种以光波作为载波的无线通信方式，它具有带宽大、安全性好、环保和节能等诸多优势。然而，LED 光源具有较大的光束发散角且辐射光功率比较分散，因此传输损耗十分严重。因此，针对室内光通信光源布局优化问题，LED 信道模型研究是整体通信系统设计与性能评估的重要基础。

根据 LED 光源辐射特性研究，学者们提出了 LED 直视信道模型、近距离与远距离 LED 信道模型。图 3.10.1 所示为 LED 光通信直视信道模型，其中 $X(t)$ 为 LED 光源辐射功率，$Y(t)$ 为光电二极管（Photo Diode，PD）输出电流，其中包含传输过程中各种加性高斯噪声 $N(t)$，于是该信道模型的表达式为

$$Y(t) = \eta X(t) \otimes h(t) + N(t) \tag{3.10.1}$$

式中，η 为接收器的光电转换效率，$\otimes$ 为卷积过程，$h(t)$ 为信道脉冲响应。

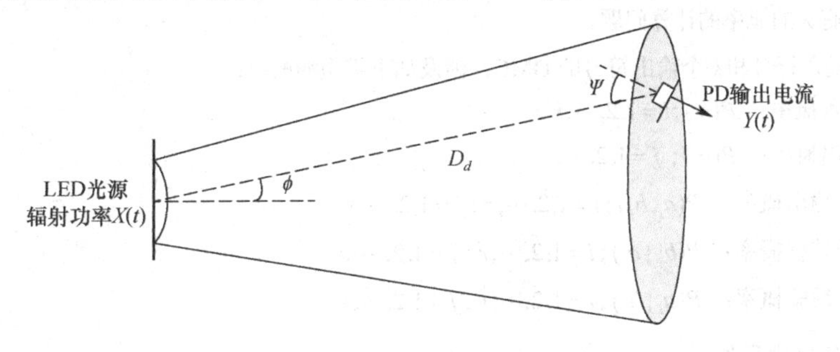

图 3.10.1　LED 光通信直视信道模型

根据建立的信道模型，可对不同频率的 LED 光通信路径损耗、信道通信性能进行仿真与实验测试分析，提高 LED 光源的通信距离和传输效率。

2. 低压电力线宽带载波通信信道特性研究

在信息宽带传输和电力物联中，低压电力线宽带载波通信（Broadband PowerLine Communication，BPLC）虽然可以实现 2Mbit/s 以上的数据传输速率，满足现代电力信息网络中的数据高速传输需求，但由于环境噪声严重、网络结构复杂且负载类型多，导致其在宽频带内的衰减难以预测，通信质量的可靠性也难以保证。因此，通过 BPLC 信道建模，利用电气网络传递函数来表征信道衰减特性，可对信道特性进行有效性能评价。

针对电力线信道的传输衰减模型，研究人员根据传输线理论和导行波理论建立了适用于双导线结构的单回路二径传输线衰减模型，如图 3.10.2 所示，其中 Z_L 、Z_{eq} 和 Z_{in} 分别为终端负载阻抗、等效阻抗和输入阻抗，x 为信号始端到负载阻抗不连续节点的距离，$V_{reflection}$ 和 V_{in} 为入射电压波和反射电压波。该模型的信号传递函数与输入阻抗的表达式为

$$H(x,Z_L,f)=\frac{Z_L}{Z_L\cosh(\gamma x)+Z_C\sinh(\gamma x)} \tag{3.10.2}$$

$$Z_{in}(x,Z_L,f)=Z_C\frac{Z_L\cosh(\gamma x)+Z_C\sinh(\gamma x)}{Z_L\sinh(\gamma x)+Z_C\cosh(\gamma x)} \tag{3.10.3}$$

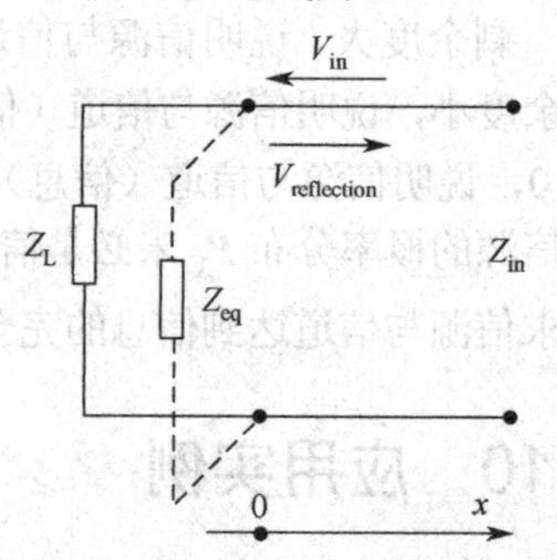

图 3.10.2 单回路二径传输线衰减模型

式中，γ 和 Z_C 为传输线参数，f 为电波传输频率。该模型能够准确地描述信号的传输衰减在测量宽频带内的频选特性及其在不同频点上的信号衰减程度，并且为指导低压电力线载波的中继点选取、通信故障排查和设备质量评价工作提供了理论依据。

本章基本概念

1． 离散无记忆信道的数学模型。

（1）离散无记忆信道（DMC）：信道的输入和输出都是取值于离散集合的随机变量序列，并且信道当前的输出只与信道当前的输入有关。

（2）DMC 的数学模型记为 $\{X,\boldsymbol{P}_{Y|X},Y\}$ ，$\boldsymbol{P}_{Y|X}$ 是转移概率集合：

$$\boldsymbol{P}_{Y|X}=\{P(b_j\,|\,a_i)\,|\,i=1,2,\cdots,r;j=1,2,\cdots,s\}$$

2． 与信道有关的概率的计算问题。

对 r 个输入符号和 s 个输出符号的 DMC，涉及如下类型的概率：

r 个输入概率：$P(a_i)\,;i=1,2,\cdots,r$

s 个输出概率：$P(b_j)\,;j=1,2,\cdots,s$

$r\times s$ 个输出概率：$P(a_i,b_j)\,;i=1,2,\cdots,r\,;j=1,2,\cdots,s$

$r\times s$ 个转移概率：$P(b_j\,|\,a_i)\,;i=1,2,\cdots,r\,;j=1,2,\cdots,s$

$r\times s$ 个后验概率：$P(a_i\,|\,b_j)\,;i=1,2,\cdots,r\,;j=1,2,\cdots,s$

概率的矩阵表示如下：

$$\boldsymbol{P}_X=\begin{bmatrix}P(a_1) & P(a_2) & \cdots & P(a_r)\end{bmatrix}$$

$$\boldsymbol{P}_Y=\begin{bmatrix}P(b_1) & P(b_2) & \cdots & P(b_s)\end{bmatrix}$$

$$\begin{array}{cccc} & b_1 & b_2 & \cdots & b_s & \end{array}$$

$$\boldsymbol{P}_{XY}=\begin{bmatrix}P(a_1,b_1) & P(a_1,b_2) & \cdots & P(a_1,b_s)\\ P(a_2,b_1) & P(a_2,b_2) & \cdots & P(a_2,b_s)\\ \vdots & \vdots & \ddots & \vdots\\ P(a_r,b_1) & P(a_r,b_2) & \cdots & P(a_r,b_s)\end{bmatrix}\begin{matrix}a_1\\a_2\\\vdots\\a_r\end{matrix}$$

$$P_{X|Y}=\begin{array}{c} \quad b_1 \qquad\quad b_2 \quad \cdots \quad b_s \\ \begin{bmatrix} P(a_1|b_1) & P(a_1|b_2) & \cdots & P(a_1|b_s) \\ P(a_2|b_1) & P(a_2|b_2) & \cdots & P(a_2|b_s) \\ \vdots & \vdots & \ddots & \vdots \\ P(a_r|b_1) & P(a_r|b_2) & \cdots & P(a_r|b_s) \end{bmatrix} \begin{array}{c} a_1 \\ a_2 \\ \vdots \\ a_r \end{array} \end{array}$$

$\boldsymbol{P}_X$、$\boldsymbol{P}_Y$ 和 $\boldsymbol{P}_{Y|X}$ 之间存在如下关系：

$$\boldsymbol{P}_Y=\boldsymbol{P}_X\boldsymbol{P}_{Y|X}$$

$$\boldsymbol{P}_Y^{\mathrm{T}}=\boldsymbol{P}_{Y|X}^{\mathrm{T}}\boldsymbol{P}_X^{\mathrm{T}}$$

$\boldsymbol{P}_X$、$\boldsymbol{P}_Y$ 和 $\boldsymbol{P}_{Y|X}$ 之间的关系如下：

$$\boldsymbol{P}_X^{\mathrm{T}}=\boldsymbol{P}_{X|Y}\boldsymbol{P}_Y^{\mathrm{T}}$$

3．信道的疑义度、散布度和平均互信息量。

对于 DMC $\{X,\boldsymbol{P}_{Y|X},Y\}$，平均互信息量 $I(X;Y)$ 与各类熵之间的关系为

$$\begin{aligned}I(X;Y)&=H(X)-H(X|Y)\\&=H(Y)-H(Y|X)\end{aligned}$$

（1）信道的疑义度或损失熵 $H(X|Y)$：

$$H(X|Y)=\sum_{j=1}^{s}P(b_j)\sum_{i=1}^{r}P(a_i|b_j)\log\frac{1}{P(a_i|b_j)}=\sum_{j=1}^{s}P(b_j)H(X|Y=b_j)$$

$$\begin{aligned}H(X|b_j)=H(X|Y=b_j)&=-\sum_{i=1}^{r}P(a_i|b_j)\log P(a_i|b_j)\\&=H[P(a_1|b_j),P(a_2|b_j),\cdots,P(a_r|b_j)]\end{aligned}$$

（2）信道的散布度或噪声熵 $H(Y|X)$：

$$H(Y|X)=\sum_{i=1}^{r}P(a_i)\sum_{j=1}^{s}P(b_j|a_i)\log\frac{1}{P(b_j|a_i)}=\sum_{i=1}^{r}P(a_i)H(Y|X=a_i)$$

$$\begin{aligned}H(Y|a_i)&=H(Y|X=a_i)\\&=-\sum_{j=1}^{s}P(b_j|a_i)\log P(b_j|a_i)\\&=H[P(b_1|a_i),P(b_2|a_i),\cdots,P(b_s|a_i)]\end{aligned}$$

（3）信道的平均互信息量：

$$I(X;Y)=\sum_{i=1}^{r}\sum_{j=1}^{s}P(a_i,b_j)\log\frac{P(a_i,b_j)}{P(a_i)P(b_j)}$$

$$I(X;Y)=\sum_{i=1}^{r}\sum_{j=1}^{s}P(a_i)P(b_j|a_i)\log\frac{P(b_j|a_i)}{\sum_{i=1}^{r}P(a_i)P(b_j|a_i)}$$

定理 3.1　如果信道给定（即 $\boldsymbol{P}_{Y|X}$ 给定），那么 $I(\boldsymbol{P}_X,\boldsymbol{P}_{Y|X})$ 是输入概率分布 $\boldsymbol{P}_X$ 的上凸函数。

定理 3.2　如果信源给定（即 $\boldsymbol{P}_X$ 给定），那么 $I(\boldsymbol{P}_X,\boldsymbol{P}_{Y|X})$ 是转移概率分布 $\boldsymbol{P}_{Y|X}$ 的下凸函数。

4．信道容量 C：

$$C=\max_{P_X}R=\max_{P_X}I(X;Y)\ \text{比特/符号}$$

5．离散无噪信道。

本书所说的无噪信道是无损信道、确定信道及无损确定信道的统称。

（1）无损信道：损失熵为 0 的信道。

$$C=\max_{P_X}I(X;Y)=\max_{P_X}H(X)=H(X)\big|_{P(a_i)=1/r}=\log r$$

（2）确定信道：噪声熵为 0 的信道。

$$C=\max_{P_X} I(X;Y)=\max_{P_X} H(Y)=H(Y)\big|_{P(b_j)=1/s}=\log s$$

（3）无损确定信道：损失熵和噪声熵均为 0 的信道。

$$C=\max_{P_X} I(X;Y)=\max_{P_X} H(X)=H(X)\big|_{P(a_i)=1/r}=\log r$$

6．离散对称信道。

（1）离散对称信道输入等概率分布时，输出也等概率分布。

（2）对称 DMC 的信道容量：当输入等概率时达到信道容量。

$$C=\log s-H(p_1',p_2',\cdots,p_s')$$

7．离散准对称信道。

离散准对称信道的最佳输入分布仍为等概率分布，但此时输出不是等概率的，准对称 DMC 的信道容量计算公式为

$$C=-\sum_{k=1}^{n} s_k\left(\frac{M_k}{r}\right)\log\left(\frac{M_k}{r}\right)-H(p_1',p_2',\cdots,p_s')$$

8．一般 DMC 达到信道容量的充要条件：

$$I(a_i;Y)\big|_{P_X=P_X^*}=C,\quad P^*(a_i)>0$$

$$I(a_i;Y)\big|_{P_X=P_X^*}\leqslant C,\quad P^*(a_i)=0$$

9．扩展信道及其信道容量

（1）根据 DMC 的定义不难证明，信道是 DMC 的充要条件为

$$P(\beta_l\,|\,\alpha_h)=P(b_{l_1}b_{l_2}\cdots b_{l_N}\,|\,a_{h_1}a_{h_2}\cdots a_{h_N})=\prod_{k=1}^{N}P(b_{l_k}\,|\,a_{h_k})$$

（2）扩展信道的平均互信息量和信道容量：

信道无记忆时，$I(\bar{X};\bar{Y})\leqslant\sum_{k=1}^{N}I(X_k;Y_k)$。

信源无记忆时，$I(\bar{X};\bar{Y})\geqslant\sum_{k=1}^{N}I(X_k;Y_k)$。

信源和信道均无记忆时，$I(\bar{X};\bar{Y})=\sum_{k=1}^{N}I(X_k;Y_k)$。

离散无记忆信道的 N 次扩展信道的信道容量为 $C^N=NC$。

10．信道的组合。

（1）串联信道的转移矩阵：

$$\boldsymbol{Q}=\boldsymbol{Q}_1\boldsymbol{Q}_2\cdots\boldsymbol{Q}_N=\prod_{k=1}^{N}\boldsymbol{Q}_k$$

（2）信息不增性原理或数据处理定理：对于马尔可夫链 XYZ，有

$$I(X;Z)\leqslant I(X;Y)$$

$$I(X;Z)\leqslant I(Y;Z)$$

（3）独立并联信道的信道容量：

$$C=\max_{P_{\bar{X}}} I(\bar{X};\bar{Y})=\max\sum_{k=1}^{N}I(X_k;Y_k)=\sum_{k=1}^{N}C_k$$

11．信道的剩余度：

$$\text{信道绝对剩余度}=C-I(X;Y)$$

$$\text{信道相对剩余度}=\left[1-\frac{I(X;Y)}{C}\right]\times 100\%$$

12．加性噪声信道：输入 X 与干扰 Z 无关，且

$$Y = X + Z$$
$$f_{Y|X}(y|x) = f_Z(z) = f_Z(y-x)$$
$$h(Y|X) = h(Z)$$

13．加性高斯噪声信道的信道容量：

$$C(P_S) = \frac{1}{2}\log\left(1+\frac{P_S}{P_N}\right)$$

14．一般加性噪声信道的信道容量的界：

$$\frac{1}{2}\log\left(1+\frac{P_S}{P_N}\right) \leqslant C(P_S) \leqslant \frac{1}{2}\log\left(\frac{P_S+P_N}{P_e}\right)$$

其中，$P_e = \frac{1}{2\pi e}e^{2h(Z)}$。

15．带限、加性高斯白噪声信道的信道容量：

$$C(P_S) = B\log\left(1+\frac{P_S}{N_0 B}\right) \text{比特/秒}$$

上式就是有名的香农信道容量公式。

习题

3.1　DMC 的转移矩阵如下：

$$\boldsymbol{P}_{Y|X} = \begin{bmatrix} 0.6 & 0.3 & 0.1 \\ 0.3 & 0.1 & 0.6 \end{bmatrix}$$

（1）画出该转移矩阵信道线图。

（2）若输入概率为 $\boldsymbol{P}_X = [0.25 \quad 0.25 \quad 0.5]$，求联合概率、输出概率及后验概率。

3.2　设离散无记忆信源 X 通过离散无记忆信道 $\{X, \boldsymbol{P}_{Y|X}, Y\}$ 传送信息，设信源的概率分布为

$$\begin{bmatrix} X \\ P \end{bmatrix} = \begin{bmatrix} a_1 & a_2 \\ 0.6 & 0.4 \end{bmatrix}$$

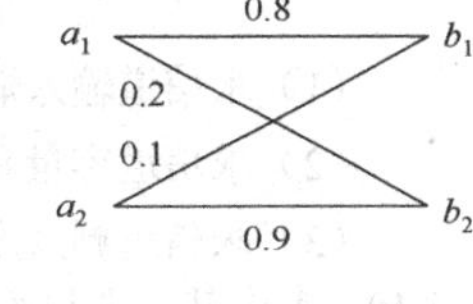

题 3.2 图

信道的线图如题 3.2 图所示。试求：

（1）信源 X 的符号 a_1 和 a_2 分别含有的自信息量。

（2）从输出符号 $b_j, j=1,2$ 中获得的关于输入符号 $a_i, i=1,2$ 的信息量。

（3）信源 X 和信道输出 Y 的熵。

（4）信道疑义度 $H(X|Y)$ 和噪声熵 $H(Y|X)$。

（5）从信道输出 Y 获得的平均互信息量。

3.3　设有一批电阻，按阻值分：70%是 2 kΩ，30%是 5 kΩ；按功率分：64%是 1/8W，其余是 1/4W。已知 2 kΩ 阻值的电阻中 80%是 1/8W。问通过测量阻值可平均得到的关于瓦数的信息量是多少？

3.4　举出下列信道的实例，给出线图和转移矩阵。

（1）无损的，但不是确定的，也不是对称的。

（2）对称且无损，但不是确定的。

（3）无用的确定信道。

3.5　求题 3.5 图中两个信道的信道容量及其最佳的输入概率分布。

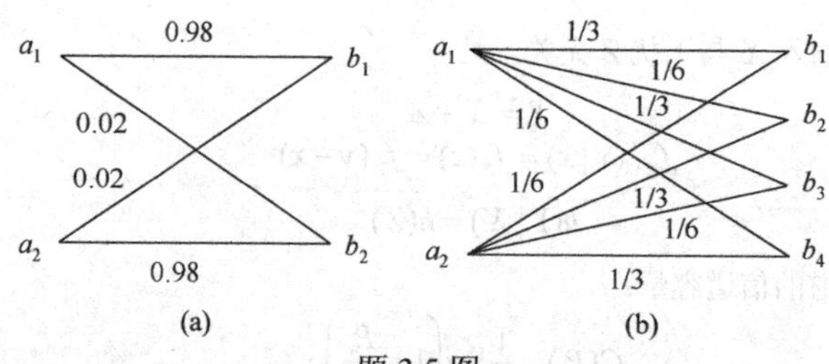

题 3.5 图

3.6 求下列两个信道的信道容量和最佳输入分布，并加以比较，其中 $p+\overline{p}=1$。

（1）$\begin{bmatrix} \overline{p}-\varepsilon & p-\varepsilon & 2\varepsilon \\ p-\varepsilon & \overline{p}-\varepsilon & 2\varepsilon \end{bmatrix}$ （2）$\begin{bmatrix} \overline{p}-\varepsilon & p-\varepsilon & 2\varepsilon & 0 \\ p-\varepsilon & \overline{p}-\varepsilon & 0 & 2\varepsilon \end{bmatrix}$

3.7 设两个 DMC 的转移矩阵分别为

（1）$\boldsymbol{P}_{Y|X}=\begin{bmatrix} 0.9 & 0.1 \\ 0.1 & 0.9 \end{bmatrix}$（列为 b_1 b_2，行为 a_1 a_2） （2）$\boldsymbol{P}_{Y|X}=\begin{bmatrix} 0.6 & 0.3 & 0.1 \\ 0.3 & 0.1 & 0.6 \end{bmatrix}$（列为 b_1 b_2 b_3，行为 a_1 a_2）

求 2 次和 3 次扩展信道的转移矩阵。

3.8 对城市进行交通忙、闲的调查时，将天气分成晴、雨两种状态，将气温分成冷、暖两个状态。调查结果得到联合出现的相对频度如下：

忙	晴	冷	12
		暖	8
	雨	冷	27
		暖	16
忙	晴	冷	8
		暖	15
	雨	冷	4
		暖	12

若把这些频度视为概率测度，试求从天气状态和气温状态获得的关于忙、闲的信息量。

3.9 设二元对称信道的输入概率分布为 $\boldsymbol{P}_X=\begin{bmatrix}\frac{3}{4} & \frac{1}{4}\end{bmatrix}$，转移矩阵为

$$\boldsymbol{P}_{Y|X}=\begin{bmatrix} \frac{2}{3} & \frac{1}{3} \\ \frac{1}{3} & \frac{2}{3} \end{bmatrix}$$

（1）求信道输入熵、输出熵、损失熵、噪声熵及平均互信息量。

（2）求信道容量和最佳输入分布。

（3）求信道剩余度。

3.10 考虑某二进制通信系统。已知信源 X 是离散无记忆的，且只含两个符号 x_0和x_1。设这两个符号出现的概率分别为 $P(x_0)=\frac{1}{4}$和$P(x_1)=\frac{3}{4}$。信宿 Y 的符号集为 $\{y_0,y_1\}$。已知信道转移概率为 $P(y_0|x_0)=\frac{9}{10}, P(y_1|x_0)=\frac{1}{10}, P(y_0|x_1)=\frac{1}{5}, P(y_1|x_1)=\frac{4}{5}$。求：（1）$H(Y)$；（2）$I(X;Y)$；（3）$H(Y|X)$。

3.11 设信道转移矩阵为

$$\boldsymbol{P}_{Y|X}=\begin{bmatrix} 1 & 0 & 0 \\ 0 & 1-p & p \\ 0 & p & 1-p \end{bmatrix}$$

（1）求信道容量和最佳输入分布的一般表达式。

（2）当 $p=0$ 和 $p=1/2$ 时，信道容量分别为多少？针对计算结果做一些说明。

3.12 信道转移矩阵如下，其中 $\overline{p}=1-p$，求信道容量。

$$\boldsymbol{P}_{Y|X}=\begin{bmatrix} \overline{p} & p & 0 & 0 \\ p & \overline{p} & 0 & 0 \\ 0 & 0 & \overline{p} & p \\ 0 & 0 & p & \overline{p} \end{bmatrix}$$

3.13 已知信道输入分布为等概率分布，且有两个信道，它们的转移概率分别为

$$P_1=\begin{bmatrix}\frac{1}{2} & \frac{1}{2} & 0 & 0\\ 0 & \frac{1}{2} & \frac{1}{2} & 0\\ 0 & 0 & \frac{1}{2} & \frac{1}{2}\\ \frac{1}{2} & 0 & 0 & \frac{1}{2}\end{bmatrix},\quad P_2=\begin{bmatrix}\frac{1}{2} & \frac{1}{2} & 0 & 0 & 0 & 0 & 0 & 0\\ 0 & 0 & \frac{1}{2} & \frac{1}{2} & 0 & 0 & 0 & 0\\ 0 & 0 & 0 & 0 & \frac{1}{2} & \frac{1}{2} & 0 & 0\\ 0 & 0 & 0 & 0 & 0 & 0 & \frac{1}{2} & \frac{1}{2}\end{bmatrix}$$

试求这两个信道的信道容量，这两个信道是否有噪声？

3.14 已知两个信道的信道转移概率分别为

$$P_1=\begin{bmatrix}\frac{1}{3} & \frac{1}{3} & \frac{1}{3}\\ 0 & \frac{1}{2} & \frac{1}{2}\end{bmatrix},\quad P_2=\begin{bmatrix}1 & 0 & 0\\ 0 & \frac{2}{3} & \frac{1}{3}\\ 0 & \frac{1}{3} & \frac{2}{3}\end{bmatrix}$$

两个信道串联的信道转移概率是多少？其信道容量是否发生变化？

3.15 有一个二元对称信道，其信道矩阵如题 3.15 图所示。设该信道以 1500 个二元符号/秒的速率传输输入符号。现有一消息序列共有 14000 个二元符号，并设在该消息中 $P(0)=P(1)=1/2$。从信息传输的角度来看，10 秒内能否将这消息序列无失真地传送完？

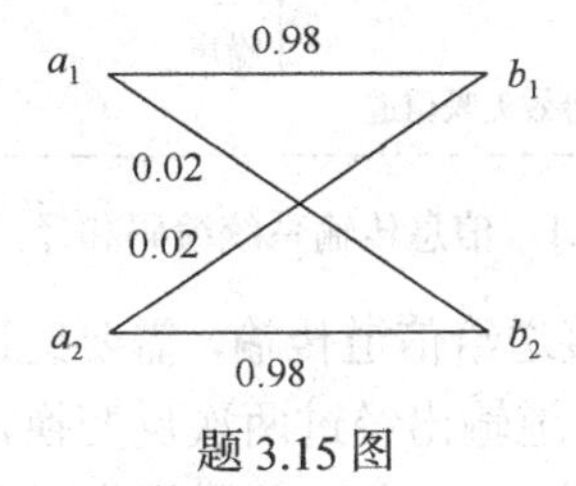

题 3.15 图

3.16 有 m 个离散信道，转移矩阵分别为 $Q_1,Q_2,\cdots,Q_m$。由这 m 个离散信道组成一个新信道，称为和信道，其转移矩阵为

$$Q=\begin{bmatrix}Q_1 & 0 & \cdots & 0\\ 0 & Q_2 & \cdots & 0\\ \vdots & \vdots & \ddots & \vdots\\ 0 & 0 & \cdots & Q_m\end{bmatrix}$$

设 C_k 是第 k 个离散信道的信道容量。试证明和信道的信道容量为

$$C=\log_2\sum_{k=1}^{m}2^{C_k}$$

此时第 k 个信道的使用概率为 $P_k=2^{(C_k-C)}$。

3.17 设某信道的输入 X 取值于 $\{+1,-1\}$，信道有加性噪声 Z，其概率密度函数为

$$f_Z(n)=\begin{cases}1/4, & |n|\leqslant 2\\ 0, & |n|>2\end{cases}$$

求信道容量。

3.18 设有一个信道，信道输入 X 和噪声 Z 都取值于 $\{0,1,2,\cdots,K-1\}$，且噪声是独立的，信道输出是信道输入与噪声的模 K 加，即 $Y=X\oplus Z$（模 K），求此信道的信道容量。

3.19 设有一个传送相位信息的连续信道，其输入 X 取值于区间 $[-\pi,\pi]$，信道有加性噪声 Z，其概率密度函数为

$$f_Z(z)=\begin{cases}1/2a, & |z|\leqslant a, a>0\\ 0, & |z|>a\end{cases}$$

信道输出为 $Y=X\oplus Z$（模 2π）。

（1）求 $a>\pi$ 时的信道容量。

（2）求 $a\leqslant\pi$ 时的信道容量。

第 4 章　无失真信源编码

实际的信息传输系统由多个环节组成，为了研究信息传输和处理的基本规律，下面以图 4.0.1 中所示的信息传输系统编码和译码模型加以说明。图 4.0.1 中事先给定的是椭圆内的部分，即发出信息的信源、接收信息的信宿和传输信息的信道；其余中间环节都是由人主观设计的。通信性能的好坏，很大程度上取决于这些中间环节设计的优劣。

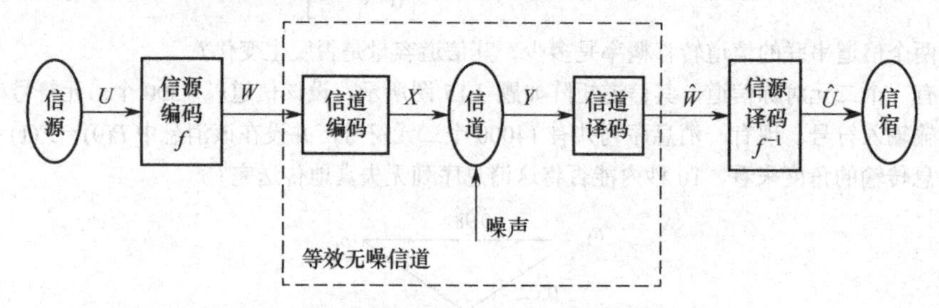

图 4.0.1　信息传输系统编码和译码模型

发出的消息序列通常不能直接送给信道传输，需要经过两次变换，分别称为信源编码和信道编码，然后送给信道传送，信道输出经过两次反变换，即信道译码和信源译码，就可送给信宿接收。对信源编码而言，图 4.0.1 中的虚框部分可近似地视为一个等效的无损确定信道，简称无噪信道，这一点是我们讨论信源编码的前提。信道编码的理论与方法将在第 5 章讨论。

信源编码可分为无失真编码和有失真编码两类。无失真编码只对信源的冗余度进行压缩，而不改变信源的熵，又称冗余度压缩编码，它能保证码元序列经译码后无失真地恢复为信源符号序列。无失真信源编码器又称无损编码，它等效于一个无损无噪信道，如图 4.0.2(a) 所示。与之相对的是有失真信源编码器，又称熵压缩编码，它等效于一个有损无噪信道，如图 4.0.2(b)所示。有失真编码又称有损编码，将在第 6 章讨论。本章只讨论无失真信源编码或无损编码。

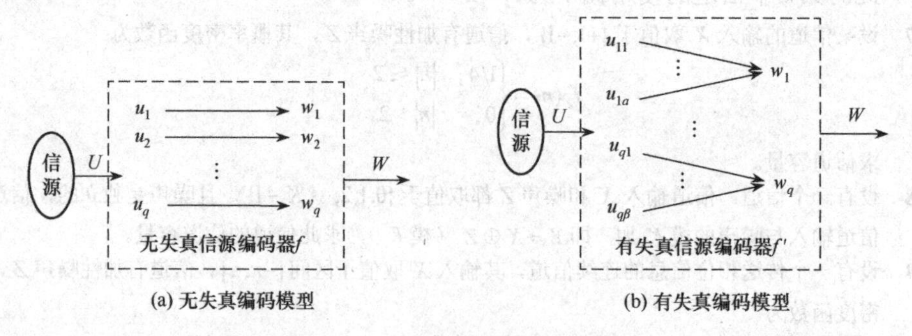

(a) 无失真编码模型　　(b) 有失真编码模型

图 4.0.2　两类信源编码器的模型

无失真信源编码的主要目的是改造信源，使之适合于信道传送。不同信源，其自然属性各不相同。首先，符号集中的符号不同，英语信源的符号是英文字母或单词，汉语信源的符号是汉字或汉语词组等，为便于信道传送，必须将信源符号序列变换成信道能够传送的符号序列。其次，信源符号的概率分布不均匀，各个符号携带信息的多少相差很大，即信息分布不均匀，信息冗余大，因此有必要对信源符号序列加以变换，使变换后的新序列的信息分布均匀，信息冗余变小，进而提高信息传输效率。总之，无失真信源编码的作用可归纳如下：

（1）符号变换。使信源的输出符号与信道的输入符号匹配。

（2）冗余度压缩。使编码后的新信源概率分布均匀化，信息含量效率等于或接近 100%。

4.1　信源编码的基本概念

信源编码器示意图如图 4.1.1 所示，其作用是将信源符号序列变换成信道能够传送的信道符号序列，其中 $U=\{u_1,u_2,\cdots,u_q\}$ 为信源符号集合。有关信源编码的基本概念简述如下。

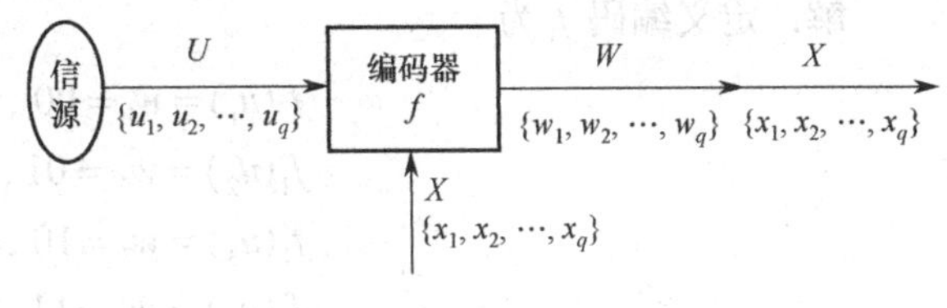

图 4.1.1　信源编码器示意图

（1）码元

信道能够传送的符号 x_i 称为码元。

（2）码元集或码符号集

所有码元组成的集合 $X=\{x_1,x_2,\cdots,x_r\}$ 称为码元集或码符号集。从数学角度来看，信源编码相当于一个一一对应的变换或映射 f，它把信源 U 输出的符号 u_i 变换成码字 w_i：

$$f:\ u_i \to w_i,\ i=1,2,\cdots,q \tag{4.1.1}$$

（3）码字

码元序列 w_i 称为码字。

（4）码或码字集

所有码字组成的集合 $W=\{w_1,w_2,\cdots,w_q\}$ 称为码或码字集。

（5）码长

码字 w_i 所含码元的个数称为该码字的码长，记为 l_i，单位是"码元/符号"或"r 进制单位/符号"。

（5）定长编码

若所有码字均有相同的码长 l，即 $l_1=l_2=\cdots=l_q=l$，则称 f 为定长编码，对应的码 W 称为定长码（Fixed Length Code，FLC）

（6）变长编码

若码字长度不完全相等，则称 f 为变长编码，相应的码 W 称为变长码（Variable Length Code，VLC）。

（7）平均码长

对码 W 中所有码字的码长求统计平均，得平均码长 $\bar{l}$：

$$\bar{l}=\sum_{i=1}^{q}P(w_i)l_i=\sum_{i=1}^{q}P(u_i)l_i \quad 码元/符号 \tag{4.1.2}$$

对于定长码，平均码长 $\bar{l}$ 与各码字的码长相等，即

$$\bar{l}=\sum_{i=1}^{q}P(u_i)l=l\sum_{i=1}^{q}P(u_i)=l \text{ 码元/符号} \tag{4.1.3}$$

平均码长$\bar{l}$是衡量码的性能的重要参数，$\bar{l}$小说明平均一个码元所携带的信息量大，信息的冗余小。

【例 4.1】 设 DMS 的概率空间为

$$\begin{bmatrix}U\\P_U\end{bmatrix}=\begin{bmatrix}u_1 & u_2 & u_3 & u_4\\1/2 & 1/4 & 1/8 & 1/8\end{bmatrix}$$

对其单个符号进行二进制编码，即码元集为$X=\{0,1\}$。

解：定义编码f_1为

$$f_1(u_1)=w_1=00,\ l_1=2$$
$$f_1(u_2)=w_2=01,\ l_2=2$$
$$f_1(u_3)=w_3=10,\ l_3=2$$
$$f_1(u_4)=w_4=11,\ l_4=2$$

$$\bar{l}=\sum_{i=1}^{4}P(u_i)l_i=\frac{1}{2}\times 2+\frac{1}{4}\times 2+\frac{1}{8}\times 2+\frac{1}{8}\times 2=2 \text{ 码元/符号}$$

定义编码f_2为

$$f_2(u_1)=w_1=0,\ l_1=1$$
$$f_2(u_2)=w_2=10,\ l_2=2$$
$$f_2(u_3)=w_3=110,\ l_3=3$$
$$f_2(u_4)=w_4=111,\ l_4=3$$

$$\bar{l}=\sum_{i=1}^{4}P(u_i)l_i=\frac{1}{2}\times 1+\frac{1}{4}\times 2+\frac{1}{8}\times 3+\frac{1}{8}\times 3=1.75 \text{ 码元/符号}$$

在例 4.1 中，f_1是定长编码，无论信源符号的概率分布如何，均采用相同码长的码，平均码长$\bar{l}=l_i=2$。f_2是变长编码，根据信源符号的概率不同，采用不同码长的码字，平均码长为$\bar{l}=1.75$；f_2编出的码的平均码长较小，原因是它采用了一种好的编码策略，即经常出现（概率大）的符号采用较短的码字，而不经常出现（概率小）的符号采用较长的码字，因此平均码长就会缩短。

（8）r进制码字

信源编码所用的码元集实际上是信道的输入符号集，码字是由码元组成的序列，因此能够送给信道传送。信源编码的符号变换功能实质上是将信源符号序列转换成信道符号序列。为不失一般性，我们可用r个r进制数字$0,1,\cdots,r-1$来标识码元集的r个码元，这时码元集为$X=\{0,1,\cdots,r-1\}$，而码字w_i就是r进制数字序列，称为r进制码字。

（9）r进制编码

可以说，信源编码问题就是用数字来表示信源符号或序列的问题。信源输出符号是携带信息的，因此可以说信源编码问题是用数字来表示信息的问题。用r进制数字来表示信息时，称为r进制编码。经过r进制编码后，信源输出呈现为由$0,1,\cdots,r-1$形成的数字流，这r个符号可视为信源X的输出。有时需要考察X的概率分布，下面以第i（$i=0,1,\cdots,r$）个数字为例加以说明。假设q个码字的长度分别是$l_1,l_2,\cdots,l_q$，码字中数字i的个数分别是$l_1^i,l_2^i,\cdots,l_q^i$，q个码字出现的个数分别是$n_1, n_2, \cdots, n_q$，信源U输出的符号数为n，即码字总数$n = n_1 + n_2 + \cdots + n_q$，则数字$i$出现的频率为

$$f_i = \frac{n_1 l_1^i + \cdots + n_q l_q^i}{n_1 l_1 + \cdots + n_q l_q} = \frac{\frac{n_1}{n} l_1^i + \cdots + \frac{n_q}{n} l_q^i}{\frac{n_1}{n} l_1 + \cdots + \frac{n_q}{n} l_q}$$

当n趋于无穷大时，数字i出现的频率就等于其概率，即

$$p_i = \lim_{n\to\infty} f_i = \lim_{n\to\infty} \frac{\frac{n_1}{n} l_1^i + \cdots + \frac{n_q}{n} l_q^i}{\frac{n_1}{n} l_1 + \cdots + \frac{n_q}{n} l_q} = \frac{p_1 l_1^i + \cdots + p_q l_q^i}{p_1 l_1 + \cdots + p_q l_q} = \frac{\bar{l}(i)}{\bar{l}} \tag{4.1.4}$$

因此，数字i出现的概率等于数字i的平均长度$\bar{l}(i)$与平均码长$\bar{l}$之比。

（10）无失真编码的保熵性

若信源以码字集作为符号集，则信源编码器的输出可视为新信源W，如图 4.1.1 所示。由于无失真编码f是一一对应映射，信源符号u_i与码字w_i是一一对应的，所以

$$P(w_i) = P(u_i), \quad i = 1, 2, \cdots, q \tag{4.1.5}$$

这说明编码器的输出概率分布与输入概率分布相同，所以编码前后的熵保持不变：

$$H(W) = H(U) \quad \text{比特/码字（或比特/符号）} \tag{4.1.6}$$

即无失真信源编码是保熵的。

（11）编码信息率

若以码元集作为符号集，则信源编码器的输出也可视为一个新信源X，如图 4.1.1 所示。设信源符号为$u_1, \dots, u_q$，各符号概率为$p_1, \dots, p_q$，各符号的对应码字为$w_1, \dots, w_q$。若对信源U进行r进制编码，设信源U输出n个符号，其中$u_1, \dots, u_q$分别为$n_1, \dots, n_q$个，U输出n个符号的自信息量为$-\sum_{i=1}^{q} n_i \log p_i$，$U$输出的这$n$个符号对应的码元数为$\sum_{i=1}^{q} n_i l_i$，则平均每个码元携带的实在信息为

$$\frac{-\sum_{i=1}^{q} n_i \log p_i}{\sum_{i=1}^{q} n_i l_i} = \frac{-\sum_{i=1}^{q} \frac{n_i}{n} \log p_i}{\sum_{i=1}^{q} \frac{n_i}{n} l_i} \tag{4.1.7}$$

式中，n_i/n是信源U输出符号u_i的频率，当n趋于无穷时，n_i/n成为u_i的概率p_i。将信源编码器输出视为新信源X，编码后平均一个码元携带的信息量即为编码后的信息率，记为R，就是X的熵，即

$$R = H(X) = \lim_{n\to\infty} \frac{-\sum_{i=1}^{q} \frac{n_i}{n} \log p_i}{\sum_{i=1}^{q} \frac{n_i}{n} l_i} = \frac{-\sum_{i=1}^{q} p_i \log p_i}{\sum_{i=1}^{q} p_i l_i} = \frac{H(U)}{\bar{l}} \tag{4.1.8}$$

考虑到无失真编码的保熵特点，进一步有

$$R = H(X) = \frac{H(U)}{\overline{l}} = \frac{H(W)}{\overline{l}} \quad \text{比特/码元} \tag{4.1.9}$$

由此可以看出，平均码长$\overline{l}$越小，每个码元携带的信息量越多，传输一个码元就传输了较多的信息。

（12）编码效率

为了衡量编码效果，定义编码后的实际信息率与编码后的最大信息率之比为编码效率，记为η_c，即

$$\eta_c = \frac{R}{R_{\max}} = \frac{H(X)}{H_{\max}(X)} = \frac{H(U)/\overline{l}}{\log r} = \frac{H(U)}{\overline{l}\log r} \tag{4.1.10}$$

值得注意的是，编码效率η_c实际上也是新信源X的信息含量效率或熵的相对率。

（13）编码冗余度

新信源X的冗余度也是码的冗余度：

$$\gamma_c = 1 - \eta_c \tag{4.1.11}$$

4.2 编码的唯一可译性

无论是定长码还是变长码，有实用价值的码都应该具有唯一可译性，即能由码字序列（也是码元序列）唯一地恢复成信源符号序列。

4.2.1 常见码及其唯一可译性

（1）唯一可译码与非唯一可译码

对于一个码，若由该码的码字组成的任意有限长码字序列都能恢复为唯一的信源序列，则称该码为唯一可译码（Uniquely Decodable Code，UDC），否则称其为非唯一可译码。码W是唯一可译码的充要条件如下：由W中的码字组成的任意有限长的码字序列（也是码元序列），都能唯一地划分成一个个码字，且任意一个码字只与唯一一个信源符号对应。

表4.2.1中对信源U编了6种不同的码，其中W_1和W_2是定长码，其余是变长码。在这6种码中，有些能唯一译码，有些不能唯一译码。

表 4.2.1　6种不同的码

信源符号	W_1	W_2	W_3	W_4	W_5	W_6
u_1	00	11	0	0	0	110
u_2	01	00	10	10	01	11
u_3	10	01	01	110	011	100
u_4	11	11	00	1110	0111	10

（2）奇异码与非奇异码

码W_2中有两个码字相同，即都是11，这种码称为奇异码。一般来说，无论是定长码还是变长码，含有相同码字的码称为奇异码，否则称为非奇异码。奇异码肯定不是UDC，如在使用码W_2时碰到码字11，就不知道是译码为u_1对还是译码为u_4对。由于奇异码不是UDC，因此编码时不考虑奇异码。

定长非奇异码肯定是 UDC，如表 4.2.1 中的 W_1。因为码是定长的，译码器收到码元序列时，按相同的码长划分成一个个码字，再由码的非奇异性，就可将一个个码字译为对应的信源符号。

变长码的问题要复杂得多。这时，码非奇异只是唯一可译的必要条件，并不是充分条件。例如，表 4.2.1 中的 W_3 是变长码，并且是非奇异码，但不是 UDC。例如，由码 W_3 中的码字组成的码元序列 01000 就不能唯一地分解成一个个码字：

$$01000=\begin{cases}0,10,0,0 \rightarrow u_1u_2u_1u_1 \\ 0,10,00 \rightarrow u_1u_2u_4 \\ 01,0,0,0 \rightarrow u_3u_1u_1u_1 \\ 01,00,0 \rightarrow u_3u_4u_1 \\ 01,0,00 \rightarrow u_3u_1u_4\end{cases}$$

可见，将码字序列 01000 译回信源符号序列时，可能出现 5 种结果，因此不具备唯一可译性。换言之，要满足唯一可译性，不但码本身必须是非奇异的，而且其任意有限长 N 次扩展码也必须是非奇异的。

（3）续长码与非续长码

表 4.2.1 中的 W_4 和 W_5 都是 UDC，但它们的性质不同。观察码 W_4 发现，其中任何一个码字都不是另一个码字的续长（加长），这种码被称为非续长码；观察码 W_5 和 W_6，其中有些码字是在另一些码字后面添加码元（续长）得来的，如 W_5 中的码字 011 是码字 01 的续长，因此称为续长码。

（4）即时码

非续长码中的任何一个码字都不是其他码字的前缀，码字的最后一个码元出现时，译码器能立即判断一个码字已经结束，可以立即译码，所以这种码是即时可译的，又称即时码或立即码。否则，就是非即时码。W_5 和 W_6 虽然是唯一可译的，但不能即时可译。例如，01 是 W_5 的码字，译码器收到 01 时不能将其视为 u_2 的码字而即时译出，而要看后面出现的码元再做决定；若接下来出现 0，则把前面的 01 当作码字译码；若接下来出现 1，则要等下一个码元出现再做决定。因此，W_5 是唯一可译码，但不是即时码。各种码的关系如图 4.2.1 所示。

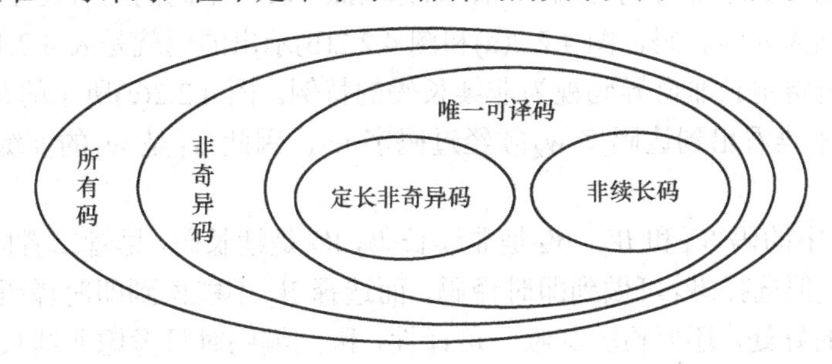

图 4.2.1　各种码的关系

（5）续长但唯一可译码

续长码中只有一部分是唯一可译的，且不是即时可译的，如码 W_6。读者可自行测试其唯一可译性。更系统化的判断方法见 4.2.3 节。

非续长码不但唯一可译，而且即时可译。因此，非续长码是性能较好的唯一可译码，在进行变长编码时就使用非续长码。

4.2.2 码树与克拉夫特不等式

非续长码是一类重要的变长码，可用码树构造出来，有关码树的概念如下。

（1）节点

图 4.2.2 中显示了 4 棵二进制码树。码树从树根开始向上长出树枝，树枝代表码元，树枝与树枝的交点称为节点。经过 l 个树枝才能到达的节点称为 l 阶节点。码树上任意一个节点都对应一个码字，组成该码字的码元就是从树根开始到该节点所经过的树枝（或码元），如图 4.2.2(c)所示。

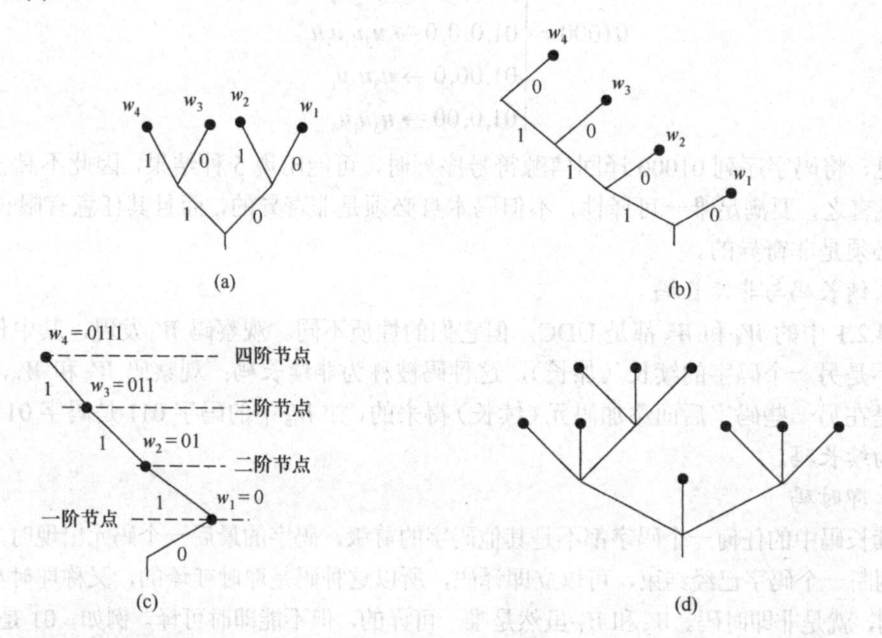

图 4.2.2 二进制码树：(a) W_1 的码树；(b) W_4 的码树；(c) W_5 的码树；(d) 三元整树

（2）端点

向上不长出树枝的节点称为终端节点，简称端点。若一个码的所有码字均处于终端节点即端点上，则该码为非续长码，图 4.2.2(a)和图 4.2.2(b)示出的码就是表 4.2.1 中的 W_1 和 W_4，是非续长码，这里将定长非奇异码视为非续长码的特例。图 4.2.2(c)所示的是表 4.2.1 中的码 W_5，是续长码；不难看出到达码字 w_2 须经过码字 w_1，因此 w_1 是 w_2 的前缀，同理 w_2 是 w_3 的前缀。

比较表 4.2.1 中的码 W_4 和 W_5，W_4 是非续长码，W_5 是续长码，尽管二者同为唯一可译码，且平均码长相同，但选择 W_4 可做到即时译码，而选择 W_5 不能做到即时译码。既然使用续长码不会带来额外的好处，还要检验其唯一可译性，因此编码时只考虑非续长码。非续长码是唯一可译码的子集，不但唯一可译，而且即时可译。

（3）整树与非整树

r 进制码树各节点（包括树根）向上长出的树枝数不会超过 r，若等于 r，则称为整树。在图 4.2.2 中，图 4.2.2(a)和图 4.2.2(d)是整树，而图 4.2.2(b)和图 4.2.2(c)是非整树。

关于非续长码，有如下存在性定理。

定理 4.1 对任意一个 r 进制非续长码，各码字的码长 $l_i, i=1,2,\cdots,q$ 一定满足克拉夫特不等式：

$$\sum_{i=1}^{q} r^{-l_i} \leqslant 1 \tag{4.2.1}$$

反过来，若上式成立，就一定能构造一个 r 进制非续长码。

证明：（1）先证非续长码必定满足克拉夫特不等式。令 l 为 q 个码长的最大者，

$$l = \max_i l_i$$

考虑一棵所有分枝都延伸到第 l 阶节点的 r 进制整树，l 阶节点总数为 r^l。由码树的构成原则可知，码长为 l_i 的码字 w_i 处在 l_i 阶节点上，由于是非续长码，w_i 所处的节点为终端节点，其上端的树枝必须被砍掉，这样一来，就相当于要砍掉 r^{l-l_i} 个 l 阶节点，所有 q 个码字砍去的 l 阶节点数必定小于等于 r^l，即

$$\sum_{i=1}^{q} r^{l-l_i} \leqslant r^l$$

稍做变换即得式（4.2.1）。

（2）再证满足克拉夫特不等式的码长集合可构造出非续长码。不失一般性，设码长满足

$$l_1 \leqslant l_2 \leqslant \cdots \leqslant l_q = l$$

下面以一棵所有分枝都延伸到第 l 阶节点的 r 进制整树为基础，通过砍树枝来构造满足条件的码树。先在 l_1 阶节点中取一个节点放置码字 w_1，随即砍去 w_1 以上的节点，这相当于砍掉了 r^{l-l_1} 个 l 阶节点。再按以上方法放置码字 w_2，如此下去，直到码字 w_q。这时，剩下的 l 阶节点数为

$$r^l - \sum_{i=1}^{q} r^{l-l_i}$$

只要该数不为负值就能构造出满足条件的码树。由定理给出的条件

$$\sum_{i=1}^{q} r^{-l_i} \leqslant 1$$

可以得出

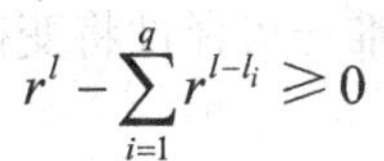

$$r^l - \sum_{i=1}^{q} r^{l-l_i} \geqslant 0$$

定理 4.1 的证明

因此，可以构造出满足条件的码树。

定理 4.1 是非续长码的存在性定理。不满足克拉夫特不等式的码肯定不是非续长码，而满足克拉夫特不等式的码也不一定是非续长码，只是根据满足克拉夫特不等式的码长集合 $\{l_1, l_2, \cdots, l_q\}$ 可以构造出一个含有 q 个码字的非续长码。例如，表 4.2.2 中的信源编码不满足克拉夫特不等式：

$$2^{-1} + 2^{-2} + 2^{-3} + 2^{-4} + 2^{-4} + 2^{-4} = 17/16 > 1$$

据定理 4.1 可以判断该码肯定不是非续长码。事实上表 4.2.2 所示的码字中 u_6 的码字 1101 是 u_3 的码字 110 的续长，该码的确不是非续长码。

表 4.2.2　不满足克拉夫特不等式的续长码

符号	u_1	u_2	u_3	u_4	u_5	u_6
概率	1/2	1/4	1/16	1/16	1/16	1/16
码字	0	10	110	1110	1011	1101
码长	1	2	3	4	4	4

又如，二进制码长集{1, 2, 3, 4}满足克拉夫特不等式：

$$2^{-1}+2^{-2}+2^{-3}+2^{-4}=15/16\leqslant 1$$

因此，可以根据码长集{1, 2, 3, 4}构造非续长码，如表 4.2.1 的 $W_4=\{0, 10, 110, 1110\}$。我们发现表 4.2.1 中的 $W_5=\{0, 01, 011, 0111\}$虽然也具有相同的码长集，但我们知道 W_5 不是非续长码。

克拉夫特不等式还是存在唯一可译码（UDC）的充要条件，见下面的定理，证明从略。

定理 4.2　对任意一个 r 进制唯一可译码（UDC），各码字的码长 $l_i, i=1,2,\cdots,q$ 必须满足克拉夫特不等式：

$$\sum_{i=1}^{q} r^{-l_i}\leqslant 1$$

反过来，若上式成立，就一定能构造一个 r 进制唯一可译码（UDC）。

表 4.2.1 中的码 W_1 是定长非奇异码，W_4 是非续长码，它们都是唯一可译码，都满足克拉夫特不等式：

$$W_1\text{：}\ 2^{-2}+2^{-2}+2^{-2}+2^{-2}=1$$

$$W_4\text{：}\ 2^{-1}+2^{-2}+2^{-3}+2^{-4}=15/16$$

然而，如前所述，W_3 并不是唯一可译码；与此同时，W_3 对应的码长集是不满足克拉夫特不等式的：

$$W_3\text{：}\ 2^{-1}+2^{-2}+2^{-2}+2^{-2}=5/4>1$$

奇异码肯定不是唯一可译码，非续长码一定是唯一可译码。奇异码可通过观察来判断，非续长码可借助码树来判断。若码非奇异，但又不是非续长码，而是续长码，问题就复杂了。这时，直接由唯一可译码的定义判断其唯一可译性将变得困难，需要借助专门的方法。

4.2.3　唯一可译码的判断方法

我们很容易知道定长非奇异码是唯一可译码。

对变长码而言，满足克拉夫特不等式只是唯一可译码的必要条件而非充分条件。要想充分地判断一个码是唯一可译码，只能根据唯一可译码的定义进行。A. A. Sardinas 和 G. W. Patterson 于 1957 年设计出了一种判断唯一可译码的方法，简称 SP 方法。

根据唯一可译码的定义，若有限长的码符号序列能译成两种及以上的不同码字序列，则此码一定不是唯一可译码。现假设码符号序列可译成两种不同的码字序列$\{a_i\}$和$\{b_i\}$，如图 4.2.3 所示，其中 a_i 和 b_i 都是码字（a_i, $b_i\in C$）。图 4.2.3 表明，a_1 一定是 b_1 的前缀；而 b_1 的前端截去 a_1 后的剩余部分一定是另一个码字 a_2 的前缀；a_2 前端截去 b_1 后端码元后

的剩余部分又是 b_2 的前缀。最后，码元序列的尾部一定是某个码字。我们把一个码字截去前端部分（可能为一个较短码字的后端部分，也可能为其他码字的后端部分）后的剩余码元序列称为后缀。

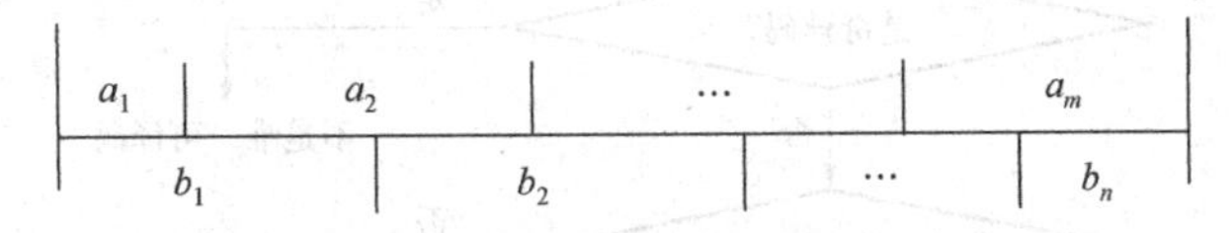

图 4.2.3　码元序列译成两种不同的码字序列

由此可得唯一可译码的判断方法——SP 方法：将码 C 中所有码字可能的后缀组合成一个集合 F，当且仅当 F 中不包含任意一个码字时，码 C 为唯一可译码。

集合 F 的构造过程如下。

首先，观察 C 中最短码字是否为其他码字的前缀。若是，则将其所有可能的后缀加入 F。这些后缀又可能是某些码字的前缀，或者这些后缀的前缀仍然是最短码字，据此列出新的后缀加入 F。其次，观察新后缀是否是某些码字的前缀，或新后缀的前缀是否是其他码字，再列出生成的后缀加入 F。依次进行下去，直到没有一个后缀是码字的前缀或没有新后缀产生为止。以上过程产生了最短码字所能引起的所有后缀。

然后，按照以上步骤观察更长的码字，直到所有码字引起的后缀全部列出并加入 F。

【例 4.2】 利用 SP 方法判断表 4.2.1 中列出的码 $W_3 = \{0, 10, 01, 00\}$ 的唯一可译性。

解： 最短码字 0 是码字 00 和 01 的前缀，此时后缀分别为 0 和 1，集合 $F = \{0, 1\}$。

后缀 1 又是码字 10 的前缀，因此新后缀为 0，后缀 0 已经存在，所以集合仍为 $F = \{0, 1\}$。

更长的三个码字 00、01 和 10 都不是其他码字的前缀，不会产生后缀。至此，F 构造完毕，其中的 0 是最短码字，因此 W_3 不是唯一可译码，与前述结论一致。

【例 4.3】 利用 SP 方法判断码 $C = \{0, 10, 1100, 1110, 1011, 1101\}$ 的唯一可译性。

解： 0 是最短码字，但不是其他码字的前缀，所以没有后缀。

10 是次短码字，也是码字 1011 的前缀，对应的后缀为 11，$F = \{11\}$。11 又是码字 1100、1110 和 1101 的前缀，由此产生的新后缀为 00、10 和 01，此时 $F = \{11, 00, 10, 01\}$。新后缀 00 的首位是码字 0，对应的后缀是 0，此时 $F = \{11, 00, 10, 01, 0\}$。新后缀 10 是码字 1011 的前缀，对应的后缀是 11，已在 F 中。新后缀 01 的首位是码字 0，对应的后缀是 1，此时 $F = \{11, 00, 10, 01, 0, 1\}$。后缀 1 是后面 5 个码字的前缀，对应的后缀是 0、100、110、011 和 101，此时 $F = \{11, 00, 10, 01, 0, 1, 100, 110, 011, 101\}$。100 的前 2 位是码字 10，对应后缀 0，已在 F 中。110 是 1100 的前缀，对应后缀 0，已在 F 中。011 的首位是码字 0，对应后缀 11，已在 F 中。101 是码字 1011 的前缀，对应后缀 1，已在 F 中。至此为止，F 构造完成，$F = \{11, 00, 10, 01, 0, 1, 100, 110, 011, 101\}$，其中的 0 和 10 是码字，因此码 C 不是唯一可译码。

虽然码 C 满足克拉夫特不等式 $2^{-1} + 2^{-2} + 2^{-4} + 2^{-4} + 2^{-4} + 2^{-4} = 1 \leqslant 1$，但此例表明，克拉夫特不等式的成立不能判定码 C 就是唯一可译的。

综上，我们可总结出唯一可译码的判断步骤，如图 4.2.4 所示。在图 4.2.4 所示的判断方法中，SP 方法可以单独用来判断一个码是否唯一可译，因此也可跳过其他步骤直接采用 SP 方法构造集合 F，进而进行判断。

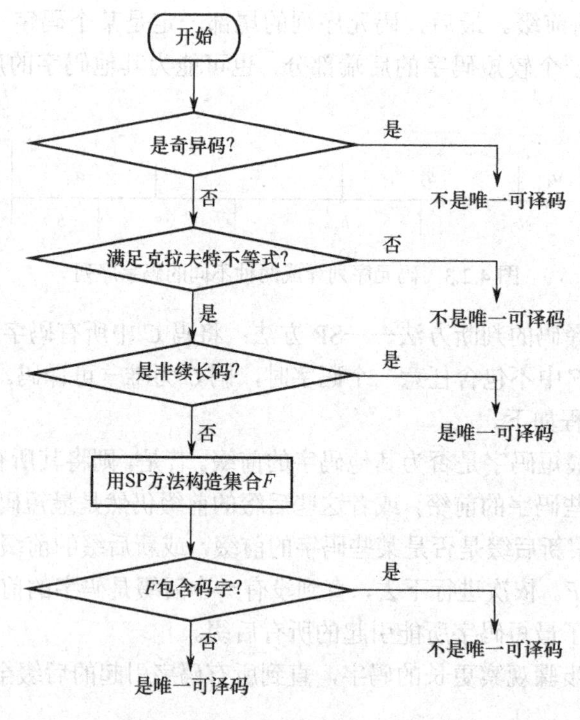

图 4.2.4　唯一可译码的判断步骤

4.3　离散无记忆信源的渐近等分性

渐近等分性（Asymptotic Equipartition Property，AEP）是信源序列的重要特性，是弱大数定律的直接推论，也是香农信息论定长无失真编码定理的基础。

4.3.1　典型序列

若在信源输出的序列$\overline{u}_j$中，符号u_i的频率逼近u_i的先验概率，则$\overline{u}_j$为典型序列。例如，设 DMS 的概率空间为

$$\begin{bmatrix} U \\ P_U \end{bmatrix} = \begin{bmatrix} u_0 = 0 & u_1 = 1 & u_2 = 2 \\ 1/2 & 1/3 & 1/6 \end{bmatrix}$$

该信源可能发出如下两个长度为 30 的序列：

$$\overline{u}_1 = 000000000000000\,1111111111\,22222$$

和

$$\overline{u}_2 = 222222222222222\,1111111111\,00000$$

序列$\overline{u}_1$中符号 0、1 和 2 的频率恰好等于各自的先验概率，因而$\overline{u}_1$是典型序列；$\overline{u}_2$中的符号频率与它们的先验概率相差很大，与$\overline{u}_1$相比就显得不那么典型。

4.3.2　渐近等分性

设 DMS 的概率空间为$[U, P_U] = [u_i, P(u_i)|\ i = 1, 2, \cdots, q]$，信源$U$的$N$次扩展信源$U^N$发出的任意一个$N$长符号序列为$\overline{u}_j, j = 1,2,\cdots, q^N$，其自信息量为

$$I\left(\bar{u}_j\right)=\log\frac{1}{P(\bar{u}_j)}$$

（算术）平均每个符号的自信息量为

$$\frac{I\left(\bar{u}_j\right)}{N}=\frac{1}{N}\log\frac{1}{P(\bar{u}_j)}=\sum_{i=1}^{q}\frac{n_i}{N}\log\frac{1}{P(u_i)}\quad \text{比特/符号}$$

式中，n_i 是 $\bar{u}_j$ 中包含的信源符号 u_i 的个数，n_i/N 是 u_i 出现的频率。若 $\bar{u}_j$ 中 u_i 的出现频率逼近 u_i 的先验概率，即

$$\frac{n_i}{N}\to P(u_i)$$

则

$$\frac{I\left(\bar{u}_j\right)}{N}=\frac{1}{N}\log\frac{1}{P(\bar{u}_j)}=\sum_{i=1}^{q}\frac{n_i}{N}\log\frac{1}{P(u_i)}\to\sum_{i=1}^{q}P(u_i)\log\frac{1}{P(u_i)}=H(U)$$

可见，典型序列也是那些平均自信息量逼近熵的序列。序列中符号的算术平均自信息量与信源熵之间的关系正是所谓的渐近等分性质。

定理 4.3（渐近等分性）若离散无记忆信源 U 的熵为 $H(U)$，产生的 N 长随机序列为 $\bar{u}_j$，则 $I(\bar{u}_j)/N$ 依概率收敛于 $H(U)$。结合大数定律和以上讨论，我们很容易得出渐近等分性。

4.3.3　离散无记忆信源序列集的划分

渐近等分性还可做如下描述。设 $\bar{u}_j$ 是离散无记忆信源 U 发出的一个 N 长序列，则对任给的小正数 $\varepsilon>0$ 和 $\delta>0$，总可找到一个正整数 N_0，使得 $N\geqslant N_0$ 时有

$$P\left[\left|\frac{I(\bar{u}_j)}{N}-H(U)\right|<\varepsilon\right]\geqslant 1-\delta \tag{4.3.1}$$

依据式（4.3.1），我们可以把 U 的 N 长序列集合 S^N 划分成两个互不相交的子集：

$$S_\varepsilon^N=\left\{\bar{u}_j:\left|\frac{I(\bar{u}_j)}{N}-H(U)\right|<\varepsilon\right\}$$

$$\bar{S}_\varepsilon^N=\left\{\bar{u}_j:\left|\frac{I(\bar{u}_j)}{N}-H(U)\right|\geqslant\varepsilon\right\}$$

式中，S_ε^N 称为 ε 典型序列集，其中的序列称为 ε 典型序列；$\bar{S}_\varepsilon^N$ 称为非 ε 典型序列集，其中的序列称为非 ε 典型序列。显然，ε 典型序列要比非 ε 典型序列的算术平均自信息量更接近信源熵。典型序列的出现频率高，因而成为编码研究的重点对象。按照渐近等分性，有关序列落入典型序列集的概率、单个典型序列的概率及典型序列个数的结论，可导出为如下定理。

定理 4.4　设 $\bar{u}_j$ 是离散无记忆信源 U 发出的一个 N 长序列，则对任给的小正数 $\varepsilon>0$ 和 $\delta>0$，总可找到一个正整数 N_0，使得 $N\geqslant N_0$ 时，有如下结论。

（1）序列落入典型序列集的概率几乎为 1，即

$$P\left(\bar{u}_j\in S_\varepsilon^N\right)\geqslant 1-\delta \quad \text{或} \quad \sum_{\bar{u}_j\in S_\varepsilon^N}p(\bar{u}_j)\geqslant 1-\delta \tag{4.3.2}$$

（2）单个典型序列$\bar{u}_j \in S_\varepsilon^N$的概率范围是

$$2^{-N[H(U)+\varepsilon]} < P(\bar{u}_j) < 2^{-N[H(U)-\varepsilon]} \tag{4.3.3}$$

N足够长时，可近似认为所有典型序列的概率是相等的，即

$$P(\bar{u}_j) = 2^{-NH(U)} \tag{4.3.4}$$

（3）典型序列的个数，即典型序列集的大小为$|S_\varepsilon^N|$，满足

$$(1-\delta)2^{N[H(U)-\varepsilon]} < |S_\varepsilon^N| < 2^{N[H(U)+\varepsilon]} \tag{4.3.5}$$

即典型序列的数量约为$2^{NH(U)}$。

4.4 定长编码

前面讨论编码时，都是对信源输出的单个符号进行编码的。现在考虑更一般的情况，即对信源输出的符号序列进行编码。借助信源扩展的方法，对信源符号序列进行编码的问题可化为对扩展信源输出的单个序列进行编码的问题。

假设 DMS 为$[U,P_U]=[u_i,P(u_i)\,|\,i=1,2,\cdots,q]$，现在要对$U$发出的$N$长符号序列进行编码。由扩展信源的概念可知，信源$U$发出的任意一个$N$长符号序列$\bar{u}_j$，$j=1,2,\cdots,q^N$都是信源$U$的$N$次扩展信源$U^N$的单个输出。对信源$U$的$N$长符号序列进行$r$进制编码，实质上就是对扩展信源$U^N$的单个序列进行编码，既可定长编码，又可变长编码。

4.4.1 定长编码的基本约束

U发出的N长符号序列或U^N的单个输出共有q^N个，因此要找q^N个r进制码字与之对应。若不限定各码字的码长，则肯定能找出q^N个r进制码字组成的唯一可译码。若用$\bar{l}_N$表示对U^N编码所得的平均码长，则我们追求的是$\bar{l}_N$最小的码。这就引出了一个理论问题，即平均码长$\bar{l}_N$可小到什么程度呢？对此问题，定长无失真编码定理和变长无失真编码定理都给予了明确的回答。

本节讨论定长编码的情形。对于定长编码，平均码长$\bar{l}_N$与各码字的码长l_N相等。码长为l_N的r进制定长非奇异码共有r^{l_N}个码字，只要可用的码字数不少于U^N的符号数，即

$$r^{l_N} \geqslant q^N \tag{4.4.1}$$

就可做到唯一译码。整理上式得

$$\frac{l_N}{N} \geqslant \frac{\log q}{\log r} = \frac{H_{\max}(U)}{\log r} = H_{r\max}(U) \tag{4.4.2}$$

式中，l_N/N代表U的一个符号所用的码元数量，量纲为码元/符号；$H_{r\max}(U)$代表U的最大r进制熵，量纲为r进制单位/符号，这里的码元就是r进制数字。

因此，上式的物理意义如下：对U的N长符号序列进行等长编码时，若要求所编的码是唯一可译的，则U的一个符号所要使用的码元数量l_N/N以U的最大r进制熵$H_{r\max}(U)$为下界，再小就不能唯一可译。式（4.4.2）形成了定长无失真编码的基本约束关系。

4.4.2 定长编码定理

信源编码的目的之一是压缩冗余，即我们总希望平均码长$\bar{l}_N$尽可能小。如果只利用定长无

失真编码的基本约束关系式（4.4.2）来决定平均码长 $\overline{l}_N$，那么会使得编码效率不能满足我们的要求，详见例 4.4。考虑到随着信源 U 输出的序列长度 N 的增大而呈现出越来越明显的渐近等分性质，我们会进一步得出一些启示，进而确定更加高效的无失真定长编码策略。

（1）由式（4.3.2）可知，当信源输出的序列很长时，几乎都是典型序列。因此，典型序列集是高概率集，与之相反的非典型序列集是低概率集。如果只对高概率的典型序列编码，那么所需要的码长就会降低，并且基本可以做到无失真编码。

（2）式（4.3.3）和式（4.3.4）表明典型序列近似等概率分布，对其使用定长编码是有效的。

（3）典型序列的数量（$\approx 2^{NH(U)}$）通常远小于 N 长序列的总数量 q^N。如果只对典型序列编码，那么可大大减少码字个数，降低平均码长，提高编码效率。

基于以上的编码策略，我们可得到比式（4.4.2）更低的平均码长的下界，而这正是定长无失真编码定理。

定理 4.5（定长无失真编码定理）用 r 元符号表对离散无记忆信源 U 的 N 长符号序列进行定长编码，N 长符号序列对应的码长为 l_N，若对任意小的正数 ε，有不等式

$$\frac{l_N}{N} \geqslant \frac{H(U)+\varepsilon}{\log r} \tag{4.4.3}$$

则几乎能做到无失真编码，且随着序列长度 N 的增大，译码差错率趋于 0。反之，若

$$\frac{l_N}{N} \leqslant \frac{H(U)-2\varepsilon}{\log r} \tag{4.4.4}$$

则不可能做到无失真编码，且随着 N 的增大，译码差错率趋于 1。

证明： 先证明第一部分，即式（4.3.3）。按照上面的编码策略，只对典型序列进行定长编码。要确保典型序列无失真编码，就需要码长为 l_N 的 r 元码字数量不小于典型序列数量的上界 $2^{N[H(U)+\varepsilon]}$，即

$$r^{l_N} \geqslant 2^{N[H(U)+\varepsilon]}$$

将该不等式变形即可得到式（4.3.3）。由于只对典型序列进行编码，因此一旦出现非典型序列就会发生译码错误。记译码错误概率为 P_{e}，P_{e} 也是序列落入非典型序列集的概率，根据式（4.3.2），当信源序列足够长时，有

$$P_{\mathrm{e}} = P\left(\overline{u}_j \in \overline{S}_\varepsilon^N\right) \leqslant \delta$$

由于 δ 可以选得很小，因此 N 足够大时，P_{e} 趋于 0，这意味着对全部 N 长序列，译码差错率趋于 0。

再来证明第二部分。如果平均码长满足式（4.4.4），即

$$r^{l_N} \leqslant 2^{N[H(U)-2\varepsilon]} \tag{4.4.5}$$

那么根据式（4.3.5），此时的码字数可能小于典型序列总数的下界 $(1-\delta)2^{N[H(U)-\varepsilon]}$，这意味着某些典型序列不能用长度为 l_N 的不同码字来对应，这些序列出现时便会发生译码错误。r^{l_N} 个典型序列有码字与其对应，记这些码字构成的子集为 $S_{\varepsilon,C}^N$，所以译码正确的概率就是 r^{l_N} 个典型序列的概率之和：

$$P\left(\overline{u}_j \in S_{\varepsilon,C}^N\right) = \sum_{\overline{u}_j \in S_{\varepsilon,C}^N} P(\overline{u}_j)$$

考虑到式（4.3.3）给出的 $P(\overline{u}_j)$ 的上界有

$$P\left(\overline{u}_j \in S_{\varepsilon,C}^N\right) \leqslant r^{l_N} \cdot 2^{-N[H(U)-\varepsilon]}$$

无失真定长编码定理的证明

进一步考虑式（4.4.5），有

$$P\left(\overline{u}_j \in S_{\varepsilon,C}^N\right) \leqslant 2^{N[H(U)-2\varepsilon]} \cdot 2^{-N[H(U)-\varepsilon]} = 2^{-N\varepsilon}$$

若 $S_{\varepsilon,C}^N$ 之外的序列出现，则会发生译码错误，译码错误概率为

$$P_{\rm e} = 1 - P\left(\overline{u}_j \in S_{\varepsilon,C}^N\right) \geqslant 1 - 2^{-N\varepsilon}$$

由此可见，当序列长度 $N \to \infty$ 时，译码错误概率 $P_{\rm e}$ 趋于 1。这就说明在式（4.4.4）的条件下，当 N 很大时，将使许多经常出现的序列因得不到编码而被丢弃，造成很大的译码错误。

下面对定长编码定理做进一步的解释。

（1）码长的界。

记信源单个符号对应的定长码码长为 l，由式（4.4.3）可知，要做到无失真编码，必须有

$$l = \frac{l_N}{N} \geqslant \frac{H(U)}{\log r} + \frac{\varepsilon}{\log r} = H_r(U) + \varepsilon_1 \tag{4.4.6}$$

式中，$H_r(U)$ 是信源 U 的 r 进制熵，即

$$H_r(U) = \frac{H(U)}{\log r} = \sum_{i=1}^{q} P(u_i) \log_r \left(\frac{1}{P(u_i)}\right) \quad r\text{ 进制单位/符号} \tag{4.4.7}$$

式（4.4.6）说明，用 r 元符号表对信源 U 进行定长编码时，只要单个信源符号对应的码长 l 比信源熵 $H_r(U)$ 大一点，几乎就能做到无失真编码，即 $H_r(U)$ 是定长无失真编码单符号码长 l 的下界。

再来看式（4.4.4），整理得

$$l = \frac{l_N}{N} \leqslant \frac{H(U)}{\log r} - \frac{2\varepsilon}{\log r} = H_r(U) - 2\varepsilon_1 \tag{4.4.8}$$

这说明 l 比信源熵 $H_r(U)$ 小时，就不可能做到无失真编码。

（2）定理 4.5 是针对离散无记忆信源给出的，对更一般的信源也有类似结论，此处不再详述。

（3）定长编码的效率为

$$\eta_{\rm c} = \frac{H(U)}{\overline{l}\log r} = \frac{H(U)}{\dfrac{l_N}{N}\log r} \tag{4.4.9}$$

为使编码真正有效，必须增大信源序列的分组长度 N，但这会使编译码的延时增大，同时会使编码器、译码器的复杂度增加。因此，定长编码在冗余度压缩编码中的理论意义远大于其实用价值。

定长编码的方法很简单，无论信源符号的概率如何，都编成等长的码，采用定长非奇异码即可保证唯一可译。

【例 4.4】 对如下 DMS 进行二进制定长编码：

$$\begin{bmatrix} U \\ P_U \end{bmatrix} = \begin{bmatrix} u_1 & u_2 & u_3 & u_4 & u_5 & u_6 & u_7 \\ 0.35 & 0.30 & 0.20 & 0.10 & 0.04 & 0.005 & 0.005 \end{bmatrix}$$

解： 二进制编码即用码元表 $X = \{0,1\}$ 对 U 的单个符号进行编码。用 X 的两个码元对 U 的 7 个符号进行编码，由不等式（4.4.2）得码长 l 为

$$l = \frac{l_N}{N} \geqslant \frac{\log_2 q}{\log_2 r} = \frac{\log_2 7}{\log_2 2} \approx 2.8 \text{码元/符号}$$

取$l=3$；码长为 3 的二进制码字有 8 个，取其中任意 7 个码字分别赋给 7 个信源符号，如

U：u_1　u_2　u_3　u_4　u_5　u_6　u_7
W：001　010　011　100　101　110　111

容易算出信源U的熵为

$$H(U) = -\sum_{i=1}^{7} P(u_i)\log_2 P(u_i) = 2.11 \text{比特/符号}$$

平均码长和编码效率分别为

$$\bar{l} = l = 3 \text{　码元/符号}$$

$$\eta_c = \frac{H(U)}{\bar{l}\log_2 r} = \frac{2.11}{3\times\log_2 2} = 70.33\%$$

显然，编码效率是不高的。

要提高编码效率，可对U的符号序列进行编码，同时引入一定的失真。由于定长无失真编码定理的式（4.4.3）限定了定长编码码长的最小值，因此最佳的定长编码效率为

$$\eta_c = \frac{H(U)}{\bar{l}\log r} = \frac{H(U)}{\frac{l_N}{N}\log r} = \frac{H(U)}{H(U)+\varepsilon} \tag{4.4.10}$$

可以证明，差错率P_e满足如下关系：

$$P_e \leqslant \frac{\sigma^2(U)}{N\varepsilon^2} \tag{4.4.11}$$

式中，$\sigma^2(U)$为信源自信息量的方差：

$$\sigma^2(U) = E\left\{\left[I(u_i) - H(U)\right]^2\right\} = \sum_{i=1}^{q} P(u_i)\left[\log P(u_i)\right]^2 - \left[H(U)\right]^2 \tag{4.4.12}$$

对于任意一个正数δ，只要

$$N > \frac{\sigma^2(U)}{\varepsilon^2\delta} \tag{4.4.13}$$

就可使

$$P_e < \delta \tag{4.4.14}$$

这时，由式（4.4.10）有

$$N > \frac{\sigma^2(U)}{\left[H(U)\right]^2}\frac{\eta_c^2}{(1-\eta_c)^2\delta} \tag{4.4.15}$$

【例 4.5】 对例 4.4 所给信源的符号序列进行二进制编码，要求编码效率为$\eta_c = 90\%$，允许的差错率为$\delta < 10^{-6}$。

解：例 4.4 中已求出信源的熵$H(U) = 2.11$比特/符号，自信息量的方差为

$$\sigma^2(U) = \sum_{i=1}^{q} P(u_i)\left[\log_2 P(u_i)\right]^2 - \left[H(U)\right]^2 = 0.8847$$

所以有

$$N > \frac{\sigma^2(U)}{\left[H(U)\right]^2}\frac{\eta_c^2}{(1-\eta_c^2)^2\delta} = \frac{0.8847}{2.11^2}\cdot\frac{(0.9)^2}{(1-0.9)^2\times10^{-6}} \approx 1.6\times10^7$$

由此可见，要达到要求的编码效率，必须取很长的信源序列（$N>1.6\times10^7$），这在实际中是很难实现的。

由以上例子可以看出，定长编码在引入失真的前提下，还需要取很长的信源序列进行编码，才能达到较高的编码效率。既要不失真，又要很高的编码效率，只能采用变长编码。

4.5 变长编码定理

变长编码不要求所有码字长度相同，但希望平均码长最小。信源无失真变长编码定理给出了在无失真编码的前提下，平均码长的界限。

定理 4.6（无失真变长编码定理）用 r 元符号表对离散无记忆信源 U 的 N 长符号序列进行变长编码，记 N 长符号序列对应的平均码长为 $\overline{l}_N$，那么要做到无失真编码，平均码长必须满足

$$\frac{\overline{l}_N}{N}\geqslant H_r(U) \tag{4.5.1}$$

另一方面，一定存在唯一可译码，其平均码长满足

$$\frac{\overline{l}_N}{N}<H_r(U)+\frac{1}{N} \tag{4.5.2}$$

证明：信源 U 发出的任意一个 N 长符号序列都是其 N 次扩展信源 U^N 的一个符号。设 U 的 N 次扩展信源的概率空间为

$$[U^N,P_{U^N}]=[\overline{u}_j,P(\overline{u}_j)\mid j=1,2,\cdots,q^N]$$

因为信源无记忆，所以 $H_r(U^N)=NH_r(U)$。

（1）要证明平均码长的下界即式（4.5.1），只需证明 $H(U^N)-\overline{l}_N\log_2 r\leqslant 0$。因为

$$H(U^N)-\overline{l}_N\log r=\sum_{j=1}^{q^N}P(\overline{u}_j)\log\frac{1}{P(\overline{u}_j)}-\sum_{j=1}^{q^N}P(\overline{u}_j)l_j\log r$$

$$=\frac{1}{\ln 2}\sum_{j=1}^{q^N}P(\overline{u}_j)\ln\frac{r^{-l_j}}{P(\overline{u}_j)}$$

应用信息论不等式 $\ln z\leqslant z-1$，有

$$H(U^N)-\overline{l}_N\log r\leqslant\frac{1}{\ln 2}\sum_{j=1}^{q^N}P(\overline{u}_j)\left(\frac{r^{-l_j}}{P(\overline{u}_j)}-1\right)$$

$$=\frac{1}{\ln 2}\left[\sum_{j=1}^{q^N}r^{-l_j}-\sum_{j=1}^{q^N}P(\overline{u}_j)\right]$$

根据克拉夫特不等式和概率的完备性质，有

$$H(U^N)-\overline{l}_N\log r\leqslant\frac{1}{\ln 2}[1-1]=0$$

（2）为了证明式（4.5.2），可根据信源序列的自信息量来选取与之对应的码长 l_j：

$$\log_r\frac{1}{P(\overline{u}_j)}\leqslant l_j<\log_r\frac{1}{P(\overline{u}_j)}+1\text{ , }j=1,2,\cdots,q^N \tag{4.5.3}$$

即 $\overline{u}_j$ 对应的码长 l_j 取大于等于自信息量 $\log_r\dfrac{1}{P(\overline{u}_j)}$ 的最小整数。由式（4.5.3）的左式得

$$r^{-l_j} \leqslant P(\overline{u}_j)\ , j=1,2,\cdots,q^N \tag{4.5.4}$$

两边求和可得

$$\sum_{j=1}^{q^N} r^{-l_j} \leqslant \sum_{j=1}^{q^N} P(\overline{u}_j)=1 \tag{4.5.5}$$

这实际上就是克拉夫特不等式。因此，这样选取码长可保证唯一可译码或非续长码的存在性。由式（4.5.3）的右式可得

$$\overline{l}_N=\sum_{j=1}^{q^N} P(\overline{u}_j)l_j < \sum_{j=1}^{q^N} P(\overline{u}_j)\left(\log_r \frac{1}{P(\overline{u}_j)}+1\right)=NH_r(U)+1$$

即

$$\frac{\overline{l}_N}{N} < H_r(U)+\frac{1}{N}$$

信源无失真变长编码定理又称香农第一编码定理，它是信息论的重要定理，给出了信源有效编码的基本界限。若信源单个符号对应的平均码长$\overline{l}=\overline{l}_N/N$小于信源的熵$H_r(U)$，则编码就会失真；若$\overline{l}=\overline{l}_N/N$满足式（4.5.2），则一定能找到一种无失真编码。

由式（4.5.1）和式（4.5.2）可得信源序列长度N趋于无穷时平均码长的极限为

$$\lim_{N\to\infty}\overline{l}=\lim_{N\to\infty}\frac{\overline{l}_N}{N}=H_r(U) \tag{4.5.6}$$

由此可得编码效率的极限为

$$\lim_{N\to\infty}\eta_c=\lim_{N\to\infty}\frac{H(U)}{\overline{l}\log_2 r}=\lim_{N\to\infty}\frac{H_r(U)}{\overline{l}}=100\% \tag{4.5.7}$$

这说明，随着信源序列长度N的增大，单个信源符号所需的码元数$\overline{l}$越接近信源的熵，编码效率提高，当然编码过程也越复杂。

【例4.6】 对二元DMS进行无失真编码：

$$\begin{bmatrix} U \\ P \end{bmatrix}=\begin{bmatrix} u_1 & u_2 \\ \frac{3}{4} & \frac{1}{4} \end{bmatrix}$$

对比定长编码与变长编码的编码效率（$N=2$）。

解：信源U的熵为

$$H(U)=H(\tfrac{1}{4},\tfrac{3}{4})=0.811\ \text{比特/符号}$$

当N元符号序列的$N=1$时，用二元码符号(0, 1)进行定长编码：$u_1\to 0, u_2\to 1$，平均码长为$\overline{l}=1$码元/信源符号。

输出的信息效率为

$$R=H(X)=\frac{H(U)}{\overline{l}}=0.811\ \text{比特/码元}$$

编码效率为

$$\eta_1=\frac{H(X)}{H_{\max}(X)}=\frac{H(U)}{\overline{l}\log_2 r}=0.811$$

（1）当 $N=2$ 时，即对 U 的二次扩展信源进行定长编码，码表如下表所示。

$\bar{u}_i$	$p(\bar{u}_i)$	码字
u_1u_1	9/16	00
u_1u_2	3/16	01
u_2u_1	3/16	10
u_2u_2	1/16	11

码字平均长度为 $\bar{l}_N=2$ 码元/信源序列。

单个符号的平均码长为 $\bar{l}=l_N/N=2/2=1$ 码元/信源符号。

编码效率为

$$\eta_2=\frac{H(X)}{H_{\max}(X)}=\frac{H(U)}{\bar{l}\log_2 r}=0.811$$

（2）当 $N=2$ 时，即对 U 的二次扩展信源进行变长编码，码表如下表所示。

$\bar{u}_i$	$p(\bar{u}_i)$	码字
u_1u_1	9/16	00
u_1u_2	3/16	10
u_2u_1	3/16	110
u_2u_2	1/16	111

码字平均长度为 $\bar{l}_N=\frac{9}{16}\times 1+\frac{3}{16}\times 2+\frac{3}{16}\times 3+\frac{1}{16}\times 3=1.688$ 码元/信源序列。

单个符号的平均码长为 $\bar{l}=\frac{l_N}{N}=\frac{1.688}{2}=0.844$ 码元/信源符号。

编码效率为

$$\eta_2=\frac{H(X)}{H_{\max}(X)}=\frac{H(U)}{\bar{l}\log_2 r}=\frac{0.811}{0.844}=0.961$$

比较定长编码与变长编码的编码效率可知，变长编码的效率较高。事实上，在 N 较大时变长编码的效率远大于定长编码。

4.6 无失真信源编码方法

无失真信源编码主要适用于离散信源或数字信号，如文本、表格及工程图纸等信源，它们要求进行无失真的数据压缩，并且完全能够无失真地恢复，目的是用较少的码率来传送同样多的信息，增加单位时间内传送的信息量，进而提高通信系统的有效性。

变长编码采用非续长码，力求平均码长最小，此时编码效率最高，信源的冗余得到最大程度的压缩。对给定的信源，使平均码长达到最小的编码方法称为最佳编码，编出的码称为最佳码。

上节在证明变长编码定理的过程中，实际上提供了一种构造变长码的方法，也就是按式（4.5.3）来决定码长，这种编码方法称为香农编码。但香农编码不能使平均码长达到最小，因此不是最佳编码。经典的变长编码方法有霍夫曼编码、费诺编码及香农编码。其中只有霍夫曼编码是真正意义上的最佳编码，对给定的信源，用霍夫曼编码方法编出的码，平均码长达到最小。此外，为满足可操作性及便于软/硬件实现等方面的要求，编码理论在实际采用时都要经过一定程度的调整。比如，在未知信源统计特性的情况下进行的字典编码，这种调整也使实用编码方法有了较强的针对性，更适用于不同的信源。

4.6.1　霍夫曼编码

霍夫曼编码是霍夫曼（Huffman）1952年提出的一种构造非续长码的方法。霍夫曼编码的平均码长最短，因此是最佳编码。这里不证明霍夫曼编码的最佳性，只介绍其具体的实施步骤。

1. 二进制霍夫曼编码

参照表4.6.1，二进制霍夫曼编码过程如下。

（1）将信源符号按概率大小降序排列。

（2）对概率最小的两个符号求其概率之和，同时给两个符号分别赋码元0和1。

（3）将概率之和当作一个新符号的概率，与剩下符号的概率一起，形成一个缩减信源，再重复上述步骤，直到概率之和为1。

（4）上述步骤实际上构造了一棵码树，从树根到端点经过的树枝即为码字。

从霍夫曼编码过程中不难看出其基本特点。

第一，霍夫曼编码实际上构造了一棵码树，码树从最上层的端点开始构造，直到树根结束，最后得到一棵横放的码树，因此编出的码是非续长码。

第二，霍夫曼编码采用概率匹配方法来决定各码字的码长，概率大的符号对应短码，概率小的符号对应长码，从而使平均码长最小。

第三，每次对概率最小的两个符号求概率之和形成缩减信源时，就构造出两个树枝，由于给两个树枝赋码元时是任意的，因此编出的码字并不唯一。

表4.6.1　霍夫曼编码过程1

符号 u_i	概率 $P(u_i)$	码字 w_i	码长 l_i
u_1	0.35	1	1
u_2	0.30	01	2
u_3	0.20	001	3
u_4	0.10	0001	4
u_5	0.04	00001	5
u_6	0.005	000001	6
u_7	0.005	000000	6

表4.6.1中的信源曾在例4.4中进行过定长编码，信源的熵为$H(U)=2.11$比特/符号，定长码的平均码长为$\overline{l}=l=3$码元/符号，定长编码效率为$\eta_{\mathrm{c}}=70.33\%$。

现在采用霍夫曼编码方法重新进行变长编码，其平均码长和编码效率分别为

$$\overline{l}=0.35\times1+0.30\times2+0.2\times3+0.1\times4+0.04\times5+0.005\times6+0.005\times6=2.21\text{码元/符号}$$

$$\eta_{\mathrm{c}}=\frac{H(U)}{\overline{l}\log_2 r}=\frac{2.11}{2.21\times\log_2 2}=95.48\%$$

由此可见，平均码长缩短了，编码效率相应提高到了95.48%。

为加深对编码有效性的认识，对同一信源的三种编码结果（例4.4中的单符号无失真定长编码、例4.5中的符号序列有失真定长编码及表4.6.1中的单符号霍夫曼编码）进行对比分析，结论如下。

霍夫曼编码示例

（1）有效的信源编码可取得较好的冗余压缩效果。

原信源的冗余度为

$$\gamma = 1 - \frac{H(U)}{H_{\max}(U)} = 1 - \frac{2.11}{\log_2 7} \approx 0.2484$$

经过单符号无失真定长编码（见例 4.4）后，新信源 X 的冗余度为

$$\gamma_{c1} = 1 - 0.7033 = 0.2967$$

经过符号序列有失真定长编码（见例 4.5）后，新信源 X 的冗余度为

$$\gamma_{c2} = 1 - 0.9 = 0.1$$

经过单符号霍夫曼编码（表 4.6.1）后，新信源 X 的冗余度为

$$\gamma_{c3} = 1 - 0.9548 = 0.0452$$

对比以上结果可知，单符号无失真定长编码不但没有压缩冗余，而且使得冗余增大；符号序列有失真定长编码将冗余度压缩到 0.1，代价是要取很长的符号序列（$N > 1.6 \times 10^7$）进行编码；单符号霍夫曼编码取得了最好的冗余压缩效果，将冗余度压缩到 0.0452。可见，定长编码只有在引入失真且取很长的序列编码时，才会取得一定的冗余压缩效果，而变长编码在无失真的前提下，只需对原始信源符号编码就可取得满意的冗余压缩效果。

（2）有效的信源编码可使输出码元概率均匀化。

例 4.4 中的单符号无失真定长编码的码字为

$$\begin{aligned} U:&\quad u_1 \quad u_2 \quad u_3 \quad u_4 \quad u_5 \quad u_6 \quad u_7 \\ W:&\quad 001 \quad 010 \quad 011 \quad 100 \quad 101 \quad 110 \quad 111 \end{aligned}$$

将编码器的输出视为一个新的信源时，其取值符号表就是码元表 $X = \{0,1\}$，概率空间为

$$\begin{bmatrix} X \\ P_X \end{bmatrix} = \begin{bmatrix} 0 & 1 \\ P(X=0) & P(X=1) \end{bmatrix}$$

现在求 X 的概率分布。按照式（4.1.4），设平均每个码字所含码元 0 和 1 的个数分别为 $\bar{l}(0)$ 和 $\bar{l}(1)$，根据上面的等长码字可求得

$$\bar{l}(0) = 0.35\times2 + 0.30\times2 + 0.20\times1 + 0.10\times2 + 0.04\times1 + 0.005\times1 + 0.005\times0 = 1.745 \text{ 码元/符号}$$

$$\bar{l}(1) = 0.35\times1 + 0.30\times1 + 0.20\times2 + 0.10\times1 + 0.04\times2 + 0.005\times2 + 0.005\times3 = 1.255 \text{ 码元/符号}$$

或

$$\bar{l}(1) = l - \bar{l}(0) = 3 - 1.745 = 1.225 \text{ 码元/符号}$$

于是有

$$P(X=0) = \frac{\bar{l}(0)}{\bar{l}} = \frac{1.745}{3} \approx 0.5817, \quad P(X=1) = \frac{\bar{l}(1)}{\bar{l}} = \frac{1.225}{3} \approx 0.4183$$

原信源 7 个符号的概率范围是从 0.35 到 0.005，离散程度很大，编码后所得的新信源的 2 个符号的概率分别为 0.5817 和 0.4183，差别缩小，概率得到了一定程度的均匀。

再看霍夫曼编码，见表 4.6.1，这时有

$$\bar{l}(0) = 0.35\times0 + 0.3\times1 + 0.2\times2 + 0.1\times3 + 0.04\times4 + 0.005\times5 + 0.005\times6 = 1.215 \text{ 码元/符号}$$

$$\bar{l}(1) = \bar{l} - \bar{l}(0) = 2.21 - 1.215 = 0.995 \text{ 码元/符号}$$

于是有

$$P(X=0) = \frac{\bar{l}(0)}{\bar{l}} = \frac{1.215}{2.21} = 0.5498, \quad P(X=1) = 1 - P(X=0) = 0.4502$$

此时，码元的概率分布与定长编码相比均匀程度更高。这不难理解，因为霍夫曼编码在分配码元0和1时总是力图做到等概率分配。此外，香农编码（Shannon，1948）和费诺编码（Fano，1949）等也是按同样的思路来实现编码的。

由以上分析可知，通常情况下，变长编码比定长编码更有效，即编码效率更高，而编码效率高、码的冗余小及码元概率分布更均匀三者是等价的，甚至对某些特殊分布的信源，可以达到理想的编码效果，即效率为100%，冗余度为0，码元等概率分布，参见习题4.8。

（3）在霍夫曼编码过程中，由于码元分配的任意性，会造成码字不唯一。此外，缩减信源或原信源有多个符号的概率相同时，从编码方法上说，这些符号的排序具有相对的任意性，也就是说哪个符号排在上面、哪个符号排在下面是没有区别的，但得到的码树是不同的，码字也是不同的，因而会得到不同的霍夫曼码，也会造成编码的非唯一性。不过，虽然这些不同的霍夫曼码码长不同，但它们的平均码长是相同的。

例如，表4.6.1中的信源在进行霍夫曼编码时，得到缩减信源{0.35, 0.30, 0.35}后，将概率为0.3的符号与第一个概率为0.35的符号合并，得到表4.6.3所示的码树，表中虚线区域内示出了信源符号的合并情况，读者可将其与表4.6.1中虚线区域内的合并情况进行对比。

表4.6.2　霍夫曼编码过程2

符号 u_i	概率 $P(u_i)$	码字 w_i	码长 l_i
u_1	0.35	11	2
u_2	0.30	10	2
u_3	0.20	01	2
u_4	0.10	001	3
u_5	0.04	0001	4
u_6	0.005	00001	5
u_7	0.005	00000	5

由表4.6.2求得平均码长为

$$\begin{aligned}\overline{l} &= 0.35\times2+0.30\times2+0.20\times2+0.10\times3+0.04\times4+0.005\times5+0.005\times5\\ &= 2.21\text{码元/符号}\end{aligned}$$

在两种情况下，码字不同，码长也不同，但平均码长是相同的，因此编码效率是相同的。尽管如此，两种码的其他性能还是有差别的。在相同的编码效率下，我们希望得到码长变化小的码，于是引入码长的方差$\sigma^2(l)$：

$$\sigma^2(l)=E[(l_i-\overline{l})^2]=\sum_{i=1}^{q}P(u_i)(l_i-\overline{l})^2 \tag{4.6.1}$$

$\sigma^2(l)$大，说明码长变化大。分别算出表4.6.1和表4.6.2中两种码的$\sigma^2(l)$：

$$\sigma_1^2(l)=1.4259$$

$$\sigma_2^2(l)=0.3059$$

因此表4.6.2的码较好，其码长变化相对较小。

2．r进制霍夫曼编码

二进制霍夫曼编码方法可以很容易地推广到任意r进制霍夫曼编码的情况，只是每次求缩减信源时，改为求r个最小概率之和，即将r个概率最小的符号缩减为一个新符号，直到概率之和为 1。这时会出现一个新问题，即缩减到最后时，剩下不到r个符号。为保证平均码长最小，希望缩减到最后刚好剩下r个符号，为达到此目的，可给信源添加几个无用的符号，这些无用符号的概率为 0，使得信源符号数q满足

$$q=(r-1)n+r \tag{4.6.2}$$

式中，n为信源缩减的次数。请看下例。

【例 4.7】表 4.6.3 所示为三元霍夫曼编码示例，求平均码长和编码效率。

解：由于$r=3$，要让$q=2n+3$不小于原始信源符号数 8，n最小应取 3，此时$q=9$，要使被编码的信源符号数满足式（4.6.2），添加了一个零概率符号u_9。零概率符号的加入不会改变熵，仍为

$$\begin{aligned}H(U)&=-0.22\times\log_2 0.22-0.2\times\log_2 0.2-0.18\times\log_2 0.18-0.15\times\log_2 0.15-\\&\quad 0.1\times\log_2 0.1-0.08\times\log_2 0.08-0.05\times\log_2 0.05-0.02\times\log_2 0.02\\&=2.7535\ \text{比特/符号}\end{aligned}$$

表 4.6.3 三元霍夫曼编码示例

符号 u_i	概率 $P(u_i)$	码字 w_i	码长 l_i
u_1	0.22	2	1
u_2	0.20	12	2
u_3	0.18	11	2
u_4	0.15	10	2
u_5	0.10	02	2
u_6	0.08	01	2
u_7	0.05	002	3
u_8	0.02	001	3
u_9	0.00	000（无效）	3

平均码长和编码效率分别为

$$\begin{aligned}\bar{l}&=0.22\times1+0.20\times1+0.18\times2+0.15\times2+0.10\times2+0.08\times2+0.05\times3+0.02\times3\\&=1.85\ \text{码元/符号}\end{aligned}$$

$$\eta_c=\frac{H(U)}{\bar{l}\log_2 r}=\frac{2.7535}{1.85\times\log_2 3}\approx 93.91\%$$

3. 符号序列的霍夫曼编码

以上讨论的是对信源符号进行编码，也可对信源符号序列进行编码。一般来说，对序列编码比对单个符号编码更有效，这与编码定理的结论是一致的。请看下例。

【例 4.8】对如下 DMS 进行二进制霍夫曼编码，分别对单个符号和二元符号序列进行编码：

$$\begin{bmatrix}U\\P_U\end{bmatrix}=\begin{bmatrix}u_1 & u_2 & u_3\\0.7 & 0.2 & 0.1\end{bmatrix}$$

解：单个符号的编码如表 4.6.4 所示。

表 4.6.4　单个符号的编码

符号 u_i	概率 $P(u_i)$	码字 w_i	码长 l_i
u_1	0.7	1	1
u_2	0.2	01	2
u_3	0.1	00	2

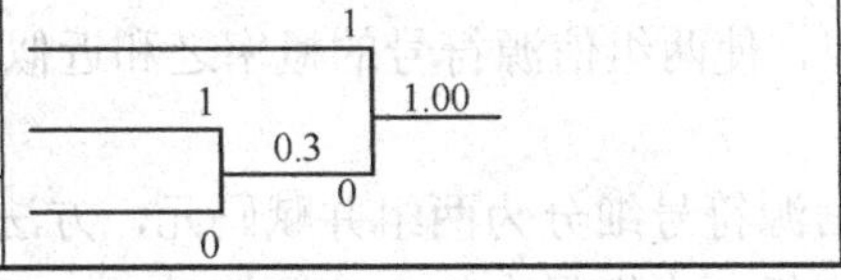

根据表 4.6.4，可求出平均码长为

$$\bar{l}=\sum_{i=1}^{3}P(u_i)l_i=0.7\times1+0.2\times2+0.1\times2=1.3\text{ 码元/符号}$$

信源熵为

$$\begin{aligned}H(U)&=\sum_{i=1}^{3}P(u_i)\log_2\frac{1}{P(u_i)}\\&=0.7\times\log_2\frac{1}{0.7}+0.2\times\log_2\frac{1}{0.2}+0.1\times\log_2\frac{1}{0.1}\\&=1.1568\text{比特/符号}\end{aligned}$$

编码效率为

$$\eta_c=\frac{H(U)}{\bar{l}\log_2 r}=\frac{1.1568}{1.3\times\log_2 2}=88.98\%$$

对二元符号序列进行编码相当于对二次扩展信源的单个符号进行编码，如表 4.6.5 所示。

表 4.6.5　二元符号序列的编码

符号 $\bar{u}_j$	概率 $P(\bar{u}_j)$	码字 w_j	码长 l_j
u_1u_1	0.49	1	1
u_1u_2	0.14	011	3
u_2u_1	0.14	010	3
u_1u_3	0.07	0011	4
u_3u_1	0.07	0010	4
u_2u_2	0.04	0001	4
u_2u_3	0.02	00001	5
u_3u_2	0.02	000001	6
u_3u_3	0.01	000000	6

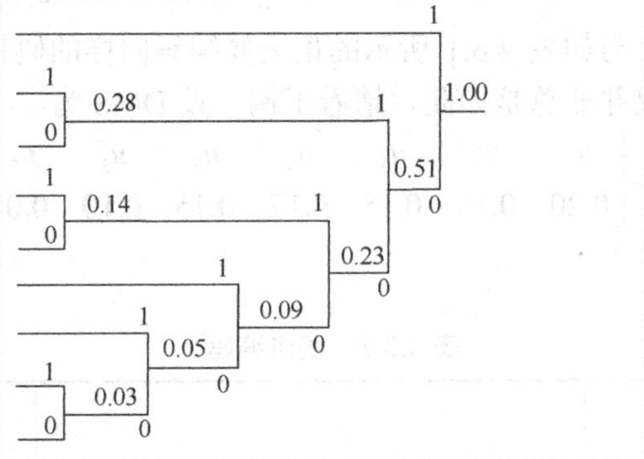

二元符号序列对应的平均码长为

$$\bar{l}_2=\sum_{j=1}^{9}P(\bar{u}_j)l_j=2.33\text{ 码元/二元符号}$$

编码效率为

$$\eta_c=\frac{H(U^2)}{\bar{l}_2\log_2 r}=\frac{2\times1.1586}{2.33\times\log_2 2}=99.45\%$$

可见，与单个符号的编码相比，二元符号序列的编码的效率明显提高。

4.6.2　费诺编码

费诺（Fano）编码也构造一棵码树，因此，编出的码是非续长码，但不一定严格按概率匹配编码，因而不一定是最佳码。二元费诺编码的步骤如下。

（1）将信源符号按概率从大到小排序。

（2）将信源符号分成两组，使两组信源符号的概率之和近似相等，并给两组信源符号分别赋码元 0 和 1。

（3）接下来把各小组的信源符号细分为两组并赋码元，方法与第一次分组时的相同。

（4）如此进行下去，直到每一小组只含一个信源符号。

（5）由此即可构造一棵码树，所有终端节点上的码字组成费诺码。

现举例说明费诺编码过程。仍然设 DMS 为

$$\begin{bmatrix} U \\ P_U \end{bmatrix} = \begin{bmatrix} u_1 & u_2 & u_3 & u_4 & u_5 & u_6 & u_7 \\ 0.35 & 0.30 & 0.20 & 0.10 & 0.04 & 0.005 & 0.005 \end{bmatrix}$$

按照上述过程，用码元表 $X=\{0,1\}$ 对 U 进行编码，可构造出表 4.6.6。

表 4.6.6　费诺编码 1

符号 u_i	概率 $P(u_i)$	码字 w_i	码长 l_i
u_1	0.35	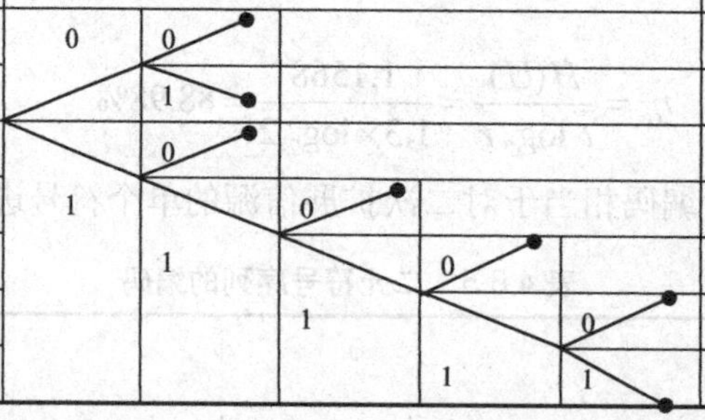 00	2
u_2	0.30	01	2
u_3	0.20	10	2
u_4	0.10	110	3
u_5	0.04	1110	4
u_6	0.005	11110	5
u_7	0.005	11111	5

以上费诺编码实现了与如表 4.6.1 所示的霍夫曼编码同样的码树，达到了与霍夫曼编码相同的编码效率，但情况并非总是如此，请看下例。设 DMS 为

$$\begin{bmatrix} U \\ P_U \end{bmatrix} = \begin{bmatrix} u_1 & u_2 & u_3 & u_4 & u_5 & u_6 & u_7 \\ 0.20 & 0.19 & 0.18 & 0.17 & 0.15 & 0.10 & 0.01 \end{bmatrix}$$

我们可构造出表 4.6.7。

表 4.6.7　费诺编码 2

符号 u_i	概率 $P(u_i)$	码字 w_i	码长 l_i
u_1	0.20	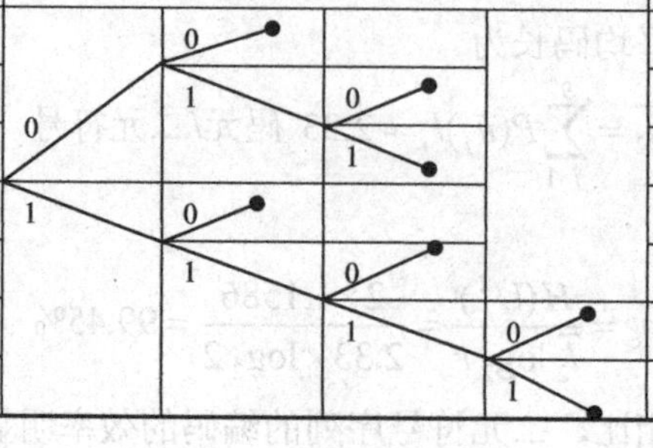 00	2
u_2	0.19	010	3
u_3	0.18	011	3
u_4	0.17	10	2
u_5	0.15	110	3
u_6	0.10	1110	4
u_7	0.01	1111	4

根据表4.6.7，可求出费诺编码的平均码长和编码效率：

$$\begin{aligned}\overline{l} &= \sum_{i=1}^{7} P(u_i) l_i \\ &= 0.20\times 2 + 0.19\times 3 + 0.18\times 3 + 0.17\times 2 + 0.15\times 3 + 0.10\times 4 + 0.01\times 4 \\ &= 2.74\ \text{码元/符号}\end{aligned}$$

费诺编码示例

$$H(U) = -\sum_{i=1}^{7} P(u_i)\log_2 P(u_i) = 2.61\ \text{比特/符号}$$

$$\eta_c = \frac{H(U)}{\overline{l}\log_2 r} = \frac{2.61}{2.74\times\log_2 2} = 95\%$$

为了进行比较，可对该信源进行霍夫曼编码（编码过程从略），这时

$$\overline{l} = 2.72\ \text{码元/符号}$$

$$\eta_c = 96\%$$

费诺编码的平均码长比霍夫曼编码的略长，编码效率稍有下降。因此，费诺编码不是平均码长最短意义下的最佳编码，可将其视为准最佳编码。

由费诺编码过程不难看出其基本特点：第一，费诺编码在构造码树时，从树根开始到终端节点结束，这与霍夫曼编码的相反；第二，由于赋码元时的任意性，费诺编码编出的码字也不唯一；第三，费诺编码虽然属于概率匹配范畴，但并非总是严格遵守匹配规则，即不全是按“概率大码长小、概率小码长大”来决定码长的，有时会出现概率小码长反而小的情况，表4.6.7中符号u_4对应的码字就是如此，因此平均码长一般不会最小。

4.6.3 香农编码

在香农第一编码定理的证明过程中曾提到，若码长满足式（4.5.3），则一定存在非续长码。按式（4.5.3）来决定码长，再用合适的方法构造码字，这就是香农编码，其二进制编码步骤如下。

（1）将信源符号按概率从大到小降序排列。

（2）按下式求i个信源符号对应的码长l_i，并取整：

$$-\log_2 P(u_i) \leqslant l_i < -\log_2 P(u_i) + 1 \tag{4.6.3}$$

（3）按下式求i个信源符号的累加概率P_i：

$$\begin{cases} P_1 = 0 \\ P_i = \sum_{k=1}^{i-1} P(u_k), \quad i = 2,3,\cdots,q \end{cases} \tag{4.6.4}$$

（4）将累加概率P_i转换成二进制数。

（5）取P_i的二进制数小数点后的l_i个二进制数字作为第i个信源符号的码字。

由上可知，香农码字并不是通过构造码树得出的。那么能否保证所得的码字一定是非续长码呢？首先，按照式（4.6.3）可得

$$P(u_i) \geqslant 2^{-l_i} = \underbrace{0.00\cdots 1}_{l_i\text{位}}$$

香农编码非续长性证明

其中2^{-l_i}是指小数点后包含l_i位的小数$0.0\cdots 01$。由上可知u_i的码字由累加概率P_i的二进制形式$0.c_1c_2\cdots c_{l_i-1}c_{l_i}\cdots$中小数点后的$l_i$个符号构成，即

$c_1c_2\cdots c_{l_i-1}c_{l_i}$。$u_{i+1}$的码字由累加概率$P_{i+1}$的二进制形式构造而成。我们知道

$$P_{i+1}=P_i+P(u_i)$$

写成竖式为

$$\begin{array}{r} P_i \\ +\ \ P(u_i) \\ \hline P_{i+1} \end{array} \Rightarrow \begin{array}{r} 0.c_1c_2\cdots c_{l_i-1}c_{l_i}\cdots \\ +(\geqslant 0.00\cdots\cdots 01) \\ \hline 0.\underbrace{z_1z_2\cdots\cdots z_{l_i}}_{l_i\text{位}}z_{l_i+1}\cdots z_{l_{i+1}}\cdots \end{array}$$

P_{i+1}的二进制形式为$0.z_1z_2\cdots\cdots z_{l_i}z_{l_i+1}\cdots z_{l_{i+1}}\cdots$，长度为$l_{i+1}$的符号序列$z_1z_2\cdots\cdots z_{l_i}z_{l_i+1}\cdots z_{l_{i+1}}$就是$u_{i+1}$的码字。通过以上求和过程，我们发现$u_{i+1}$的码字的前$l_i$位$z_1z_2\cdots\cdots z_{l_i}$必然与$u_i$的码字的前$l_i$位$c_1c_2\cdots c_{l_i-1}c_{l_i}$不同。换言之，$u_i$的码字不会成为$u_{i+1}$码字的前缀，这两个码字构不成续长关系，因此香农编码也是非续长码。

【例 4.9】设信源有 7 个符号，其二进制香农编码过程如表 4.6.8 所示，求平均码长和编码效率。

表 4.6.8 二进制香农编码过程

符号 u_i	概率 $P(u_i)$	累加概率 P_i	自信息量 $-\log_2 P(u_i)$	码长 l_i	码字 w_i
u_1	0.20	0	2.34	3	000
u_2	0.19	0.20	2.41	3	001
u_3	0.18	0.39	2.48	3	011
u_4	0.17	0.57	2.56	3	100
u_5	0.15	0.74	2.74	3	101
u_6	0.10	0.89	3.34	4	1110
u_7	0.01	0.99	6.66	7	1111110

解：表 4.6.8 中信源符号已按概率大小排序。以u_3为例，有$i=3$，由于

$$-\log_2 P(u_i)=2.48$$

所以码长l_3满足

$$2.48\leqslant l_3<3.48$$

取$l_3=3$。

为了确定码字，先计算累加概率P_3：

$$P_3=\sum_{k=1}^{3-1}P(u_k)=P(u_1)+P(u_2)=0.20+0.19=0.39$$

将P_3转换成二进制数：

$$P_3=0.39=0\times2^{-1}+1\times2^{-2}+1\times2^{-3}+0\times2^{-4}+\cdots=(0.0110\cdots)_2$$

取P_3的二进制数的小数点后$l_3=3$位二进制数作为码字，即为 011。

由表 4.6.8 不难算出平均码长和编码效率：

$$\overline{l}=3.14\ \text{码元/符号}$$

$$\eta_c=83.1\%$$

上节曾对该例进行过费诺编码，还给出了霍夫曼编码的平均码长。比较可知，霍夫曼编码效率最高，费诺编码效率次之，香农编码效率最低，甚至低于定长编码的效率。因此，香农编码的实用价值不大，但有深远的理论意义，因为若按香农的方法对信源序列编码，当序列长度 $N \to \infty$ 时，平均码长会趋于其下限值，即信源的熵。

4.6.4　游程编码

游程编码是一种针对相关信源的有效编码方法，它将信源输出的一维多元序列映射成对应的标志序列。重复出现的相同符号的长度称为*游程长度*（Run-length）。

1. 一般多元相关信源的游程编码

信源的符号中重复出现的连续符号序列经游程编码表示后，可归一化为统一的编码单元，其单元结构如下：

符号码	标识码	游程长度

其中，符号码表示当前的符号类别；标识码是一种有别于符号码的区分符号（如#符号）。

例如，若信源的字符序列为

BBBBBBBBBB XXXXXXXXX AAAAAA UUUUUUUUUUUUU

则其游程编码的格式表达为 B#10 X#9 A#6 U#13。字符数量由 38 个减少为 13 个。可见，游程编码可以缩短数据，其效率的高低取决于信源符号的重复率，重复率越高，压缩效果越好。

2. 二元相关信源的游程编码

游程编码一般不直接应用于多元符号信源的编码，因为其编码效率不高，但比较适用于黑、白二值文件的传真编码。下面以文本文件的传真为例，扫描分割后的文件用离散像素序列表示。白纸黑字的二值文件采用二元码进行编码，即表示背景（白色）时像素为码元 0，表示内容（黑字）时像素为码元 1。

分析各类传真文件可知，任意一个扫描行的像素序列均由若干连 0 像素序列及若干连 1 像素序列组合而成，且同类像素连续出现的概率很大，这就给我们一个启示：在传输大量出现的连 0 或连 1（黑或白）像素序列时，可通过像素类别（黑、白像素）加重复次数的方式来表示。

在实际文件的行扫描中，由于文件的二值性，黑、白像素序列总是交替出现的，即黑、白游程总是相间出现的，只要知道了第一个游程的类型，随后各个游程的类型也就可以相应地确定。在实际的行扫描过程中，黑、白游程均可能在第一个游程中出现。为达到简化数据、统一格式的目的，常规定第一个游程为白游程。对第一个游程为黑游程的行信号，则通过在黑游程前插入一个游程长度为 0 的白游程的方法，来满足“第一个游程为白游程”的规定。

预先规定第一个游程的类型后，就确定了行信号的游程编码格式，其中奇数游程为白游程，偶数游程为黑游程。此时进行游程编码可省去原单元结构中的“符号码”和“标识码”，仅保留游程长度数据。例如，如果用 0 标记白游程，用 1 标记黑游程，那么游程序列 0001001111110000000011111 映射为

312675

通常，为了适应数字信道传输，还需要将自然数标记的游程长度变换成二元码字序列，即用二进制数来表示游程长度。假设上例的最大长度为 7，则可用 3 位码元来编码，对应的码字序列为

011 001 010 110 111 101

原始游程有 $3+1+2+6+7+5=24$ 位，经过游程编码后为 $3\times6=18$ 位，可见信源序列得到了压缩。当然，游程长度越长，压缩效率就越高。

4.6.5 算术编码

1. 霍夫曼编码存在的问题

理想情况下，霍夫曼编码的平均码长可以达到变长编码的下限，即信源的熵 $H(U)$。显然，只有当符号 u_i 的码长满足

$$l_i=-\log_2 P(u_i),\quad i=1,\cdots,q$$

时这才能实现。但是，实际中分配的码长只能是整数，因此只有当 $P(u_i)=2^{-l_i}$ 时上式才能成立。例如，$P(u_i)=1/3$ 时，理论上 l_i 应约为 1.6 比特，但编码时只能给 u_i 指定 2 比特的码长，导致 $l_i>H(U)$。又如，符号 u_i 的概率高达 0.9，此时理论上最优的码长 $l_i=0.15$，但实际上不得不分配 1 比特长的码字，比理论值长 6 倍。再如，对二值数据如传真或二值图像编码时，因为信源只有两个符号 0 和 1，在进行霍夫曼编码时，无论这两个符号的概率有多高，仍然要用 1 比特对其编码。因此，霍夫曼编码不能压缩只包含两种符号的信源输出的数据，除非进行扩展，但实现 N 次扩展信源的编码必将带来编码设备的复杂化及工程效率的降低。

2. 算术编码的原理

从本质上说，算术编码依然是一种概率统计匹配编码，即“概率小码长大，概率大码长小”。在码字的确定上，将码字与信源序列的累积概率分布函数值关联起来，可以确保码字的唯一性（等同于香农编码），也使得算术编码的编译码可以通过累积概率分布函数的计算来实现，而无须生成或传输编码表。算术编码是香农编码方法与累积概率分布函数的递推算法的结合，是香农编码的思想方法在信源序列上的应用。

算术编码的具体编码过程如下：从信源符号全序列出发，将各信源符号序列依累积概率分布函数的大小映射到区间[0,1)（区间[0,1)是信源符号序列累积概率分布函数的总区间），将区间[0,1)分成许多互不重叠的小区间。此时，每个符号序列均有一个小区间与之对应，因而可在小区间内取点来代表该符号序列。为达到与信源符号序列在概率上的匹配，按式（4.5.3）来选取编码的码长，或者引入向上取整运算符，将 l 表示为

$$l=\lceil -\log_2 P(\overline{u})\rceil \tag{4.6.5}$$

式中，$P(\overline{u})$ 表示信源符号序列 $\overline{u}$ 的概率，$\lceil\cdot\rceil$ 表示向上取整运算。

为保证码字的唯一性，应在信源符号序列累积概率分布函数值的对应区间内取一点来表示。用二进制数表示该点的累积概率分布函数值，取小数点后的前 l_i 位，即是该信源符号序列的算术编码。因此，算术编码的关键是确定待编码符号序列对应的区间。设一离散无记忆信源的概率空间为

$$\begin{bmatrix}\boldsymbol{U}\\ \boldsymbol{P}_U\end{bmatrix}=\begin{bmatrix}u_1 & u_2 & u_3 & u_4\\ 0.2 & 0.4 & 0.2 & 0.2\end{bmatrix}$$

则信源符号序列 $\overline{u}_k=u_1'u_2'\cdots u_k'$ 的概率为

$$P(\overline{u}_k)=P(u_1')P(u_2')\cdots P(u_k'),\quad u_i'\in U \tag{4.6.6}$$

单个符号的累积概率为

$$F(u_1)=0$$
$$F(u_2)=P(u_1)=0.2$$
$$F(u_3)=P(u_1)+P(u_2)=0.6$$
$$F(u_4)=P(u_1)+P(u_2)+P(u_3)=0.8$$

下面以序列 $\bar{u}=u_1u_2u_3u_4u_2$ 为例说明算术编码过程。

（1）输入第 1 个符号 u_1。

此时的序列 $\bar{u}=u_1$，累积概率 $F(\bar{u})=F(u_1)=0$，对应区间[0, 0.2)，区间长度 $A(\bar{u})=0.2$，如图 4.6.1(a)所示，后续信源符号将对区间[0, 0.2)进行再分割。

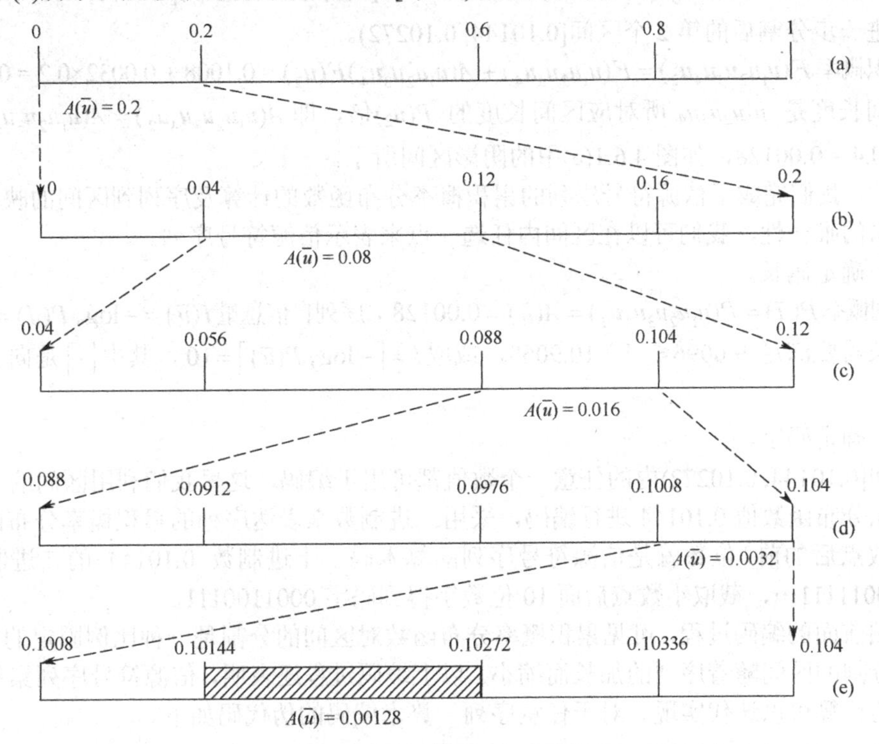

图 4.6.1　算术编码过程区间分割图

（2）输入第 2 个符号 u_2。

此时的序列 $\bar{u}=u_1u_2$ 对应的区间是在 u_1 所对应区间[0, 0.2)内按单符号概率进一步分割后的第 2 个区间[0.04, 0.12)。

累积概率 $F(u_1u_2)=F(u_1)+A(u_1)F(u_2)=0+0.2\times0.2=0.04$。

区间长度是 u_1 对应区间长度的 $P(u_2)$倍，即 $A(u_1u_2)=A(u_1)P(u_2)=0.2\times0.4=0.08$，如图 4.6.1(b)所示。

（3）输入第 3 个符号 u_3。

此时的序列 $\bar{u}=u_1u_2u_3$ 对应的区间是在 u_1u_2 所对应区间[0.04, 0.12)内按单符号概率进一步分割后的第 3 个区间[0.088, 0.104)。

累积概率 $F(u_1u_2u_3)=F(u_1u_2)+A(u_1u_2)F(u_3)=0.04+0.08\times0.6=0.088$。

区间长度是 u_1u_2 所对应区间长度的 $P(u_3)$倍，即 $A(u_1u_2u_3)=A(u_1u_2)P(u_3)=0.08\times0.2=0.016$，如图 4.6.1(c)所示。

（4）输入第 4 个符号 u_4。

此时的序列 $\bar{u}=u_1u_2u_3u_4$ 对应的区间是在 $u_1u_2u_3$ 所对应区间[0.088, 0.104)内按单符号概率进一步分割后的第 4 个区间[0.1008, 0.104)。

累积概率 $F(u_1u_2u_3u_4)=F(u_1u_2u_3)+A(u_1u_2u_3)F(u_4)=0.088+0.016\times0.8=0.1008$。

区间长度是 $u_1u_2u_3u_4$ 所对应区间长度的 $P(u_4)$ 倍，即 $A(u_1u_2u_3u_4)=A(u_1u_2u_3)P(u_4)=0.016\times0.2=0.0032$，如图 4.6.1(d)所示。

（5）输入第 5 个符号 u_2。

此时的序列 $\bar{u}=u_1u_2u_3u_4u_2$ 对应的区间是在 $u_1u_2u_3u_4$ 所对应区间[0.1008, 0.104)内按单符号概率进一步分割后的第 2 个区间[0.10144, 0.10272)。

累积概率 $F(u_1u_2u_3u_4u_2)=F(u_1u_2u_3u_4)+A(u_1u_2u_3u_4)F(u_2)=0.1008+0.0032\times0.2=0.10144$。

区间长度是 $u_1u_2u_3u_4$ 所对应区间长度的 $P(u_2)$倍，即 $A(u_1u_2u_3u_4u_2)=A(u_1u_2u_3u_4)P(u_2)=0.0032\times0.4=0.00128$，如图 4.6.1(e)中的阴影区间所示。

至此，我们完成了信源符号序列的累积概率分布函数的计算及序列到区间的映射。由于映射关系的唯一性，我们可以在区间内任选一点来表示信源符号序列。

（6）确定码长。

序列概率 $P(\bar{u})=P(u_1u_2u_3u_4u_2)=A(\bar{u})=0.00128$，序列自信息量 $I(\bar{u})=-\log_2 P(\bar{u})=9.6096$。

码长需要满足 $9.6096\leqslant l<10.9069$，或取 $l=\lceil -\log_2 P(\bar{u})\rceil=10$，其中 $\lceil\cdot\rceil$ 是向上取整运算符。

（7）确定码字。

区间[0.10144, 0.10272)内的任意一个数值都可用于编码，这里我们利用区间的下界值即序列累积分布函数值 0.10144 进行编码，采用二进制数来表达序列的累积概率分布函数值，于是小数点后的前 l 位数就是信源符号序列的算术码。十进制数 0.10144 的二进制形式为 0.000110011111…，截取小数点后面 10 位数字得到码字 0001100111。

回顾前面的编码过程，可见累积概率分布函数对区间的分割是一种比例固定的划分，只不过被分割的区间随着序列的加长而缩小。以上编码过程还表明，信源符号序列累积概率分布函数的计算可以迭代实现。对于任意序列，算术编码的伪代码如下。

初始化	序列 $\bar{s}$ 初始化为空 区间长度 $A(\bar{s})=1$ 确定单符号累积概率分布：$F(u_1)=0$；$F(u_i)=\sum_{j=1}^{i-1}P(u_j)$，$i=2,\cdots,q$
迭代计算	For　$k=1$ 到 n 读取序列的第 k 个符号 $s_k\in U=\{u_1\cdots u_q\}$ 更新累积分布函数：$F(\bar{s}s_k)=F(\bar{s})+A(\bar{s})F(s_k)$ 更新区间长度：$A(\bar{s}s_k)=A(\bar{s})P(s_k)$ 更新序列：$\bar{s}=\bar{s}s_k$ end
确定码字	确定序列概率：$P(\bar{s})=A(\bar{s})$ 确定码长 l：$l=\lceil -\log_2 P(\bar{s})\rceil$ 确定码字：截取 $F(\bar{s})$ 的二进制小数的小数点后 l 位

其中，$F(\bar{s})$ 和 $A(s_k)$ 分别表示序列 $\bar{s}$ 的累积概率分布函数和对应的区间长度。实现算术编码

基本功能的 MATLAB 程序如下。

```
function codestream=arithcoder(SourceSeq,P,SymbolSet)
% SourceSeq：字符串，信源符号序列
% P：行向量，信源符号概率分布
% SymbolSet：字符串，信源符号集合（顺序与 P 对应）

len_seq=length(SourceSeq); % 信源序列长度
num_sym=length(SymbolSet); % 信源符号个数
F=zeros(1,num_sym);        % 符号的累积分布初始化
for i=2:num_sym
    F(i)=F(i-1)+P(i-1);     % 计算信源符号的累积概率分布函数
end
FF=0; % 序列的累积分布初始化
A=1;  % 序列对应的区间长度
for i=1:len_seq
    sym=SourceSeq(i);              % 读取信源序列的第 i 个符号
    i_set=find(SymbolSet==sym);  % 确定当前符号 sym 种子符号集的位置
    FF=FF+A*F(i_set);
    A=A*P(i_set);
end
CodeLength=ceil(-log2(A));      % 确定码长
codeword=[];
for i=1:CodeLength
    FF=2*FF;    % 得到小数点后一位数字
    bit=floor(FF);
    codeword=[codeword bit];
    FF=FF-bit; % 得到小数部分
end
codeword
```

二元无记忆信源 $S=\{0,1\}$，其中 $P(0)=0.25$，$P(1)=0.75$。对该信源产生的二元序列 $s=$ 11111100 做算术编码的调用命令为

```
arithcoder(s,[0.25 0.75],'01')
```

运行结果为

```
codeword =
   1    1    0    1    0    0    1
```

算术编码示例

4.6.6　字典编码

对信源符号进行压缩编码，依条件的不同存在两类不同的方式：其一，在确知信源的统计特性时，采用基于信源统计特性，以信源熵为目标的编码方法，典型的有霍夫曼编码和算术编码。其二，在信源概率统计分布无法确知时，采用通用的编码方法。LZ 码即是这类通用编码。1965 年，苏联数学家 Kolmogolov 提出利用信源序列的结构特性来编码。两位以色列研究者 Jacob Ziv 和 Abraham Lempel 独辟蹊径，完全脱离 Huffman 及算术编码的设计思路，给出了一系列比霍夫曼编码更有效、比算术编码更快捷的通用压缩算法，这些算法统称为 LZ 系列算法。

基于字典的编码所根据的是给定数据文件中数据的某些部分会多次出现的事实。例如，在文本文件中，一个单词或一个短语会多次出现；在图像文件中，同样的像素串也会出现多次；在音频文件中，音频样本值也会重复出现。基于字典的编码具有一个以数据块为单词的字典。编码时，在输入数据符号串的同时，编码器在字典中为字符串搜索最长的匹配。一旦发现匹配单词，该字符串就用匹配单词在字典中的位置码代替，从而实现压缩。按照构造字

典的方式、如何处理不在字典中的字符串及输出格式的不同，形成了一系列不同的基于字典的编码方法。基于字典的压缩都基于 Jacob Ziv 和 Abraham Lempel 的开创性工作。他们发表的两篇论文奠定了该领域的基础，相应的两种基本方法被称为 LZ-77 和 LZ-78 方法。其他大多数基于字典的方法都会在其命名中包含 LZ 这两个字母，从而形成了 LZ 系列编码算法。

1．LZ-77 编码

LZ-77 是 J. Ziv 和 A. Lempel 于 1977 年提出的编码算法。这种方法的原理是使用已经输入的数据流的一部分作为字典使用。编码器设有一个面向输入流的窗口。在对符号串进行编码时，编码器将输入流在该窗口中自右向左移动。因此，该方法是基于滑动窗口的。窗口分为两部分。如图 4.6.2 所示，左边的部分是搜索缓冲区（search buffer），也就是当前的字典，它包括最近输入和编码的符号；右边的部分是先行缓冲区（look-ahead buffer），包含等待编码的文本。搜索缓冲区约有数千字节长，而先行缓冲区只有几十字节长。一般来说，LZ-77 标识符包括三部分：（1）偏移量 O，是搜索缓冲区内从尾部起向前（自右向左）搜索的符号个数；（2）匹配长度 L，是搜索缓冲区内与先行缓冲区内有相同字符串的长度；（3）先行缓冲区的下一个符号 S，是先行缓冲区中已在搜索缓冲区内找到匹配串的字符串后面的符号。O、L 和 S 的含义如图 4.6.2 所示。

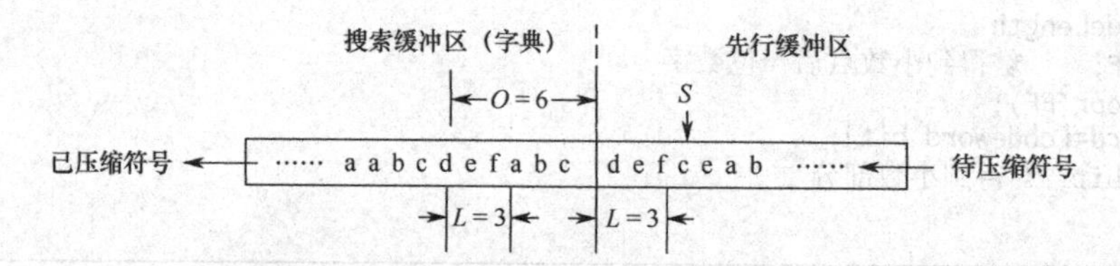

图 4.6.2　LZ-77 滑动窗口与编码标识符

LZ-77 的基本编码过程如下。

1．输入流进入先行缓冲区，设置编码位置为输入流的第一个符号。

2．在搜索缓冲区（字典）中搜索先行缓冲区的当前第一个符号。

　2.1．若字典中没有当前符号，则输出（0, 0, 当前符号），窗口向前滑动一个单位。

　2.2．若在字典中找到当前符号，则在两个缓冲区中确定以该符号开头的字符串匹配的长度，输出（偏移量 O，匹配长度 L，先行缓冲区中当前匹配字符串的后一个符号 S），窗口向前滑动“匹配长度 $L+1$”。

　2.3．若在字典内搜索到 2 个以上匹配串，则选择输出匹配最长的 L，以尽可能地消除重复冗余。

　2.4．若匹配长度 L 相同，则输出最大的偏移量 O，即最后发现的匹配串的偏移量。

LZ-77 编码示例

　2.5．若一个连续长度为 RL 的游程首符号已进入字典，则输出（1, RL−1，先行缓冲区里该游程串后的符号）。例如，下述情形应编码为（1, 7, d），并将“cccccccd”移入字典。

搜索缓冲区（字典）　先行缓冲区

已压缩符号 ←　…… f a b c | c c c c c c c d ……　← 待压缩符号

3．若先行缓冲区有数据，则执行步骤 2，否则编码结束。

表 4.6.9 中以压缩数据 abacccccbacdae 为例说明了 LZ-77 的标识符输出过程。

表 4.6.9　LZ-77 的标识符输出过程

搜索缓冲区	先行缓冲区	匹 配 串	LZ-77 标识符	编码规则
	abacccccbacdae		(0, 0, a)	2.1
a	bacccccbacdae		(0, 0, b)	2.1
ab	acccccbacdae	a	(2, 1, c)	2.2
abac	ccccbacdae	cccc	(1, 4, b)	2.5
abacccccb	acdae	ac	(7, 2, d)	2.2
abacccccbacd	ae	a	(12, 1, e)	2.4
abacccccbacdae				

实现 LZ-77 的 MATLAB 代码如下。

```
function token = lz77(instr,sbS,labS)
%% 搜索缓冲区和先行缓冲区长度设置
% sbS = 50;  % search buffer size      搜索缓冲区长度
% labS = 15; % look ahead buffer size 先行缓冲区长度
%% 初始化
dict = '';     % 字典
token = {};    % 标识符
idx = 1; % index of the first sybmol of a string to be coded，先行缓冲区首个符号的位置
%%
L = length(instr); % 输入数据总长度
while idx <= L
    matchPositions = strfind(dict,instr(idx)); % 匹配位置列表
    matchNum = size(matchPositions,2);          % 匹配位置数
    if matchNum == 0                            % 没找到匹配
        t = {0, 0, instr(idx)};
        token = cat(1,token,t);               % 输出标识符
        dict = strcat(dict, instr(idx));      % 扩充字典
        if length(dict) > sbS                 % 如果字典容量超过搜索缓冲区大小
            dict = dict(end-sbS+1 : end); % 缩减字典为搜索缓冲区长度
        end
        idx = idx + 1;                        % 准备读取后一个符号
    elseif matchNum == 1                      % 找到 1 个匹配串
        if matchPositions == length(dict) % 字典末符号与先行缓冲区的首符号相同
            i = 1;                            % 延长一个字符以待匹配
            while i <= labS-2 && idx+i <= L % 匹配长度不超过先行缓冲区长度，且 idx 位于数据内
                if instr(matchPositions) == instr(idx+i) % 若后面的符号也与字典末的符号相同
                    i = i + 1;                         % 再延长一个字符
                else
                    break;                             % 游程结束
                end
            end
            if idx+i > L                        % 到达数据末端
                t = {1, i, 'EOD'};
            elseif i > labS-2                   % 超出先行缓冲区
                t = {1, labS-1, instr(idx+labS-1)};
            else
                t = {1, i, instr(idx+i)};
            end
            token = cat(1, token, t);                    % 输出标识符
            dict = strcat(dict,instr(idx : min([idx+i L]))); % 扩充字典
```

```
            if length(dict) > sbS              % 字典比搜索缓冲区长
                dict = dict(end-sbS+1:end); % 缩减字典与搜索缓冲区等长
            end
            idx = idx + i + 1;                 % 后移 idx
        else                                   % 非连续游程，延长匹配长度
            i = 1;                             % 后延一个字符串以待匹配
            while i <= labS-2 && idx+i <= L    % 匹配长度不超过先行缓冲区长度，且 idx 位于数据内
                m = strfind(dict, instr(idx : idx+i)); % 查找延长后的匹配字符串
                if ~isempty(m)     % 有匹配
                    i = i + 1;
                else               % 无匹配
                    break;
                end
            end
            if idx+i > L                                      % 到达数据末端
                t = {length(dict)-matchPositions+1,i,'EOD'};
            elseif i > labS-2                                 % 到达先行缓冲区末端
                t = {length(dict)-matchPositions+1, labS-1, instr(idx+labS-1)};
            else
                t = {length(dict)-matchPositions+1,i,instr(idx+i)};
            end
            token = cat(1,token,t);                           % 输出标识符
            dict = strcat(dict, instr(idx : min([idx+i L])));% 扩充字典
            if length(dict) > sbS
                dict = dict(end-sbS+1:end);                % 缩减字典与搜索缓冲区等大
            end
            idx = idx+i+1;                                 % 后移 idx
        end
    else                         % matchNum > 1   % 找到多个匹配位置
        mchp0 = matchPositions; % 暂存最初的匹配位置列表
        i = 1;
        while i <= labS-2 && idx+i <= L
            mchp1 = strfind(dict,instr(idx: idx+i)); % 查找延长后的匹配字符串
            if isempty(mchp1)   % 未找到匹配串
                break;          % 停止延长
            else                % 找到匹配串
                i = i + 1;      % 后延字符串一个符号
                mchp0 = mchp1;  % 暂存前一次的匹配位置列表
            end
        end
        if idx+i > L
            t = {length(dict)-min(mchp0)+1,i,'EOD'}; % 到达数据末端
        elseif i > labS-2
            t = {length(dict)-min(mchp0)+1, labS-1, instr(idx+labS-1)}; % 到达先行缓冲区末端
        else
            t = {length(dict)-min(mchp0)+1,i,instr(idx+i)};
        end
        token = cat(1, token, t);                          % 输出标识符
        dict = strcat(dict,instr(idx : min([idx+i L]))); % 扩充字典
        if length(dict) > sbS            % 如果字典大小超过搜索缓冲区
            dict = dict(end-sbS+1:end); % 缩减字典与搜索缓冲区等大
        end
        idx = idx + i + 1;              % 后移 idx
    end
end
```

假定待编码数据为 instr = 'sir　sid　eastman　easily　teases　sea　sick　seals'，设搜索缓冲区长度为 50，先行缓冲区长度为 10，执行 token = lz77(instr, 50, 10)可得如下编码标识符：

```
0    0    's'
0    0    'i'
0    0    'r'
0    0    '□'
4    2    'd'
4    1    'e'
0    0    'a'
10   1    't'
0    0    'm'
4    1    'n'
8    4    'i'
0    0    'l'
0    0    'y'
19   1    't'
16   3    'e'
28   1    '□'
4    2    'a'
30   3    'c'
0    0    'k'
9    4    'l'
43   1    'EOD'
```

其中'EOD'是数据末端的标志。改进的算法会对以上的标识符再次编码，如 LZH 码。

2. LZ-78 编码

LZ-78 是 J. Ziv 和 A. Lempel 于 1978 年提出的编码算法。LZ-78 算法中字典的内容是由被压缩文件直接生成的，它一边编码，一边将新发生的“单词”添加到字典中，因而 LZ 算法在存储压缩文件时，不需要保存字典，是一种自适应算法。开始时，首先取将要编码序列的一个符号作为第一个单词，然后继续进行单词划分。若出现与前面相同的单词，则取紧跟后面的一个符号组成一个新单词，使之与前面的单词不同。这些单词构成字典。当字典达到一定大小后，再划分段时就应查看是否有与字典中相同的单词；若有重复就添加符号，以便与字典中的单词不同，直至信源序列结束。

例如，设 $U=\{u_1, u_2, u_3, u_4\}$，信源序列为 $u_1u_3u_2u_3u_2u_4u_3u_2u_1u_4u_3u_2u_1u_1u_3u_2u_1u_3u_2u_4u_3u_2u_1$。为构造包含 8 个单词的字典，将序列的划分如下：

$$u_1 \quad u_3 \quad u_2 \quad u_3u_2 \quad u_4 \quad u_3u_2u_1 \quad u_4u_3 \quad u_2u_1 \quad u_1u_3 \quad u_2u_1u_3 \quad u_2u_4 \quad u_3u_2u_1u_4$$

伴随着序列的划分，包含 8 个单词的字典逐步形成，阴影部分所示即为字典中的 8 个单词。表 4.6.10 中显示了含 8 个单词的字典生成过程。

表 4.6.10　含 8 个单词的字典生成过程

序　号	单　词	前　缀	前缀码	符号码	码　字
1（000）	u_1	无	000	00	00000
2（001）	u_3	无	000	10	00010

（续表）

序　号	单　词	前　缀	前缀码	符号码	码　字
3（010）	u_2	无	000	01	00001
4（011）	u_3u_2	u_3	001	01	00101
5（100）	u_4	无	000	11	00011
6（101）	$u_3u_2u_1$	u_3u_2	011	00	01100
7（110）	u_4u_3	u_4	100	10	10010
8（111）	u_2u_1	u_2	010	00	01000

编码的基本单元是“前缀码+符号码”，前缀码是字典中已有单词的位置序号的二进制形式；若编码单元是单个符号（无实际前缀），则其前缀码定义为一定长的全0序列，这种情况发生在构造字典的过程中。前缀码的长度取决于字典的大小，设字典中的单词共有M个，则前缀码长度为$n=\lceil \log_2 M \rceil$。对于本例，$M=8$，前缀码是$n=3$位。“前缀码+符号码”中的符号码是U的符号定长码，q个符号需要的码长为$\lceil \log_2 q \rceil$。对于本例，$q=4$，信源符号$\{u_1, u_2, u_3, u_4\}$的定长码为$\{00, 01, 10, 11\}$。因此，对于本例，每个码字长度为$3+2=5$。此后，编码器以信源输入序列和字典中单词匹配最长为原则，为读取到的信源序列（单词）确定它在字典中的前缀码（位置序号），然后向后读取一位符号并确定该符号码，最后用前缀码和符号码组成码字，一系列码字便构成了压缩码流。在本例中，序列$u_1u_3u_2u_3u_2u_4u_3u_2u_1u_4u_3u_2u_1u_1u_3u_2u_1u_3u_2u_4u_3u_2u_1$被编码为

00000 00010 00001 00101 00011 01100 10010 01000 00010 11110 01011 10111

3．LZW 编码

1984年，T. A. Welch提出了LZ-78算法的一个变体，即LZW算法，它保留了LZ-78算法原有的自适应性。为了使长短不一的“单词”更便于处理，专门为“单词”建立了一种通用的格式。格式规定如下：

（1）每个“单词”均由前缀字符串和尾字符串两部分组成。

（2）前缀字符串是字典中已有的“单词”，尾字符串是本“单词”的最后一个字符串。

（3）对本身已是单词的“单词”，没有前缀词时，在前面加一个空前缀，并规定字典最后一个“单词”为“空”。

LZW算法的伪代码如下。

```
1. 读入一个字符 W1，均需先在字典中查找。
2. 若 W1 是字典中的已有单词：前缀 = W1。
3. 再读入 W2，尾字符 = W2 ，组成一个单词 W1W2。
4. 在字典中查找 W1W2：
   若字典中没有 W1W2，
       4.1    输出字符 W1 的位置码。
       4.2    将 W1W2 添加到字典中。
       4.3    更新前缀：前缀 = W2。
       4.4    回到步骤 3。
   若字典中有 W1W2，
              更新前缀 = W1W2。
              回到步骤 3。
5. 没有字符读入时，输出当前词 Wi 的位置码，完成编码。
```

序列 aabbbaabb 的 LZW 编码过程如表 4.6.11 所示。

表 4.6.11　序列 aabbbaabb 的 LZW 编码过程

初始字典	单词			位置码
	a			0
	b			1
输入数据 W_2	前缀+尾字符（W_1W_2）	输出 W_1 的位置码	前缀 W_1	新单词<位置码>
			空	
a	a		a	
a	aa	0	a	aa<2>
b	ab	0	b	ab<3>
b	bb	1	b	bb<4>
b	bb		bb	
a	bba	4	a	bba<5>
a	aa		aa	
b	aab	2	b	aab<6>
b	bb		bb	
空	bb	4		

LZW 编码的结果是 0, 0, 1, 4, 2, 4。以上编码过程表明，与 LZ-78 相比，“单词”格式的改变使 LZW 的编码字典及编码算法均发生了改变。不过，LZW 的译码算法同样表现为一种基于字典的自适应算法。LZW 编码的输出压缩文件中仅包含码字，而不包含字典，因此译码过程同样表现为一边译码一边生成字典。LZW 算法是一种简单的通用编码方法，由于编码方法不依赖于信源的概率分布，并且编码方法简单，编码速度快，特别是具有自适应功能，因此其应用越来越广泛。

实现 LZW 算法的 MATLAB 代码如下。

```
function [CodeStream,CS_hexa,CS_binary,CompressionRatio]=lzw(SourceSeq)
% 采用 8 比特 LZW 编码，首先构造一个包含 256 个“单词”的字典
% 字典的每个位置用 16 比特表示
% 可以对 ASCII 码表中字符构成的序列进行编码
% SourceSeq：信源符号序列
% CodeStream：单词位置构成的码流序列
% CS_hexa：3 位十六进制数表示的位置码
% CS_binary：12 比特表示的位置码序列
% CompressionRatio：压缩比

SourceSeq=uint16(SourceSeq); % 将每个符合转换为无符号整数
dict = cell(1,256);          % 字典初始化
for i = 1:256
    dict{i} = uint8(i-1);    % 用 2 字节表示前缀字符
end

CodeStream=[];               % 输出码流初始化
i_CS=1;                      % 码流索引
len_seq=length(SourceSeq);   % 输入数据长度
W1=[];                       % 前缀初始化为空
for i=1:len_seq
```

```
        W2=SourceSeq(i); % 读取第 i 个序列符号 W，必定存在于字典中
        neword=[W1 W2];  % 组成一个新单词 neword
        position=poscode(neword,dict); % 在字典中查找新单词
        if isempty(position)           % 字典中没有 neword
            dict{end+1}=neword;  % 将新单词添加到字典中
            ps=poscode(W1,dict); % 获得 W1 的位置码
            CodeStream(i_CS)=ps; % 输出 W1 的位置码
            W1=W2;               % 前缀更新为 W2
            i_CS=i_CS+1;         % 码流符号索引加 1
        else                     % 字典中已有该单词
            W1=neword;           % 更新前缀为新单词
        end
    end
    CS_hexa=dec2hex(CodeStream,3);     % 每个位置码用 12 比特（3 位十六进制数）来表示
    CS_binary=dec2bin(CodeStream,12); % 每个位置码用 12 比特来表示
    NumCodeword=length(CodeStream);    % 码字个数
    CompressionRatio=len_seq*16/(12*NumCodeword); % 计算压缩比

    function position = poscode(word,dict)
    position=[];        % 位置码初始化为空
    if length(word)==1 % word 只包含一个字符
        position=word; % 该字符的 ASCII 码即为其位置码
    else                % word 包含多个字符
        for i_dict=257:length(dict)        % 在字典的初始位置码之外查找
            if isequal(dict{i_dict},word) % 在字典中查找到新单词 W1W2
                position=i_dict; % word 在字典中的位置序号即为其位置码
                break;
            end
        end
    end
```

程序说明：

a) uint8：转换为无符号整数（0～255）

b) cell：创建胞元数组

c) poscode：为自编函数，实现在字典中查找单词位置的功能

d) end：数组最后的下标

假定待编码数据为 SourceSeq = 'aaaaaaaaaabbbbbbbbbbbbbaaabbbabab'；执行

```
[cs,cs_h,cs_b,cr]=lzw(SourceSeq)
```

可得到如下运行结果：

```
cs =
    97   257   258   259    98   261   262   263   262   258   265    98    97
cs_h =
    '061'
    '101'
    '102'
    '103'
    '062'
    '105'
    '106'
    '107'
    '106'
    '102'
    '109'
    '062'
    '061'
cs_b =
    '000001100001'
```

```
        '000100000001'
        '000100000010'
        '000100000011'
        '000001100010'
        '000100000101'
        '000100000110'
        '000100000111'
        '000100000110'
        '000100000010'
        '000100001001'
        '000001100010'
        '000001100001'
cr =
        3.3846
```

字典编码还有很多变体，如 LZH 码、LZSS 码、LZMW 码、LZAP 码、LZRW1-4 码、LZP1-4 码和 LZARI 码等。目前市场上常用的压缩软件 Winzip、ARJ、ARC、WinRar、7-Zip 等都是字典压缩编码的改进与应用。

香农第一编码定理不仅给出了无失真信源压缩的理论极值，而且指出了理想最佳信源编码是存在的。本章讨论的基于熵概念的无损压缩编码及其各种压缩算法，在实际的数据压缩系统和实际工程技术中都得到了广泛应用。例如，对于人们现在所用的各种图像格式，除 BMP 外，都用到了这些无损压缩编码算法。又如，广为人知的 MP3、MP4 音乐压缩格式中，同样用到了这些算法。这些方法都能使平均码长接近信源熵这个极限值。

4.7 应用实例

由于通常不知道待压缩数据的统计特性，因此实用的无失真压缩软件几乎都采用字典编码算法 LZ 编码及其各种变体。即使使用霍夫曼编码，也往往利用近似的统计特性来构建固定的码表，通过快速查表来进行编/译码，如 MH 编码。此外，实用数据压缩系统往往采取多种编码方法进行多次压缩，以尽可能地降低数据量。例如，首先采取预测方法消除空间或时间冗余，然后对预测误差进行编码。

4.7.1 MH 编码

MH 编码是 Modified Huffman 编码的简称，即改进的霍夫曼编码，它是国际电话电报咨询委员会（CCITT）提出的文件、传真类一维数据压缩编码的国际标准。MH 编码利用水平方向像素之间的相关性，对一条扫描线的各个不同游程进行编码。MH 编码适用于传真等黑白位图图像的压缩，也是一种 TIFF 格式图像的压缩选项。它结合了变长编码和霍夫曼编码，对图像按行进行游程编码。

众所周知，霍夫曼编码要求已知信源符号的概率分布。由于文件、传真等的内容千差万别，当概率分布各不相同时，为实现最佳编码，必须实时调整编码表。为避免出现同时传输码字和码表的情形，MH 编码使用固定编码表进行编码，即在信源与信宿两端利用预先确定的编码表各自独立地进行编码和译码。

由于采用固定的码表，因此对不同的信源，其编码效率各不相同。为达到编码的高效和统一，国际电话电报咨询委员会为 MH 编码提供了 8 个标准参考信源。经过对 8 个参考信源的统计分析，算出了实际出现黑、白像素时的游程长度及相应的概率，并且根据这些概率分布最终确定了黑、白像素在某一游程长度时的霍夫曼编码表。

鉴于黑、白像素的游程长度主要分布在 0 至 63 之间，为了进一步简化编译系统，更好地压缩码字长度，MH 编码又在编码中对游程长度进行分割，并相应地将长游程码（游程长度> 64）分割为结尾码（终止码）和组合码（形成码）两部分，如表 4.7.1 和表 4.7.2 所示。

表 4.7.1　MH 编码的结尾码

游程长度	白游程码字	黑游程码字	游程长度	白游程码字	黑游程码字
0	00110101	0000110111	32	00011011	000001101010
1	000111	010	33	00010010	000001101011
2	0111	11	34	00010011	000011010010
3	1000	10	35	00010100	000011010011
4	1011	011	36	00010101	000011010100
5	1100	0011	37	00010110	000011010101
6	1110	0010	38	00010111	000011010110
7	1111	00011	39	00101000	000011010111
8	10011	00101	40	00101001	000001101100
9	10100	000100	41	00101010	000001101101
10	00111	0000100	42	00101011	000011011010
11	01000	0000101	43	00101100	000011011011
12	001000	0000111	44	00101101	000001010100
13	000011	00000100	45	00000100	000001010101
14	110100	00000111	46	00000101	000001010110
15	110101	000011000	47	00001010	000001010111
16	101010	0000010111	48	00001011	000001100100
17	101011	0000011000	49	01010010	000001100101
18	0100111	0000001000	50	01010011	000001010010
19	0001100	00001100111	51	01010100	000001010011
20	0001000	00001101000	52	01010101	000000100100
21	0010111	00001101100	53	00100100	000000110111
22	0000011	00000110111	54	00100101	000000111000
23	0000100	00000101000	55	01011000	000000100111
24	0101000	00000010111	56	01011001	000000101000
25	0101011	00000011000	57	01011010	000001011000
26	0010011	000011001010	58	01011011	000001011001
27	0100100	000011001011	59	01001010	000000101011
28	0011000	000011001100	60	01001011	000000101100
29	00000010	000011001101	61	00110010	000001011010
30	00000011	000001101000	62	00110011	000001100110
31	00011010	000001101001	63	00110100	000001100111

表 4.7.2　MH 编码的组合码

游程长度	白游程码字	黑游程码字	游程长度	白游程码字	黑游程码字
64	11011	0000001111	960	011010100	0000001110011
128	10010	00001100100	1024	011010101	0000001110100
192	010111	000011001001	1088	011010110	0000001110101
256	0110111	000001011011	1152	011010111	0000001110110
320	00110110	000000110011	1216	011011000	0000001110111
384	00110111	000000110100	1280	011011001	0000001010010
448	01100100	000000110101	1344	011011010	0000001010011
512	01100101	0000001101100	1408	011011011	0000001010100
576	01101000	0000001101101	1472	010011000	0000001010101
640	01100111	0000001001010	1536	010011001	0000001011010
704	011001100	0000001001011	1600	010011010	0000001011011
768	011001101	0000001001100	1664	011000	0000001100100
832	011010010	0000001001101	1728	010011011	0000001100101
896	011010011	0000001110010	EOL	000000000001	000000000001

对于加宽的纸型，规定了一套加宽的 MH 组合码，如表 4.7.3 所示。

表 4.7.3　加宽的 MH 组合码

游程长度	组合基干码码字	游程长度	组合基干码码字
1792	00000001000	2240	000000010110
1856	00000001100	2304	000000010111
1920	00000001101	2368	000000011100
1984	000000010010	2432	000000011101
2048	000000010011	2496	000000011110
2112	000000010100	2560	000000011111
2176	000000010101		

其具体编码规则如下。

（1）游程长度为 0～63 时，码字直接由相应的终止码表示。

（2）游程长度为 64～1728 时，码字由一个组合码加一个终止码构成。

（3）每行必须以白游程开始，以一个同步码 EOL 结束，且每页文件也必须以同步码 EOL 开始（用以清洗系统，防止误差扩散）。

（4）每行游程的总和必须为 1728 像素，否则该行出错。

（5）为实现同步操作，每行编码的传输时间最短为 20ms，最长为 5s；不足 20ms 的行需在 EOL 码之前填入足够的码元 0。

（6）连续 6 个 EOL 表示文件页传输的结束。

下面以具体示例进行说明。

MH 编码示例

【例 4.10】 传真文件某行的像素扫描结果为

|←23 白→|←6 黑→|←65 白→|←50 黑→|←1584 白→|

扫描行各游程对应的码字为

23 白	6 黑	64 白	1 白	50 黑	1536 白	48 白	0 黑	EOL
0000100	0010	11011	000111	000001010010	010011001	00001011	0000110111	000000000001

求这行数据的压缩比。

解：对 23 白、6 黑和 50 黑，可以通过查表 4.7.1 来获得码字。对 65 白和 1584 白，需要采用基干码和结尾码组合生成码字。其中，65 白由 64 白的基干码和 1 白的结尾码结合产生；1584 白由 1536 白的基干码和 48 白的结尾码产生。原始行包含 1728 个像素，用 0 表示白，用 1 表示黑，需要 1728 位码元。对这一行进行 MH 编码只需要 73 位码元，可见这行数据的压缩比达到 1728/73＝23.67 倍。

作为一种改进的霍夫曼码，MH 编码的码表是由各类文件的平均统计特性指标得到的，并且固定不变，因此在多数情况下 MH 编码并不是紧致码（最佳码）。然而，游程的码字由形成码和终止码组成，可使码字大大缩短。

4.7.2 Zip 和 Gzip 软件

Zip 和 Gzip 是两个著名的压缩软件，它们都使用了颇为流行的 Deflate 压缩算法。Deflate 压缩算法是 LZ-77 算法的一个变体，但结合了霍夫曼编码。原始的 LZ-77 算法总是尝试将先行缓冲区中的文本与字典中已有的字符串匹配。在 LZ-77 的压缩流中，每个标识符是一个三元组（偏移量，匹配长度，下一个符号），在没有更长的字符串可匹配时，需要加上第三部分，此举降低了 LZ-77 的压缩性能。

Deflate 压缩算法中去掉了第三部分，输出到压缩流的标识符是数对（偏移量，匹配长度）。找不到匹配时，将不匹配的符号写入压缩流而非标识符。因此，压缩流包含 3 类实体：文字（不匹配的符号）、偏移量（在 Deflate 压缩算法的文献中称为"距离"）和匹配长度。实际上，Deflate 压缩算法还对这些实体进行了霍夫曼编码，然后输出到了压缩流中，共用了两个霍夫曼码表，一个用于文字和匹配长度，另一个用于距离。这是有意义的，因为文字可用 ASCII 码表示，通常是 1 字节，因此位于区间[0, 255]内，匹配长度由 Deflate 压缩算法限制为 258，距离可能是很大的数字，因为 Deflate 压缩算法允许字典长度高达 32KB。数对（匹配长度、距离）确定后，编码器将搜索"文字/匹配长度"码表，以找到匹配长度对应的霍夫曼码，并用该码字代替匹配长度写入压缩流。然后，编码器在距离码表中为当前距离搜索对应的码字（一种包括 5 比特前缀的特殊码），并将该码写入压缩流。由于距离码是紧跟匹配长度码，所以译码器知道什么时候需要一个距离码，进而实现即时可译。

此外，Deflate 压缩算法中使用的 LZ-77 变体算法推迟了匹配的选择。假定在编码过程中搜索缓冲区和先行缓冲区处于如图 4.7.1 所示的情况。

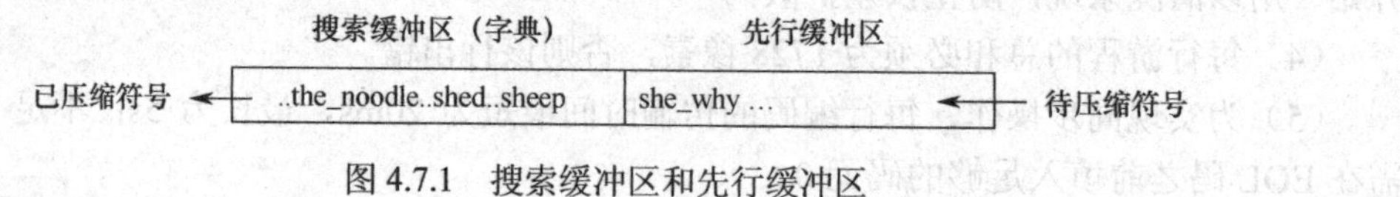

图 4.7.1　搜索缓冲区和先行缓冲区

如图所示，最长的匹配长度是 3。但在选择该匹配长度之前，编码器首先保存先行缓冲区中的 s，然后开始一个二次匹配过程尝试，将 he_why ...与搜索缓冲区进行匹配。若编码器找到一个更长的匹配，则输出 s 作为文字，其后是这个更长的匹配。还有一个 3 值参数控制这次二次匹配尝试。在这个参数的"正常"模式下，若首次匹配足够长（比预设参数长），则二次匹配会被缩减，而如何缩减取决于实施者。在"高压缩"模式下，编码器总是执行完全的二次匹配来提高压缩比，但在选择匹配上会花费更多的时间。“快速”模式则省略了二次匹配。

Deflate 压缩算法按块压缩输入数据文件，每个块单独实施压缩。块的长度可能不同，编码器基于所用的各种前缀码（长度限于 15 比特）的大小和编码器可用的存储空间（除模式 1 下的块可以是 65535 字节的未压缩数据）来决定块长。译码器必须能译码任何大小的块。Deflate 压缩算法提供三种压缩模式，每个块都可以处于任何模式。

模式 1　对不可压缩或已经压缩的多个文件或文件的多个部分，或者在需要压缩软件不进行压缩的情况下分割文件，这是有意义的。例如，用户想要将一个 8GB 的文件移动到另一台计算机上，但只有一台 DVD 刻录机。用户可能希望在不进行压缩的情况下将文件分割成两个 4GB 的段。基于 Deflate 压缩算法，可以使用这种工作模式去分割文件。在此模式下，写入压缩流的块以指示模式 1 的特殊标头开始，然后是数据的长度 LEN，再后是文字数据的 LEN 字节，LEN 的最大值为 65535。

模式 2　用固定码表进行压缩。两个码表内置在 Deflate 压缩算法的编码器和译码器中，并总被使用。这加快了压缩和解压缩的速度，并有一个额外的优点，即码表不必写入压缩流。但是，如果被压缩的数据在统计上不同于用来设置代码表的数据，那么压缩性能可能会受到影响。文字和匹配长度位于第一个表中，并被一个称为“edoc”的码替换，该码反过来被输出到压缩流的前缀码代替。“距离”位于第二个码表中，并被输出到压缩流的特殊前缀码代替。在此模式下，写入压缩流的块以一个指明模式 2 的特殊标头开始，然后是形式为文本和匹配长度的前缀码的压缩数据，以及“距离”的专用前缀码。每个块以 EOB（End-Of-Block）的前缀码结束。

模式 3　用编码器为正在压缩的特定数据生成的单个码表进行压缩。复杂的 Deflate 编码器可在压缩块时收集有关数据的统计信息，并在逐块压缩的过程中构造并改善码表。有两个码表，分别用于文字/匹配长度和距离。这两个码表需要以压缩格式写入压缩流。在这种模式下，编码器写入压缩流的块以一个特殊的标头开始，然后是压缩的霍夫曼码表和其他两个码表（分别用于文字/匹配长度和距离），每个码表都由前面的霍夫曼码表压缩。后面是形式为文本/匹配长度和距离的前缀码的压缩数据，最后以 EOB 的单个码字结束。

4.7.3　RAR 和 WinRAR 软件

RAR 软件的理论基础最初由尤金·罗沙尔（Eugene Roshal）提出，开发人员是尤金的兄弟亚历山大·罗沙尔（Alexander Roshal）。用户可以指定要内置到 RAR 文档的恢复记录中的冗余量（作为原始数据大小的百分比）。数据冗余使得 RAR 文件能够抵抗数据损坏，进而允许从严重的损坏中恢复。然而，任何冗余数据都会降低压缩效率，压缩性和可靠性总是不可兼得的。RAR 有两种压缩方式：通用压缩方式和特殊压缩方式。通用压缩方式采用基于 LZ-77 算法的一个变体——LZSS 算法。RAR 中滑动字典的大小可从 64KB 变化到 4MB（默认值为 4MB），最小匹配长度为 2。文字、偏移量和匹配长度由霍夫曼编码器进一步压缩。

WinRAR 是 RAR 的 Windows 版本。用户可将文件从 WinRAR 拖动到其他程序、桌面或任何文件夹。一组文件或文件夹放入 WinRAR 窗口后，会自动变成一个新文档。WinRAR 完全支持 RAR 和 ZIP 文档，可以解压缩（但不能压缩）CAB、ARJ、LZH、TAR、GZ、ACE、UUE、BZ2、JAR、ISO、7Z 和 Z 文档。除了压缩数据，WinRAR 可以压缩高达 9×10^{18} 字节的文件，还可以加密数据。利用 WinRAR，可将许多文件压缩为一个文档，与单独压缩每个文件相比可以节约 10%～15%的数据量。

4.7.4 GIF 图像

GIF 是 Graphics Interchange Format（图像交换格式）的缩写，是 1987 年由美国 Compuserve 信息服务公司开发的一种压缩图形文件格式，它允许图像在不同计算机之间发送。GIF 不是一种数据压缩方法，而是一种图形文件格式，它使用 LZW 算法的一个变体来压缩图形数据。

在压缩数据时，GIF 类似于用一个不断动态增长的字典进行压缩的过程。GIF 将每个像素占用的比特数 b 作为参数开始压缩。对于单色图像，$b=2$；对于 256 色图像或灰度图像，$b=8$。字典以 2^{b+1} 个单词开始，填满后就扩充 1 倍的单词容量，直到达到 $2^{12}=4096$ 个单词并保持不变。此时，编码器监视压缩比，并且可能决定在任何点丢弃字典，而从一个新的空字典开始。在作出这一决定时，编码器将值 $2b$ 作为清零码发出，这是译码器丢弃字典的标志。

从一个字典到下一个字典，指针的长度会增加 1 比特。指针被累积起来并以 8 比特的字节输出。每个块以一个包含块大小（最大 255 字节）的首部开头，并以 8 个 0 的字节终止。最后一个块位于终止符之前，它包含 EOF 值（2^{b+1}）。注意，指针的最低有效位存放在左侧。例如，有 3 比特的指针 3、7、4、1、6、2 和 5，它们的二进制值分别是 011、111、100、001、110、010 和 101，它们被封装成 3 字节，即|10101001|11000011|11110…|。

GIF 格式是当今网络浏览器常用的格式，但不是一种有效的格式。GIF 逐行扫描图像，发现像素的水平相关性而非垂直相关性，不能消除行间的冗余，因此 GIF 压缩是低效的。

图 4.7.2 所示两幅 GIF 图像的原始未压缩位图图像均为 98KB，对比两幅 GIF 图像的大小，可以发现 GIF 图像的压缩比与水平方向的冗余度关系密切。

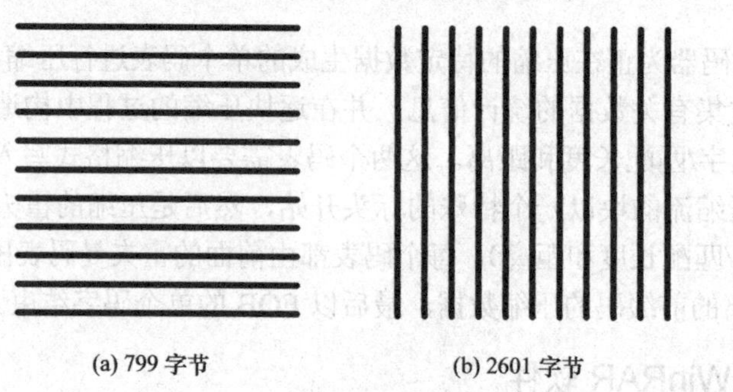

(a) 799 字节　　(b) 2601 字节

图 4.7.2　平行线的 GIF 压缩

4.7.5 PNG 图像

PNG（Portable Network Graphics）是便携式网络图形，它得到了各种平台上许多图像查看器和网络浏览器的支持。PNG 是一种无失真压缩的位图格式，其设计目的是支持多种类型的易于在互联网上传输的图像文件格式。PNG 试图替代 GIF，同时增加一些 GIF 所不具备的特性。PNG 不仅压缩比高，而且支持透明背景、渐变图像的制作要求。

PNG 压缩是无失真的，压缩过程分两步进行。第一步是增量滤波预测，即把像素值转换为差分数值；第二步是用 Deflate 压缩算法对差值编码。增量滤波计算每个像素的“预测”值，并用像素与其预测值之间的差值替换像素。

1. 增量滤波

增量滤波本身不压缩数据，只是把像素数据变换到一种更易于压缩的格式。由于滤波是在每行图像上单独进行的，因此编码器可在不同的图像行之间切换滤波器。PNG 规定了 5 种滤波方法（第一种是无滤波），并且推荐了一种为每行图像选择滤波方法的启发机制。每行以一个指明所用滤波方法的字节开头。滤波在字节而非像素值上进行。在彩色图像中，一个像素包括 3 字节，对应 3 个颜色分量。若用 a、b 和 c 来表示 3 个颜色分量的对应字节，则 a_i 和 a_i+1、b_i 和 b_i+1 及 c_i 和 c_i+1 通常是相关的，但在不同颜色分量之间 a_i 和 b_i、b_i 和 c_i 和 c_i+1 之间没有相关性。对 16 比特的灰度图像而言，这种先比较两个相邻像素的高位字节再比较低位字节的滤波也是有意义的。实验表明，对于少于 8 个比特面的图像，压缩效率并不高。因此，PNG 对于这种情况不推荐进行增量滤波。

PNG 推荐的自适应滤波启发机制将全部 5 种滤波类型作用于 1 个像素行，并且选择可产生最小绝对值之和的类型，因为差值对应的字节是有符号的。下面详述 5 种不同的增量滤波原理。

类型 0　无滤波。

类型 1　将第 i 行第 j 列的字节 $B_{i,j}$ 设为差值 $B_{i,j}-B_{i,j-t}$，其中 t 是字节 $B_{i,j}$ 与其相关的前一字节之间的间隔（像素中的字节数）。若 $j-t$ 为负值，则 $B_{i,j}$ 保持不变，等效于它的左侧有一个值为 0 的像素。减法以 256 为模量，被减的字节被认为是无符号的。

类型 2　将字节 $B_{i,j}$ 设为差值 $B_{i,j}-B_{i-1,j}$，和类型 1 一样，若 i 是顶行，则不做减法。

类型 3　将字节 $B_{i,j}$ 设为差值 $B_{i,j}-(B_{i,j-t}+B_{i-1,j})/2$，即先算出左侧和上方邻值的平均值，再从当前字节中减去。缺失的左侧或上方的邻值被认为是 0。和值 $B_{i,j-t}+B_{i-1,j}$ 可能长达 9 比特。为了保证滤波是无失真的而且能被译码器恢复，和值必须精确计算。除以 2 的运算等效于右移一位，从而把 9 比特的和值降至 8 比特。

类型 4　将字节 $B_{i,j}$ 设为差值 $B_{i,j}-\mathrm{PaethPredict}(B_{i,j-t},B_{i-1,j},B_{i-1,j-t})$，其中 PaethPredict 是一个用简单规则选择三个参数之一并将其输出的函数。这三个参数值分别是左侧、上方和左上方相邻像素的对应字节。

2. 无失真预测编码

无失真预测编码又称*无损预测编码*，是信息保持型预测编码。它的基本思想是图像中邻近像素之间是高度相关的。预测编码并不直接压缩像素值，而对实际像素值与它的一个预测值之间的差值进行编码压缩，这种差值被称为*预测误差*。由于预测值是通过当前像素之前的若干邻近像素预测出来的，因此，可以认为预测误差是当前像素所携带的新信息。预测编码将像素值代替为预测误差，降低了相邻像素间的相关性。由于冗余信息可以预测出来，所以在传送的信息流中，后续时刻传送的只是新信息，从而实现数据压缩。

图 4.7.3 所示为 PNG 无失真预测编译码系统框图。编码器和译码器分别包含一个完全相同的预测器。编码器中的预测器为每个当前字节 $B_{i,j}$ 产生一个预测值 $\hat{B}_{i,j}$，即增量滤波过程中的减数，滤波类型不同，预测值也不同。预测误差为 $e_{i,j}=B_{i,j}-\hat{B}_{i,j}$，它作为被编码传送的符号由 Deflate 算法编码。译码器将由 Deflate 译码器译码得到的预测误差 $e_{i,j}$ 与预测器产生的预测值 $\hat{B}_{i,j}$ 相加，得到复原重建的字节 $B_{i,j}=e_{i,j}+\hat{B}_{i,j}$。

下面以类型 1 增量滤波为例来获得灰度图像 Lena（256×256）的差值图像，此时 $t=1$，原图像及其预测图像分别如图 4.7.4(a)和图 4.7.4(b)所示。该类型滤波后的差值为

$$e_{i,j}=B_{i,j}-\hat{B}_{i,j}=B_{i,j}-B_{i,j-1}$$

由类型 1 增量滤波得到的预测误差图如图 4.7.4(c)所示。图 4.7.5 所示为原图像灰度值及其预测误差图像的直方图。原图像及其预测误差图像的均值、方差和熵如表 4.7.4 所示。

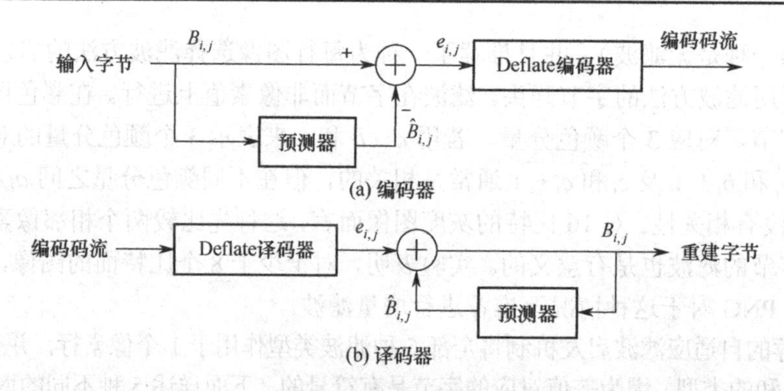

图 4.7.3　PNG 无失真预测编译码系统框图

图 4.7.4　图像 Lena 及其预测图像和相应的误差图像

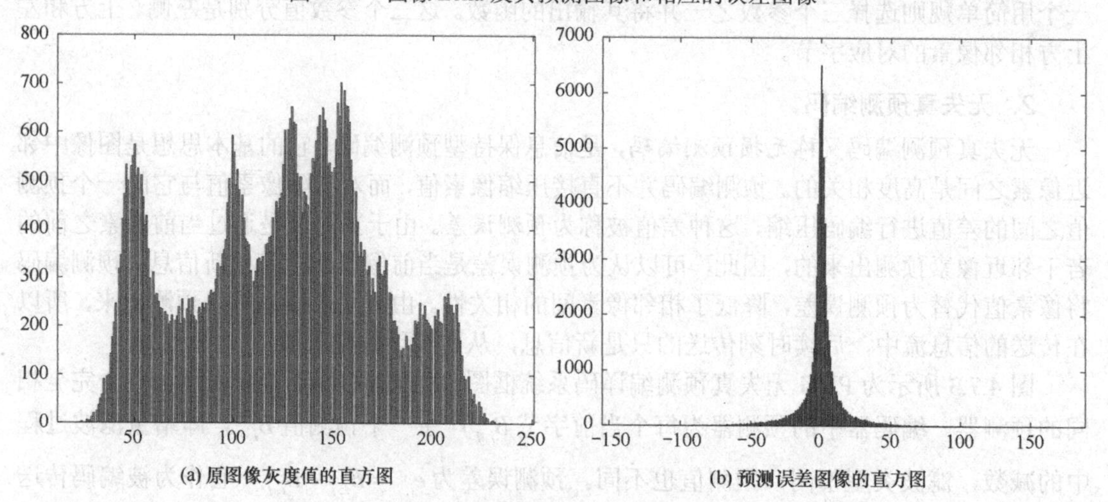

图 4.7.5　原图像灰度值及其预测误差图像的直方图

表 4.7.4　原图像及其预测误差图像的均值、方差和熵

	均　值	方　差	熵（比特/符号）
原图像像素值	124.0544	2250.6	7.4318
预测误差值	0.1389	244.8325	5.3130

图 4.7.5(b)和表 4.7.4 表明，预测误差的均值非常接近 0，方差小于原图像像素值的方

差，即预测误差的能量小于原图像的能量。虽然预测误差取值的动态范围[-255, +255]较原图像像素值的动态范围[0, 255]扩大 1 倍，但由于预测消除了大量的冗余，熵值从原图像的 7.4318 下降到 5.3130。可见，无失真预测编码的压缩能力来自压缩，其物理本质是原始像素值到预测误差值的映射消除了相邻图像像素间的大量冗余。由于相邻像素间的冗余度或相关性的存在使得这种预测具有相当高的准确度，因此预测误差主要集中在以 0 为中心的一个很窄的范围内，且方差较小，构成了一个较小熵值的新信源（其符号为预测误差 e），该信源的统计特性经常用一个 0 均值的拉普拉斯分布来近似描述：

$$p(e)=\frac{1}{\sqrt{2}\sigma}\exp\left(-\frac{\sqrt{2}}{\sigma}|e|\right)$$

式中，σ 是 e 的标准差。

在增量滤波之后，PNG 继续使用 Deflate 压缩算法对预测误差值实施进一步的编码。

本章前面说过，通信系统性能的好坏，很大程度上取决于系统中编码、译码环节设计的好坏。编码分为信源编码和信道编码，本章介绍了信源编码的基本理论和方法，其中的一些基本概念也适用于信道编码，下一章中将介绍信道编码的理论与方法。

本章基本概念

1． 信源编码 f：

信源编码是一一对应的变换或映射 f，它把信源 U 输出的符号 u_i 变换成码元序列 w_i：

$$f: u_i \to w_i,\quad i=1,2,\cdots,q$$

码元序列 w_i 称为码字，所有码字组成的集合 $W=\{w_1,w_2,\cdots,w_q\}$ 称为码或码字集。

2． 平均码长 $\bar{l}$：

$$\bar{l}=\sum_{i=1}^{q}P(u_i)l_i \text{ 码元/符号}$$

3． 无失真编码是保熵的：$P(w_i)=P(u_i)$，$i=1,2,\cdots,q$。

4． 编码效率 η_c：

$$\eta_c=\frac{H(U)}{\bar{l}\log_2 r}$$

5． 码的冗余度 γ_c：$\gamma_c=1-\eta_c$。

6． 唯一可译码（UDC）：由该码的码字组成的任意有限长码字序列都能恢复为唯一的信源序列。

7． 克拉夫特不等式：非续长码和 UDC 存在的充要条件是

$$\sum_{i=1}^{q}r^{-l_i}\leqslant 1$$

8． 典型序列。

离散无记忆信源 U 的 N 长序列集合 S^N 划分成两个互不相交的子集：

$$S_\varepsilon^N=\left\{\bar{u}_j:\left|\frac{I(\bar{u}_j)}{N}-H(U)\right|<\varepsilon\right\} \text{ 和 } \bar{S}_\varepsilon^N=\left\{\bar{u}_j:\left|\frac{I(\bar{u}_j)}{N}-H(U)\right|\geqslant\varepsilon\right\}$$

S_ε^N 称为 ε 典型序列集，其中的序列称为 ε 典型序列；$\bar{S}_\varepsilon^N$ 称为非 ε 典型序列集，其中的序列称为非 ε 典型序列。

9． 渐近等分性。

若离散无记忆信源 U 的熵为 $H(U)$，产生的 N 长随机序列为 $\bar{u}_j$，则 $I(\bar{u}_j)/N$ 依概率收敛于 $H(U)$。

10． 定长编码定理。

用 r 元符号表对离散无记忆信源 U 的 N 长符号序列进行定长编码，N 长符号序列对应的码长为 l_N，若对任意小的正数 ε，有不等式

$$\frac{l_N}{N} \geqslant \frac{H(U)+\varepsilon}{\log_2 r}$$

则几乎能做到无失真编码，且随着序列长度 N 的增大，译码差错率趋于 0。反过来，若

$$\frac{l_N}{N} \leqslant \frac{H(U)-2\varepsilon}{\log_2 r}$$

则不可能做到无失真编码，且随着 N 的增大，译码差错率趋于 1。

11． 变长编码定理。

用 r 元符号表对离散无记忆信源 U 的 N 长符号序列进行变长编码，记 N 长符号序列对应的平均码长为 $\overline{l}_N$，那么要做到无失真编码，平均码长必须满足

$$\frac{\overline{l}_N}{N} \geqslant H_r(U)$$

另一方面，一定存在唯一可译码，其平均码长满足

$$\frac{\overline{l}_N}{N} < H_r(U) + \frac{1}{N}$$

12． 信源序列长度 N 趋于无穷时平均码长的极限：

$$\lim_{N\to\infty} \overline{l} = \lim_{N\to\infty} \frac{\overline{l}_N}{N} = H_r(U)$$

13． 最佳编码：使平均码长达到最小的编码，编出的码称为最佳码。

14． 变长编码方法：霍夫曼编码、费诺编码及香农编码，其中霍夫曼编码是最佳编码。

15． 实用编码方法：游程编码、算术编码及基于字典的编码。

16． 信源无失真编码的应用实例：MH 码，压缩软件 Zip 和 RAR 等，GIF 图像，PNG 图像。

习题

4.1 设 DMS 的概率空间为

$$\begin{bmatrix} U \\ \boldsymbol{P}_U \end{bmatrix} = \begin{bmatrix} u_1 & u_2 & u_3 & u_4 \\ 0.4 & 0.3 & 0.2 & 0.1 \end{bmatrix}$$

对其单个符号进行二进制编码，即码元集为 $X=\{0,1\}$。

符号到码字的映射关系为

$$u_1 \to 0,\quad u_2 \to 10,\quad u_3 \to 110,\quad u_4 \to 111$$

试计算：（1）该信源的熵 $H(U)$；（2）由码字构成的新信源 W 的熵 $H(W)$；（3）由码元{0, 1}构成的新信源 X 的熵 $H(X)$；（4）信息率 R；（5）编码效率 η_c；（6）码的冗余度 γ_c。

4.2 一个 DMS 信源包含 6 符号，其概率分布如下表所示，对这 6 个符号进行 6 种不同的信源编码，如表中的 A、B、C、D、E 和 F 所示。

（1）判断这 6 种码中的哪些是唯一可译码。

（2）判断这 6 种码中的哪些是非续长码（即时码）。

（3）求各码的平均码长。

消　息	$P(a_i)$	A	B	C	D	E	F
a_1	1/2	111	1	0	1	0	1
a_2	1/4	110	10	10	01	10	011
a_3	1/16	101	100	110	001	1100	010
a_4	1/16	100	1000	1110	0001	1101	001
a_5	1/16	011	10000	11110	0100	1110	000
a_6	1/16	010	100000	111110	0010	1111	100

4.3　对于二进制码，若码长集合分别为 $\{1,2,2,3\}$ 和 $\{1,2,3,3\}$，是否存在满足码长集合的非续长码？若存在，试借助码树给出实例。

4.4　信源符号集为 $U=\{u_1,u_2,u_3,u_4\}$、信源概率分布为 $\{1/5,1/4,1/4,3/10\}$，用二进制脉冲“0”和“1”对其进行定长编码，码元时间为 5ms，然后在离散无扰信道上传送。求信息传输速率（比特/秒）。

4.5　设 DMS 为

$$\begin{bmatrix} \boldsymbol{U} \\ \boldsymbol{P}_U \end{bmatrix} = \begin{bmatrix} u_1 & u_2 & u_3 & u_4 & u_5 & u_6 \\ 0.37 & 0.25 & 0.18 & 0.10 & 0.07 & 0.03 \end{bmatrix}$$

用二元符号表 $X=\{x_1=0,x_2=1\}$ 对其进行定长编码。

（1）求无失真定长编码的最小码长和编码效率。

（2）将编码器输出视为新信源 X，求 $H(X)$。

（3）若所编的码为 $\{111,110,101,011,100,010\}$，求编码器输出码元的一维概率分布 $P(x_1)$ 和 $P(x_2)$。

（4）$H(X)=H[P(x_1),P(x_2)]$ 吗？为什么？

4.6　信源同题 4.5，采用二元定长编码。若引入失真，要求差错率为 $P_e=10^{-7}$，编码效率为 90%，则需要对多长的信源符号序列进行编码？

4.7　某信源按 $P(0)=2/3$、$P(1)=1/3$ 的概率产生统计独立的二元序列 $\bar{u}_j$。

（1）试求 N_0，使得当 $N>N_0$，$\varepsilon=0.05$，$\delta=0.01$ 时有

$$P\left[\left|\frac{I(\bar{u}_j)}{N}-H(U)\right|<\varepsilon\right]\geqslant 1-\delta$$

式中，$H(U)$ 是信源的熵。

（2）试求当 $N=N_0$ 时典型序列集 A_ε^N 中含有的信源序列个数。

4.8　DMS 为

$$\begin{bmatrix} \boldsymbol{U} \\ \boldsymbol{P}_U \end{bmatrix} = \begin{bmatrix} u_1 & u_2 & u_3 & u_4 & u_5 & u_6 & u_7 \\ \frac{1}{2} & \frac{1}{2^2} & \frac{1}{2^3} & \frac{1}{2^4} & \frac{1}{2^5} & \frac{1}{2^6} & \frac{1}{2^7} \end{bmatrix}$$

用码元表 $X=\{0,1\}$ 对 U 的单个符号进行编码，即对 U 的单个符号进行二进制编码。

（1）进行二进制霍夫曼编码，求平均码长和编码效率。

（2）试从概率匹配的角度解释编码效率的数值特点。

4.9　设信源为

$$\begin{bmatrix} \boldsymbol{U} \\ \boldsymbol{P}_U \end{bmatrix} = \begin{bmatrix} u_1 & u_2 & u_3 & u_4 & u_5 & u_6 & u_7 & u_8 \\ 0.23 & 0.19 & 0.18 & 0.16 & 0.09 & 0.08 & 0.05 & 0.02 \end{bmatrix}$$

（1）进行二进制霍夫曼编码，求平均码长和编码效率。

（2）进行三进制霍夫曼编码，求平均码长和编码效率。

4.10 设信源为

$$\begin{bmatrix} \boldsymbol{U} \\ \boldsymbol{P}_U \end{bmatrix} = \begin{bmatrix} u_1 & u_2 & u_3 \\ 0.5 & 0.4 & 0.1 \end{bmatrix}$$

（1）进行二进制霍夫曼编码，求平均码长和编码效率。

（2）对信源的二元符号序列进行二进制霍夫曼编码，求平均码长和编码效率。

4.11 设信源为

$$\begin{bmatrix} \boldsymbol{U} \\ \boldsymbol{P}_U \end{bmatrix} = \begin{bmatrix} u_1 & u_2 & u_3 & u_4 & u_5 & u_6 \\ 0.26 & 0.24 & 0.21 & 0.14 & 0.10 & 0.05 \end{bmatrix}$$

（1）进行二进制霍夫曼编码，求平均码长和编码效率。

（2）分析编码的冗余压缩效果。

4.12 信源同题 4.11，进行二进制费诺编码，求平均码长和编码效率，并分析编码的冗余压缩效果。

4.13 信源同题 4.11，进行二进制香农编码，求平均码长和编码效率，并分析编码的冗余压缩效果。

4.14 某独立二元信源 $\{0,1\}$ 的概率分布为 $P(0)=1/9$ 和 $P(1)=8/9$。

（1）对序列 111011111111011111 分别进行霍夫曼编码和算术编码，并求其平均码长和编码效率。

（2）比较两种编码的性能。

4.15 对输入数据流 abcdabcabccabceabcfabcdabcabccabceabcf 分别用 LZ-77 和 LZW 算法进行编码，并计算两种方法的压缩率。

4.16 某页传真文件的一扫描行的像素分布如下：

|←84 白→ | ←17 黑→ | ←23 白→ | ←728 黑→ | ←876 白→ |

试确定：（1）该扫描行的 MH 码；（2）本行编码的压缩比。

第 5 章　信道纠错编码

通信的目的与核心是，实现发送端与接收端之间信息的有效、可靠和安全传输。第 4 章中介绍了采用信源编码可以降低信息的冗余度，实现数据压缩，进而提升信息传输的有效性。而信道编码通过增加信息的冗余度，进行检错和纠错、迷惑非法接收者，保证信息传输的可靠性和安全性。可见，信道编码包含两部分内容，即信道纠错编码和信道安全编码。本章主要介绍信道纠错编码，本章中提到的信道编码特指信道纠错编码，第 7 章中将介绍信道安全编码。

由于实际信道中的噪声干扰总是客观存在的，传输错误不可避免，因此我们只能通过编码的方法来尽可能地降低传输差错率，使错误概率控制在某个允许范围内。纠错编码又称*差错控制编码*，它通过编码方法使得信息从发送端到接收端传输时出错的概率尽可能小，编码的本质是通过增加冗余的方法来对接收信息进行校验，实现检错、纠错，进而达到提升信息传输可靠性的目的。纠错编码理论是香农信息论的重要组成部分，最早可追溯到香农于 19 世纪 40 年代发表的科研论文。香农指出，任何通信信道都具有可靠传输信息的能力，只要传输信息的信息率低于信道容量，信息就有可能以任意低的差错率进行传输。所谓差错控制，是指在传输中引入冗余，即用比实际需要数量更多的符号来携带信息，这就导致接收端收到的某些特定形式的符号串是有效传输，而其他形式的符号串则被判定为传输出错。只要引入合适的差错控制度，就可通过扩展码长的方法使得差错率降低到允许的范围内，进而使得较长时段内噪声干扰的平均影响较小。注意，与无差错控制通信相比，纠错编码的引入会带来一系列好处，如提升通信系统的应用范围、降低差错率、降低传输能耗要求等。香农第二编码定理指出并证明了信息进行无差错传输的条件与可能性，但未给出明确的编码方法。纠错编码领域的学者们设计了多种纠错编码方法，其创始人为汉明（R. W. Hamming）。

本章首先介绍纠错编码及译码的基本概念，然后讨论有噪信道编码定理（即香农第二编码定理），最后介绍一些经典的纠错编码方法及应用。

5.1　纠错编译码的基本原理

5.1.1　纠错编译码方法

纠错编码器如图 5.1.1 所示，信息以固定长度的符号串（帧）表示。通常情况下，编码器的输入符号为比特。当前输入帧（无记忆编码）或当前输入帧及多个以往的输入帧（有记忆编码）通过编码器编码后得到输出码字，通常输出码字比输入帧包含更多的符号，即通过编码增加了冗余。可以通过*码率* R 来度量冗余度，即每帧的编码器输入与输出符号之比。码率较低意味着冗余度较高，因此码率较低的编码有可能对信息提供更有效的差错控制，但要付出低信息率的代价。

根据构造方法的不同，通常有两种较为常用的纠错编码方法：*分组码*和*卷积码*。分组码首先将信息序列划分为若干符号长度为 k 的信息块，然后依次对每个信息块进行编码传送。下面考虑编码器输入为二进制符号串的情况，此时共有 2^k 个不同的信息块。若编码器仅使用当前信息块来编码并产生输出，则该编码方法是无记忆的，称该码为(n, k)*分组码*，其中 k

为编码器输入信息块的符号串长度，n 为编码器输出码字长度，该码的码率为 $R=k/n$ 。由于纠错码通过加入校验位来实现检错、纠错目的，因此 $n>k$ ，$R<1$ ，增加的校验位数量为 $n-k$ 。表 5.1.1 中给出了一个(7, 4)分组码的例子，该码的信息块长度 $k=4$，编码后码字长度为 $n=7$，增加的校验位数量为 3。

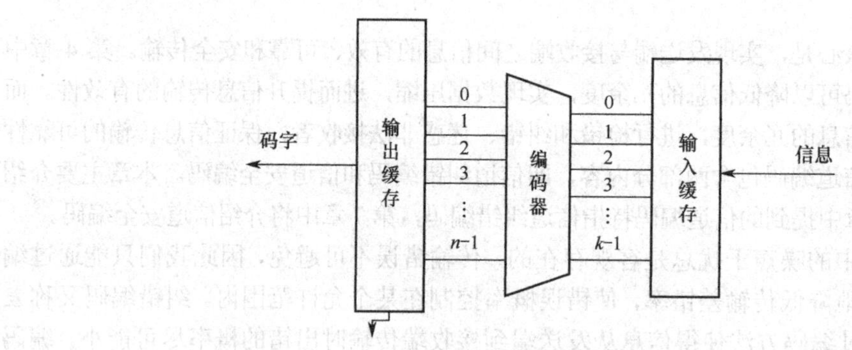

图 5.1.1 纠错编码器

表 5.1.1 (7, 4)分组码

消 息	码 字	消 息	码 字
0000	0000000	0001	0001111
1000	1000110	1001	1001001
0100	0100101	0101	0101010
1100	1100011	1101	1101100
0010	0010011	0011	0011100
1010	1010101	1011	1011010
0110	0110110	0111	0111001
1110	1110000	1111	1111111

若编码器使用当前信息块及多个之前的信息块进行编码来产生当前的输出，则该编码方法是有记忆的，称为卷积码。卷积码同样可将长度为 m 的信息序列编码为长度为 n 的码字序列，但是当前码字不仅与当前输入的 k 位信息块相关，而且与之前的 m 个信息块相关，因此该编码是有记忆的，记忆长度为 m。卷积码同样通过增加冗余位来进行差错控制，实现检错、纠错。卷积码中的 k 和 n 通常为较小的整数，在 k、n 和码率 R 不变的前提下，通过增加记忆长度 m 来增加冗余。通过增加记忆长度来实现信息在有噪信道中的可靠传输是设计卷积码的主要问题。图 5.1.2 中给出了一个二进制前向反馈卷积码的编码电路，该卷积码中 $k=1$，$n=2$，$m=2$。根据图中所示的编码过程，假设信息序列 $\boldsymbol{u}=(1101000\cdots)$，其中最左侧的位是最先输入编码器的信息位。假设最右侧的转换开关首先提取上方的异或输出位，利用"异或"求和规则，可得编码后的输出码字序列 $\boldsymbol{v}=(11,10,10,00,01,11,00,00,00,\cdots)$ 。

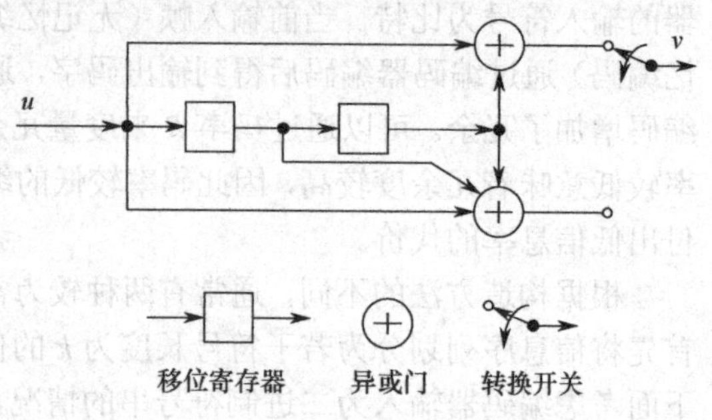

图 5.1.2 二进制前向反馈卷积码的编码电路

信息输入信道之前经过纠错编码，然后输入有噪信道，在接收端接收前必然经过纠错译码将信息进行还原。译码器的作用就是判定究竟发送端发送的是哪条信息。由于经过了编码，因此只有某些特定的符号序列才是码字，一旦传输中产生错误，被传输的符号序列就有可能出错而变为非码字序列。对于无记忆信道而言，最好的译码方法是将接收到的符号序列与所有码字进行比较，找到最接近的码字作为译码器输出。序列之间的差异性通常通过距离来度量，这种方法称为**最小距离译码**。由于比较所有序列的工作量非常大，因此实际采用的译码方法通常不是真正的最小距离方法。

无论采用怎样的编码、译码方法，编码系统通常都具有以下特性：(1) 系统总是试图纠正最有可能发生的错误，但是必须承认有些小概率错误是未被纠正的；(2) 采用纠错方法时，若译码器没有完全正确地进行译码，则有可能导致更加严重的错误。

与信源译码是信源编码的反变换不同，信道译码与信道编码不存在这样的关系。选择怎样的信道译码方法与信道中的噪声有着密切的关系，我们希望选择合适的译码方法使得信息传输过程中的平均差错率尽可能小，进而实现可靠通信。下面介绍平均差错率的定义及常见的信道译码规则。

5.1.2 平均差错率及译码规则

1. 平均差错率

纠错编译码模型如图 5.1.3 所示，一条长度为 k 的信息块 $\boldsymbol{u}=(u_0,u_1,\cdots,u_{k-1})$ 经过信道编码器后，编码得到长度为 n 的码字 $\boldsymbol{v}=(v_0,v_1,\cdots,v_{n-1})$。将其传送到信道中，信道输出是长度为 n 的符号串 $\boldsymbol{r}$。译码器根据接收序列 $\boldsymbol{r}$ 来产生估算信息 $\hat{\boldsymbol{u}}$。由于信道编码器的输入与输出为一一映射，因此译码器也可对 $\boldsymbol{v}$ 进行估算，得到估算码字 $\hat{\boldsymbol{v}}$，即可通过映射关系得到估算信息 $\hat{\boldsymbol{u}}$。显然，当且仅当 $\hat{\boldsymbol{v}}=\boldsymbol{v}$ 时 $\hat{\boldsymbol{u}}=\boldsymbol{u}$。译码规则是指对每个可能的接收符号串 $\boldsymbol{r}$ 选择相应估算码字 $\boldsymbol{v}$ 的策略。

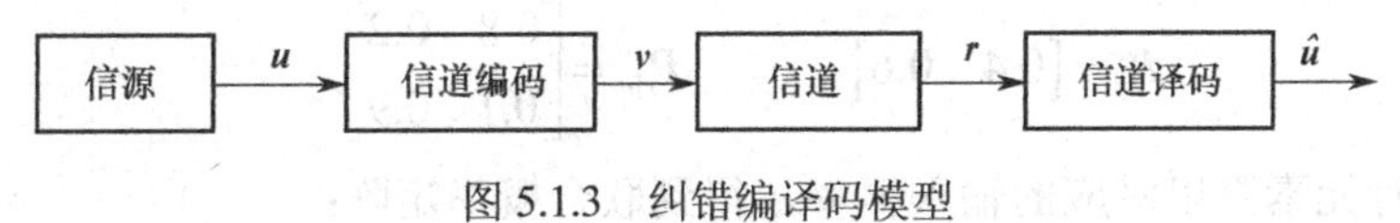

图 5.1.3　纠错编译码模型

若编码器发送码字 $\boldsymbol{v}$，当且仅当 $\hat{\boldsymbol{v}}\neq\boldsymbol{v}$ 时，译码出错。给定接收序列 $\boldsymbol{r}$ 后，译码器的正确译码概率为 $P(\hat{\boldsymbol{v}}=\boldsymbol{v}|\boldsymbol{r})$。译码器的条件错误概率定义为

$$P(E|\boldsymbol{r})\triangleq P(\hat{\boldsymbol{v}}\neq\boldsymbol{v}|\boldsymbol{r})=1-P(\hat{\boldsymbol{v}}=\boldsymbol{v}|\boldsymbol{r}) \tag{5.1.1}$$

考虑到所有可能的接收序列 $\boldsymbol{r}$，译码条件错误概率的统计平均称为**平均译码错误概率**或**平均差错率**，它定义为

$$P(E)=\sum_{\boldsymbol{r}}P(\boldsymbol{r})P(E\,|\,\boldsymbol{r})=\sum_{\boldsymbol{r}}P(\boldsymbol{r})\{1-P(\hat{\boldsymbol{v}}=\boldsymbol{v}|\boldsymbol{r})\} \tag{5.1.2}$$

式中，$P(\boldsymbol{r})$ 为接收序列 $\boldsymbol{r}$ 的概率，与译码规则无关。将上式展开变形，还可得到平均差错率的其他计算式：

$$P(E)=\sum_{\boldsymbol{r}}P(\boldsymbol{r})\{1-P(\hat{\boldsymbol{v}}=\boldsymbol{v}|\boldsymbol{r})\}=1-\sum_{\boldsymbol{r}}P(\hat{\boldsymbol{v}}=\boldsymbol{v},\boldsymbol{r}) \tag{5.1.3}$$

从数学角度讲，信道编码是一个变换或函数，称为**编码函数**，记为 f；信道译码也一样，译码函数记为 F。与信源编码一样，信道编码也是一一对应变换，只要确定了正变换 f，其反变换 f^{-1} 就唯一地确定了。因此，在讨论译码函数 F 时，只考虑从 $\boldsymbol{r}$ 中还原出 $\boldsymbol{v}$ 即可，这种信道译码模型如图 5.1.4 所示。

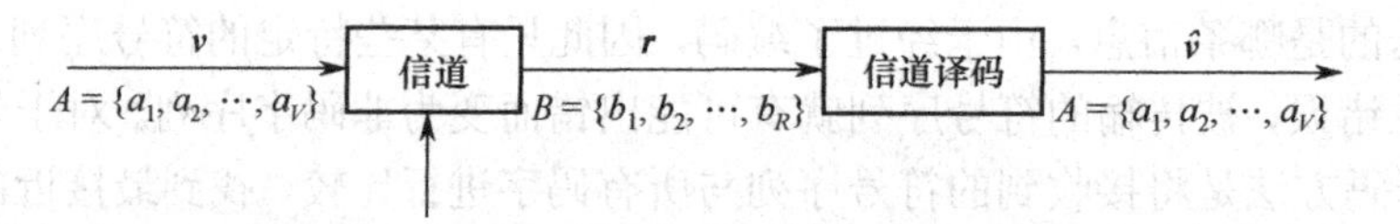

图 5.1.4　信道译码模型

定义 5.1　信道译码函数 F 是从输出符号集合 B 到输入符号集合 A 的映射：

$$F(b_j)=a_j^*\in A\,,\ j=1,2,\cdots,V \tag{5.1.4}$$

其含义是，将接收符号 $b_j\in B$ 译为某个输入符号 $a_j^*\in A$。译码函数又称**译码规则**。

译码规则确定后，接收到符号串 $\boldsymbol{r}=[b_j]$，此时可根据译码规则得到估算码字 $\hat{\boldsymbol{v}}=[F(b_j)]$，从而可以根据映射关系进一步得到估算信息 $\hat{\boldsymbol{u}}$。译码规则是人为制定的，对同一个信道可制定多种译码规则。例如，对于二元对称信道（BSC），可制定 4 种不同的译码规则，如图 5.1.5 所示。由于供同一个信道选用的译码规则有多种，因此我们必须从中找出一种“好”的译码规则，其中“好”的标准是平均差错率小。

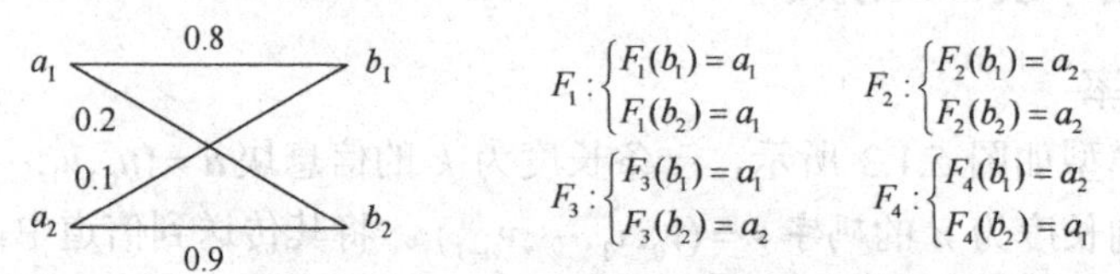

图 5.1.5　BSC 及 4 种不同的译码规则

【例 5.1】 在图 5.1.5 中，假设 $P(a_1)=0.4$，分别求 4 种译码规则对应的平均差错率。

解： 信道输入概率矩阵和转移矩阵分别为

$$\boldsymbol{P}_{\boldsymbol{v}}=\begin{bmatrix}0.4 & 0.6\end{bmatrix},\qquad \boldsymbol{P}_{\boldsymbol{r}|\boldsymbol{v}}=\begin{bmatrix}0.8 & 0.2\\ 0.1 & 0.9\end{bmatrix}$$

将转移矩阵各行元素乘以对应的输入概率，得到联合概率矩阵：

$$\boldsymbol{P}_{\boldsymbol{vr}}=\begin{bmatrix}0.32 & 0.08\\ 0.06 & 0.54\end{bmatrix}$$

根据式（5.1.3），可得译码规则 F_1 对应的平均差错率为

$$P(E)_1=1-\sum_{\boldsymbol{r}\in\boldsymbol{B}}P(\hat{\boldsymbol{v}}=F_1(\boldsymbol{r}),\boldsymbol{r})=1-\left[P\left(a_1,b_1\right)+P\left(a_1,b_2\right)\right]=1-\left(0.32+0.08\right)=0.6$$

同理，另外三种译码规则的平均差错率分别为 $P(E)_2=0.4$，$P(E)_3=0.14$，$P(E)_4=0.86$。我们认为平均差错率较低的译码规则更好，因此在这 4 种译码规则中 F_3 最好，F_4 最差。

2. 最佳译码规则

信道编译码的目的是提升通信的可靠性，即使得信息传输的平均差错率最小。最小差错率译码规则是指在给定信息、码字集合和信道的前提下，使得译码平均差错率最低的规则。由平均差错率的定义式（5.1.2）可见，要使 $P(E)$ 最小，需要使所有接收序列 $\boldsymbol{r}$ 对应的条件差错概率 $P(E|\boldsymbol{r})=P(\hat{\boldsymbol{v}}\neq\boldsymbol{v}|\boldsymbol{r})$ 最小。由于使 $P\left(\hat{\boldsymbol{v}}\neq\boldsymbol{v}|\boldsymbol{r}\right)$ 最小等同于使 $P(\hat{\boldsymbol{v}}=\boldsymbol{v}|\boldsymbol{r})$ 最大，要想使平均差错率最小，就需要对给定的接收符号 $\boldsymbol{r}$ 选择可使译码正确概率 $P(\hat{\boldsymbol{v}}=\boldsymbol{v}|\boldsymbol{r})$ 达到最大的估算码字 $\hat{\boldsymbol{v}}$。因此，我们可按如下方法来确定最佳译码规则。若接收符号 $\boldsymbol{r}=[b_j]$，要将其译为某个输入符号，则可先计算出所有以 b_j 为条件的输入符号的概率，即后验概率：

$$\{P(a_1|b_j), P(a_2|b_j), \cdots, P(a_R|b_j)\} \tag{5.1.5}$$

比较这些后验概率，找出其中最大的一个，这个后验概率对应的输入符号为 $a_j^* \in A$，于是就将 b_j 译为 a_j^*，即 $\hat{\boldsymbol{v}} = [F(b_j)] = [a_j^*]$。对所有 $b_j, j = 1, 2, \cdots, s$ 都如此进行，就可定出最佳译码规则。由于此译码规则是由后验概率最大原则得出的，因此又称**最大后验概率译码规则**。

平均差错率有多种表达形式。根据式（5.1.3），要让平均差错率 $P(E)$ 最小，就要使所有的 $P(\hat{\boldsymbol{v}} = \boldsymbol{v}, \boldsymbol{r})$ 达到最大。若接收符号 $\boldsymbol{r} = [b_j]$，要将其译为某个输入符号，则需要计算出所有与 b_j 相关的联合概率，即

$$\{P(a_1, b_j), P(a_2, b_j), \cdots, P(a_R, b_j)\} \tag{5.1.6}$$

比较这些联合概率，找出其中最大的一个，这个联合概率对应的输入符号 a_j^* 即为译码结果：$\hat{\boldsymbol{v}} = [F(b_j)] = [a_j^*]$。由于该译码规则是由联合概率最大原则得出的，因此又称**最大联合概率译码规则**。

上述两种译码规则都是以平均差错率最大为原则进行定义的，因此最大后验概率译码规则和最大联合概率译码规则均为**最佳译码规则**。由两种方法推得的译码规则结果是一样的，只不过两种方法不同，因此可以说这两种规则是等价的。

【例 5.2】 在图 5.1.5 中，若 $P(a_1) = 0.4$，求最佳译码规则。

解： 例 5.1 中已求出联合概率矩阵，如下：

$$\boldsymbol{P}_{\boldsymbol{v}|\boldsymbol{r}} = \begin{matrix} b_1 & b_2 & \\ \left[\begin{matrix} \underline{0.32} & 0.08 \\ 0.06 & \underline{0.54} \end{matrix}\right] & & \begin{matrix} a_1 \\ a_2 \end{matrix} \end{matrix}$$

式中，与输出符号对应的各列最大的联合概率已加了下画线，最大联合概率译码规则为

$$F(b_1) = a_1,\ F(b_2) = a_2$$

这就是最佳译码规则，与图 5.1.5 中的 F_3 一致。例 5.1 中已求出 F_3 对应的差错率 $P_e(F_3) = 0.14$，是差错率最小的译码规则。按最大后验概率条件确定译码规则时，会得出相同的结果。根据联合概率矩阵，利用概率的乘法关系：

$$P(a_i \mid b_j) = \frac{P(a_i, b_j)}{P(b_j)} = \frac{P(a_i, b_j)}{\sum_{i=1}^{R} P(a_i, b_j)} \tag{5.1.7}$$

可进一步求出后验概率矩阵：

$$\boldsymbol{P}_{\boldsymbol{v}|\boldsymbol{r}} = \left[\begin{matrix} \underline{0.8421} & 0.1290 \\ 0.1579 & \underline{0.8710} \end{matrix}\right]$$

找出每列的最大值，得最大后验概率译码规则如下：

$$F(b_1) = a_1,\quad F(b_2) = a_2$$

可见两种方法得到了同样的译码函数，都是最佳译码规则。

由例 5.2 可见，在已知信道输入符号概率集合与信道转移概率的前提下，可首先直接求出联合概率，然后进一步求得后验概率，因此采用最大联合概率译码规则要比采用最大后验概率译码规则更直接，运算上更简单。因此，在已知信道输入符号概率集合与信道转移概率的前提下，通常采用最大联合概率译码规则来确定最佳译码规则。

3. **极大似然译码规则**

若信息块 $\boldsymbol{u}$ 是等概率分布的，则编码器输出码字 $\boldsymbol{v}$ 也是等概率分布的，即对所有的输出码字 $\boldsymbol{v}$，其概率 $P(\boldsymbol{v})$ 相等。根据概率的乘法关系

$$P(\boldsymbol{v},\boldsymbol{r}) = P(\boldsymbol{v}) \cdot P(\boldsymbol{r} \mid \boldsymbol{v}) \tag{5.1.8}$$

可知，使 $P(\boldsymbol{v},\boldsymbol{r})$ 最大化等同于使 $P(\boldsymbol{r} \mid \boldsymbol{v})$ 最大化。译码时选择适当的估算码字 $\hat{\boldsymbol{v}}$ 使得转移概率 $P(\boldsymbol{r} \mid \boldsymbol{v})$ 达到最大值，该译码规则称为极大似然译码（Maximum Likelihood Decoder，MLD）规则。在信道输入等概率时，最佳译码规则可简化为极大似然译码规则。

对于 DMC 而言，有

$$P(\boldsymbol{r} \mid \boldsymbol{v}) = \prod_i P(r_i \mid v_i) \tag{5.1.9}$$

由于 $\log_2 x$ 是关于 x 的单调递增函数，式（5.1.9）最大化等价于最大化其对数函数，即

$$\log P(\boldsymbol{r} \mid \boldsymbol{v}) = \sum_i \log P(r_i \mid v_i) \tag{5.1.10}$$

若码字 $\boldsymbol{v}$ 不是等概率分布的，则根据式（5.1.8），条件概率 $P(\boldsymbol{r} \mid \boldsymbol{v})$ 须乘以权值 $P(\boldsymbol{v})$ 后来寻找使得 $P(\boldsymbol{v}, \boldsymbol{r})$ 最大化的估算码字，此时极大似然译码规则未必是最佳译码规则。

【例 5.3】 已知信道的转移概率矩阵如下，求极大似然译码规则，并讨论此时能否计算其平均差错率。

$$\boldsymbol{P}_{\boldsymbol{r}|\boldsymbol{v}} = \begin{bmatrix} 0.5 & 0.4 & 0.1 \\ 0.4 & 0.3 & 0.3 \\ 0.2 & 0.5 & 0.3 \end{bmatrix}$$

解： 根据极大似然译码规则的规定，接收到符号 $\boldsymbol{r}$ 后，需要选择使得转移概率 $P(\boldsymbol{r} \mid \boldsymbol{v})$ 最大的输入符号进行译码，即在转移概率矩阵的每一列中寻找最大值，标出如下：

$$\boldsymbol{P}_{\boldsymbol{r}|\boldsymbol{v}} = \begin{bmatrix} \underline{0.5} & 0.4 & 0.1 \\ 0.4 & 0.3 & \underline{0.3} \\ 0.2 & \underline{0.5} & 0.3 \end{bmatrix}$$

因此最大似然译码规则为

$$F(b_1) = a_1,\ F(b_2) = a_3,\ F(b_3) = a_2 \text{或} a_3$$

由于已知条件只给出了转移概率矩阵，无法求得联合概率，因此无法求出极大似然译码规则的平均差错率。

上例中未给出输入概率，因此无法采用最佳译码规则进行译码。事实上，在很多情况下，编码输出码字 $\boldsymbol{v}$ 的概率分布是未知的，此时无法使用最佳译码规则进行译码，而只能采用极大似然译码规则进行译码，而且还不知道平均差错率是多少。这就使得我们在使用该规则时多少存在一些疑虑。其实，这种担心是多余的。因为在实际通信系统中，信源发出的信息在送达信道前首先要进行信源编码，经过有效的信源编码后，输出码字的概率分布会均匀化，因此信道的输入分布近似为等概率分布。根据上述讨论，当信道的输入信息为等概率分布时，采用极大似然译码规则可使平均差错率最小，此时极大似然译码规则等价于最佳译码规则。

4. **最小距离译码规则**

下面将极大似然译码规则运用到 BSC。此时，$\boldsymbol{r}$ 为一串二进制序列，由于信道中存在噪声，该序列中某些位置的符号可能与信道输入码字 $\boldsymbol{v}$ 不同，即有些比特位的传输会出错。当

二进制序列中的第 i 位出错即 $r_i \neq v_i$ 时，$P(r_i|v_i)=p$；相反，当传输正确即 $r_i = v_i$ 时，$P(r_i|v_i)=1-p$。我们用 $d(\boldsymbol{r},\boldsymbol{v})$ 来表示等长序列 $\boldsymbol{r}$ 与 $\boldsymbol{v}$ 的距离，即两序列对应位置上不同符号的个数，且称其为**汉明距离**。该距离可用来度量两个相同长度符号序列的“相似”程度：汉明距离越小，两个符号串的相似度越高；反之，两个符号串的相似度越低。对于一个码长为 n 的分组码，式（5.1.10）可化为

$$
\begin{aligned}
\log P(\boldsymbol{r}\,|\,\boldsymbol{v}) &= d(\boldsymbol{r},\boldsymbol{v})\log p + \left[n - d(\boldsymbol{r},\boldsymbol{v})\right]\log(1-p) \\
&= d(\boldsymbol{r},\boldsymbol{v})\log\frac{p}{1-p} + n\log(1-p)
\end{aligned}
\tag{5.1.11}
$$

由于 $p<\frac{1}{2}$，故 $\log\frac{p}{1-p}<0$；第二项 $n\log(1-p)$ 为常数。由于 $\log_2\frac{p}{1-p}<0$，故 $\log P(\boldsymbol{r}\,|\,\boldsymbol{v})$ 是关于 $d(\boldsymbol{r},\boldsymbol{v})$ 的单调递减函数，要使 $\log P(\boldsymbol{r}\,|\,\boldsymbol{v})$ 最大化，就要选择适当的估算码字 $\hat{\boldsymbol{v}}$ 使 $d(\boldsymbol{r},\boldsymbol{v})$ 最小化，即选择与接收序列 $\boldsymbol{r}$ 差别位数最少的码字作为估算码字。因此，对于 BSC 而言，极大似然译码规则有时也称**最小距离译码规则**。若输入集合的符号等概率分布，则最小距离译码规则等价为最佳译码规则。

某 BSC 的输入符号集合为 $\{00111, 10010, 11100, 00001\}$，接收端收到符号串 $\boldsymbol{r}=00110$，根据最小距离译码规则判断 $\boldsymbol{r}$ 与输入符号集合中各码字的汉明距离，可得

$$
d_{\min}(\boldsymbol{r},\boldsymbol{v}) = d(00110, 00111) = 1
$$

因此，译码后估算码字 $\hat{\boldsymbol{v}}=00111$。可见，利用最小距离译码规则进行译码，只要分别求出接收符号序列 $\boldsymbol{r}$ 与输入符号集合中的各个码字的汉明距离，找到最小的那个，其对应的码字即为估算码字 $\hat{\boldsymbol{v}}$。

5.1.3　分组码举例

为了进一步理解纠错码的作用，下面给出一个二进制分组码的例子。表 5.1.1 中给出了一个(7, 4)分组码的例子，通过该表可以查找不同信息块 $\boldsymbol{u}$ 对应的编码码字进行编码，得到码字 $\boldsymbol{v}$。码字在有噪信道的传输过程中引入了噪声，译码器将接收序列 $\boldsymbol{r}$ 与表 5.1.1 中的每个码字进行对比，找到最小汉明距离的码字作为估算码字进行译码。假设我们发送信息 1100，查找表 5.1.1 可得对应码字为 1100011。观察可得，码字中包含了 4 位信息位和 3 位校验位；这些校验位实际上是由信息位按照有关函数计算得到的，起检错、纠错的作用。若码字是按“信息位+校验位”（或“校验位+信息位”）这样的结构组成的，则称该码为**系统码**。

我们在码字序列中引入 1 位错误，假设信道输出序列为 1000011。译码器收到该序列后将其与每个码字进行对比，如表 5.1.2 所示，只有一个码字 1100011 与接收序列相差 1 位，因此选择该码字为估算码字，根据表 5.1.1 可得估算信息为 1100，与原始信息一致，因此该(7, 4)分组码实现了 1 位纠错。在这个例子中，1 位差错恰好出现在信息位中，若校验位出现了 1 位差错，则利用相似的分析过程可得到正确的估算信息，因此该码总可纠正 1 位错误。

再来看信道传输中出现 2 位错误会发生什么。假设码字 1100011 引入了 2 位错误，信道输出序列为 1101001，计算该序列与各码字的汉明距离，可得表 5.1.3。译码器将接收序列 1101001 译为最相似的码字 1001001，得到估算信息为 1001，显然此时译码出错。经过更多的尝试，可以发现该码可以保证纠正 1 位错误，但不能纠正 2 位或更多位错误。

表 5.1.2 1 位错误举例

接收序列 r	码字 v	汉明距离
1000011	0000000	3
1000011	1000110	2
1000011	0100101	4
1000011	1100011	1
1000011	0010011	2
1000011	1010101	3
1000011	0110110	5
1000011	1110000	4
1000011	0001111	3
1000011	1001001	2
1000011	0101010	4
1000011	1101100	5
1000011	0011100	6
1000011	1011010	3
1000011	0111001	5
1000011	1111111	4

表 5.1.3 2 位错误举例

接收序列 r	码字 v	汉明距离
1101001	0000000	4
1101001	1000110	5
1101001	0100101	3
1101001	1100011	2
1101001	0010011	5
1101001	1010101	4
1101001	0110110	6
1101001	1110000	3
1101001	0001111	4
1101001	1001001	1
1101001	0101010	3
1101001	1101100	2
1101001	0011100	5
1101001	1011010	4
1101001	0111001	2
1101001	1111111	3

大多数码都存在这种情况：译码器接收序列和 2 个或多个码字具有同样的汉明距离且为最小距离，译码器无法进行译码，此时译码器可以检测到错误，但不能纠正错误。例如，对于表 5.1.4 中给出的一个简单例子，该码可以纠正所有的 1 位错误序列，但在纠正某些 2 位错误

表 5.1.4 (5, 2)分组码举例

信息块 u	码字 v
00	00000
01	01011
10	10101
11	11110

序列时会出错（如码字 01011 出错后得到序列 00001）。有些 2 位错误序列由于与多个码字具有相同的距离，因此无法得到纠正（如码字 01011 出错后得到序列 10011）。

5.2 有噪信道编码定理

在有噪信道上传递信息时难免会出现差错；噪声越严重，差错出现的可能性就越大。为了降低平均差错率，可将每条消息重复传送若干次，但这样做又会降低信息传递的速度。是否可以找到一种信道编码方法同时保证差错率和信息传输速度的要求呢？1948 年，香农从理论上得出结论：对于有噪信道，只要通过足够复杂的编码方法，就能使信息率达到信道的极限通过能力——信道容量，同时使平均差错率逼近零。这一结论称为*香农第二编码定理*或*有噪信道编码定理*，是有关信息传输的最基本结论。

香农第二编码定理实际上是一个存在性定理，它指出：当 $R<C$ 时，肯定存在一种好的信道编码方法，能够编出一种好码，用这种好码来传送消息可使 P_e 逼近零。但香农并没有给出能够找到好码的具体方法。

定理 5.1（有噪信道编码定理）若信道是离散、无记忆、平稳的，且信道容量为 C，则只要待传送的信息率 $R<C$，就一定能找到一种信道编码方法，使得当码长 N 足够大时，平均差错率 P_e 任意接近零。

5.2.1 有噪打字机举例

为了进一步理解有噪信道编码定理，下面举一个应用实例。图 5.2.1(a)中给出了一个关于有噪打字机的例子，由于噪声的存在，打字机的输出字母与实际输入字母可能存在差异。若把打字机视为信道，则该信道是存在噪声的。图 5.2.1(a)中给出了打字机信道输入与输出的对应关系：每个输入字母可能产生字母表中离该字母最近的三个输出字母。例如，在打字机键盘上敲字母 B 后，打字机的实际输出可能是字母 A、B 或 C，这三个输出的发生概率是相同的，均为 1/3。类似地，在键盘上敲字母 C 后，打字机的输出可能是 B、C 或 D；敲字母 D 后，输出可能是 C、D 或 E，以此类推。我们将空格（space，SP）放在字母 Z 前面，将 Z 作为第 27 个字母来处理。由于一个输出的字母（如字母 C）可能由 3 个字母输入得到（如字母 B、C 或 D），因此由输出字母不能确定输入字母。可见，这种情况下打字机信道存在噪声，传输中可能会产生差错。

然而，采用信道编码的方法，我们可让信息在这个有噪信道中进行无差错传输。假设我们从字母 B 开始，在字母表中每三个字母选取一个输入字母，如图 5.2.1(b)所示，由于每个输出的三连字母组都不重合相交，因此根据输出字母可以确定输入字母。译码方法则通过输入字母-输出字母映射关系［见图 5.2.1(b)］查找来得到估算的输入字母，该表是互不相交的三连字母组与一个输入符号的一一对应。例如，若信道的输出为

XFZAEYXDU

则由图 5.2.1(b)可恢复原始信息为

WE BE WET

有噪打字机举例

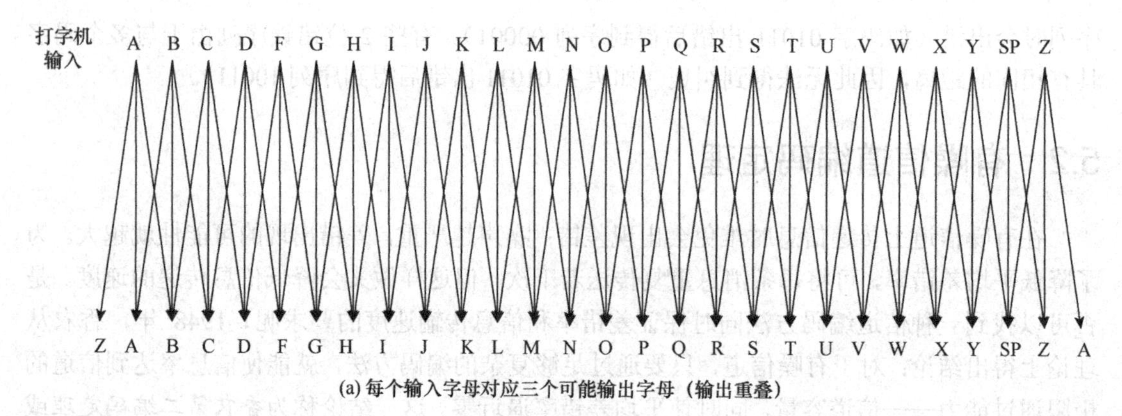

(a) 每个输入字母对应三个可能输出字母（输出重叠）

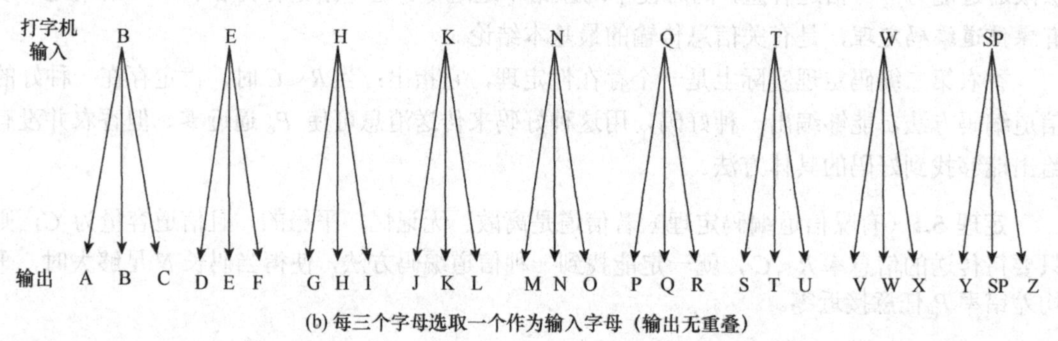

(b) 每三个字母选取一个作为输入字母（输出无重叠）

图 5.2.1　有噪打字机例子

该编码共有 9 个可能的输入字母，若所有输入字母出现的概率相同（即等概率分布），假设我们每秒可敲一个字母，则信道的输入符号熵为

$$H(X)=\log_2 9=3.17\ \text{比特/秒} \tag{5.2.1}$$

由于 9 个输入字母等概率分布，所以 27 个输出字母也等概率分布，因此输出符号熵为

$$H(Y)=\log_2 27=4.75\ \text{比特/秒} \tag{5.2.2}$$

每个输入字母有 3 个可能的输出字母，且 3 个输出符号的概率相同，因此给定输入符号 X 后，对输出符号 Y 的平均不确定性是条件熵：

$$H(Y|X)=\log_2 3=1.58\ \text{比特/秒} \tag{5.2.3}$$

由第 3 章可知，条件概率 $H(Y|X)$ 反映了信道的噪声熵。通过上述分析，我们可以计算出互信息量为

$$I(X;Y)=H(Y)-H(Y|X)=4.75-1.58=3.17\ \text{比特/秒} \tag{5.2.4}$$

由于使用该编码的信息传输差错率为 0，因此收到信道输出符号 Y 后，对输入符号 X 的平均不确定性（疑义度）$H(X|Y)$ 为 0。由此，我们可计算平均互信息量为

$$I(X;Y)=H(X)-H(X|Y)=3.17-0=3.17\ \text{比特/秒} \tag{5.2.5}$$

由于平均互信息量 $I(X;Y)$ 不可能大于输入符号熵 $H(X)$，当平均互信息量等于符号熵时，信道容量 C 等于平均互信息量。可见，使用该编码后，信息在该有噪信道中传输的平均差错率为 0，且信息率 R 达到信道容量 C，此时我们说该编码达到香农极限，即在保证信息可靠传输的前提下，信息率达到最大值。

由于只能传输 9 个输入字母，所以打字机并未完全得到利用。然而，我们可以通过上述编码方法将该有噪设备转换为可靠传输信道。如果把该有噪打字机视为通信信道，那么我们可以对任何信息进行编码，进而实现在该有噪信道上的可靠传输。例如，如果信息是 27 个等概率分布的字母，那么需要 $\log_2 27 = 4.75$ 个二进制符号来表示每个字母。根据之前的分析，每个敲击的字母［如图 5.2.1(b)中的 B, E, H, …］包含 3.17 比特，因此可以采用 2 位敲打字母来传送信息中的每个字母［如图 5.2.1(a)中 A, B, C, …］。采用这种方法，我们可以有效地将一台有噪打字机转换为一个全功能的无噪通信信道。在这个例子中，经过编码后，平均差错率为 0。

在有噪信道编码定理中，香农证明了对于任意数据集合，只要 $R \leqslant C$，其平均差错率就可以趋于任意小，这是一种非同寻常的方法。

5.2.2 定理讨论

为便于读者理解，下面简要介绍有噪信道编码定理的证明思路。具体的证明过程中用到了很多数学工具，详见附录 A。

这里考虑一个具有固定数量噪声和信道容量 C 的离散信道或连续信道。对等概率的 N 条不同信息 $\boldsymbol{u}_1, \boldsymbol{u}_2, \cdots, \boldsymbol{u}_N$ 编码后，将得到的对应码字 $\boldsymbol{v}_1, \boldsymbol{v}_2, \cdots, \boldsymbol{v}_N$ 输入有噪信道，且输入符号熵 H 小于信道容量 C。现在想象建立一个不同寻常的码书：其中的每个随机输入码字 $\boldsymbol{v}_i$ 经过信道后，得到一个随机但固定的输出 $\boldsymbol{r}_i$。偶然情况下，某些不同的输出会对应相同或非常相似的输入码字，反之亦然，于是就会导致串扰。此时，如果我们使用该码书对信道输出进行译码，那么会导致一部分错误估算，这部分错误估算就是该码书的错误概率。重复这样的过程，直到算出所有可能的码书对应的错误概率，就可得到平均差错率。

香农证明了只要 $R \leqslant C$，随着输入码字长度的增加，对所有码书的差错率求平均后得到的平均差错率就趋于 0。因此，如果我们只用较长的输入码字，那么平均差错率 ε 就会很小，此时一定至少存在一个码书使得差错接近 ε。注意，如果所有码书都具有相同的差错率 ε，那么其平均差错率也是 ε；但是，如果有一个码书的差错大于 ε，那么至少存在一个码书的差错率小于 ε。

香农关于有噪信道编码定理证明的基本思路如下：

（1）允许平均差错率任意接近零的非零差错率。

（2）连续多次使用信道，即在 N 次无记忆扩展信道中讨论，使得大数定理有效。

（3）对码书进行随机选择，求所有码书的差错率的平均值，当信道扩展数 N 足够大时，该平均差错率趋于零，由此证明至少有一个好码存在。

具体证明过程详见附录 A。

5.2.3 有噪信道编码逆定理

香农第二编码定理指出，当 $R < C$ 时，一定存在 P_e 逼近零的好码。反过来，当 $R > C$ 时，情况又如何呢？香农的有噪信道编码逆定理给出了答案，见定理 5.2。

定理 5.2（有噪信道编码逆定理）若信道是离散、无记忆、平稳的，且信道容量为 C，信息率 $R > C$，则找不到一种信道编码方法，使得当码长 N 足够大时，平均差错率 P_e 任意接近零。

有噪信道编码定理告诉我们，当 $R < C$ 时，通过编码可使 P_e 逼近零；有噪信道编码逆定理则说明，当 $R > C$ 时，无论如何编码，都不可能使 P_e 逼近零。因此，信道容量 C 是确保可靠传输的信息传输率的上限。香农第二编码定理及其逆定理的证明详见附录 A。

5.3 线性分组码

分组码是一种重要的纠错码，大多数有效的分组码都具有“线性”特性（称该码具有线性特性，当且仅当码中的任意两个码字模 2 加后仍为该码的码字）。我们将具有线性特性的分组码称为线性分组码（Linear Block Code）。表 5.3.1 中给出了一个(7, 4)线性分组码的例子，可以验证该码中的任意两个码字求和后仍为该码的码字。

表 5.3.1 (7, 4)线性分组码

消 息	码 字	消 息	码 字
0000	0000000	0001	1010001
1000	1101000	1001	0111001
0100	0110100	0101	1100101
1100	1011100	1101	0001101
0010	1110010	0011	0100011
1010	0011010	1011	1001011
0110	1000110	0111	0010111
1110	0101110	1111	1111111

5.3.1 线性分组码编码

1. 生成矩阵与一致校验矩阵

由于(n, k)线性分组码 C 为一个 N 重 k 维线性空间的子集，因此可能找到 k 个线性独立的码字 $\boldsymbol{g}_0,\boldsymbol{g}_1,\cdots,\boldsymbol{g}_{k-1}$，使得码 C 中的每个码字都是这 k 个码字的线性组合，即

$$\boldsymbol{v}=u_0\boldsymbol{g}_0+u_1\boldsymbol{g}_1+\cdots+u_{k-1}\boldsymbol{g}_{k-1} \tag{5.3.1}$$

式中，u_i 为 0 或 1，$0\leqslant i\leqslant k$。若把 k 个线性独立的码字作为一个 k 行 n 列矩阵的行，则可得到矩阵

$$\boldsymbol{G}=\begin{bmatrix}\boldsymbol{g}_0\\ \boldsymbol{g}_1\\ \vdots\\ \boldsymbol{g}_{k-1}\end{bmatrix}=\begin{bmatrix}g_{00} & g_{01} & \cdots & g_{0,n-1}\\ g_{10} & g_{11} & \cdots & g_{1,n-1}\\ \vdots & \vdots & \ddots & \vdots\\ g_{k-1,0} & g_{k-1,1} & \cdots & g_{k-1,n-1}\end{bmatrix} \tag{5.3.2}$$

式中，$\boldsymbol{g}_i=(g_{i0},g_{i1},\cdots,g_{i(n-1)})$，$0\leqslant i\leqslant k$。若需要编码的信息为 $\boldsymbol{u}=(u_0,u_1,\cdots,u_{k-1})$，则对应的码字为

$$\boldsymbol{v}=\boldsymbol{u}\boldsymbol{G}=(u_0,u_1,\cdots,u_{k-1})\begin{bmatrix}\boldsymbol{g}_0\\ \boldsymbol{g}_1\\ \vdots\\ \boldsymbol{g}_{k-1}\end{bmatrix}=u_0\boldsymbol{g}_0+u_1\boldsymbol{g}_1+\cdots+u_{k-1}\boldsymbol{g}_{k-1} \tag{5.3.3}$$

可见，矩阵 $\boldsymbol{G}$ 的各行生成了(n, k)线性分组码 C，称矩阵 $\boldsymbol{G}$ 为 C 的生成矩阵，$\boldsymbol{v}=\boldsymbol{u}\times\boldsymbol{G}$ 为线性分组码的生成式。因此，只需首先在编码器中存储生成矩阵 $\boldsymbol{G}$ 的 k 行，然后根据输入信息 $\boldsymbol{u}=(u_0,u_1,\cdots,u_{k-1})$ 生成对应码字，即可完成编码。

【**例 5.4**】表 5.3.1 中给出的(7, 4)线性分组码具有如下生成矩阵：

$$G=\begin{bmatrix} g_0 \\ g_1 \\ g_2 \\ g_3 \end{bmatrix}=\begin{bmatrix} 1 & 1 & 0 & 1 & 0 & 0 & 0 \\ 0 & 1 & 1 & 0 & 1 & 0 & 0 \\ 1 & 1 & 1 & 0 & 0 & 1 & 0 \\ 1 & 0 & 1 & 0 & 0 & 0 & 1 \end{bmatrix}$$

根据生成矩阵计算信息 $\boldsymbol{u}$ 对应的码字 $\boldsymbol{v}$。

解：若 $\boldsymbol{u}=(1101)$，则根据 $\boldsymbol{G}$ 可求得其对应的码字为

$$\begin{aligned} \boldsymbol{v} &= 1\cdot \boldsymbol{g}_0+1\cdot \boldsymbol{g}_1+0\cdot \boldsymbol{g}_2+1\cdot \boldsymbol{g}_3 \\ &=(1101000)+(0110100)+(1010001) \\ &=(0001101) \end{aligned}$$

若码字的后（或前）k 位照搬了信息组的 k 个信息元，则称具有这种形式的码为*系统码*。如图 5.3.1 所示，系统码被分为两部分：后 k 位为信息位，用来携带信息；前 $n-k$ 位为冗余校验位，是信息位的线性组合，起检错纠错的作用；或者前后两部分可以交换位置。表 5.1.1 中的码具有最左侧 4 位为对应的信息位的特点，表 5.3.1 中的码具有每个码字最右侧 4 位为对应的信息位的特点，可见它们均为系统码。

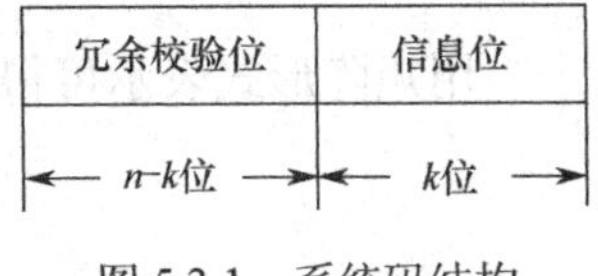

图 5.3.1 系统码结构

根据上述讨论可知，线性分组码是由生成矩阵定义的，系统码的生成矩阵 $\boldsymbol{G}$ 具有如下特殊形式：

$$\boldsymbol{G}=\begin{bmatrix} \boldsymbol{g}_0 \\ \boldsymbol{g}_1 \\ \boldsymbol{g}_2 \\ \vdots \\ \boldsymbol{g}_{k-1} \end{bmatrix}=\left[\begin{array}{cccc:ccccc} \multicolumn{4}{c}{\overbrace{\qquad\qquad\qquad}^{\text{矩阵}\boldsymbol{P}}} & \multicolumn{5}{c}{\overbrace{\qquad\qquad}^{k\times k\text{单位阵}}} \\ p_{00} & p_{01} & \cdots & p_{0,n-k-1} & 1 & 0 & 0 & \cdots & 0 \\ p_{10} & p_{11} & \cdots & p_{1,n-k-1} & 0 & 1 & 0 & \cdots & 0 \\ p_{20} & p_{21} & \cdots & p_{2,n-k-1} & 0 & 0 & 1 & \cdots & 0 \\ \vdots & \vdots & \ddots & \vdots & \vdots & \vdots & \vdots & \ddots & \vdots \\ p_{k-1,0} & p_{k-1,1} & \cdots & p_{k-1,n-k-1} & 0 & 0 & 0 & \cdots & 1 \end{array}\right] \tag{5.3.4}$$

式中，p_{ij} 等于 0 或 1。令 $\boldsymbol{I}_k$ 为 $k\times k$ 单位阵，则 $\boldsymbol{G}=[\boldsymbol{P}\ \boldsymbol{I}_k]$。若 $\boldsymbol{u}=(u_0,u_1,\cdots,u_{k-1})$，则编码后的码字为

$$\boldsymbol{v}=\left(v_0,v_1,\cdots,v_{n-1}\right)=(u_0,u_1,\cdots,u_{k-1})\cdot \boldsymbol{G} \tag{5.3.5}$$

若该码为系统码，则可得该码的码字生成式为

$$\boldsymbol{v}_{n-k+i}=\boldsymbol{u}_i,\quad 0\leqslant i<k \tag{5.3.6}$$

$$\boldsymbol{v}_j=\boldsymbol{u}_0\boldsymbol{p}_{0j}+\boldsymbol{u}_1\boldsymbol{p}_{1j}+\cdots+\boldsymbol{u}_{k-1}\boldsymbol{p}_{k-1,j},\quad 0\leqslant j<n-k \tag{5.3.7}$$

可见，码字 $\boldsymbol{v}$ 最右端的 k 位为信息位，左边 $n-k$ 位为信息位的线性组合，称为码字的校验位。式（5.3.7）的 $n-k$ 个等式称为码的*校验方程*。

例 5.4 中的生成矩阵格式是系统码格式，如果 $\boldsymbol{u}=(u_0,u_1,u_2,u_3)$，那么编码后的码字为 $\boldsymbol{v}=(v_0,v_1,v_2,v_3,v_4,v_5,v_6)$，于是有

$$\boldsymbol{v}=(u_0,u_1,u_2,u_3)\cdot\begin{bmatrix} 1 & 1 & 0 & 1 & 0 & 0 & 0 \\ 0 & 1 & 1 & 0 & 1 & 0 & 0 \\ 1 & 1 & 1 & 0 & 0 & 1 & 0 \\ 1 & 0 & 1 & 0 & 0 & 0 & 1 \end{bmatrix}$$

根据矩阵的乘法规则，可以得到如下码字生成式：

$$v_6=u_3$$

$$v_5 = u_2$$
$$v_4 = u_1$$
$$v_3 = u_0$$
$$v_2 = u_1 + u_2 + u_3$$
$$v_1 = u_0 + u_1 + u_2$$
$$v_0 = u_0 + u_2 + u_3$$

根据码字生成式可得，信息(1011)对应的码字为(1001011)。码字生成式中的最后三个等式为该码的校验方程，变形后可得

$$v_2 + v_4 + v_5 + v_6 = 0$$
$$v_1 + v_3 + v_4 + v_5 = 0$$
$$v_0 + v_3 + v_5 + v_6 = 0$$

用矩阵形式表示可得

$$\begin{bmatrix} 1 & 0 & 0 & 1 & 0 & 1 & 1 \\ 0 & 1 & 0 & 1 & 1 & 1 & 0 \\ 0 & 0 & 1 & 0 & 1 & 1 & 1 \end{bmatrix} \begin{bmatrix} v_0 \\ v_1 \\ v_2 \\ v_3 \\ v_4 \\ v_5 \\ v_6 \end{bmatrix} = \begin{bmatrix} 0 \\ 0 \\ 0 \end{bmatrix} = \mathbf{0}^{\mathrm{T}}$$

式中，$\mathbf{0}$ 为 3 行 1 列零向量，令上式中的 3×7 矩阵为

$$\boldsymbol{H} = \begin{bmatrix} 1 & 0 & 0 & 1 & 0 & 1 & 1 \\ 0 & 1 & 0 & 1 & 1 & 1 & 0 \\ 0 & 0 & 1 & 0 & 1 & 1 & 1 \end{bmatrix}$$

则称矩阵 $\boldsymbol{H}$ 为该(7, 4)分组码的一致校验矩阵。信息元与校验元之间的关系由一致校验矩阵决定。

一般的(n, k)线性分组码的一致校验矩阵为 $(n-k)\times n$ 矩阵，其系统码形式为

$$\boldsymbol{H} = \left[\boldsymbol{I}_{n-k}\boldsymbol{P}^{\mathrm{T}}\right] = \begin{bmatrix} 1 & 0 & 0 & \cdots & 0 & p_{00} & p_{01} & \cdots & p_{k-1,0} \\ 0 & 1 & 0 & \cdots & 0 & p_{01} & p_{11} & \cdots & p_{k-1,1} \\ 0 & 0 & 1 & \cdots & 0 & p_{02} & p_{12} & \cdots & p_{k-1,2} \\ \vdots & \vdots & \vdots & \ddots & \vdots & \vdots & \vdots & \ddots & \vdots \\ 0 & 0 & 0 & \cdots & 1 & p_{0,n-k-1} & p_{1.n-k-1} & \cdots & p_{k-1,n-k-1} \end{bmatrix} \tag{5.3.8}$$

则有

$$\boldsymbol{H}\cdot\boldsymbol{v}^{\mathrm{T}} = \mathbf{0}^{\mathrm{T}} \tag{5.3.9}$$

或

$$\boldsymbol{v}\cdot\boldsymbol{H}^{\mathrm{T}} = \mathbf{0} \tag{5.3.10}$$

式中，$\mathbf{0}$ 为 $n-k$ 行 1 列零向量。上式是码 C 的校验方程。可见，属于码 C 的码字满足校验方程；反之，因为信道噪声引起的不为码 C 中码字的信道输出序列不满足校验方程，所以按此可起到检错的作用。

生成矩阵的每行均为码字的证明

因为生成矩阵 $\boldsymbol{G}$ 的每一行及其线性组合都是码字，因此由式（5.3.9）

可得线性分组码 C 的生成矩阵和一致校验矩阵满足

$$\boldsymbol{H}\cdot\boldsymbol{G}^{\mathrm{T}}=\boldsymbol{0}^{\mathrm{T}} \tag{5.3.11}$$

或

$$\boldsymbol{G}\cdot\boldsymbol{H}^{\mathrm{T}}=\boldsymbol{0} \tag{5.3.12}$$

式中，$\boldsymbol{0}$ 为 $k\times(n-k)$ 阶零矩阵。

由上述分析可知，线性分组码的所有码字可由其生成矩阵或一致校验矩阵求得。得知生成矩阵或一致性校验矩阵中的任意一个，就可求得另一个矩阵。对于系统码而言，其生成矩阵 $\boldsymbol{G}$ 及一致校验矩阵具有如下形式：

$$\boldsymbol{G}=\begin{bmatrix}\boldsymbol{P} & \boldsymbol{I}_{k\times k}\end{bmatrix} \tag{5.3.13}$$

$$\boldsymbol{H}=\begin{bmatrix}\boldsymbol{I}_{(n-k)\times(n-k)} & \boldsymbol{P}^{\mathrm{T}}\end{bmatrix} \tag{5.3.14}$$

生成矩阵与校验矩阵的转换证明

因此，可以很快地由 $\boldsymbol{G}$ 求得 $\boldsymbol{H}$，反之亦然。

2．编码的电路实现

根据式（5.3.4），可以很容易构建(n, k)线性分组码的编码电路。图 5.3.2 中给出了(n, k)线性分组码的编码电路，其中→□→表示移位寄存器；⊕表示模 2 加；若 $p_{ij}=1$，则→(p_{ij})→表示有连接；若 $p_{ij}=0$，→(p_{ij})→表示无连接。

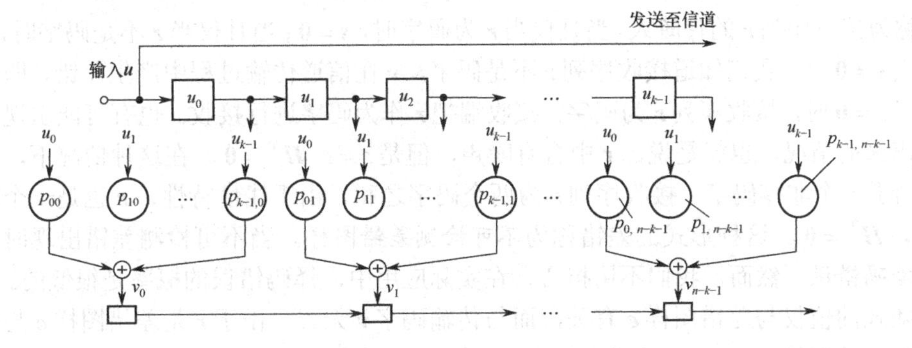

图 5.3.2　(n, k)线性分组码的编码电路

编码过程如下：（1）信息 $\boldsymbol{u}=(u_0,u_1,\cdots,u_{k-1})$ 的各位在发送至信道的同时，移至信息寄存器准备进行编码；（2）一旦整条信息存储至寄存器，$n-k$ 位校验码元就由 $n-k$ 个模 2 加法器产生；（3）将 $n-k$ 位校验码元接连至信道进行传送。可见，编码电路的复杂度与码长线性相关。图 5.3.3 中给出了表 5.3.1 中(7, 4)线性分组码的编码电路。

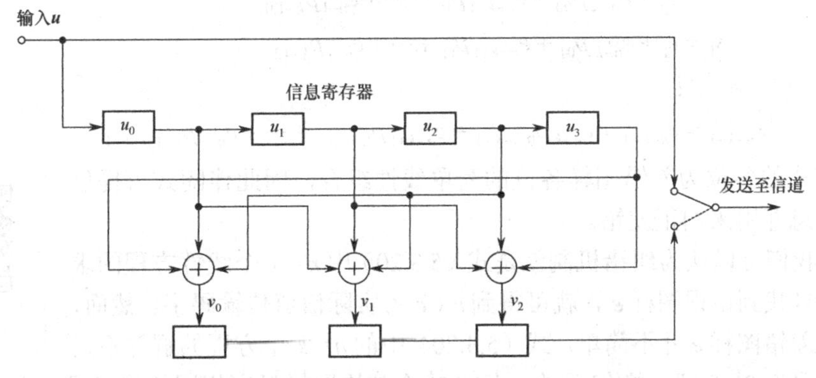

图 5.3.3　(7, 4)线性分组码的编码电路

5.3.2 伴随式与标准阵列译码

1. 伴随式和差错检测

已知一个(n, k)线性分组码，其生成矩阵为$\boldsymbol{G}$，一致校验矩阵为$\boldsymbol{H}$。编码后的码字为$\boldsymbol{v}=(v_0,v_1,\cdots,v_{n-1})$，并将其传送到有噪信道中。$\boldsymbol{r}=(r_0,r_1,\cdots,r_{n-1})$为信道输出序列。由于信道是有噪信道，$\boldsymbol{r}$可能不同于$\boldsymbol{v}$，两个向量之和（模2加）为

$$\boldsymbol{e}=\boldsymbol{r}+\boldsymbol{v}=(e_0,e_1,\cdots,e_{n-1}) \tag{5.3.15}$$

该向量为n元向量，当$e_i=1$时代表$r_i \neq v_i$，该位出错；当$e_i=0$时代表$r_i=v_i$，该位无差错。向量$\boldsymbol{e}$称为差错图样（差错向量），反映的是接收序列$\boldsymbol{r}$与码字$\boldsymbol{v}$中的哪些位不同（有差错）。信道的输出序列$\boldsymbol{r}$可视为码字$\boldsymbol{v}$与差错向量$\boldsymbol{e}$之和，即

$$\boldsymbol{r}=\boldsymbol{v}+\boldsymbol{e} \tag{5.3.16}$$

当然，接收端是不知道$\boldsymbol{v}$或$\boldsymbol{e}$的。译码器接收到序列$\boldsymbol{r}$后，首先要判定$\boldsymbol{r}$中是否含有传输噪声。如果检测出$\boldsymbol{r}$中有噪声，那么译码器要么对噪声进行定位并纠正，要么要求发送端重传该信息。

译码器收到序列$\boldsymbol{r}$后，首先根据下式算出一个$n-k$元向量：

$$\boldsymbol{s}=\boldsymbol{r}\cdot\boldsymbol{H}^{\mathrm{T}}=(s_0,s_1,\cdots,s_{n-k-1}) \tag{5.3.17}$$

向量$\boldsymbol{s}$称为接收序列$\boldsymbol{r}$的伴随式。当且仅当$\boldsymbol{r}$为码字时，$\boldsymbol{s}=\boldsymbol{0}$；当且仅当$\boldsymbol{r}$不是码字时，$\boldsymbol{s}\neq\boldsymbol{0}$。因此，当$\boldsymbol{s}\neq\boldsymbol{0}$时，我们知道接收序列$\boldsymbol{r}$不是码字，$\boldsymbol{v}$在信道传输过程中产生差错，即检测到差错。当$\boldsymbol{s}=\boldsymbol{0}$时，接收序列$\boldsymbol{r}$为码字，接收端把$\boldsymbol{r}$作为码字进行接收。也有可能出现差错无法检测出来的情况，也就是说，$\boldsymbol{r}$中含有噪声，但是$\boldsymbol{s}=\boldsymbol{r}\cdot\boldsymbol{H}^{\mathrm{T}}=\boldsymbol{0}$。在这种情况下，差错向量$\boldsymbol{e}$相当于一个非零码字，接收序列$\boldsymbol{r}$为两个码字之和，由于线性特性，$\boldsymbol{r}$也是一个码字，因此有$\boldsymbol{r}\cdot\boldsymbol{H}^{\mathrm{T}}=\boldsymbol{0}$。这种形式的差错称为不可检测差错图样。当不可检测差错出现时，译码器出现译码错误。然而，我们不用担心，在实际应用中，译码错误的概率是很低的。

伴随式的值仅与差错图样$\boldsymbol{e}$有关，而与传输码字$\boldsymbol{v}$无关。由于$\boldsymbol{r}$是差错图样$\boldsymbol{e}$与传输码字$\boldsymbol{v}$之和，因此有

$$\boldsymbol{s}=\boldsymbol{r}\cdot\boldsymbol{H}^{\mathrm{T}}=(\boldsymbol{v}+\boldsymbol{e})\boldsymbol{H}^{\mathrm{T}}=\boldsymbol{v}\cdot\boldsymbol{H}^{\mathrm{T}}+\boldsymbol{e}\cdot\boldsymbol{H}^{\mathrm{T}} \tag{5.3.18}$$

然而，我们有$\boldsymbol{v}\cdot\boldsymbol{H}^{\mathrm{T}}=\boldsymbol{0}$，因此

$$\boldsymbol{s}=\boldsymbol{e}\cdot\boldsymbol{H}^{\mathrm{T}} \tag{5.3.19}$$

如果$\boldsymbol{H}$为式（5.3.8）中的系统码形式，那么可以得到以下线性关系式：

$$\begin{aligned}
s_0 &= e_0+e_{n-k}p_{00}+e_{n-k+1}p_{10}+\cdots+e_{n-1}p_{k-1,0}\\
s_1 &= e_1+e_{n-k}p_{01}+e_{n-k+1}p_{11}+\cdots+e_{n-1}p_{k-1,1}\\
&\vdots\\
s_{n-k-1} &= e_{n-k-1}+e_{n-k}p_{0,n-k-1}+e_{n-k+1}p_{1,n-k-1}+\cdots+e_{n-1}p_{k-1,n-k-1}
\end{aligned} \tag{5.3.20}$$

可见，伴随式的各位为差错图样各位的简单线性组合，因此伴随式可提供差错位的信息并用来纠正差错。

伴随式译码

因此，我们可以认为纠错机制就是式（5.3.20）中$n-k$个线性方程的求解问题，一旦找到错误图样$\boldsymbol{e}$，就可得到$\boldsymbol{r}+\boldsymbol{e}$为实际信道传输码字。然而，确定实际的差错图样$\boldsymbol{e}$并不简单。式（5.3.20）中的$n-k$个方程的解并不是唯一的，而是有$2^k$个解。换句话说，存在$2^k$个差错图样对应相同的伴随式，而实际的差错

图样只是其中的一个。因此，译码器需要从 2^k 个候选差错图样中选出实际的差错图样。为了使译码错误概率最低，通常选择满足式（5.3.20）的概率最大的差错图样作为实际差错图样。如果信道为 BSC，那么概率最大的差错图样则为那个包含最少零码元的差错向量（即码重最小的向量）。下面通过一道例题来演示如何通过伴随式来纠错。

【例 5.5】 考虑例 5.4 中(7, 4)线性分组码的译码正确性。

解： 设输出码字 $\boldsymbol{v}=(1001011)$，经过有噪信道传输后接收序列为 $\boldsymbol{r}=(1001001)$。在接收端，译码器算得该接收序列的伴随式为

$$\boldsymbol{s}=\boldsymbol{r}\cdot\boldsymbol{H}^{\mathrm{T}}=(111)$$

由于伴随式不为零向量，因此可判定传输过程中必然引入了噪声，于是译码器尝试通过伴随式来确定实际的差错图样 $\boldsymbol{e}=(e_0,e_1,e_2,e_3,e_4,e_5,e_6)$。根据式（5.3.20）可得

$$\begin{aligned}1&=e_0+e_3+e_5+e_6\\1&=e_1+e_3+e_4+e_5\\1&=e_2+e_4+e_5+e_6\end{aligned}\tag{5.3.21}$$

共有 $2^4=16$ 个满足以上方程组的差错图样解，它们是

$$\begin{aligned}&(0000010),(1010011),(1101010),(0111011),(0110110),(1100111)\\&(1011110),(0001111),(1110000),(0100001),(0011000),(1001001),\\&(1000100),(0010101),(0101100),(1111101)\end{aligned}$$

其中，$\boldsymbol{e}=(0000010)$ 是含有非零元最少的向量，即出错位数最少的。如果信道为 BSC，那么 $\boldsymbol{e}=(0000010)$ 就是概率最大的满足式（5.3.21）的差错图样。译码器选择 $\boldsymbol{e}=(0000010)$ 作为实际差错图样，对接收序列 $\boldsymbol{r}=(1001001)$ 进行译码，得到估算码字为

$$\hat{\boldsymbol{v}}=\boldsymbol{r}+\boldsymbol{e}=(1001001)+(0000010)=(1001011)\tag{5.3.22}$$

可见，估算码字 $\hat{\boldsymbol{v}}$ 确实与信源输出码字 $\boldsymbol{v}$ 相同，译码正确。后面会介绍(7, 4)线性分组码可以纠正 7 元接收序列中出现的任意一位错误，即码字在信道中传输时若只有一位发生了错误，则译码器可以正确判定差错图样并对错误进行纠正，进而实现正确译码。

5.3.3 码的最小汉明距离与检纠错能力

当码字 $\boldsymbol{v}$ 在有噪信道中传输时，具有 l 位错误的差错图样会导致接收序列 $\boldsymbol{r}$ 与码字 $\boldsymbol{v}$ 存在 l 位不同，即 $d(\boldsymbol{r},\boldsymbol{v})=l$。我们称一个码中所有两两不同的码字汉明距离的最小值为码的最小汉明距离，用符号 $d_{\min}$ 表示。由于二元线性分组码的任意两个码字的模 2 加仍为一个码字，而两个码字的汉明距离就是两个码字之和中的非零元素的个数，因此存在以下定理。

定理 5.3 二元线性分组码的最小汉明距离 $d_{\min}$ 等于该码非零码字的最小汉明重量。

例如，若表 5.3.1 中(7, 4)线性分组码的所有非零码字的最小汉明重量为 3，则该码的最小汉明距离为 3。

码的检纠错能力与码的最小汉明距离密切相关。对于最小汉明距离为 $d_{\min}$ 的码，所有汉明重量小于 $d_{\min}$ 的差错图样都不会将一个码字变为另一个码字。当接收端检测到接收序列不是码中的码字时，可判定该序列中存在错误。因此，最小汉明距离为 $d_{\min}$ 的分组码可以检测出所有汉明重量小于 $d_{\min}$ 的差错图样。但是，由于至少存在一对码字的码距为 $d_{\min}$，因此必然有一个汉明重量为 $d_{\min}$ 的差错图样可使一个码字出错后变为另一个码字，因此该码不能检

测出所有汉明重量为$d_{\min}$的差错图样。所以我们说最小汉明距离为$d_{\min}$的分组码的检错能力t_d为$d_{\min}-1$，即该码一定能检测出$d_{\min}-1$位错误。

最小汉明距离为$d_{\min}$的码不仅一定能够检测出所有码重小于$d_{\min}$的差错图样，而且可以检测出很大一部分码重大于等于$d_{\min}$的差错图样。实际上，一个(n, k)线性分组码可以检测出2^n-2^k个长度为n的差错图样。在所有2^n-1个可能的非零差错图样中，有2^k-1个是与2^k-1个非零码字相同的。若这2^k-1个差错图样中的任意一个发生，则会把传输码字$\boldsymbol{v}$变为码中的另一个码字$\boldsymbol{w}$（线性码的线性特性），因此此时接收序列$\boldsymbol{r}$的伴随式为零向量。此时，译码器就接受$\boldsymbol{w}$为估算码字，于是出现错误译码。因此，共存在2^k-1个无法检测出的差错图样。相反，若差错图样不同于任何一个码字，则接收序列$\boldsymbol{r}$不为码字，因此其伴随式也不等于零，此时检测出差错。对于(n, k)线性分组码，共存在2^n-2^k个差错图样不同于码中的任意码字，这些差错图样都可被检测出来。对于码长n较长的码，无法检测出的差错图样的个数2^k-1远比总差错图样个数2^n要小，因此只有很少一部分差错图样能够不被察觉地通过译码器，也就是说发生译码错误的概率很小。

假设A_i为(n, k)线性分组码C中码字重量为i的码字的个数。$A_0, A_1, \cdots, A_n$为码C的码重分布。如果码C仅用作BSC检错，那么译码器检测错误的差错率可由码C的码重分布求得。我们用$P_u(E)$表示未检测出错误的概率。由于仅在错误图样与码C的某个非零码字相同时，才不能检测到该错误，因此有

$$P_u(E)=\sum_{i=1}^{n}A_i p^i(1-p)^{n-i} \tag{5.3.23}$$

式中，p为BSC的差错率。当码C的最小距离为$d_{\min}$时，A_1至$A_{d_{\min}-1}$为0。

考虑表5.3.1中给出的(7, 4)线性分组码，其码重分布为$A_0=1$，$A_1=A_2=0$，$A_3=7$，$A_4=7$，$A_5=A_6=0$和$A_7=1$。根据式（5.3.23），可得译码器检测差错的错误率为

$$P_u(E)=7p^3(1-p)^4+7p^4(1-p)^3+p^7$$

若$p=10^{-2}$，则$P_u(E)$约为7×10^{-6}。也就是说，若有100万个码字通过该BSC进行传输，则平均有7个错误码字可以不被察觉地经过译码器。可见，译码器检测差错的错误率非常小。

我们称线性分组码能纠正错误的位数为码的纠错能力，用符号t_c表示。线性分组码的纠错能力t_c也与码的最小汉明距离$d_{\min}$密切相关，纠错能力t_c必然小于检错能力t_d。前面对检错能力已给出清晰的分析，对一般的(n, k)线性分组码的纠错能力与检错能力有以下结论。

定理 5.4 对一个(n, k)线性分组码C，若其最小距离为$d_{\min}$，则有：

（1）一个码能够检测出t_d个错误的充要条件是$d_{\min}\geqslant t_d+1$。

（2）一个码能够纠正t_c个错误的充要条件是$d_{\min}\geqslant 2t_c+1$。

（3）一个码既能够纠正t_c个错误又能够检测$t_d>t_c$个错误的充要条件是

$$d_{\min}\geqslant t_c+t_d+1$$

可见，码的最小汉明距离是反映一个码的特性的重要参数之一，因此最小汉明距离为$d_{\min}$的(n, k)线性分组码可表示为$(n, k, d_{\min})$码。表5.3.1中的码可表示为(7, 4, 3)码，根据定理5.4，该码的纠错能力$t_c=1$，检错能力$t_d=2$。

5.3.4 标准阵列及译码方法

前面介绍了通过计算伴随式来进行译码的方法，下面介绍另一种译码方法——标准阵列

译码。标准阵列译码的基本思想是，对所有可能的接收序列分组，每组对应一个码字，当译码器的接收序列属于某个分组时，译码器输出改成对应的码字。对于(n, k)线性分组码 C，存在2^k个码字$\boldsymbol{v}_1,\boldsymbol{v}_2,\cdots,\boldsymbol{v}_{2^k}$，不管发送哪个码字，经过有噪信道后都会产生$2^n$个可能的输出序列。任何一种译码规则都是将$2^n$个输出序列分为$2^k$个互不相交的序列子集$D_1,D_2,\cdots,D_{2^k}$，码字$\boldsymbol{v}_i$包含于对应的序列子集$D_i$，$1\leqslant i\leqslant 2^k$，因此$\boldsymbol{v}_i$与$D_i$为一一映射。若接收序列$\boldsymbol{r}$包含于序列子集$D_i$，则把$\boldsymbol{r}$译为码字$\boldsymbol{v}_i$。当且仅当接收序列$\boldsymbol{r}$属于发送码字对应的序列子集时，译码正确。

下面介绍一种将2^n个可能的输出序列划分为互不相交的子集，且每个子集包含且仅包含一个码字的方法。基于码的线性结构，可通过如下步骤构造码的标准阵列：首先，把 C 的2^k个码字放在第一行，将全零码字$\boldsymbol{v}_1=(00\cdots0)$置为第一个元素（最左侧）；其次，从剩下的$2^n-2^k$个 n 元接收序列中选择一个 n 元序列$\boldsymbol{e}_2$，作为第二行的第一个元素，第二行剩余的元素由$\boldsymbol{e}_2$与第一行的所有码字$\boldsymbol{v}_i$模 2 加得到；再次，构造第三行，选取未用过的 n 元序列作为$\boldsymbol{e}_3$，并放在第三行的首列，其余元素由$\boldsymbol{e}_2$与第一行的所有码字$\boldsymbol{v}_i$模 2 加得到；继续采用上述方法构建剩下的每一行，直到所有2^n个 n 元序列全部用完。至此，就得到一个2^{n-k}行2^k列的阵列，我们称之为标准阵列，如表 5.3.2 所示。标准阵列中包含2^n个 n 元序列。

表 5.3.2　(n, k)线性分组码的标准阵列

$\boldsymbol{v}_1=0$	$\boldsymbol{v}_2$	…	$\boldsymbol{v}_i$	…	$\boldsymbol{v}_{2^k}$
$\boldsymbol{e}_2$	$\boldsymbol{e}_2+\boldsymbol{v}_2$	…	$\boldsymbol{e}_2+\boldsymbol{v}_i$	…	$\boldsymbol{e}_2+\boldsymbol{v}_{2^k}$
$\boldsymbol{e}_3$	$\boldsymbol{e}_3+\boldsymbol{v}_2$	…	$\boldsymbol{e}_3+\boldsymbol{v}_i$	…	$\boldsymbol{e}_3+\boldsymbol{v}_{2^k}$
⋮	⋮	⋮	⋮	⋮	⋮
$\boldsymbol{e}_l$	$\boldsymbol{e}_l+\boldsymbol{v}_2$	…	$\boldsymbol{e}_l+\boldsymbol{v}_i$	…	$\boldsymbol{e}_l+\boldsymbol{v}_{2^k}$
⋮	⋮		⋮	⋮	⋮
$\boldsymbol{e}_{2^{n-k}}$	$\boldsymbol{e}_{2^{n-k}}+\boldsymbol{v}_2$	…	$\boldsymbol{e}_{2^{n-k}}+\boldsymbol{v}_i$	…	$\boldsymbol{e}_{2^{n-k}}+\boldsymbol{v}_{2^k}$

标准阵列具有如下特性。

（1）表中的每一行称为一个陪集（coset），该行的首位元素$\boldsymbol{e}_l$称为陪集首（coset leader）。表中各行元素均不相同。表中第一行为2^k个码字集合，是2^n个接收序列的子集。2^n个元素被划分为2^{n-k}个陪集，只要各陪集首不同，各陪集就一定互不相交。

（2）如果把错误图样作为陪集首，那么同一陪集中的所有元素对应相同的伴随式。

（3）表中各列以各码字为基础，将2^n个接收序列划分为不相交的列子集$D_1,D_2,\cdots,D_{2^k}$，其中$D_j=\{\boldsymbol{v}_j,\boldsymbol{e}_2+\boldsymbol{v}_j,\boldsymbol{e}_3+\boldsymbol{v}_j,\cdots,\boldsymbol{e}_{2^{n-k}}+\boldsymbol{v}_j\},1\leqslant j\leqslant 2^{n-k}$。每个列子集$D_j$对应同一个码字$\boldsymbol{v}_j$，它是每列子集的子集首。

有了标准阵列后，就可了解其译码过程：假设码字$\boldsymbol{v}_j$通过有噪信道传输后得到接收序列$\boldsymbol{r}$，查找标准阵列后发现$\boldsymbol{r}$属于子集D_j，于是就将该接收序列译为D_j的子集首码字$\boldsymbol{v}_j$。在这种情况下，默认有噪信道的差错图样为标准阵列中序列$\boldsymbol{r}$的陪集首。因此，如果实际差错图样确实为陪集首，那么译码正确；如果信道中的差错图样不是陪集首，那么译码错误。证明如下：信道的差错图样$\boldsymbol{x}$在标准阵列中必然属于某一陪集并且对应某个非零码字，假设$\boldsymbol{x}$在第 l 陪集且对应码字$\boldsymbol{v}_i=0$，则$\boldsymbol{x}=\boldsymbol{e}_l+\boldsymbol{v}_i$，此时接收序列为

$$\boldsymbol{r}=\boldsymbol{v}_j+\boldsymbol{x}=\boldsymbol{e}_l+(\boldsymbol{v}_i+\boldsymbol{v}_j)=\boldsymbol{e}_l+\boldsymbol{v}_s \tag{5.3.24}$$

因此，$\boldsymbol{r}$属于列子集D_s，译为码字$\boldsymbol{v}_s$，而不是实际传输码字$\boldsymbol{v}_j$，此时译码出错。因此，当

且仅当信道的差错图样为陪集首时，译码正确，我们称标准阵列中的 2^{n-k} 个陪集首为可纠正差错图样。总结上述讨论，可以得到如下定理。

定理 5.5　每个(n, k)线性分组码可以纠正 2^{n-k} 个差错图样。

为了使译码错误概率最小，我们应把信道中出现概率较大的差错图样作为陪集首构建标准阵列。对于 BSC 而言，码重较小的差错图样的发生概率大于码重较大的差错图样的发生概率，因此在构建标准阵列时每次需要选用还未使用的 n 元序列中码重较小的序列作为陪集首。按照这种方法，陪集首的码重必然小于该陪集中其他序列的码重，基于此标准阵列的译码方法就是最小距离译码，也就是最大似然译码。

【例 5.6】已知某(6, 3)线性分组码的生成矩阵如下：

$$G=\begin{bmatrix}0&1&1&1&0&0\\1&0&1&0&1&0\\1&1&0&0&0&1\end{bmatrix}$$

求该码的标准阵列。

解：(n, k)线性分组码的标准阵列包含 2^k 个互不相交的列，每列包含 2^{n-k} 个 n 长序列，其中每列最上端的 n 长序列为该码的码字。用 D_j 表示标准阵列的第 j 列，有

$$D_j=\{\boldsymbol{v}_j,\boldsymbol{e}_2+\boldsymbol{v}_j,\boldsymbol{e}_2+\boldsymbol{v}_j,\cdots,\boldsymbol{e}_{2^{n-k}}+\boldsymbol{v}_j\} \tag{5.3.25}$$

根据上式可得该(6, 3)线性分组码的标准阵列如表 5.3.3 所示。

表 5.3.3　(6, 3)线性分组码的标准阵列

陪集首							
000000	011100	101010	110001	110110	101101	011011	000111
100000	111100	001010	010001	010110	001101	111011	100111
010000	001100	111010	100001	100110	111101	001011	010111
001000	010100	100010	111001	111110	100101	010011	001111
000100	011000	101110	110101	110010	101001	011111	000011
000010	011110	101000	110011	110100	101111	011001	000101
000001	011101	101011	110000	110111	101100	011010	000110
100100	111000	001110	010101	010010	001001	111111	100011

若用 α_i 来表示码重为 i 的陪集首的个数，则数值 $\alpha_0,\alpha_2,\cdots,\alpha_n$ 称为陪集首的码重分布。若已知陪集首的码重分布，则可以计算出译码错误概率。由于当且仅当差错图样不是陪集首时才会发生译码错误，因此对于差错率为 p 的 BSC 来说，错误概率为

$$P(E)=1-\sum_{i=0}^{n}\alpha_i p^i(1-p)^{n-i} \tag{5.3.26}$$

若考虑例 5.6 中的(6, 3)线性分组码，由根据其标准阵列（见表 5.3.3）可得该码陪集首的码重分布为 $\alpha_0=1$，$\alpha_1=6$，$\alpha_2=1$，$\alpha_3=\alpha_4=\alpha_5=\alpha_6=0$。根据式（5.3.26），若 BSC 的差错率为 p，则译码错误率为

$$P(E)=1-(1-p)^6-6p(1-p)^5-p^2(1-p)^4$$

若 $p=10^{-2}$，则 $P(E)\approx1.37\times10^{-3}$。

(n, k)线性分组码可以检测出 2^n-2^k 个差错图样，但只能纠正 2^{n-k} 个差错图样。当 n 值较大时，2^{n-k} 是 2^n-2^k 的很小一部分，因此此时译码错误概率远高于未检出错误的概率。

定理 5.6　同一陪集中的所有 n 元序列具有相同的伴随式，不同陪集对应的伴随式不同。

该定理的证明比较简单，此处从略。

利用标准阵列进行译码的方法很简单，但在码长较长时标准阵列需要较大的存储空间，接收序列在标准阵列中的查找也耗时较长。此时，通过伴随式译码可能相对简单。对(n, k)线性分组码而言，其伴随式为$n-k$元序列，因此共有2^{n-k}个不同的伴随式。伴随式与陪集为一一映射；陪集首（可纠正差错图样）与伴随式之间也为一一映射。利用这两个一一映射关系，可以构建比标准阵列简单很多的译码表，该译码表中包含2^{n-k}个陪集首和对应的伴随式，并且该译码表可存储在接收端。译码过程如下：

（1）计算接收序列$\boldsymbol{r}$的伴随式：$\boldsymbol{s}=\boldsymbol{r}\cdot\boldsymbol{H}^{\mathrm{T}}$。

（2）在译码表中查找伴随式$\boldsymbol{s}$对应的陪集首$\boldsymbol{e}_l$，假设$\boldsymbol{e}_l$为信道差错图样。

（3）得到$\boldsymbol{r}$的估算码字$\hat{\boldsymbol{v}}=\boldsymbol{r}+\boldsymbol{e}_l$。

上述译码方法称为伴随式译码。理论上讲，该译码方法适用于任何(n, k)线性分组码。该方法可保证最小的译码延时和最低的差错率。然而，当$n-k$较大时，由于需要较大的存储空间或较复杂的逻辑电路，因此该译码方法不那么实用。此时，我们需要考虑其他的译码方法。

【例 5.7】 表 5.3.1 中(7, 4)线性分组码的一致校验矩阵为

$$\boldsymbol{H}=\begin{bmatrix}1&0&0&1&0&1&1\\0&1&0&1&1&1&0\\0&0&1&0&1&1&1\end{bmatrix}$$

分析访分组码的纠错能力和译码正确性。

解： 该码有$2^3=8$个陪集，因此可以纠正 8 个差错图样（包含全零差错图样）。由于该码的最小汉明距离为 3，因此可以纠正所有码重为 0 或 1 的差错图样。所有码重为 0 或 1 的 7 元序列可以作为陪集首，共有$\begin{pmatrix}7\\0\end{pmatrix}+\begin{pmatrix}7\\1\end{pmatrix}=8$个这样的 7 元序列。可见该(7, 4)线性分组码的最小汉明距离确保的可纠正差错图样的个数（码重小于等于 1 的差错图样个数），等于该码的可纠错差错图样的个数。表 5.3.4 中给出了该码的可纠正差错图样及其对应的伴随式。

表 5.3.4　(7, 4)线性分组码的可纠正差错图样及其对应的伴随式

伴 随 式	陪 集 首	伴 随 式	陪 集 首
(100)	(1000000)	(011)	(0000100)
(010)	(0100000)	(111)	(0000010)
(001)	(0010000)	(101)	(0000001)
(110)	(0001000)		

假设传送的码字为$\boldsymbol{v}=(1001011)$，经过信道传输后，接收序列为$\boldsymbol{r}=(1001111)$。译码器接收到$\boldsymbol{r}$后，计算其伴随式：

$$\boldsymbol{s}=(1001111)\begin{bmatrix}1&0&0\\0&1&0\\0&0&1\\1&1&0\\0&1&1\\1&1&1\\1&0&1\end{bmatrix}=(011)$$

查找表 5.3.4 可得伴随式(011)对应的陪集首为 $\boldsymbol{e}=(0000100)$。因此认为信道的差错图样即为 (0000100)，可得估算码字为

$$\hat{\boldsymbol{v}}=\boldsymbol{r}+\boldsymbol{e}=(1001111)+(0000100)=(1001011)$$

估算码字与实际传输码字相同，译码正确。

假设传送的码字是 $\boldsymbol{v}=(0000000)$，经过信道传输后，接收序列为 $\boldsymbol{r}=(1001000)$。可见码字序列中有两位出错，此时无法纠正该差错图样，因此会导致译码错误。译码器接收到 $\boldsymbol{r}$ 后，计算其伴随式：

$$\boldsymbol{s}=\boldsymbol{r}\cdot\boldsymbol{H}^{\mathrm{T}}=(111)$$

查找表 5.3.4 可得伴随式(111)对应的陪集首为 $\boldsymbol{e}=(0000010)$，于是估算码字为

$$\hat{\boldsymbol{v}}=\boldsymbol{r}+\boldsymbol{e}=(1000100)+(0000010)=(1000110)$$

估算码字与实际传送码字不同，此时出现译码错误。

由表 5.3.4 可见，该码可以纠正 7 元序列的任意 1 位差错，而当发生 2 位或更多位差错时，就会出现译码错误。

5.3.5　完备码

线性分组码的结构会直接影响码的纠错能力和译码效率。在众多的线性分组码中，有一类(n, k)线性分组码满足

$$2^{n-k}=\sum_{i=0}^{i=t_{\mathrm{c}}}C_n^i \tag{5.3.27}$$

式中，t_{c} 为码的纠错能力，n 为码字长度，k 为信息位长度。满足以上公式的码，称为完备码。完备码具有以下特点。

（1）对于一般的线性码，必须通过构建标准阵列来找到 2^{n-k} 个陪集首，而完备码能“摆脱”标准阵列直接得到“译码表”，大大简化译码步骤，降低译码复杂度。

（2）若完备码的最小汉明距离为 $d_{\min}$，则所有码重小于等于 $(d_{\min}-1)/2$ 的差错图样都可以得到纠正，而所有码重大于 $(d_{\min}-1)/2$ 的差错图样都不能被纠正。

（3）完备码非常稀少，迄今为止只发现了 3 种二元完备码，分别为汉明码、码长为奇数的重复码及 Golay 码。

可见，完备码具有较好的码字结构。下面分别简要介绍重复码和汉明码。

1．重复码

重复码是码长为 n 的$(n, 1)$线性分组码，重复码的码字是将 1 位信息位重复 n 次得到的，其生成矩阵为

$$\boldsymbol{G}=[11\cdots1] \tag{5.3.28}$$

该码只包含两个码字：全 0 码字 $(00\cdots0)$ 和全 1 码字 $(11\cdots1)$，因此其最小汉明距离 $d_{\min}=n$。若 n 为奇数，则该码的纠错能力 $t_{\mathrm{c}}=\frac{n-1}{2}$，可以证明

$$2^{n-1}=\sum_{i=0}^{i=t_{\mathrm{c}}}C_n^i$$

因此，码长 n 为奇数的$(n, 1)$重复码为完备码。

2．汉明码

1950 年，汉明（Hamming）提出了汉明码，该码为一类可纠正 1 位随机错误的高效线性分组码。由于汉明码具有良好的特性，如它是完备码、编译码简单、传输效率高等，因此得到广泛应用，尤其是在计算机存储和运算系统中。

对于任意正整数 $m \geqslant 3$，都存在满足以下参数的汉明码：

码长：$n = 2^m - 1$

信息元位数：$k = 2^m - m - 1$

校验元位数：$m = n - k$

纠错能力：$t_c = 1$（$d_{\min} = 3$）

该码的一致校验矩阵的 $2^m - 1$ 列由所有非零 m 元序列组成，其系统码格式为

$$\boldsymbol{H} = [\boldsymbol{I}_m \ \boldsymbol{Q}] \tag{5.3.29}$$

式中，$\boldsymbol{I}_m$ 为 $m \times m$ 单位阵，子矩阵 $\boldsymbol{Q}$ 的 $2^m - m - 1$ 列为所有码重大于等于 2 的 m 元序列。例如，若 $m = 3$，则码长为 7 的汉明码的一致校验矩阵为

$$\boldsymbol{H} = \begin{bmatrix} 1 & 0 & 0 & 1 & 0 & 1 & 1 \\ 0 & 1 & 0 & 1 & 1 & 1 & 0 \\ 0 & 0 & 1 & 0 & 1 & 1 & 1 \end{bmatrix} \tag{5.3.30}$$

可见此码就是表 5.3.1 中的码。矩阵 $\boldsymbol{Q}$ 各列的顺序可任意变动，而不会影响码的码距特性及码重分布。该码的生成矩阵的系统码格式为

$$\boldsymbol{G} = \left[\boldsymbol{Q}^{\mathrm{T}} \ \boldsymbol{I}_{2^m - m - 1}\right] \tag{5.3.31}$$

式中，$\boldsymbol{Q}^{\mathrm{T}}$ 为 $\boldsymbol{Q}$ 的转置，$\boldsymbol{I}_{2^m - m - 1}$ 为 $(2^m - m - 1) \times (2^m - m - 1)$ 单位阵。

汉明码为可纠正 1 位错误的完备码，因此也满足式（5.3.27）。根据例 5.7 对(7, 4)汉明码的分析可见，该码确实为完备码，无须构建标准阵列，只需建立译码表就可进行译码。

除重复码和汉明码外，(23, 12) Golay 码也是完备码，它可纠正 3 位错误。

除线性分组码外，卷积码是另一类重要的纠错码。1955 年，P. Elias 首次提出卷积码。与分组码的无记忆编码不同，卷积码编码是有记忆的，编码器的输出不仅与当前时刻的输入有关，而且与之前的输入有关。码率 $R = k/n$，记忆长度为 m 的卷积码编码器是一个输入为 k、输出为 n 的线性序列电路，其记忆长度为 m，即输入编码器后在其中停留 m 个时刻，表示为(n, k, m)卷积码。在典型的(n, k, m)卷积码中，通常 n 与 k 为较小的整数，且 $k < n$，信息序列被划分为若干长度为 k 的信息组。与分组码不同，卷积码通过增大记忆长度 m 而非 k 和 n 来得到较大的最小码距和较低的差错率。卷积码的纠错能力随记忆长度 m 的增大而增大。一般情况下，卷积码的纠错性能优于分组码，卷积码中的大多数好码是通过计算机搜索得到的，其性能还与译码方法相关。本书不对卷积码进行详细介绍，有关卷积码的详细内容请读者参阅相关的参考文献。

5.4 应用实例

纠错码是保证信息可靠传输的重要方法，在各种通信系统中得到了广泛应用。

5.4.1 模拟移动系统中数字信令的 BCH 编码

在模拟蜂窝系统中，业务信道主要是传统模拟 FM 电话及少量模拟信令，因此未应用数字处理技术。然而，控制信道均传输数字信令，并进行数字调制和纠错编码。英国的系统采用 FSK 调制，传输速率为 8kbit/s。基站采用线性分组码中的 BCH(40, 28)编码，汉明距离 $d=5$，具有纠正 2 位随机错码的能力；之后重发 5 次，以提高抗衰落、抗干扰能力。移动台采用 BCH(48, 36)进行纠错编码，汉明距离 $d=5$，可纠正 2 个随机差错或纠正 1 个随机差错并检测 2 个差错，然后重复 5 次发送。BCD 编码在模拟移动系统中的使用有效地提高了数字信令传输的可靠性。

5.4.2 深空通信中的信道编码

在深空通信中，如在“探索者号”飞向木星和土星的过程中，是以 RS 码为外码、以卷积码为内码的级联码来实现信道编码的。RS 码属于 q 元 BCH 码中的一种重要且特殊的子码，是以发现者里德-所罗门（Reed-Solomon）的姓氏首字母命名的，特别适用于纠正突发错误，已被广泛用于无线通信、光/磁信息存储系统及深空通信系统中。

5.4.3 GSM 的信道编码

GSM 使用的编码方式主要有块卷积码、纠错循环码和奇偶码。块卷积码主要用于纠错，当解调器采用最大似然估计方法时，可以产生十分有效的纠错结果。纠错循环码主要用于检测和纠正成组出现的误码，通常和块卷积码混合使用，用于捕捉和纠正遗漏的组误差。奇偶码是一种普遍使用的最简单的检测误码的方法。

5.4.4 窄带 CDMA 系统（IS-95）中的前向纠错编码

CDMA 系统是一个自干扰系统，因此前向纠错（Forward Error Correction，FEC）编码在对抗多用户干扰（MUI）和多径衰落时非常重要。CDMA（IS-95）系统的纠错编码是分别按反向链路和前向链路设计的，主要包括卷积编码、交织、CRC 校验等。

在前向链路中，除导频信道外，同步信道、寻呼信道和前向业务信道中的信息在传输前都要进行(2, 1, 9)的卷积编码，卷积码的生成函数为 $g_0=(111101011)$和 $g_1=(101110001)$；接着，同步信道的符号流经过 1 次重发，然后进行 16×8 的块交织；业务和寻呼信道中速率为 4.8kbit/s、2.4kbit/s、1.2kbit/s 符号流分别进行 1、3、7 次重发（9.6kbit/s 的数据流不必重发），然后进行 24×16 的块交织。

反向链路包括业务信道和接入信道，考虑到移动台的信号传播环境，增加编码长度，对信息进行(3, 1, 9)的卷积编码。卷积码的生成函数为 $g_0=(101101111)$、$g_1=(110110011)$和 $g_2=(111001001)$。然后，接入信道经过 1 次重发后，进行 32×18 的块交织；反向业务信道以与前向业务信道一样的方式进行重发，再进行 32×18 的块交织。如果整体考虑纠错编码和扩频调制，那么可以把扩频视为内码，而把信道编码视为外码。

接收端经相干或不相干 Rake 接收机分集接收后，系统码字（信息比特）就可用相关的最大值或相关向量的最大值表示，接着送到解交织器和外部 SOVA Viterbi 译码器。

5.4.5 3G 通信中 Turbo 码

3G 与 2G 最重要的不同是要提供更高速率、更多形式的数据业务，所以对其中的纠错编码体制提出了更高的要求。语音和短消息等业务仍然采用与 GSM 和 CDMA 相似的卷积码，而对数据业务，3GPP 的 WCDMA、cdma2000 和我国的 TD-SCAMA 三个标准中均采用 Turbo 码作为纠错编码方案。表 5.4.1 中给出了 3GPP 中的信道编码参数。在 3GPP 中，对 BER 要求在10^{-3}到10^{-6}之间的接收系统采用 Turbo 码。

表 5.4.1 3GPP 中的信道编码参数

信道类型	编码方式	码 率
广播信道（BCH）	卷积码	1/2
无线寻呼信道（PCH）		
前向接入信道（FACH）		
随机接入信道（RACH）		
专用信道（DCH）		1/3、1/2 或无编码
专用信道（DCH）	Turbo 码	

Turbo 码又称并行级联卷积码，它由 C. Berro 等人于 1993 年首次提出。Turbo 码编码器通过交织器并行级联两个递归系统的卷积码，译码器在两个分量码译码器之间进行迭代译码，译码之间传递时去掉正反馈的外信息，整个译码过程类似于涡轮（Turbo）的工作，所以又形象地称为 Turbo 码。Turbo 码是一种非常接近于香农极限的码。

编码器的输出端包括信息位和两个校验位，代表编码速率 1/3，轮流删除两个校验位就可得到码率是 1/2 的码，用不同的校验位生成器或不同的删除方式，就可得到各种不同速率的 Turbo 码。迭代译码是 Turbo 码性能优异的一个关键因素，其分量译码器分别采用 MAP（最大后验概率）或 SOVA 算法。MAP 算法的复杂度是 Viterbi 算法的 4 倍，对于传统卷积码只有 0.5dB 的增益，但在 Turbo 码译码器中，它对每个比特给出了最大的 MAP 估计，这一点对低信噪比情况下的迭代译码是至关重要的因素。在应用中，一般都采用对数化的 MAP 算法，即 LOG-MAP 算法，无论效率是多少，在短约束长度、非常长的编码块长（帧长）及 10～20 次迭代的情况下，Turbo 码的性能离容量界不到 1.0dB。

在 4G 通信中，LTE 中控制信道采用咬尾卷积码，数据信道采用 Turbo 码。

5.4.6 5G 通信中的信道编码

在 5G 标准中，世界各大阵营就信道编码标准展开了激烈竞争，以法国为代表的欧洲阵营支持 Turbo 码，以美国为代表的阵营支持低密度奇偶校验码（LDPC），我国推出了 Polar 码。最后的结果是，Turbo 码完全出局，LDPC 成为数据信道编码，我国华为公司主导的 Polar 码成为控制信道编码。Polar 码和 LDPC 均属于线性分组码。

本章基本概念

1. 平均差错率。

考虑到所有可能的接收序列$\boldsymbol{r}$，译码条件错误概率的统计平均称为平均译码错误概率或平均差错率，定义为

$$P(E)=\sum_{\boldsymbol{r}}P(\boldsymbol{r})P(E\mid\boldsymbol{r})=\sum_{\boldsymbol{r}}P(\boldsymbol{r})\{1-P(\hat{\boldsymbol{v}}=\boldsymbol{v}|\boldsymbol{r})\}$$

2. 译码函数F。

信道译码函数 F 是从输出符号集合 B 到输入符号集合 A 的映射：

$$F(b_j)=a_j^*\in A,\ j=1,2,\cdots,V$$

其含义是，将接收符号 $b_j\in B$ 译为某个输入符号 $a_j^*\in A$。译码函数又称**译码规则**。

3. 最佳译码规则。

使 $P(E)$ 达到最小的译码规则。最大联合概率译码规则和最大后验概率译码规则等价，均为最佳译码规则。

4. 最大后验概率译码规则。

译码时选择接收符号 $\boldsymbol{r}=[b_j]$ 对应的后验概率中最大的一个，这个最大的后验概率对应的输入符号为 $a_j^*\in A$，于是将 b_j 译为 a_j^*，即 $\hat{\boldsymbol{v}}=[F(b_j)]=[a_j^*]$。该译码规则由后验概率最大原则得出，因此称为**最大后验概率译码规则**。

5. 最大联合概率译码规则。

译码时选择接收符号 $\boldsymbol{r}=[b_j]$ 对应的联合概率中最大的一个，这个最大的联合概率对应的输入符号为 $a_j^*\in A$，于是将 b_j 译为 a_j^*，即 $\hat{\boldsymbol{v}}=[F(b_j)]=[a_j^*]$。该译码规则由联合概率最大原则得出，因此称为**最大联合概率译码规则**。

6. 极大似然译码规则。

译码时选择适当的估算码字 $\hat{\boldsymbol{v}}$ 使得转移概率 $P(\boldsymbol{r}|\boldsymbol{v})$ 达到最大值，称为**极大似然译码规则**。

7. 最小距离译码规则。

译码时需要选择适当的估算码字 $\hat{\boldsymbol{v}}$ 使 $d(\boldsymbol{r},\boldsymbol{v})$ 最小化，即选择与接收序列 $\boldsymbol{r}$ 差别位数最少的码字作为估算码字，因此称为**最小距离译码规则**。

8. 有噪信道编码定理（香农第二编码定理）。

若信道是离散、无记忆、平稳的，且信道容量为 C，则只要待传送的信息率 $R<C$，就一定能找到一种信道编码方法，使得当码长 N 足够大时，平均差错率 P_e 任意接近零。

9. 有噪信道编码定理逆定理。

若信道是离散、无记忆、平稳的，且信道容量为 C，信息率 $R>C$，则肯定找不到一种信道编码方法，使得当码长 N 足够大时，平均差错率 P_e 任意接近零。

10. 费诺不等式。

对于离散无记忆信道 $\{X,\boldsymbol{P}_{X|Y},Y\}$，平均差错率 P_e 与信道疑义度之间满足如下费诺不等式：

$$H(X|Y)\leqslant H(P_e,1-P_e)+P_e\log(r-1)$$

11. 线性分组码。

线性分组码的生成式：

$$\boldsymbol{v}=\boldsymbol{uG}$$

线性分组码的校验方程：

$$\boldsymbol{Hv}^{\mathrm{T}}=\boldsymbol{0}^{\mathrm{T}}\quad 或\quad \boldsymbol{vH}^{\mathrm{T}}=\boldsymbol{0}$$

伴随式：

$$\boldsymbol{s}=\boldsymbol{rH}^{\mathrm{T}}$$

12. 码的最小汉明距离及码的检纠错能力。

对于一个(n,k)线性分组码 C，若其最小距离为 $d_{\min}$，则有：

（1）一个码能够检测出 t_d 个错误的充要条件是 $d_{\min}\geqslant t_d+1$。

（2）一个码能够纠正 t_c 个错误的充要条件是 $d_{\min}\geqslant 2t_c+1$。

（3）一个码既能纠正 t_c 个错误又能检测 $t_d>t_c$ 个错误的充要条件是 $d_{\min}\geqslant t_c+t_d+1$。

13. (n,k)线性分组码的标准阵列。

$$\begin{array}{ccccccc}
\boldsymbol{v}_1=0 & \boldsymbol{v}_2 & \cdots & \boldsymbol{v}_i & \cdots & \boldsymbol{v}_{2^k} \\
\boldsymbol{e}_2 & \boldsymbol{e}_2+\boldsymbol{v}_2 & \cdots & \boldsymbol{e}_2+\boldsymbol{v}_i & \cdots & \boldsymbol{e}_2+\boldsymbol{v}_{2^k} \\
\boldsymbol{e}_3 & \boldsymbol{e}_3+\boldsymbol{v}_2 & \cdots & \boldsymbol{e}_3+\boldsymbol{v}_i & \cdots & \boldsymbol{e}_3+\boldsymbol{v}_{2^k} \\
\vdots & \vdots & \ddots & \vdots & \ddots & \vdots \\
\boldsymbol{e}_l & \boldsymbol{e}_l+\boldsymbol{v}_2 & \cdots & \boldsymbol{e}_l+\boldsymbol{v}_i & \cdots & \boldsymbol{e}_l+\boldsymbol{v}_{2^k} \\
\vdots & \vdots & \ddots & \vdots & \ddots & \vdots \\
\boldsymbol{e}_{2^{n-k}} & \boldsymbol{e}_{2^{n-k}}+\boldsymbol{v}_2 & \cdots & \boldsymbol{e}_{2^{n-k}}+\boldsymbol{v}_i & \cdots & \boldsymbol{e}_{2^{n-k}}+\boldsymbol{v}_{2^k}
\end{array}$$

14. 完备码。

对少数(n,k)线性分组码，有

$$2^{n-k}=\sum_{i=0}^{i=t_c}C_n^i$$

式中，t_c 为码的纠错能力，n 为码字长度，k 为信息位长度。满足以上公式的码称为完备码。完备码包括重复码、汉明码和 Golay 码。

习题

5.1 已知某 DMC 的转移概率矩阵为

$$\boldsymbol{P}_{Y|X}=\begin{bmatrix}0.1 & 0.2 & 0.3 & 0.4\\ 0.5 & 0.1 & 0.2 & 0.2\\ 0.3 & 0.4 & 0.1 & 0.2\end{bmatrix}$$

若信道输入概率为 $\boldsymbol{P}_X=[0.4\ 0.3\ 0.3]$，试分别按最佳译码规则和极大似然译码规则确定译码规则，并且分别计算相应的平均差错率。

5.2 设码为 $C=\{11100, 01001, 10010, 00111\}$。

（1）求该码的最小汉明距离。

（2）假设码字等概率分布，求该码的码率。

（3）若采用最小距离译码规则，则在接收到 11000、00110 及 10100 时，分别译为什么码字？

（4）该码能够检测出几位错误？能纠正几位错误？

5.3 对无记忆 BEC，假设信道的转移概率为

$$\boldsymbol{P}_{Y|X}=\begin{bmatrix}1-p & 0 & p\\ 0 & 1-p & p\end{bmatrix}$$

试证明：对该信道来说，最小译码规则等价于最佳译码规则。

5.4 已知某 BSC 的差错率为 p，若 N 长二进制输入序列 $\boldsymbol{v}\in\{a_1,a_2,\cdots,a_V\}$ 是等概率分布的，接收序列为 $\boldsymbol{r}=b_j$，译码规则为

$$F(b_j)=a_j^*$$

试用汉明距离 $d(\boldsymbol{r},\boldsymbol{v})$ 来表示译码的平均差错率。

5.5 信源 $\boldsymbol{P}_X=[0.5\ 0.5]$ 每秒发出 3 个信源符号。将此信源的输出符号送入某个二元无噪、无损信道进行传输，信道每秒只能传递 2 个二元符号。试问：信源能否在该信道中进行无差错传输？

5.6 设 (6,3) 二元线性码的生成矩阵为

$$\boldsymbol{G}=\begin{bmatrix}1 & 0 & 1 & 0 & 1 & 1\\ 0 & 1 & 1 & 1 & 1 & 0\\ 0 & 0 & 0 & 1 & 1 & 1\end{bmatrix}$$

（1）将生成矩阵化为系统码形式。

（2）求校验矩阵。

5.7 码长为 $n=3$ 的二元重复码在无记忆二元 BSC 信道中传输，信道的差错率为 $p=0.05$。

（1）写出该码的生成矩阵及各个码字。

（2）求该码的最小汉明距离、纠错能力及检错能力。

（3）求该码的极大似然译码规则。

（4）若信道的输入码字是等概率分布的，求译码的平均差错率。

5.8 已知表 5.3.4 中的(7, 4)线性分组码，试写出该码的标准阵列。若在 BSC 信道传输，信道的差错率为 0.08，求使用标准阵列译码时的平均差错率。

5.9 已知某个(5, 2)线性分组码的生成矩阵为

$$\boldsymbol{G}=\begin{bmatrix}1 & 0 & 1 & 1 & 1\\0 & 1 & 1 & 0 & 1\end{bmatrix}$$

（1）写出该码的一致性校验矩阵。

（2）假设使用伴随式译码，且接收序列 $\boldsymbol{r}=[10101]$，求估算码字 $\hat{\boldsymbol{v}}$。

第 6 章　限失真信源编码

信源编码实质上是对信源进行信息处理，无失真信源编码只是信息处理的方法之一，除此之外，还可以对信源进行有失真编码。图像编码失真示例如图 6.0.1 所示，可以看出，与图 6.0.1(a)所示的原始图像相比，图 6.0.1(b)和图 6.0.1(c)的失真程度不同，同时也伴随着数据量和压缩比的不同。

(a) 原始图像，24886 字节

(b) 轻度失真图像，2380 字节

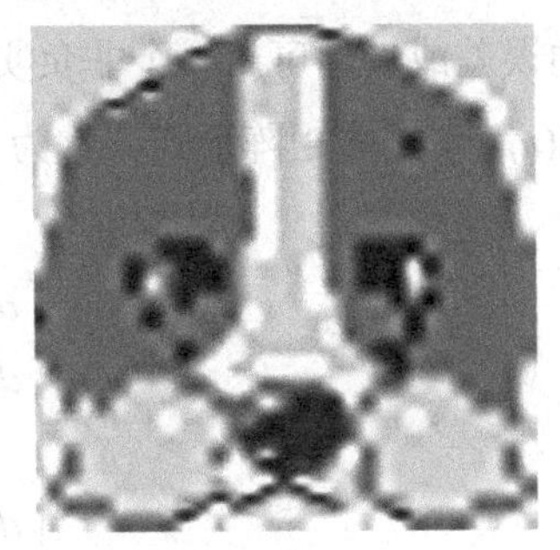

(c) 严重失真图像，1844 字节

图 6.0.1　图像编码失真示例

将编码器视为信道时，信源编码模型如图 6.0.2 所示。无失真编码对应无损确定信道，有失真编码对应有损信道。对无失真编码，信道的输入符号个数与输出符号个数相等，呈一一对应关系，信道的损失熵 $H(U|V)$ 和噪声熵 $H(V|U)$ 均为零，通过信道的信息传输率 R 等于信源熵 $H(U)$。因此，从信息处理的角度看，无失真编码是保熵的，只是对冗余度进行了压缩。

信源 → U $\{u_1, u_2, \cdots, u_r\}$ → 信道（信源编码器） → V $\{v_1, v_2, \cdots, v_s\}$

图 6.0.2　信源编码模型

有失真编码的中心任务是，在允许的失真范围内将编码后的信息率压缩到最小。有失真编码的失真不能太严重，通常要有所限度，所以又称限失真编码；编码后的信息率得到压缩，因此属于熵压缩编码。引入有失真的熵压缩编码的原因如下。

（1）保熵编码并不总是必需的。在有些情况下，信宿不需要或无能力接收信源发出的全部信息，例如人眼接收视觉信号和人耳接收听觉信号就属于这种情况，这时就没有必要进行无失真的保熵编码。

（2）保熵编码并不总是可能的。例如，对连续信号进行数字化处理时，由于不可能从根本上去除量化误差，因此不可能做到保熵编码。

（3）降低信息率有利于传输和处理，因此有必要进行熵压缩编码。例如，连续信源的绝对熵为无穷大，若用离散码元来表示，则需要用无穷长的码元串，传输无穷长的码元串势必造成无限延时，因此这种通信就无任何实际意义。所以，对连续信源而言，熵压缩编码是绝对必需的。

连续信源和离散信源都可以进行有失真的熵压缩编码。由于离散信源处理起来比连续信源简单得多，以下将从离散信源开始有失真编码的讨论。

本章主要包括以下内容：失真测度、失真函数性质及计算、香农第三编码定理——限失真编码定理、率失真函数的计算及限失真信源编码实例。

6.1　失真测度

从图 6.0.1 可以看出，失真有程度上的区别，衡量失真程度的指标称为**失真测度**，简称**失真度**。在限失真编码的研究中，失真度与可压缩率息息相关。本节首先讨论失真度的定义。

参照图 6.0.2，设信源输出随机变量为U，它取值于符号集$\{u_1,u_2,\cdots,u_r\}$，经信源编码后的输出随机变量为V，它取值于符号集$\{v_1,v_2,\cdots,v_s\}$。编码器输入符号u_i与输出符号v_j之间的误差或失真可用一个非负实值函数——**失真度**（或**失真函数**）$d(u_i,v_j)$来描述。将$r\times s$个$d(u_i,v_j)$排成矩阵形式，称为**失真矩阵**，记为$\boldsymbol{d}$：

$$\boldsymbol{d}=\begin{array}{c}\begin{matrix} v_1 & \quad\quad v_2 & \quad\cdots & \quad v_s \end{matrix}\\ \begin{bmatrix} d(u_1,v_1) & d(u_1,v_2) & \cdots & d(u_1,v_s)\\ d(u_2,v_1) & d(u_2,v_2) & \cdots & d(u_2,v_s)\\ \vdots & \vdots & \ddots & \vdots\\ d(u_r,v_1) & d(u_r,v_2) & \cdots & d(u_r,v_s)\end{bmatrix}\begin{matrix}u_1\\u_2\\\vdots\\u_r\end{matrix}\end{array} \tag{6.1.1}$$

对所有符号的失真度$\{d(u_i,v_j)\}_{i,j}$取统计平均，称为**平均失真度**或**平均失真**，记为$\bar{D}$：

$$\bar{D}=E\{d(u_i,v_j)\}=\sum_{i=1}^{r}\sum_{j=1}^{s}P(u_i,v_j)d(u_i,v_j)=\sum_{i=1}^{r}\sum_{j=1}^{s}P(u_i)P(v_j\mid u_i)d(u_i,v_j) \tag{6.1.2}$$

【例 6.1】 设信源U取值于$\{0,1\}$，编码器输出取值于$\{0,1,2\}$，编码器相当于一个二元删除信道（BEC）。规定失真度或失真函数为

$$d(0,0)=d(1,1)=0$$
$$d(0,1)=d(1,0)=1$$
$$d(0,2)=d(1,2)=0.5$$

则失真矩阵为

$$\boldsymbol{d}=\begin{bmatrix}0 & 1 & 0.5\\ 1 & 0 & 0.5\end{bmatrix}$$

失真度$d(u_i,v_j)$的函数形式可根据实际需要选取，唯一的限制是要求$d(u_i,v_j)$非负。常用的失真度有如下几种。

误码失真：$d(u_i,v_j)=\begin{cases}0, & u_i=v_j\\ 1, & u_i\neq v_j\end{cases}$；　　平方失真：$d(u_i,v_j)=(u_i-v_j)^2$；

绝对失真：$d(u_i,v_j)=|u_i-v_j|$；　　相对失真：$d(u_i,v_j)=|u_i-v_j|/|u_i|$

只要保证失真度非负，就可以根据不同的实际研究对象提出很多其他形式的失真函数。在确定一个具体的失真函数时，除了要保证失真函数非负，还要考虑易于数学处理。例如，上面的平方失真函数和绝对失真函数只与编码器的输入和输出的差值u_i-v_j有关，处理起来比较方便；相对失真函数不但与u_i-v_j有关，而且与u_i有关，进行数学处理时比较困难。

以上的失真度$d(u_i,v_j)$和失真矩阵$\boldsymbol{d}$是针对单个输入/输出符号定义的，对于符号序列，

可将失真度或失真函数的定义推广为向量形式。设编码器输入 α_h 和输出 β_l 均为 N 长符号序列，即

$$\begin{aligned}\alpha_h &= u_{h_1} u_{h_2} \cdots u_{h_N}, \quad h=1,2,\cdots,r^N \\ \beta_l &= v_{l_1} v_{l_2} \cdots v_{l_N}, \quad l=1,2,\cdots,s^N\end{aligned} \tag{6.1.3}$$

则 N 长符号序列的失真度 $d(\alpha_h,\beta_l)$ 可以定义为

$$d(\alpha_h,\beta_l)=\sum_{k=1}^{N} d(u_{h_k},v_{l_k}) \tag{6.1.4}$$

式中，$d(u_{h_k},v_{l_k})$ 是输入/输出序列第 k 位符号的失真度。N 长符号序列的平均失真度为

$$\bar{D}(N)=E\{d(\alpha_h,\beta_l)\}=\sum_{h=1}^{r^N}\sum_{l=1}^{s^N} P(\alpha_h,\beta_l)d(\alpha_h,\beta_l)=\sum_{h=1}^{r^N}\sum_{l=1}^{s^N} P(\alpha_h,\beta_l)\sum_{k=1}^{N} d(u_{h_k},v_{l_k}) \tag{6.1.5}$$

当信源和信道（编码器）均无记忆时，由上式不难证明

$$\bar{D}(N)=\sum_{k=1}^{N} E\left\{d(u_{h_k},v_{l_k})\right\}=\sum_{k=1}^{N}\bar{D}_k = N\bar{D} \tag{6.1.6}$$

式中，$\bar{D}_1=\bar{D}_2=\cdots=\bar{D}_N=\bar{D}$ 是单符号的平均失真度。

6.2 信息率失真函数及其性质

6.2.1 信息率失真函数的定义

假定要求平均失真 $\bar{D}$ 小于某个给定值 D，即要求

$$\bar{D}=E\left\{d(u_i,v_j)\right\}=\sum_{i=1}^{r}\sum_{j=1}^{s} P(u_i)P(v_j\,|\,u_i)d(u_i,v_j)\leqslant D \tag{6.2.1}$$

这意味着对转移概率 $P_{V|U}$ 施加了某种限制，或者说对信道（编码器）施加了某种限制。式（6.2.1）所给的限制条件称为保真度准则。并非所有的信道都满足保真度准则，满足保真度准则 $\bar{D}\leqslant D$ 的信道称为 D 允许（试验）信道。通常，存在不止一个 D 允许信道，这些信道的统计特性都由相应的转移概率 $P_{V|U}$ 描述。所有 D 允许信道的转移概率组成一个集合，记为 B_D，即

$$B_D=\left\{P_{V|U};\bar{D}\leqslant D\right\} \tag{6.2.2}$$

要在满足保真度准则（6.2.1）的情形下进行限失真编码，就要求编码器必须是 D 允许信道，即编码器的转移概率 $P_{V|U}\subset B_D$。

B_D 中的任意一个转移概率集都与一个 D 允许信道（编码器）对应，在 B_D 中寻找一个 $P_{V|U}$（即寻找一个特定的编码器）使 $I(U;V)$ 最小，这个最小的平均互信息量称为信息率失真函数，简称率失真函数，记为 $R(D)$，即

$$R(D)=\min_{P_{V|U}\in B_D} I(U;V)=\min\left\{I(U;V);\bar{D}\leqslant D\right\} \tag{6.2.3}$$

当最小值不存在时，可用下确界值代替：

$$R(D)=\inf_{P_{V|U}\in B_D} I(U;V) \tag{6.2.4}$$

对于离散信源，$R(D)$可表示成

$$R(D)=\min_{P_{V|U}\in B_D}\sum_{i=1}^{r}\sum_{j=1}^{s}P(u_i)P(v_j\mid u_i)\log\frac{P(v_j\mid u_i)}{P(v_j)} \tag{6.2.5}$$

$R(D)$是保真度准则（$\bar{D}\leqslant D$）下必须传输的信息率，也是熵压缩编码器输出可能达到的最低熵率。

率失真函数可推广到序列情形，因为信源U的N长符号串相当于N次扩展信源U^N的符号。因此，在序列情形下，可用N次扩展信源U^N和N次扩展信道$\{U^N,P_{V^N|U^N},V^N\}$予以讨论。这种情形下，试验信道为所有满足保真度准则$\bar{D}(N)\leqslant ND$的信道集合，这些试验信道的转移概率组成集合B_{ND}，即

$$B_{ND}=\left\{P_{V^N|U^N};\bar{D}(N)\leqslant ND\right\} \tag{6.2.6}$$

B_{ND}必定存在一个转移概率（代表某个试验信道）使$I(U^N;V^N)$最小，这个最小值就是N次扩展信源U^N的信息率失真函数，记为$R(ND)$，即

$$R(ND)=\min_{P_{V^N|U^N}\in B_{ND}}I(U^N;V^N)=\min\left\{I(U^N;V^N);\bar{D}(N)\leqslant ND\right\} \tag{6.2.7}$$

若信源和信道均无记忆，则有

$$\begin{aligned}R(ND)&=\min\left\{I(U^N;V^N);\bar{D}(N)\leqslant ND\right\}\\&=\min\left\{NI(U;V);\bar{D}\leqslant D\right\}\\&=NR(D)\end{aligned} \tag{6.2.8}$$

编码后的信息率R就是通过信道的平均互信息量$I(U;V)$，为便于传输和处理，希望将信息率R压缩到最小，其最小值就是$R(D)$。$R<R(D)$时，就不满足保真度准则。

6.2.2　信息率失真函数 $R(D)$的性质

下面从率失真函数的定义域、凸性和单调性3个方面来讨论$R(D)$的性质。

1. $R(D)$的定义域是$[D_{\min}, D_{\max}]$

一般来说，对于给定的信道$\{U,\boldsymbol{P}_{V|U},V\}$，信息率$R$是输入概率$P_U$和转移概率$\boldsymbol{P}_{V|U}$的函数，在信源编码场合，输入概率$P_U$是已知量，转移概率$\boldsymbol{P}_{V|U}$又由保真度准则（6.2.1）予以限制，因此$R$是允许的平均失真$D$的函数，记为$R(D)$。

由于D是失真度$d(u_i,v_j)$的统计平均，而$d(u_i,v_j)$非负，因此D也非负，其下界表示为$D_{\min}$，D等于零时对应无失真情况。这时编码器相当于无噪声信道，信道传输的信息量等于信源熵，即

$$R(0)=H(U) \tag{6.2.9}$$

上式成立的条件是，失真矩阵的每行至少有一个零，且每列至多有一个零。

下面讨论$D_{\min}$的计算。根据定义有

$$D_{\min}=\min_{P_{V|U}\in B_D}\left\{\sum_{i=1}^{r}\sum_{j=1}^{s}P(u_i)P(v_j\mid u_i)d(u_i,v_j)\right\}$$

因为信源是给定的，所以

$$D_{\min}=\sum_{i=1}^{r}P(u_i)\min_{P_{V|U}\in B_D}\sum_{j=1}^{s}\left\{P(v_j\,|\,u_i)d(u_i,v_j)\right\}$$

$$=\sum_{i=1}^{r}p(u_i)\cdot\min_{P(v_j|u_i)}\left\{P(v_1\,|\,u_i)d(u_i,v_1)+\cdots+P(v_s\,|\,u_i)d(u_i,v_s)\right\}$$

分析第 i（$i=1,2,\cdots,r$）项：

$$p(u_i)\cdot\min_{P(v_j|u_i)}\left\{P(v_1\,|\,u_i)d(u_i,v_1)+\cdots+P(v_s\,|\,u_i)d(u_i,v_s)\right\}$$

记失真矩阵 $\boldsymbol{D}$ 中第 i 行的 s 个元素中的最小值为 $\min_j d(u_i,v_j)$，这个最小值可能只有一个，也可能有若干相同的最小值。设失真矩阵 $\boldsymbol{D}$ 中第 i 行的第 $j_1,j_2,\cdots,j_s\in\{1,2,\cdots,s\}$ 列元素都有相同的最小值：

$$\min_j d(u_i,v_j)=d(u_i,v_{j_1})=d(u_i,v_{j_2})=\cdots=d(u_i,v_{j_s})$$

要想实现 $D_{\min}$，可以这样来选择转移概率：

$$\sum_{j\in J_i}P(v_j\,|\,u_i)=1,\quad J_i=\left\{j_1,j_2,\cdots,j_s\right\};$$
$$P(v_j\,|\,u_i)=0,\quad j\notin J_i$$

于是有

$$p(u_i)\cdot\min_{P(v_j|u_i)}\left\{P(v_1\,|\,u_i)d(u_i,v_1)+\cdots+P(v_s\,|\,u_i)d(u_i,v_s)\right\}$$
$$=p(u_i)\cdot\left\{P(v_{j_1}\,|\,u_i)d(u_i,v_{j_1})+\cdots+P(v_{js}\,|\,u_i)d(u_i,v_{js})+\sum_{j\notin J}P(v_j\,|\,u_i)d(u_i,v_j)\right\}$$
$$=p(u_i)\cdot\left\{\min\left[d(u_i,v_j)\right]\left[P(v_{j_1}\,|\,u_i)+\cdots+P(v_{js}\,|\,u_i)\right]+\sum_{j\notin J}0\cdot d(u_i,v_j)\right\}$$
$$=p(u_i)\cdot\left\{\min\left[d(u_i,v_j)\right][1]+0\right\}=p(u_i)\cdot\min_j d(u_i,v_j)$$

所以有

$$D_{\min}=p(u_1)\cdot\min_j d(u_1,v_j)+p(u_2)\cdot\min_j d(u_2,v_j)+\cdots+p(u_r)\cdot\min_j d(u_r,v_j)$$
$$=\sum_{i=1}^{r}p(u_i)\cdot\min_j d(u_i,v_j)$$

现在讨论定义域的上限值 $D_{\max}$。由 $R(D)$ 的定义式（6.2.3）可知，$R(D)$ 非负，下限值为零，取满足 $R(D)=0$ 的所有 D 中的最小者为 $R(D)$ 定义域的上限值 $D_{\max}$。

$D_{\max}$ 可以这样计算。$R(D)=0$ 意味着 $I(U;V)=0$，这时试验信道输入与输出是统计独立的，即 $P(v_j\,|\,u_i)=P(v_j)$，平均失真为

$$\bar{D}=\sum_{i=1}^{r}\sum_{j=1}^{s}P(u_i)P(v_j)d(u_i,v_j)\tag{6.2.10}$$

取上式 $\bar{D}$ 的最小值为 $D_{\max}$，即

$$D_{\max} = \min \sum_{i=1}^{r} \sum_{j=1}^{s} P(u_i)P(v_j)d(u_i, v_j) \\ = \min \sum_{j=1}^{s} P(v_j) \sum_{i=1}^{r} P(u_i)d(u_i, v_j) \tag{6.2.11}$$

对每个 j（$j = 1,2,\cdots, s$），都有一个相应的

$$\sum_{i=1}^{r} P(u_i)d(u_i, v_j), \quad j = 1,2,\cdots,s$$

共有 s 个。假设其中的 $j \in J = \{j_1, j_2, \cdots, j_s\} \subseteq \{1,2,\cdots,s\}$，相应的

$$\sum_{i=1}^{r} P(u_i)d(u_i, v_j), \quad j \in J$$

均等于这 s 个和项中的最小值，即

$$\min_j \sum_{i=1}^{r} P(u_i)d(u_i, v_j) = \sum_{i=1}^{r} P(u_i)d(u_i, v_{j_1}) = \sum_{i=1}^{r} P(u_i)d(u_i, v_{j_2}) = \cdots = \sum_{i=1}^{r} P(u_i)d(u_i, v_{j_s})$$

选择输出符号集 $V:\{v_1, v_2, \cdots, v_s\}$ 中的子集 $\{v_j \mid j \in J\}$ 的概率分布之和等于 1，即选择

$$\sum_{j \in J} p(v_j) = 1$$

那么其他输出符号的概率均为零，即

$$p(v_j) = 0, \quad j \notin J : \{j_1, j_2, \cdots, j_s\}$$

所以有

$$\begin{aligned} D &= \sum_{j=1}^{s} P(v_j) \sum_{i=1}^{r} P(u_i)d(u_i, v_j) \\ &= \sum_{j \in J} P(v_j) \min\left[\sum_{i=1}^{r} P(u_i)d(u_i, v_j)\right] + \sum_{j \notin J} P(v_j) \sum_{i=1}^{r} P(u_i)d(u_i, v_j) \\ &= \min_j \left[\sum_{i=1}^{r} P(u_i)d(u_i, v_j)\right] \sum_{j \in J} P(v_j) + 0 \\ &= \min_j \left[\sum_{i=1}^{r} P(u_i)d(u_i, v_j)\right] = D_{\max} \end{aligned}$$

为便于对比，我们将率失真函数的定义域上下界的计算公式重写如下：

$$D_{\min} = \sum_{i=1}^{r} p(u_i) \cdot \min_j d(u_i, v_j) \tag{6.2.12}$$

$$D_{\max} = \min_j \left[\sum_{i=1}^{r} P(u_i)d(u_i, v_j)\right] \tag{6.2.13}$$

【例 6.2】 设输入概率和失真矩阵分别为

$$\boldsymbol{P}_U = \begin{bmatrix} \frac{1}{3} & \frac{2}{3} \end{bmatrix}, \quad \boldsymbol{d} = \begin{matrix} & v_1 & v_2 & \\ & \begin{bmatrix} 0 & 1 \\ 1 & 0 \end{bmatrix} & & \begin{matrix} u_1 \\ u_2 \end{matrix} \end{matrix}$$

求 $D_{\min}$ 和 $D_{\max}$。

解： 由式（6.2.12）得

$$D_{\min}=\sum_{i=1}^{2}p(u_i)\cdot\min_j d(u_i,v_j)=\frac{1}{3}\times 0+\frac{2}{3}\times 0=0$$

由式（6.2.13）得

$$D_{\max}=\min_j\left[\sum_{i=1}^{2}P(u_i)d(u_i,v_j)\right]=\min\left[\frac{1}{3}\times 0+\frac{2}{3}\times 1,\ \frac{1}{3}\times 1+\frac{2}{3}\times 0\right]=\frac{1}{3}$$

2．*R*(*D*)是 *D* 的下凸函数

也就是说，若有 λ_1、λ_2 及 D_1、D_2、D，满足 $\lambda_1+\lambda_2=1$ 和 $D=\lambda_1 D_1+\lambda_2 D_2$，则有

$$R(D)\leqslant\lambda_1 R(D_1)+\lambda_2 R(D_2)$$

证明：设 $P_1(v|u)$ 是达到 $R(D_1)$ 的转移概率，$P_2(v|u)$ 是达到 $R(D_2)$ 的转移概率，针对同一信源，两种转移概率下的平均互信息量分别设为 $I(U;V_1)$ 和 $I(U;V_2)$，则由率失真函数的定义有

$$\begin{aligned}I(U;V_1)&=R(D_1), & E\{d_1(u,v)\}&\leqslant D_1\\ I(U;V_2)&=R(D_2), & E\{d_2(u,v)\}&\leqslant D_2\end{aligned}\tag{6.2.14}$$

现在定义一个新的转移概率

$$P(v|u)=\lambda_1 P_1(v|u)+\lambda_2 P_2(v|u)$$

在该转移概率下编码器的平均失真为

$$\begin{aligned}E\left\{d(u_i,v_j)\right\}&=\sum_{U,V}P(u)P(v|u)d(u,v)\\&=\sum_{U,V}P(u)\left[\lambda_1 P_1(v|u)+\lambda_2 P_2(v|u)\right]d(u,v)\\&\leqslant\lambda_1 D_1+\lambda_2 D_2=D\end{aligned}$$

设此时编码器的平均互信息量为 $I(U;V)$，有

$$R(D)=R(\lambda_1 D_1+\lambda_2 D_2)\leqslant I(U;V)\tag{6.2.15}$$

由于平均互信息量是关于转移概率的下凸函数，因此有

$$I(U;V)\leqslant\lambda_1 I(U;V_1)+\lambda_2 I(U;V_2)\tag{6.2.16}$$

综合式（6.2.14）、式（6.2.15）和式（6.2.16），即得

$$R(D)\leqslant\lambda_1 R(D_1)+\lambda_2 R(D_2)$$

3．*R*(*D*)是定义域上的非增函数

证明：设 $D_2\geqslant D_1$，则对应试验信道的转移概率有如下包含关系：

$$\left\{P_{V|U};\bar{D}\leqslant D_1\right\}\subset\left\{P_{V|U};\bar{D}\leqslant D_2\right\}$$

故有

$$\min\left\{I(U;V),\bar{D}\leqslant D_2\right\}\leqslant\min\left\{I(U;V),\bar{D}\leqslant D_1\right\}$$

也就是

$$R(D_2)\leqslant R(D_1)$$

即 $R(D)$ 是定义域上的非增函数。

根据信息率失真函数的上述性质，不难得出 $R(D)$ 曲线的一般形状如图 6.2.1 所示。图中 $D_{\min}$ 和 $D_{\max}$ 的值取决于失真矩阵，$D_{\min}$ 的下限可取至零，$D_{\max}$ 的上限可取至无穷大。$R(D_{\max})$

的值为零，而 $R(D_{\min})$ 一般需要通过较多的计算才能得出。

由 $R(D)$ 的凸状性质可知，$R(D)$ 在定义域 $[D_{\min}, D_{\max}]$ 上连续。又由 $R(D)$ 的非负、下凸、非增及 $R(D_{\max})=0$ 这几个性质可知，$R(D)$ 在定义域 $[D_{\min}, D_{\max}]$ 上严格递减，因此 $R(D)$ 是一条连续下凸曲线，由 $R(D_{\min})$ 开始严格递减，直至 $R(D_{\max})=0$。

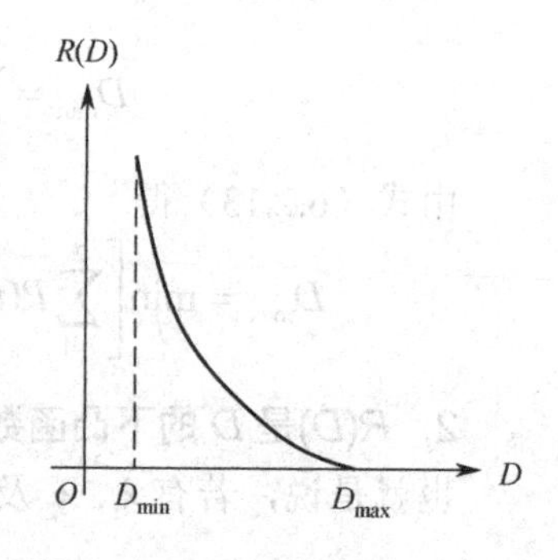

图 6.2.1　$R(D)$ 曲线的一般形状

最后讨论保真度准则中的不等式约束条件。由于 $R(D)$ 是严格单调递减函数，所以在试验信道转移概率集合 B_D 中，使平均互信息量最小的转移概率必定落在 B_D 的边界上，也就是说，保真度准则中的不等式约束可替换为等式约束，即

$$\bar{D}=E\left\{d(u_i,v_j)\right\}=\sum_{i=1}^{r}\sum_{j=1}^{s}P(u_i)P(v_j\mid u_i)d(u_i,v_j)=D \tag{6.2.17}$$

因此，可在等式约束条件 $\bar{D}=D$ 下计算率失真函数 $R(D)$。

6.3　限失真信源编码定理

信息率失真函数 $R(D)$ 是满足保真度准则（$\bar{D}\leqslant D$）时所具有的最小信息率，在进行信源压缩之类的处理时，$R(D)$ 就成为一个界限，不能让实际的信息率低于 $R(D)$。把相关的结论用定理的形式给出，即*限失真信源编码定理*，也就是通常所说的*香农第三编码定理*。

定理 6.1　设离散无记忆平稳信源的信息率失真函数为 $R(D)$，只要满足 $R>R(D)$，当信源序列 N 足够长时，一定存在一种编码方法，其译码失真小于等于 $D+\varepsilon$，其中 ε 是任意小的正数；反过来，若 $R<R(D)$，则无论采用什么样的编码方法，其译码失真必大于 D。

证明从略。

该定理包含两部分：$R\geqslant R(D)$ 的情形称为*正定理*，$R<R(D)$ 的情形称为*逆定理*。该定理是针对离散无记忆信源给出的，对于连续无记忆平稳信源也有类似结论。

另外，该定理与香农第二编码定理（即信道编码定理）一样，只是码的存在性定理。正定理告诉我们，$R\geqslant R(D)$ 时，译码失真小于等于 $D+\varepsilon$ 的码肯定存在，但定理本身并未告知码的具体构造方法。一般来说，要找到满足条件的码，只能用优化的思路去寻找，迄今为止，尚无通用的编码方法来接近香农给出的界 $R(D)$。反定理告诉我们，$R<R(D)$ 时，译码失真必大于 D，肯定找不到满足条件的码，因此用不着浪费时间和精力。

6.4　离散信源信息率失真函数的计算

实用的限失真编码

6.4.1　离散信源信息率失真函数的参量表示计算方法

1. 计算条件

计算信源的信息率失真函数 $R(D)$，即在已知信源的概率分布

$$\begin{bmatrix}U\\P\end{bmatrix}=\begin{bmatrix}u_1 & u_2 & \cdots & u_r\\ p(u_1) & p(u_2) & \cdots & p(u_r)\end{bmatrix} \tag{6.4.1}$$

且失真函数为 $d(u_i,v_j), i=1,\cdots,r, j=1,\cdots,s$ 的条件下，选取合适的试验信道 $p(v|u)$，计算平均互信息量的极小值。

平均互信息量的表达式为

$$I(U;V)=\sum_{i=1}^{r}\sum_{j=1}^{s}p(u_i)p(v_j|u_i)\ln\frac{p(v_j|u_i)}{p(v_j)} \tag{6.4.2}$$

式中，$p(v_j)$ 可表示为 $p(v_j)=\sum_{i=1}^{r}p(u_i)p(v_j|u_i)$。此外，为便于推导，默认对数是自然对数。

计算的约束条件为

$$\begin{cases} p(v_j|u_i)\geqslant 0,\ \ i=1,2,\cdots,r; j=1,2,\cdots,s \\ \sum_{j=1}^{s}p(v_j|u_i)=1,\ \ i=1,2,\cdots,r \\ \sum_{i=1}^{r}\sum_{j=1}^{s}p(u_i)p(v_j|u_i)d(u_i,v_j)=D \end{cases} \tag{6.4.3}$$

2．计算方法

应用拉格朗日乘子法，引入乘子 S 和 μ_i，可将求条件极值问题化为无条件极值问题，即求解

$$\frac{\partial}{\partial p(v_j|u_i)}\left[I(U;V)-SD-\mu_i\sum_{j=1}^{s}p(v_j|u_i)\right]=0,\ \ i=1,2,\cdots,r; j=1,2,\cdots,s \tag{6.4.4}$$

分别计算以上三部分的偏导数：

$$\begin{aligned}\frac{\partial I(U;V)}{\partial p(v_j|u_i)}&=\frac{\partial}{\partial p(v_j|u_i)}\left[\sum_{i=1}^{r}\sum_{j=1}^{s}p(u_i)p(v_j|u_i)\ln\frac{p(v_j|u_i)}{p(v_j)}\right]\\ &=\frac{\partial}{\partial p(v_j|u_i)}\left[\sum_{i=1}^{r}\sum_{j=1}^{s}p(u_i)p(v_j|u_i)\ln p(v_j|u_i)-\sum_{i=1}^{r}\sum_{j=1}^{s}p(u_i)p(v_j|u_i)\ln p(v_j)\right]\\ &=\frac{\partial}{\partial p(v_j|u_i)}\left[\sum_{i=1}^{r}\sum_{j=1}^{s}p(u_i)p(v_j|u_i)\ln p(v_j|u_i)-\sum_{j=1}^{s}p(v_j)\ln p(v_j)\right]\\ &=p(u_i)\ln p(v_j|u_i)+p(u_i)-p(u_i)\ln p(v_j)-p(u_i)\\ &=p(u_i)\ln\frac{p(v_j|u_i)}{p(v_j)}\end{aligned} \tag{6.4.5}$$

$$\begin{aligned}\frac{\partial}{\partial p(v_j|u_i)}\cdot SD&=\frac{\partial}{\partial p(v_j|u_i)}\left[S\sum_{i=1}^{r}\sum_{j=1}^{s}p(u_i)p(v_j|u_i)d(u_i,v_j)\right]\\ &=Sp(u_i)d(u_i,v_j)\end{aligned} \tag{6.4.6}$$

$$\frac{\partial}{\partial p(v_j|u_i)}\left[\mu_i\sum_{j=1}^{s}p(v_j|u_i)\right]=\mu_i \tag{6.4.7}$$

将三个偏导数代入式（6.4.4）得

$$p(u_i)\ln\frac{p(v_j|u_i)}{p(v_j)}-Sp(u_i)d(u_i,v_j)-\mu_i=0,\ \ i=1,2,\cdots,r; j=1,2,\cdots,s \tag{6.4.8}$$

解式（6.4.8）得

$$p(v_j \mid u_i) = p(v_j)\exp\{Sd(u_i,v_j)\}\exp\left\{\frac{\mu_i}{p(u_i)}\right\},\ i=1,2,\cdots,r;\ j=1,2,\cdots,s \tag{6.4.9}$$

为便于计算，令 $\lambda_i = \exp\left\{\dfrac{\mu_i}{p(u_i)}\right\}$，因此有

$$p(v_j \mid u_i) = \lambda_i p(v_j)\exp\{Sd(u_i,v_j)\} \tag{6.4.10}$$

3．计算 $p(v_j)$、λ_i 和 $p(v_j \mid u_i)$

利用关系 $\sum_{j=1}^{s} p(v_j \mid u_i) = 1$，对式（6.4.10）求和：

$$1 = \sum_{j=1}^{s} \lambda_i p(v_j)\exp\{Sd(u_i,v_j)\},\ i=1,2,\cdots,r \tag{6.4.11}$$

解得

$$\lambda_i = \frac{1}{\sum_{j=1}^{s} p(v_j)\exp\{Sd(u_i,v_j)\}},\quad i=1,2,\cdots,r \tag{6.4.12}$$

对式（6.4.10）两边乘以 $p(u_i)$ 并求和，考虑到 $p(v_j) = \sum_{i=1}^{r} p(u_i)p(v_j \mid u_i)$ 有

$$p(v_j) = \sum_{i=1}^{r} p(u_i)\lambda_i p(v_j)\exp\{Sd(u_i,v_j)\},\quad j=1,2,\cdots,s$$

方程两边约去 $p(v_j)$［假设 $p(v_j) \neq 0$］，得

$$1 = \sum_{i=1}^{r} p(u_i)\lambda_i \exp\{Sd(u_i,v_j)\},\ j=1,2,\cdots,s \tag{6.4.13}$$

将式（6.4.12）代入式（6.4.13）得

$$\sum_{i=1}^{r} \frac{p(u_i)\exp\{Sd(u_i,v_j)\}}{\sum_{j=1}^{s} p(v_j)\exp\{Sd(u_i,v_j)\}} = 1,\ j=1,2,\cdots,s \tag{6.4.14}$$

式(6.4.14)是关于 $p(v_j)$ 的 s 个方程构成的方程组，解之可得以 S 为参量的 s 个 $p(v_j)$ 的值。

将解得的 $p(v_j)$ 代入式(6.4.12)，得到 r 个 λ_i 的值。再将 s 个 $p(v_j)$ 和 r 个 λ_i 代入式(6.4.10)，得到 $s \times r$ 个以 S 为参量的 $p(v_j \mid u_i)$。

4．计算信息率失真函数

平均失真度 $D = \sum_{i=1}^{r}\sum_{j=1}^{s} p(u_i)p(v_j \mid u_i)d(u_i,v_j)$，将式（6.4.10）代入，得

$$D(S) = \sum_{i=1}^{r}\sum_{j=1}^{s} p(u_i)\lambda_i p(v_j)d(u_i,v_j)\exp\{Sd(u_i,v_j)\} \tag{6.4.15}$$

式中，$p(v_j)$ 和 λ_i 均以 S 为参量，因此 D 也以 S 为参量。信息率失真函数的定义为

$$R(D) = \min\{I(U;V)\} = \min\left\{\sum_{i=1}^{r}\sum_{j=1}^{s} p(u_i)p(v_j \mid u_i)\ln\frac{p(v_j \mid u_i)}{p(v_j)}\right\}$$

将式（6.4.10）代入上式得到以 S 为参量的信息率失真函数的表达式 $R(S)$，

$$
\begin{aligned}
R(S) &= \sum_{i=1}^{r}\sum_{j=1}^{s} p(u_i)\lambda_i p(v_j)\exp\{Sd(u_i,v_j)\}\ln\frac{\lambda_i p(v_j)\exp\{Sd(u_i,v_j)\}}{p(v_j)} \\
&= \sum_{i=1}^{r}\sum_{j=1}^{s} p(u_i)\lambda_i p(v_j)\exp\{Sd(u_i,v_j)\}\ln\lambda_i\exp\{Sd(u_i,v_j)\} \\
&= \sum_{i=1}^{r}\sum_{j=1}^{s} p(u_i)\lambda_i p(v_j)\exp\{Sd(u_i,v_j)\}[\ln\lambda_i + Sd(u_i,v_j)] \\
&= \sum_{i=1}^{r} p(u_i)\ln\lambda_i\left[\sum_{j=1}^{s}\lambda_i p(v_j)\exp\{Sd(u_i,v_j)\}\right] + \\
&\quad \sum_{i=1}^{r}\sum_{j=1}^{s} p(u_i)\lambda_i p(v_j)\exp\{Sd(u_i,v_j)\}Sd(u_i,v_j) \\
&= \sum_{i=1}^{r} p(u_i)\ln\lambda_i\sum_{j=1}^{s} p(v_j\,|\,u_i) + SD(S) \\
&= \sum_{i=1}^{r} p(u_i)\ln\lambda_i + SD(S)
\end{aligned}
\tag{6.4.16}
$$

率失真函数计算流程

5．参量 S 的物理意义

除某些特定的情况外，参量 S 一般难以消除，因此很难得到 $R(D)$ 的显式表达式。现在通过计算 $R(D)$ 的微分，分析参量 S 的物理意义。

根据式（6.4.16）的结论，$R(S)$ 是 $D(S)$、S 和 λ_i 的三元函数，因此利用全微分公式计算导数如下：

$$
\begin{aligned}
\frac{\mathrm{d}R(D)}{\mathrm{d}D} &= \frac{\partial R(S)}{\partial D(S)} + \frac{\partial R(S)}{\partial S}\frac{\mathrm{d}S}{\mathrm{d}D} + \sum_{i=1}^{r}\frac{\partial R(S)}{\partial\lambda_i}\frac{\mathrm{d}\lambda_i}{\mathrm{d}D} \\
&= S + D(S)\frac{\mathrm{d}S}{\mathrm{d}D} + \sum_{i=1}^{r}\frac{p(u_i)}{\lambda_i}\frac{\mathrm{d}\lambda_i}{\mathrm{d}D} \\
&= S + \left[D(S) + \sum_{i=1}^{r}\frac{p(u_i)}{\lambda_i}\frac{\mathrm{d}\lambda_i}{\mathrm{d}S}\right]\frac{\mathrm{d}S}{\mathrm{d}D}
\end{aligned}
\tag{6.4.17}
$$

式（6.4.13）对 S 求导得

$$
\sum_{i=1}^{r} p(u_i)\frac{\mathrm{d}\lambda_i}{\mathrm{d}S}\exp\{Sd(u_i,v_j)\} + \sum_{i=1}^{r} p(u_i)\lambda_i d(u_i,v_j)\exp\{Sd(u_i,v_j)\} = 0,\quad j = 1,2,\cdots,s \tag{6.4.18}
$$

将式（6.4.18）乘以 $p(v_j)$，并对 j 求和得

$$
\begin{aligned}
\text{左式} &= \sum_{i=1}^{r}\sum_{j=1}^{s} p(v_j)p(u_i)\frac{\mathrm{d}\lambda_i}{\mathrm{d}S}\exp\{Sd(u_i,v_j)\} + \sum_{i=1}^{r}\sum_{j=1}^{s} p(v_j)p(u_i)\lambda_i d(u_i,v_j)\exp\{Sd(u_i,v_j)\} \\
&= \sum_{i=1}^{r} p(u_i)\frac{\mathrm{d}\lambda_i}{\mathrm{d}S}\sum_{j=1}^{s} p(v_j)\exp\{Sd(u_i,v_j)\} + \sum_{i=1}^{r}\sum_{j=1}^{s} p(v_j)p(u_i)\lambda_i d(u_i,v_j)\exp\{Sd(u_i,v_j)\}
\end{aligned}
$$

对照式（6.4.12）和式（6.4.15），上式第一项中对下标 j 的求和项即 $1/\lambda_i$，后一项是 $D(S)$，所以有

$$\sum_{i=1}^{r} p(u_i)\frac{\mathrm{d}\lambda_i}{\mathrm{d}S}\frac{1}{\lambda_i}+D(S)=0 \tag{6.4.19}$$

将式（6.4.19）代入式（6.4.17），得

$$\frac{\mathrm{d}R(D)}{\mathrm{d}D}=S \tag{6.4.20}$$

式（6.4.20）表明，参量S是信息率失真函数$R(D)$的斜率。由于信息率失真函数$R(D)$是D的单调递减函数，且是下凸函数，所以$R(D)$的斜率$S\leqslant 0$，S随D的增加递增，即$\mathrm{d}S/\mathrm{d}D>0$。

信息率失真函数$R(D)$及斜率S与失真度D的关系曲线如图 6.4.1 所示。

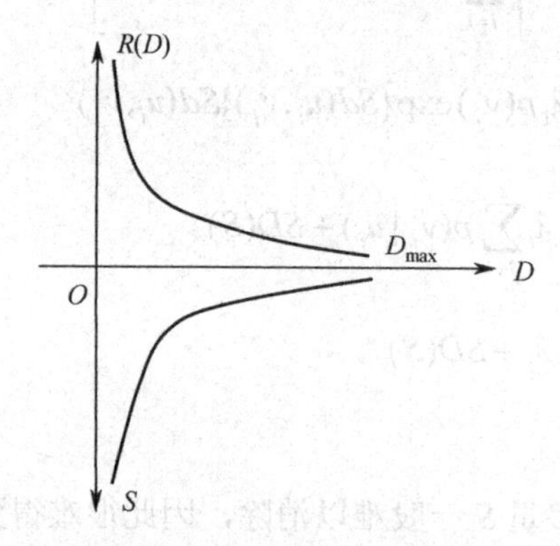

图 6.4.1 信息率失真函数 $R(D)$及斜率 S 与失真度 D 的关系曲线

当$D=D_{\min}=0$时，由式（6.4.15）知失真函数$D(S)$是$r\times s$项的和，其中$d(u_i,v_j)$、$p(u_i)$、$p(v_j)$和λ_i均非负，因此指数项的幂必为负无穷大，即$S_{\min}\to-\infty$。

当$D=D_{\max}$时，参量S达到最大值$S_{\max}$，由于S的取值为负，所以$S_{\max}\leqslant 0$。

当$D>D_{\max}$时，$R(D)\equiv 0$，$\dfrac{\mathrm{d}R(D)}{\mathrm{d}D}=0$。因此在一般情况下，在$D=D_{\max}$处，参量$S$将从一个很小的负值跳跃到零，$S$在这一点不连续，而在开区间$(D_{\min},D_{\max})$内，$S$是失真度$D$的连续函数。

【例 6.3】 设输入、输出符号集为$U=V=\{0,1\}$，输入概率分布为$p(0)=p,p(1)=1-p$，且$0<p\leqslant\frac{1}{2}$，失真矩阵为

$$\boldsymbol{d}=\begin{bmatrix} d(u_1,v_1) & d(u_1,v_2) \\ d(u_2,v_1) & d(u_2,v_2) \end{bmatrix}=\begin{bmatrix} 0 & 1 \\ 1 & 0 \end{bmatrix}$$

求信息率失真函数$R(D)$。

解：（1）确定$R(D)$的定义域。

因为在失真矩阵中，每行的最小值均等于零，因此最小失真度为

$$D_{\min}=\sum_{i=1}^{2} p(u_i)\cdot\{\min_j d(u_i,v_j)\}=0$$

而

$$D_{\max}=\min_j\left\{\sum_{i=1}^{2}p(u_i)\cdot d(u_i,v_j)\right\}$$
$$=\min_j\{p(u_1)d(u_1,v_1)+p(u_2)d(u_2,v_1);p(u_1)d(u_1,v_2)+p(u_2)d(u_2,v_2)\}$$
$$=\min_j\{p(0)\cdot 0+p(1)\cdot 1;p(0)\cdot 1+p(1)\cdot 0\}$$
$$=\min_j\{p(1);p(0)\}$$
$$=p$$

所以 $R(D)$ 的定义域为 $(0,p)$。

（2）求 λ_1 和 λ_2

按式（6.4.13）解方程组

$$\begin{cases}\lambda_1 p(0)\exp\{Sd(u_1,v_1)\}+\lambda_2 p(1)\exp\{Sd(u_2,v_1)\}=1\\ \lambda_1 p(0)\exp\{Sd(u_1,v_2)\}+\lambda_2 p(1)\exp\{Sd(u_2,v_2)\}=1\end{cases}$$

方程组简化为

$$\begin{cases}\lambda_1 p+\lambda_2(1-p)\exp(S)=1\\ \lambda_1 p\exp(S)+\lambda_2(1-p)=1\end{cases}$$

解得

$$\lambda_1=\frac{1}{p[1+\exp(S)]} \tag{6.4.21}$$

$$\lambda_2=\frac{1}{(1-p)[1+\exp(S)]} \tag{6.4.22}$$

（3）求 $p(v_1)$、$p(v_2)$

按式（6.4.12），有

$$\begin{cases}p(v_1)\exp\{Sd(u_1,v_1)\}+p(v_2)\exp\{Sd(u_1,v_2)\}=1/\lambda_1\\ p(v_1)\exp\{Sd(u_2,v_1)\}+p(v_2)\exp\{Sd(u_2,v_2)\}=1/\lambda_2\end{cases}$$

代入已知条件，简化为

$$\begin{cases}p(v_1)+p(v_2)\exp(S)=1/\lambda_1\\ p(v_1)\exp(S)+p(v_2)=1/\lambda_2\end{cases}$$

将 λ_1 和 λ_2 的值代入，解得

$$p(v_1)=\frac{p-(1-p)\exp(S)}{1-\exp(S)} \tag{6.4.23}$$

$$p(v_2)=\frac{(1-p)-p\exp(S)}{1-\exp(S)} \tag{6.4.24}$$

（4）求 $D(S)$

根据式（6.4.15），有

$$D(S)=\lambda_1 p(u_1)p(v_1)d(u_1,v_1)\exp\{Sd(u_1,v_1)\}+\lambda_1 p(u_1)p(v_2)d(u_1,v_2)\exp\{Sd(u_1,v_2)\}+\lambda_2 p(u_2)p(v_1)d(u_2,v_1)\exp\{Sd(u_2,v_1)\}+\lambda_2 p(u_2)p(v_2)d(u_2,v_2)\exp\{Sd(u_2,v_2)\}$$

代入已知条件有

$$D(S)=\lambda_1 pp(v_2)\exp(S)+\lambda_2(1-p)p(v_1)\exp(S)$$

代入 λ_1、λ_2、$p(v_1)$ 和 $p(v_2)$ 的结果，得

$$D(S)=\frac{\exp(S)}{1+\exp(S)}$$

从上式可解出参量S：

$$S=\ln\frac{D}{1-D} \tag{6.4.25}$$

（5）求$R(D)$

根据式（6.4.16），有

$$\begin{aligned}R(D)&=\sum_{i=1}^{2}p(u_i)\ln\lambda_i+SD\\&=p(u_1)\ln\lambda_1+p(u_2)\ln\lambda_2+SD\\&=p\ln\lambda_1+(1-p)\ln\lambda_2+SD\end{aligned}$$

将式（6.4.21）、式（6.4.22）和式（6.4.25）代入上式得

$$\begin{aligned}R(D)&=p\ln\left\{\frac{1}{p[1+\exp(S)]}\right\}+(1-p)\ln\left\{\frac{1}{(1-p)[1+\exp(S)]}\right\}+D\ln\frac{D}{1-D}\\&=-p\ln p-p\ln\frac{1}{1-D}-(1-p)\ln(1-p)-(1-p)\ln\frac{1}{1-D}+D\ln\frac{D}{1-D}\\&=\left[-p\ln p-(1-p)\ln(1-p)\right]+\left[D\ln D+(1-D)\ln(1-D)\right]\\&=H(p,1-p)-H(D,1-D)\end{aligned}$$

由于$R(D)$的定义域为$(0,p)$，因此$R(D)$的完整表达式为

$$R(D)=\begin{cases}H(p,1-p)-H(D,1-D), & 0\leqslant D\leqslant p\leqslant 1/2\\0, D\geqslant p\end{cases}$$

$R(D)$的曲线如图 6.4.2 所示。

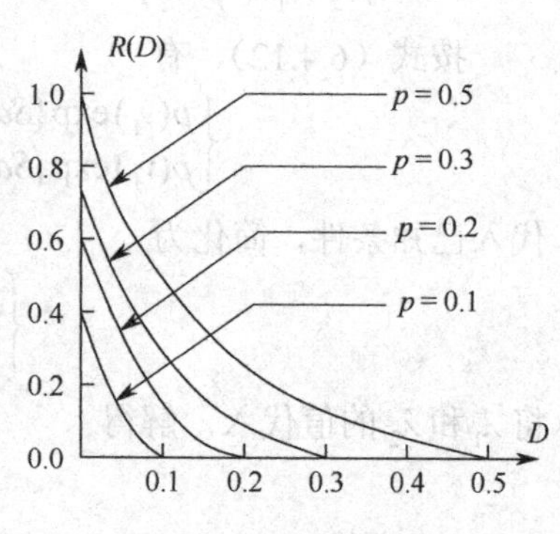

图 6.4.2 $R(D)$的曲线

通过曲线可知，对于给定的平均失真度D，信源分布越均匀（p接近 0.5），信源的冗余度越小，$R(D)$就越大，信源压缩的可能性就越小。反之，信源分布越不均匀，信源的冗余度越大，$R(D)$就越小，信源压缩的可能性就越大。例如，图 6.4.3 所示的原始图像的比特率均为 8 比特/像素，但图 6.4.3(a)中的黑白像素分布极不均匀，而图 6.4.3(c)中的黑白像素则是等概率分布的。在同样的均方误差 363.1452 下，图 6.4.3(a)的编码输出如图 6.4.3(b)所示，所需的比特率小于图 6.4.3(c)的编码输出，如图 6.4.3(d)所示。前者所需码率约为后者所需码率的一半。

【例 6.4】设有一个r元对称信源，其输入符号集为$U=\{u_1,u_2,\cdots,u_r\}$，且信源符号等概率分布：

$$p(u_i)=\frac{1}{r},\quad i=1,2,\cdots,r$$

输出符号集为$V=\{v_1,v_2,\cdots,v_r\}$，失真函数为

$$d(u_i,v_j)=\begin{cases}1, & i\neq j\\0, & i=j\end{cases},\quad i,j=1,2,\cdots,r$$

求信息率失真函数。

(a) 黑白像素分布不均匀的原始图像

(b) 图(a)在 0.042 比特/像素下的编码输出图像

(c) 黑白像素分布均匀的原始图像

(d) 图(c)在 0.0963 比特/像素下的编码输出图像

图 6.4.3　两个符号（黑白像素）概率分布不同时的限失真编码对比

解：（1）确定 $R(D)$ 的定义域

$$D_{\min} = \sum_{i=1}^{r} p(u_i) \min_j d(u_i, v_j) = 0$$

$$D_{\max} = \min_j \{ \sum_{i=1}^{r} p(u_i) \cdot d(u_i, v_j) \} = 1 - \frac{1}{r}$$

（2）计算 $\lambda_i, i = 1,2,\cdots,r$

依题意，失真矩阵为

$$\boldsymbol{d} = \begin{bmatrix} d(u_1,v_1) & \cdots d(u_1,v_r) \\ d(u_2,v_1) & \cdots d(u_2,v_r) \\ \vdots & \ddots \quad \vdots \\ d(u_r,v_1) & \cdots d(u_r,v_r) \end{bmatrix} = \begin{bmatrix} 0 & 1 & \cdots & 1 \\ 1 & 0 & \ddots & \vdots \\ \vdots & \ddots & \ddots & 1 \\ 1 & \cdots & 1 & 0 \end{bmatrix}$$

根据式（6.4.13）列方程组

$$\begin{cases} \lambda_1 + \lambda_2 \exp(S) + \cdots + \lambda_r \exp(S) = r \\ \lambda_1 \exp(S) + \lambda_2 + \cdots + \lambda_r \exp(S) = r \\ \qquad \vdots \\ \lambda_1 \exp(S) + \lambda_2 \exp(S) + \cdots + \lambda_r = r \end{cases}$$

解得

$$\lambda_i = \frac{r}{1 + (r-1)\exp(S)}, \qquad i = 1,2,\cdots,r$$

（3）计算 $p(v_j), j = 1,2,\cdots,r$

按式（6.4.12）列方程组

$$\begin{cases} p(v_1)+p(v_2)\exp(S)+\cdots+p(v_r)\exp(S)=\dfrac{1+(r-1)\exp(S)}{r} \\ p(v_1)\exp(S)+p(v_2)+\cdots+p(v_r)\exp(S)=\dfrac{1+(r-1)\exp(S)}{r} \\ \vdots \\ p(v_1)\exp(S)+p(v_2)\exp(S)+\cdots+p(v_r)=\dfrac{1+(r-1)\exp(S)}{r} \end{cases}$$

解得

$$p(v_j)=\frac{1}{r},\ j=1,2,\cdots,r$$

（4）求 $D(S)$

根据式（6.4.15），有

$$\begin{aligned} D(S) &= \sum_{i=1}^{r}\sum_{j=1}^{r}\lambda_i p(u_i)p(v_j)d(u_i,v_j)\exp\{Sd(u_i,v_j)\} \\ &= \frac{r}{1+(r-1)\exp(S)}\cdot\frac{1}{r}\cdot\frac{1}{r}\exp(S)\cdot(r^2-r) \\ &= \frac{(r-1)\exp(S)}{1+(r-1)\exp(S)} \end{aligned}$$

从上式可解出参量 S：

$$S=\log_2\frac{D}{(r-1)(1-D)}$$

（5）求 $R(D)$

根据式（6.4.16），有

$$\begin{aligned} R(D) &= \sum_{i=1}^{r}p(u_i)\ln\lambda_i+SD \\ &= \ln\left\{\frac{r}{[1+(r-1)\exp(S)]}\right\}+D\ln\frac{D}{(r-1)(1-D)} \\ &= \ln r-\ln\frac{1}{1-D}+D\ln D-D\ln(r-1)-D\ln(1-D) \\ &= \ln r-D\ln(r-1)+D\ln D+(1-D)\ln(1-D) \end{aligned}$$

$R(D)$ 的定义域为 $(0,1-1/r)$，值域为 $0\leqslant R(D)\leqslant\log_2 r$，其关系曲线如图 6.4.4 所示。

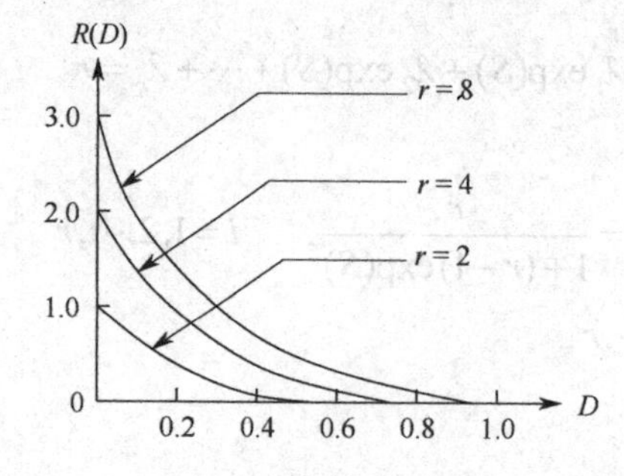

图 6.4.4 r 元信源对应于不同 r 值的 R(D)曲线

由图 6.4.4 可见，对应相同的失真度 D，r 越大，即信源的符号数越多，信源的可压缩性就越小。反之，r 越小，即信源的符号数越少，信源的可压缩性就越大。例如，在图 6.4.5 中，在达到相同的平均失真度的情况下，4 个亮度等级（4 个符号）的图像所需的比特率大于只有 2 个亮度等级（2 个符号）的图像所需的比特率。

(a) 2 个亮度等级的原始图像

(b) 图(a)在 0.096 比特/像素下的编码输出图像

(c) 4 个亮度等级的原始图像

(d) 图(c)在 0.125 比特/像素下的编码输出图像

图 6.4.5　不同亮度等级的图像在相同失真度（均方误差为 33.3488）下的编码

6.4.2　离散信源信息率失真函数的迭代计算方法

计算一般离散信源的信息率失真函数是相当复杂和困难的，往往需要借助于计算机。因此，以下讨论建立在参量表示法基础上的迭代算法。设离散信源输入序列为

$$\begin{bmatrix} U \\ P \end{bmatrix} = \begin{bmatrix} u_1 & u_2 & \cdots & u_r \\ p(u_1) & p(u_2) & \cdots & p(u_r) \end{bmatrix}$$

输出序列为

$$\begin{bmatrix} V \\ P \end{bmatrix} = \begin{bmatrix} v_1 & v_2 & \cdots & v_s \\ p(v_1) & p(v_2) & \cdots & p(v_s) \end{bmatrix}$$

失真函数为 $d(u_i,v_j)$, $i=1,2,\cdots,r$, $j=1,2,\cdots,s$。信息率失真函数 $R(D)$ 是平均互信息量 $I(U;V)$ 的极小值：

$$R(D) = \min_{p(v_j)} \min_{p(v_j|u_i)} I(U;V) = \min_{p(v_j)} \min_{p(v_j|u_i)} \sum_{i=1}^{r}\sum_{j=1}^{s} p(u_i)p(v_j \mid u_i)\ln\frac{p(v_j \mid u_i)}{p(v_j)} \tag{6.4.26}$$

1. 迭代计算公式

观察式（6.4.26），我们可以把 $I(U;V)$ 视为转移概率 $p(v_j \mid u_i)$ 和输出概率 $p(v_j)$ 两个变量

的函数，并且可以通过交替优化的策略得到$I(U;V)$的最小值，即$R(D)$。

（1）首先计算$p^*(v_j|u_i), i=1,2,\cdots,r; j=1,2,\cdots,s$

将式（6.4.12）代入式（6.4.10）可得

$$p(v_j|u_i)^* = \frac{p(v_j)\exp[Sd(u_i,v_j)]}{\sum_{j=1}^{s} p(v_j)\exp[Sd(u_i,v_j)]} \tag{6.4.27}$$

（2）然后计算$p^*(v_j), j=1,2,\cdots,s$

在已知$p^*(v_j|u_i)$的基础上，根据全概率公式有

$$p(v_j)^* = \sum_{i=1}^{r} p(u_i)p(v_j|u_i) \tag{6.4.28}$$

式（6.4.27）和式（6.4.28）是$R(D)$函数迭代的基础。

2．迭代计算步骤

（1）对应很小的允许失真D_1，假定S_1为一个相当大的负值（参见S的物理意义），选定起始传递概率$p^{(1)}(v_j|u_i), i=1,2,\cdots,r; j=1,2,\cdots,s$，可取$p^{(1)}(v_j|u_i)=1/s$。将选定的$p^{(1)}(v_j|u_i)$代入式（6.4.28），得到$p^{(1)}(v_j)$。

（2）将$p^{(1)}(v_j)$代入式（6.4.27），得到$p^{(2)}(v_j|u_i)$。

（3）再将$p^{(2)}(v_j|u_i)$代入式（6.4.28），得到$p^{(2)}(v_j)$。

（4）重复前面的步骤，计算出第k次和第$k+1$次的$R^{(k)}(D)$和$R^{(k+1)}(D)$：

$$R^{(k)}(D) = \sum_{i=1}^{r}\sum_{j=1}^{s} p(u_i)p^{(k)}(v_j|u_i)\log\frac{p^{(k)}(v_j|u_i)}{p^{(k)}(v_j)} \tag{6.4.29}$$

$$R^{(k+1)}(D) = \sum_{i=1}^{r}\sum_{j=1}^{s} p(u_i)p^{(k+1)}(v_j|u_i)\log\frac{p^{(k+1)}(v_j|u_i)}{p^{(k+1)}(v_j)} \tag{6.4.30}$$

（5）当$R^{(k)}(D)$与$R^{(k+1)}(D)$的差别小于预先给定的值时，取$R^{(k)}(D)$或$R^{(k+1)}(D)$作为$R(S_1)$的近似值。

（6）选择略大一些的负数S_2（对应一个较大的允许失真D_2），重复上述迭代过程，得到对应S_2的$R(S_2)$。

（7）重复上述过程，直到$R(S_{\max})$逼近零。

（8）根据$S_1, S_2, \cdots, S_{\max}$及与之相对应的$R(S_1), R(S_2), \cdots, R(S_{\max})$，作出$R(S)$的曲线。根据$R(D)$函数的$S$参量表述理论，得到$R(D)$曲线。整个迭代过程完成。

绘制$R(D)$的MATLAB程序代码如下。

```
function [D, RD] = RDcurve(Px, d)

% 输入变量
% Px: 输入信源分布
% d: 失真矩阵

%输出变量
```

```
% D：平均失真度序列
% RD：对应 D 的信息率

[r,s]=size(d); % 输入符号个数 r 和输出符号个数 s
RD=[]; % RD 序列初始化
D=[];  % 失真度序列
for S=-100:1:10 % 参量 S 序列
    RD_1=inf; % 前一次信息率初始化
    err=inf;
    Pxy_1=ones(r,s)/s; % 转移概率矩阵初始化
    Py_1=Px*Pxy_1; % 计算各输出概率
    while err>=0.0001 % 相邻两次迭代信息率之差小于 0.0001 时迭代停止
        % 计算新转移概率：
        for i=1:r
            sigma=0;
            for j=1:s
                sigma=sigma+Py_1(j)*exp(S*d(i,j)); % 分母（求和项）
            end
            for j=1:s
                Pxy_2(i,j)= Py_1(j)*exp(S*d(i,j))/sigma; % 后一次转移概率
            end
        end
        Py_2=Px*Pxy_2;
        % 计算新一组概率下的 R(D):RD_2
        RD_2=0;
        for i=1:r
            for j=1:s
                RD_2=RD_2+Px(i)*Pxy_2(i,j)*log(Pxy_2(i,j)/Py_2(j));
            end
        end
        err=abs(RD_2-RD_1);
        Pxy_1=Pxy_2; % 更新转移矩阵
        Py_1=Py_2;   % 更新输出矩阵
        RD_1=RD_2;   % 更新信息率
    end
    RD(end+1)= RD_1;
    %% 以下计算对应的平均失真度 D
    PXY=zeros(r,s); % 联合概率初始化
    for i=1:r
        PXY(i,:)=Pxy_2(i,:).*Px(i); % 计算联合概率
    end
```

$R(D)$函数的调用示例如下。

```
Px=[1/4 1/4 1/4 1/4]; % 输入信源分布
d=[0 1 1 1
   1 0 1 1
   1 1 0 1
   1 1 1 0]; % 失真矩阵
```

```
[D, RD] = RDcurve(Px,d);
plot(D,RD,'LineWidth',3)
title('率失真曲线 R(D)')
xlabel('允许的最大平均失真 D')
ylabel('必须传输的最小信息率')
```

$R(D)$函数的调用结果如图 6.4.6 所示。

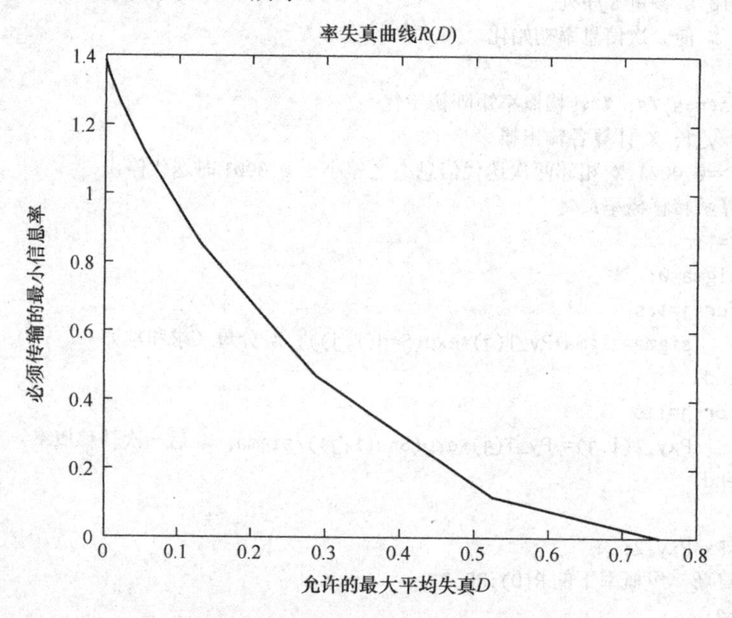

图 6.4.6　$R(D)$函数的调用结果

6.5　连续信源的信息率失真函数

时间和取值连续的信源信号，如语音和图像信号，一般都是带宽有限的。我们可以使用采样定理对该信号进行等间隔采样，由此得到时间离散取值连续的信号（本书称之为连续信源信号）形式。下面参考离散信源有关概念的定义和计算方法，得出连续信源的失真函数、平均失真函数和信息率失真函数的定义与计算公式。

6.5.1　连续信源信息率失真函数的参量表达式

设 $U_1, U_2, \cdots, U_r$ 为一个连续信源符号序列，即取样值序列，其中的每个 U 都代表连续信源的任意一个符号 u，$u \in R=(-\infty,+\infty)$，相应的概率密度函数为 $p(u)$。将信源编码器视为信道，设该信道的输出序列为 $V_1, V_2, \cdots, V_s$，其中每个 V 可取值为任意一个符号 $v \in R=(-\infty,+\infty)$，相应的概率密度函数为 $p(v)$。又设试验信道的转移概率密度函数为 $p(v|u)$。类似于离散信源的情况，定义随机变量 u 和 v 之间的失真函数为 $d(u,v) \geqslant 0$，对于一个 u，至少有一个 v 与之对应，一般 $u=v$ 对应 $d(u,v)=0$。相应地，平均失真度定义为

$$\bar{D}=\int_{-\infty}^{\infty}\int_{-\infty}^{\infty} p(u,v)d(u,v)\mathrm{d}u\mathrm{d}v=\int_{-\infty}^{\infty}\int_{-\infty}^{\infty} p(v|u)p(u)d(u,v)\mathrm{d}u\mathrm{d}v \tag{6.5.1}$$

若将式（6.2.5）的求和运算换成积分运算，则试验信道传递的平均互信息量为

$$I(U;V)=\iint\limits_{u\ v}P(u)P(v|u)\log\frac{P(v|u)}{P(v)}\mathrm{d}u\mathrm{d}v$$

相应地，连续信源的率失真函数 $R(D)$ 表达式定义如下：

$$R(D)=\inf_{p(v|u)\in B_D} I(U;V) \tag{6.5.2}$$

式中，B_D 是由满足保真度准则 $\bar{D}\leqslant D$ 的所有试验信道构成的集合；$p(v)=\int_{-\infty}^{\infty}p(v|u)p(u)\mathrm{d}u$，且

$$\int_{-\infty}^{\infty}p(u)\mathrm{d}u=1,\quad \int_{-\infty}^{\infty}p(v)\mathrm{d}v=1,\quad \int_{-\infty}^{\infty}p(v|u)\mathrm{d}v=1 \tag{6.5.3}$$

可以证明，连续信源的 $R(D)$ 仍然是 $p(v|u)$ 的下凸函数，且与离散信源相同，$R(D)$ 在 $D_{\min}\leqslant D\leqslant D_{\max}$ 内仍为连续递减函数，其中

$$\begin{aligned}D_{\min}&=\int\limits_R p(u)\inf_v d(v|u)\,\mathrm{d}u\\ D_{\max}&=\inf_v\int\limits_R p(u)d(v|u)\,\mathrm{d}u\end{aligned} \tag{6.5.4}$$

与离散信源不同的是，$\lim\limits_{D\to 0}R(D)=\infty$，这说明在连续信源情况下，要完全无失真地传送信源的全部信息，需要无穷大的信息率。确定 $R(D)$ 的下确界是一个在式（6.5.3）给出的约束条件下求极值的问题，不过这里需要用变分法来代替偏导数为零的拉格朗日乘数法。

类似于离散信源的情况，引入参量 S 和任意函数 $\mu(x)$，并且令拉格朗日函数 $I(U;V)-S[D(S)-\bar{D}]-\mu(x)[\int_{-\infty}^{\infty}p(v|u)\mathrm{d}v-1]$ 的变分为 0，令 $\lambda(x)=\exp[\mu(x)/p(u)]$，解出 $p(v)$、$\lambda(x)$ 和 $p(v|u)$，即可求出 $R(D)$ 函数的参量表达式，其形式与离散情况类似，只是求和变成了积分：

$$D(S)=\int_{-\infty}^{\infty}\int_{-\infty}^{\infty}\lambda(x)p(u)p(v)\exp[Sd(u,v)]d(u,v)\mathrm{d}u\mathrm{d}v \tag{6.5.5}$$

$$R(S)=SD(S)+\int_{-\infty}^{\infty}p(x)\log\lambda(x)\mathrm{d}x \tag{6.5.6}$$

同样，可以证明 S 是 $R(D)$ 的斜率，即

$$S=\frac{\mathrm{d}R}{\mathrm{d}D} \tag{6.5.7}$$

一般来说，连续信源信息率失真函数 $R(D)$ 的解是存在的，但是直接求解通常比较困难，往往需要用迭代算法通过计算机求解，只在某些特殊情况下获得解析解才比较简单。

6.5.2 高斯信源的信息率失真函数

假定一个连续信源的概率密度函数是一个高斯分布函数，即

$$p(u)=\frac{1}{\sqrt{2\pi\sigma^2}}\exp\left[-\frac{(u-\mu)^2}{2\sigma^2}\right] \tag{6.5.8}$$

式中，μ 为数学期望，σ^2 为方差。定义平方误差为失真函数，即 $d(u,v)=(u-v)^2$，则平均失真函数为

$$\begin{aligned}\bar{D}&=\int_{-\infty}^{\infty}\int_{-\infty}^{\infty}p(u,v)(u-v)^2\mathrm{d}u\mathrm{d}v\\ &=\int_{-\infty}^{\infty}\int_{-\infty}^{\infty}p(u|v)p(v)(u-v)^2\mathrm{d}u\mathrm{d}v\\ &=\int_{-\infty}^{\infty}p(v)\mathrm{d}v\int_{-\infty}^{\infty}p(u|v)(u-v)^2\mathrm{d}u\end{aligned} \tag{6.5.9}$$

定义$D(v)=\int_{-\infty}^{\infty} p(u\mid v)(u-v)^2\mathrm{d}u$，$D(v)$表示信道输出为固定值$V=v$的条件下，变量$u$的条件方差。将$D(v)$代入式（6.5.9）可得

$$\bar{D}=\int_{-\infty}^{\infty} p(v)D(v)\mathrm{d}v$$

由平均功率受限的最大微分熵定理，在$V=v$条件下的最大熵为

$$H_{\max}(U\mid v)=\frac{1}{2}\log 2\pi\mathrm{e}D(v)$$

故条件熵为

$$H(U\mid v)=-\int_{-\infty}^{\infty} p(u\mid v)\log p(u\mid v)\mathrm{d}u\leqslant\frac{1}{2}\log 2\pi\mathrm{e}D(v)$$

信道疑义度为

$$\begin{aligned}H(U\mid V)&=\int_{\mathrm{R}} p(v)H(U\mid v)\mathrm{d}v\\&\leqslant\int_{\mathrm{R}} p(v)\frac{1}{2}\log[2\pi\mathrm{e}D(v)]\mathrm{d}v\\&=\frac{1}{2}\log(2\pi\mathrm{e})\int_{\mathrm{R}} p(v)\,\mathrm{d}v+\frac{1}{2}\int_{\mathrm{R}} p(v)\log[D(v)]\mathrm{d}v\end{aligned}$$

考虑到$\int_{\mathrm{R}} p(v)\,\mathrm{d}v=1$，再考虑到$\log x$是一个上凸函数，利用詹森不等式$E(\log x)\leqslant\log[E(x)]$得

$$H(U\mid V)\leqslant\frac{1}{2}\log 2\pi\mathrm{e}+\frac{1}{2}\log\left[\int_{\mathrm{R}} p(v)D(v)\mathrm{d}v\right]=\frac{1}{2}\log 2\pi\mathrm{e}+\frac{1}{2}\log\bar{D}=\log_2 2\pi\mathrm{e}\bar{D}$$

满足保真度准则时，有

$$\bar{D}\leqslant D$$

所以

$$H(U\mid V)\leqslant\log 2\pi\mathrm{e}D \tag{6.5.10}$$

式（6.5.8）所示方差为σ^2的高斯信源熵是

$$H(U)=\frac{1}{2}\log 2\pi\mathrm{e}\sigma^2$$

于是平均互信息量为

$$I(U;V)=H(U)-H(U\mid V)\geqslant\frac{1}{2}\log 2\pi\mathrm{e}\sigma^2-\frac{1}{2}\log 2\pi\mathrm{e}D=\frac{1}{2}\log\frac{\sigma^2}{D}$$

由于$R(D)$函数定义为试验信道满足保真度准则下的最小平均互信息量，故

$$R(D)=\frac{1}{2}\log\frac{\sigma^2}{D}$$

当$D=\sigma^2$时，易知$R(D)=0$即$R(\sigma^2)=0$。当$D>\sigma^2$时，考虑到信息率失真函数的单调递减性有

$$R(D)\leqslant R(\sigma^2)=0$$

由于$R(D)$非负，所以有$R(D)=0$。

综上可得高斯信源在均方误差失真度条件下的信息率失真函数为

$$R(D)=\begin{cases}\dfrac{1}{2}\log\dfrac{\sigma^2}{D}, & D<\sigma^2\\0, & D\geqslant\sigma^2\end{cases} \tag{6.5.11}$$

式（6.5.11）表明，当$D=0$时，$R(D)=\infty$，说明要完全无失真地传送信源的全部信息需要无穷大的信息率，但这是不可实现的。式（6.5.11）也表明，若允许存在一定的失真，则传送信源所需的信息率可降低（低于信源微分熵），这意味着信源的信息率可以压缩。这也是连续信源量化和压缩的理论基础。式（6.5.11）还表明，当允许的平均失真为$D=\sigma^2$时，$R(D)=0$。这是因为随着信道干扰越来越强，$\bar{D}$和D随之增大，式（6.5.10）所示的信道疑义度也增大，当信道干扰使得$D=\sigma^2$时，从输出变量V中已经得不到任何信息量。当$D>\sigma^2$时，根据$R(D)$的单调特性，信息率可以进一步压缩，但$R(D)$为非负函数，故$R(D)$只能继续保持为零，此时等效于通信中断的情况。

6.6　图像信源限失真编码举例

原始的声音和图像数据都是连续信源的输出，由第2章可知，连续信源的熵为无穷大。式（6.5.11）也表明，通过编码信道无失真地传输需要的信息率为无穷大，这是不可实现的。另一方面，由于人耳和人眼对于声、光的感受能力存在局限性，完全无失真的编码通常是不必要的。因此，实用的多媒体数据往往采取限失真或有损的编码策略。

JPEG（Joint Photograph Expert Group）是第一个静止图像编码国际标准，它提供了4种工作模式。JPEG 基本系统是 JPEG 标准中最简单、最基本的有损压缩编码系统。下面以此为例说明限失真编码的实现。

6.6.1　JPEG 基本系统简介

JPEG 基本系统采用基于离散余弦变换（Discrete Cosine Transform，DCT）的顺序编码操作模式，图 6.6.1 和图 6.6.2 中分别给出了基本系统的单分量（如灰度）图像编码器和译码器框图。在编码过程中，源图像首先被分成 8×8 的多个像素块。然后对每块进行二维 DCT 变换，以消除图像块内部各像素在空间域的冗余性。量化过程根据给定的量化表对 DCT 系数进行量化，通过降低 DCT 系数的精度来进一步实现数据压缩。再后对量化后的 DCT 系数按照给定的熵编码表进行熵编码，以进一步消除数据内部的统计冗余。最后，输出图像压缩数据。

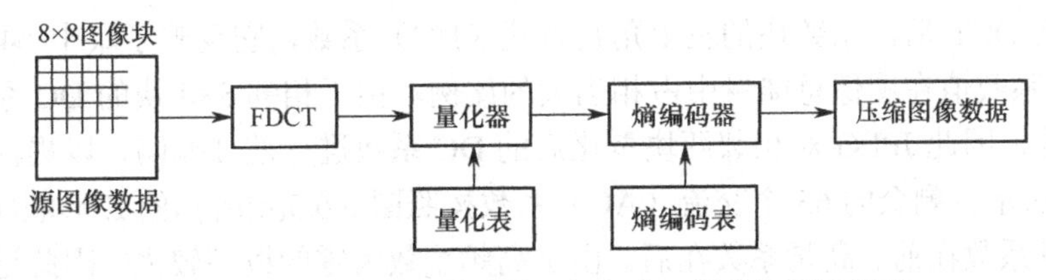

图 6.6.1　基本系统的单分量（如灰度）图像编码器框图

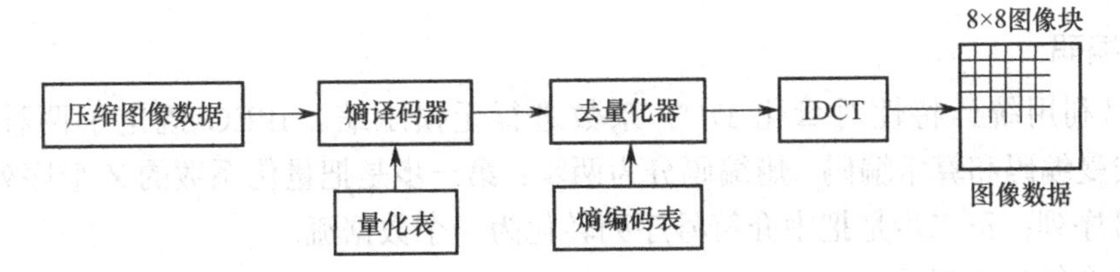

图 6.6.2　基本系统的单分量（如灰度）图像译码器框图

1. DCT

设 $f(x,y)$ 为 8×8 块内第 x 行第 y 列的样值，$F(u,v)$ 为 DCT 变换后第 u 行第 v 列的 DCT 系数值。8×8 DCT 正变换（FDCT）和反变换（IDCT）的数学公式为

$$F(u,v)=\frac{1}{4}C(u)C(v)\left[\sum_{x=0}^{7}\sum_{y=0}^{7}f(x,y)\cos\frac{(2x+1)u\pi}{16}\cos\frac{(2y+1)v\pi}{16}\right] \tag{6.6.1}$$

$$f(x,y)=\frac{1}{4}C(u)C(v)\left[\sum_{u=0}^{7}\sum_{v=0}^{7}F(u,v)\cos\frac{(2x+1)u\pi}{16}\cos\frac{(2y+1)v\pi}{16}\right] \tag{6.6.2}$$

式中，

$$C(u),C(v)=\begin{cases}1/\sqrt{2}, & u,v=0\\ 1, & 其他\end{cases}$$

经过 DCT 变换，图像块内信息的表达从空间域的样本值转换为频率域的 DCT 系数。由于 DCT 有很强的信息集中能力，因此利用为数不多的 DCT 系数就可高保真地表达原始信息。

2. 量化

为了实现数据压缩，可以降低 DCT 系数的精度来进一步实现数据压缩，即允许有限的可接受的失真，牺牲一些 DCT 系数的精度来换取低信息率，进而实现对数据的进一步压缩。量化过程是一个多对一的映射，因此该过程是有损压缩，也是 JPEG 编码器产生失真的根源。实施量化时，将每个 DCT 系数除以量化表中相应的量化步长，并将所得结果进行四舍五入取整。量化公式为

$$F^{Q}(u,v)=\text{round}\left[\frac{F(u,v)}{Q(u,v)}\right] \tag{6.6.3}$$

式中，$F(u,v)$ 和 $F^{Q}(u,v)$ 分别是量化前后位于 (u,v) 的 DCT 系数，$Q(u,v)$ 为量化步长，round 为取整函数。反量化运算时将量化后的 DCT 系数乘以相应的量化步长，反量化得到的系数为

$$F_{\mathrm{R}}^{Q}(u,v)=Q(u,v)F^{Q}(u,v) \tag{6.6.4}$$

JPEG 标准推荐的亮度分量量化表如图 6.6.4(c)所示。

3. Z 形扫描

经过二维 DCT 后，系数块的左上角是直流（DC）系数，它反映了块中 64 个样本值的平均值，DC 系数值在图像总能量中占相当大的比例。由于相邻 8×8 块的 DC 系数通常具有较强的相关性，因此 JPEG 对相邻两块量化后的 DC 系数进行差分编码，以提高编码效率，如图 6.6.3(a)所示。剩余的 63 个交流（AC）系数按照图 6.6.3(b)所示的 Z 形顺序进行扫描，以便保证低频系数在前、高频系数在后。由于高频系数为零的概率较大，因此这种排序有利于提高后面游程编码的压缩效率。

4. 熵编码

熵编码利用统计特性对量化 DCT 系数进行无损压缩。JPEG 规定了两种熵编码方法，即霍夫曼编码和算术编码。熵编码分为两步：第一步是把量化系数的 Z 形序列转化为一个中介符号序列；第二步是把中介符号序列转化为一个数据流。

（1）中介符号的表示

中介符号序列的每个非零 AC 系数由 Z 形序列中该系数及之前的零值 AC 系数的零游程

组合而成。每个这样的“游程/非零系数”组合通常由一对符号表示：

Symbol-1	Symbol-2
(RUNLENGTH, SIZE)	(AMPLITUDE)

其中，Symbol-1 表示两部分信息：游程（RUNLENGTH）和大小（SIZE）。Symbol-2 表示非零 AC 系数的幅值（AMPLITUDE）信息。RUNLENGTH 是 Z 形序列中非零 AC 系数之前连续 0 的个数。SIZE 是编码 AMPLITUDE 时所用的比特数。

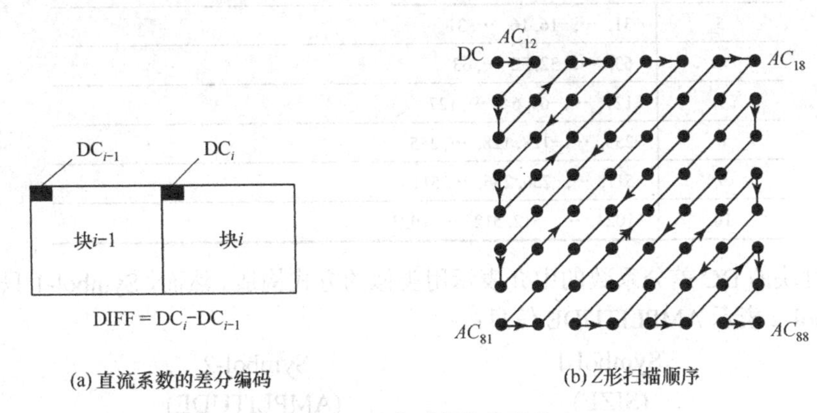

(a) 直流系数的差分编码　　(b) Z形扫描顺序

图 6.6.3　量化系数的编码策略

RUNLENGTH 表示长度为 0 到 15 的零游程。在 Symbol-1 结束之前，可能最多有 3 个连续的 Symbol-1 = (15, 0)符号。除了最后的零游程包括最后的 AC 系数的情况，Symbol-1 后面总是紧跟一个符号 Symbol-2。Symbol-1 值(0, 0)意味着 EOB（End Of Block，块末），可视为 8×8 样块的结束符号。这样，对于每个 8×8 的样块，63 个量化的 AC 系数的 Z 形序列表示为（Symbol-1, Symbol-2）符号对的序列。

量化 AC 系数的可能范围决定了 AMPLITUDE 和 SIZE 信息必须表示的值域。8×8 DCT 方程的数值分析表明，若 64 点（8×8 块）输入信号包含 N 比特整数，则输出值（DCT 系数）的非小数部分至多增长 3 比特。JPEG 基本系统在区间$[-2^7, 2^7-1]$上具有 8 比特的灰度值，所以量化 AC 系数的幅值范围是$[-2^{10}, 2^{10}-1]$。有符号整数的编码用长度为 1 到 10 比特的 AMPLITUDE 码（所以 SIZE 也表示为从 1 到 10 的值），如前所述，RUNLENGTH 表示从 1 到 15 的值。对于交流系数，中介表示 Symbol-1 和 Symbol-2 的结构分别如表 6.6.1 和表 6.6.2 所示。

表 6.6.1　Symbol-1 的结构

<table>
<tr><td colspan="2"></td><td colspan="6">SIZE</td></tr>
<tr><td colspan="2"></td><td>0</td><td>1</td><td>2</td><td>…</td><td>9</td><td>10</td></tr>
<tr><td rowspan="5">RUN LENGTH</td><td>0</td><td>EOB</td><td colspan="5" rowspan="5">（RUNLENGTH, SIZE）值</td></tr>
<tr><td>.</td><td>X</td></tr>
<tr><td>.</td><td>X</td></tr>
<tr><td>.</td><td>X</td></tr>
<tr><td>15</td><td>ZRL</td></tr>
</table>

表 6.6.2 Symbol-2 的结构

SIZE	AMPLITUDE
1	−1, 1
2	−3, −2, 2, 3
3	−7, …, −4, 4,…, 7
4	−15, …, −8, 8,…, 15
5	−31, …, −16, 16, …, 31
6	−63, …,−32, 32 ,…, 63
7	−127, …, −64, 64, …, 127
8	−255, …, −128, 128, …, 255
9	−511, …, −256, 256, …, 511
10	−1023, …, −512, 512, …, 1023

8×8 灰度块的 DC 差分系数的中介表示用类似的方式构造。然而，Symbol-1 只表示 SIZE 信息；Symbol-2 表示 AMPLITUDE 信息：

Symbol-1　　　　　　Symbol-2
(SIZE)　　　　　　(AMPLITUDE)

因为 DC 系数进行差分编码，它的值域$[-2^{11},2^{11}-1]$是 AC 系数值域的 2 倍，所以对于 DC，表 6.6.2 的底部必须加上一行。这样，DC 系数的 Symbol-1 就表示从 1 到 11 的值。

（2）变长熵编码

8×8 块的量化系数数据表示为上述中介符号序列后，就要分配变长码字（Variable-Length Codes，VLC）。对于每个 8×8 块，首先输出 DC 系数的 Symbol-1 和 Symbol-2 的码字。对于 DC 和 AC 系数，每个 Symbol-1 用指定给 8×8 块的图像分量的霍夫曼码表集的 VLC 进行编码。每个 Symbol-2 用一个变长整数（Variable-Length Integer，VLI）码来编码，VLI 的长度（比特）由表 6.6.2 给出。VLC 和 VLI 都是变长码，但 VLI 不是霍夫曼码，它是量化系数二进制表示的反码，可以计算得出，而不像霍夫曼码表那样需要存储。JPEG 将 Symbol-2 的 VLI 码附加在 Symbol-1 的霍夫曼变长码 VLC 之后，形成符号对（Symbol-1, Symbol-2）的最终编码结果。

6.6.2 JPEG 编码过程示例

图 6.6.4(a)是一个从实际图像中随机抽取出的 8×8 的 8 比特灰度块。在灰度平移中每个灰度值减去 128，然后将 8×8 的块输入 DCT 方程（6.5.1）。图 6.6.4(b)示出了产生的 DCT 系数。图 6.6.4(c)是亮度分量量化表。图 6.6.4(d)示出了按照式（6.6.3）用量化表中各元素进行量化的 DCT 系数。在译码器中按照式（6.6.4）对这些量化系数进行去量化，结果如图 6.6.4(e)所示。然后输入 IDCT 模块，执行式（6.6.2）的运算。最后，图 6.6.4(f)示出了重建图像块，可以看出与原图 6.6.4(a)非常相似。

当然，图 6.6.4(d)中的数值在传输到译码器之前必须进行霍夫曼编码。按图 6.6.3(b)所示 Z 形扫描后的序列是

$$15\ 0\ -2\ -1\ -1\ -1\ 0\ 0\ -1\ 0\ 0\ 0\ \cdots\ 0$$

系数块要编码的第一个数值是 DC 系数，它必须进行差分编码。假设前一块的量化 DC 系数是 12，于是差值为+3，故 SIZE = 2，AMPLITUDE = 3，中介表示为(2)(3)。接下来，对 AC

系数进行编码。按照 Z 形顺序，第一个非零系数是−2，之前的 0 游程长度为 1，中介表示为(1,2)(−2)。按照 Z 形顺序接下来遇到的是 3 个连续非零系数−1，对应的中介符号都是(0,1)(−1)。最后一个非零系数为−1，前面有 2 个零，中介符号为(2,1)(−1)。因为这是最后的非零系数，所以表示该 8×8 块的最后符号为 EOB 或(0, 0)。这个 8×8 块的中介符号序列为(2)(3), (1,2)(−2), (0,1)(−1), (0,1)(−1), (0,1)(−1), (2, 1)(−1), (0,0)。

139	144	149	153	155	155	155	155
144	151	153	156	159	156	156	156
150	155	160	163	158	156	156	156
159	161	162	160	160	159	159	159
159	160	161	162	162	155	155	155
161	161	161	161	160	157	157	157
162	162	161	163	162	157	157	157
162	162	161	161	163	158	158	158

(a) 原始图像块

235.6	−1.0	−12.1	−5.2	2.1	−1.7	−2.7	1.3
−22.6	−17.5	−6.2	−3.2	−2.9	−0.1	0.4	−1.2
−10.9	−9.3	−1.6	1.5	0.2	−0.9	−0.6	−0.1
−7.1	−1.9	0.2	1.5	0.9	−0.1	0.0	0.3
−0.6	−0.8	1.5	1.6	−0.1	−0.7	0.6	1.3
1.8	−0.2	1.6	−0.3	−0.8	1.5	1.0	−1.0
−1.3	−0.4	−0.3	−1.5	−0.5	1.7	1.1	−0.8
−2.6	1.6	−3.8	−1.8	1.9	1.2	−0.6	−0.4

(b) DCT系数块

16	11	10	16	24	40	51	61
12	12	14	19	26	58	60	55
14	13	16	24	40	57	69	56
14	17	22	29	51	87	80	62
18	22	37	56	68	109	103	77
24	35	55	64	81	104	113	92
49	64	78	87	103	121	120	101
72	92	95	98	112	100	103	99

(c) 亮度分量量化表

15	0	−1	0	0	0	0	0
−2	−1	0	0	0	0	0	0
−1	−1	0	0	0	0	0	0
0	0	0	0	0	0	0	0
0	0	0	0	0	0	0	0
0	0	0	0	0	0	0	0
0	0	0	0	0	0	0	0
0	0	0	0	0	0	0	0

(d) 量化系数

240	0	−10	0	0	0	0	0
−24	−12	0	0	0	0	0	0
−14	−13	0	0	0	0	0	0
0	0	0	0	0	0	0	0
0	0	0	0	0	0	0	0
0	0	0	0	0	0	0	0
0	0	0	0	0	0	0	0
0	0	0	0	0	0	0	0

(e) 去量化系数

144	146	149	152	154	156	156	156
148	150	152	154	156	156	156	156
155	156	157	158	158	157	156	155
160	161	161	162	161	159	157	155
163	163	164	163	162	160	158	156
163	164	164	164	162	160	158	157
160	161	162	162	162	161	159	158
158	159	161	161	162	161	159	158

(f) 重建图像块

图 6.6.4　8×8 块的 DCT 编译码示例

接下来就要分配码字，对于 DC 差分系数，用 JPEG 推荐的如表 6.6.3 所示的亮度 DC 差分值霍夫曼码表，该例中差分 DC 系数的 VLC 是

(2) — 011

表 6.6.3 亮度 DC 差分值霍夫曼码表

SIZE	码 长	码 字
0	2	00
1	3	010
2	3	011
3	3	100
4	3	101
⋮	⋮	⋮
11	9	111111110

亮度分量的 AC 系数采用表 6.6.4 中由 JPEG 推荐的亮度 AC 系数霍夫曼码表，对应的 VLC 分别为

$$(1,2) — 11011$$
$$(0,1) — 00$$
$$(2,1) — 11100$$
$$(0,0) — 1010$$

表 6.6.4 亮度 AC 系数霍夫曼码表

(RUNLENGTH, SIZE)	码 长	码 字
(0, 0)	4	1010
(0, 1)	2	00
(0, 2)	2	01
⋮	⋮	⋮
(0, A)	16	1111111110000011
(1, 1)	4	1100
(1, 2)	5	11011
⋮	⋮	⋮
(1, A)	16	1111111110001000
(2, 1)	5	11100
⋮	⋮	⋮

VLI 与 Symbol-2 的补码表示有关，它们是

$$(3) — 11$$
$$(-2) — 01$$
$$(-1) — 0$$

JPEG 编译码过程

于是，该 8×8 块形成的比特流为 0111111011010000000001110001010。可以看到，表示 64 个系数只需要 31 比特，达到了低于 0.5 比特/样值的压缩性能。

6.6.3 JPEG 编码率失真性能曲线的绘制

信息率是图像编码形成的比特位数除以图像像素总数，单位是“比特/样值（符号）”。在图像编码领域，常用均方误差（Mean Square Error，MSE）来度量平均失真度，MSE 的定义为

$$\mathrm{MSE}=\frac{1}{MN}\sum_{x=1}^{M}\sum_{y=1}^{N}\left[\hat{f}(x,y)-f(x,y)\right]$$

式中，$f(x,y)$ 和 $\hat{f}(x,y)$ 分别是图像第 x 行第 y 列编码之前和之后的像素亮度，M 和 N 分别为图像的行数和列数。另一个常用的失真测度是峰值信噪比（Peak Signal to Noise Ratio，PSNR），其定义为

$$\text{PSNR} = 10\log_{10}\left(\frac{255^2}{\text{MSE}}\right) \quad （分贝或 dB）$$

式中，255 是最大的像素亮度值。在 JPEG 标准中，信息率或失真度的改变是通过改变量化步长得以实现的，即用一个质量因子 S 去乘以如图 6.6.4(c)所示的量化矩阵作为实际的量化矩阵。S 越大，量化步长越大，重建的 DCT 系数越不精确，失真度越大。

表 6.6.5 中给出了绘制图像编码率失真曲线的 MATLAB 代码，其中利用工作在 jpg 模式下的 imwrite 函数来实现 JPEG 压缩，在有损编码模式 lossy 下，重建质量参数 Quality 是在范围[0, 100]内的标量，其中 0 表示较低的质量和较高的压缩率，100 表示较高的质量和较低的压缩率。

表 6.6.5 图像编码率失真曲线的 MATLAB 代码

```
clear; clc
%%
original_image=imread('lena.gif'); text = 'lena'; % 原始图像
[M, N] = size(original_image);
k = 1; % 率失真曲线上点的下标
step = 1.3; % 质量因子的变化步长（倍数）
q = step; % 质量因子
maxq = 100; % 最大质量因子
n = floor(log(maxq)/log(q)); % 率失真曲线上的点数
bpp=zeros(n,1); % 比特率（信息率）
MSE = zeros(n, 1); % 均方误差
PSNR=zeros(n,1); % 峰值信噪比
%% 编译码及失真度和信息率的计算
while q <= maxq
    imwrite(original_image,'Coded_Lena.jpg','jpg','Mode','lossy' ,'Quality', q); % JPEG 压缩
    recovered_image=imread('Coded_Lena.jpg'); % 读取重建图像
    s = dir('Coded_Lena.jpg'); % 获取重建图像文件的属性
    filesize = s.bytes;  % 获取重建图像的大小（字节数）

    bpp(k)=filesize*8/512/512; % 计算重建图像的比特率（信息率）
    MSE(k) = sum(sum((recovered_image - original_image).^2))/M/N; % 第 k 个 MSE
    PSNR(k)=10*log10(255^2/MSE(k)); % 第 k 个 PSNR

    q = step*q; % 增大质量因子
    k = k + 1; % 增大下标
end
%% 绘图
subplot(1,2,1)
plot(bpp, MSE, '-*')
xlabel('比特率'); ylabel('均方误差');
subplot(1,2,2)
plot(bpp, PSNR, '-o')
xlabel('比特率'); ylabel('峰值信噪比');
```

图 6.6.5 中给出了绘制的率失真曲线。

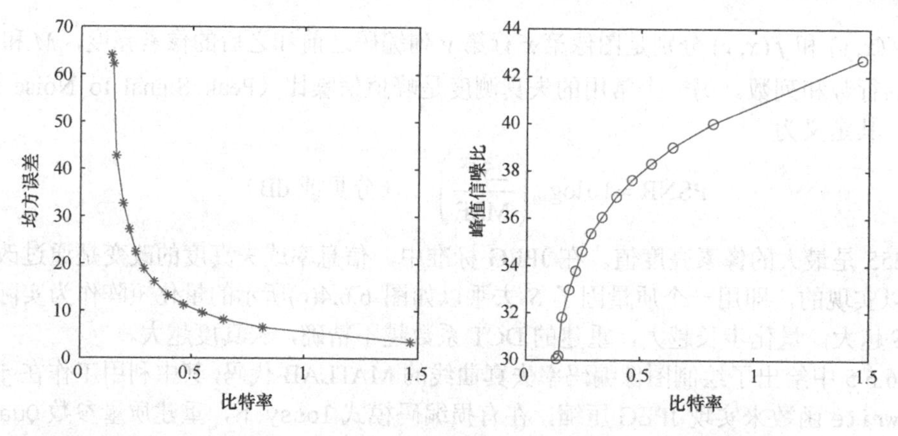

图 6.6.5 绘制的率失真曲线

图 6.6.6 中显示了图像 Lena 限失真编码的信息率与失真度。

(a) 原始图像 8bpp MSE = 0 PSNR = ∞

(b) 重建图像 0.1334bpp MSE = 64.0487 PSNR = 30.06567dB

(c) 重建图像 1.4667bpp MSE = 3.4846 PSNR = 42.7093dB

图 6.6.6 图像 Lena 限失真编码的信息率与失真度

图 6.6.6 表明，信息率越大，编码失真越小，重建图像的质量越好。我们还发现图 6.6.6(c)与图 6.6.6(a)中的原始图像相比，几乎看不出差别，尽管存在 3.4846 的均方误差；与此同时，所需的比特率仅为 1.4667bpp（bits per pixel，比特/像素），远低于原始图像的 8bpp。因此，允许一定的失真，可以使信息率获得大幅度压缩，这正是限失真编码的意义所在。

$R(D)$曲线绘制示例

6.7 信息率失真函数的应用及应用中的困难

以信息率失真函数作为基本工具的率失真理论为限失真信源编码提供了数学分析的理论基础。如 6.3 节所述，限失真信源编码定理给出了限定失真度下，最佳编码可以达到的最低传输信息率，或给定信息率情况下可能产生的最小平均失真，从而为评价不同信源编码方案的编码效率提供了理论上的参照界限，也为更有效的编码方案的研究指出了可以努力的方向。但是，率失真函数在实际使用中也遇到了一些困难，主要表现如下。

（1）缺少与主观感知特性完全匹配的、能用简单数学公式定义且便于计算的失真度函数。上面讨论的 MSE 和 PSNR 及后来出现的结构相似度（Structural SIMilarity，SSIM）只能以不同的精度来近似主观评价。

（2）现实的信源往往是非平稳的随机信源，难以用简单的概率密度分布函数描述。

（3）$R(D)$函数的计算通常很困难，解析解只能在特殊情况下得到。因此，一般只能在推导出迭代计算公式后，借助计算机获取数值解。

（4）$R(D)$函数一般不能给出信源编码的具体方案。从率失真函数的定义可知，通过率失真函数计算得到的最佳编码方案是指一组最佳的条件转移概率，并不能直接得出某种具体的编码方法和步骤来实现这一组条件转移概率，但是率失真理论从理论上给出了指导。

本章基本概念

1. 限失真编码。

限失真编码是有失真的编码，指在允许的失真范围内（即失真范围受限），把编码后的信息率压缩到最小的编码方式。

引入有失真编码的原因如下：（1）在有些情况下，信宿不需要或无能力接收信源发出的全部信息，如人眼接收视觉信号和人耳接收听觉信号就属于这种情况；（2）无失真编码并不总是可能的。例如对连续信号进行数字处理时，不可能完全去除量化误差；（3）压缩编码可降低信息率，有利于传输和处理。有失真的熵压缩编码既适用于连续信源，又适用于离散信源。

2. 失真度（失真函数）。

设信源输出随机变量为U，它取值于符号集$\{u_1,u_2,\cdots,u_r\}$，经信源编码后的输出随机变量为V，它取值于符号集$\{v_1,v_2,\cdots,v_s\}$。定义失真度（或失真函数）$d(u_i,v_j)$为编码器输入符号u_i与输出符号v_j之间的误差或失真，$d(u_i,v_j)$是非负实值函数。

将$r\times s$个$d(u_i,v_j)$排成矩阵形式，称为失真矩阵，记为$\boldsymbol{d}$:

$$\begin{matrix} & v_1 & v_2 & \cdots & v_s & \\ \boldsymbol{d}= & \left[\begin{matrix} d(u_1,v_1) \\ d(u_2,v_1) \\ \vdots \\ d(u_r,v_1) \end{matrix}\right. & \begin{matrix} d(u_1,v_2) \\ d(u_2,v_2) \\ \vdots \\ d(u_r,v_2) \end{matrix} & \begin{matrix} \cdots \\ \cdots \\ \ddots \\ \cdots \end{matrix} & \left.\begin{matrix} d(u_1,v_s) \\ d(u_2,v_s) \\ \vdots \\ d(u_r,v_s) \end{matrix}\right] & \begin{matrix} u_1 \\ u_2 \\ \vdots \\ u_r \end{matrix} \end{matrix}$$

3. 平均失真度（平均失真）。

对所有符号的失真度$d(u_i,v_j)$取统计平均，称为平均失真度或平均失真，记为$\bar{D}$：

$$\bar{D}=E\{d(u_i,v_j)\}=\sum_{i=1}^{r}\sum_{j=1}^{s}P(u_i,v_j)d(u_i,v_j)=\sum_{i=1}^{r}\sum_{j=1}^{s}P(u_i)P(v_j\mid u_i)d(u_i,v_j)$$

4. 保真度准则。

若要求平均失真$\bar{D}$小于某个给定值D，即要求

$$\bar{D}=E\{d(u_i,v_j)\}=\sum_{i=1}^{r}\sum_{j=1}^{s}P(u_i)P(v_j|u_i)d(u_i,v_j)\leqslant D$$

则意味着对转移概率$P_{V|U}$施加了相应的限制，或者说对信道（编码器）施加了相应的限制。上式所给的限制条件称为保真度准则。

5. 试验信道。

满足保真度准则$\bar{D}\leqslant D$的信道称为D试验信道。

有多个D试验信道，各自的统计特性都由相应的转移概率$P_{V|U}$描述。所有D试验信道的转移概率组成一个集合，记为B_D：

$$B_D=\{P_{V|U};\bar{D}\leqslant D\}$$

6. 信息率失真函数（率失真函数）。

B_D 中任意一个转移概率都与一个 D 允许信道（编码器）对应，在 B_D 中寻找一个 $P_{V|U}$（即寻找一个特定的编码器），使 $I(U;V)$ 最小，这个最小的平均互信息量就称为信息率失真函数，简称率失真函数，记为 $R(D)$，即

$$R(D)=\min_{P_{V|U}\in B_D} I(U;V)=\min\left\{I(U;V);\overline{D}\leqslant D\right\}$$

7. 限失真信源编码定理。

设离散无记忆平稳信源的信息率失真函数为 $R(D)$，只要满足 $R>R(D)$，当信源序列 N 足够长时，一定存在一种编码方法，其译码失真小于等于 $D+\varepsilon$，其中 ε 是任意小的正数；反之，若 $R<R(D)$，则无论采用什么样的编码方法，其译码失真必定大于 D。

习题

6.1 设输入符号集为 $X=\{0,1\}$，输出符号集为 $Y=\{0,\frac{1}{2},1\}$。定义失真函数为

$$d(0,0)=d(1,1)=0$$
$$d(0,1)=d(1,0)=2$$
$$d\left(0,\tfrac{1}{2}\right)=d\left(1,\tfrac{1}{2}\right)=1$$

试求失真矩阵 $\boldsymbol{d}$。

6.2 若某无记忆信源 U 为 $\begin{bmatrix}U\\P(u)\end{bmatrix}=\begin{bmatrix}-1 & 0 & +1\\ \frac{1}{2} & \frac{1}{3} & \frac{1}{6}\end{bmatrix}$，接收符号 $V=\left\{-\frac{1}{2},+\frac{1}{2}\right\}$，失真矩阵为 $\boldsymbol{d}=\begin{bmatrix}1 & 2\\1 & 1\\2 & 1\end{bmatrix}$。求信源的最小平均失真度 $D_{\min}$ 和最大平均失真度 $D_{\max}$；选择何种信道可以达到该 $D_{\max}$ 和 $D_{\min}$ 的失真？

6.3 设输入符号集与输出符号集为 $X=Y=\{0,1,2,3,4\}$，输入信源的分布为

$$P(X=i)=\tfrac{1}{5}\qquad i=0,1,2,3,4$$

设失真矩阵为

$$\boldsymbol{d}=\begin{bmatrix}0 & 1 & 1 & 1 & 1\\1 & 0 & 1 & 1 & 1\\1 & 1 & 0 & 1 & 1\\1 & 1 & 1 & 0 & 1\\1 & 1 & 1 & 1 & 0\end{bmatrix}$$

求 $D_{\max}$、$D_{\min}$ 和 $R(D)$，并画出 $R(D)$ 的曲线。

6.4 设二元信源为

$$\begin{bmatrix}X\\P\end{bmatrix}=\begin{bmatrix}0 & 1\\ \frac{1}{3} & \frac{2}{3}\end{bmatrix}$$

失真矩阵为 $\boldsymbol{d}=\begin{bmatrix}0 & \alpha\\ \alpha & 0\end{bmatrix}$。求该信源的 $D_{\max}$、$D_{\min}$ 和 $R(D)$。

6.5 已知信源 $U=\{0,1\}$，信宿 $V=\{0,1,2\}$。设信源输入符号等概率分布，失真矩阵为

$$\boldsymbol{d}=\begin{bmatrix}0 & \infty & 1\\ \infty & 0 & 1\end{bmatrix}$$

求信源的率失真函数 $R(D)$。

6.6 某二元信源等概率分布，信源每秒发出 2.66 个符号。将信源的输出符号馈入一个二元无损确定信道中，该信道每秒最多传送 2 个符号。

（1）该信源能否在信道中进行无失真传输？

（2）若以汉明失真作为失真测度，允许平均失真为多大时，该信源可在此信道中传输？

第 7 章　信道安全编码

第 1 章中说过，信息论主要研究如何提高信息系统的可靠性、有效性、保密性、认证性，以便使信息系统最优化。由前面几章的讨论，我们了解到无论是离散信源还是连续信源，无论是离散信道还是连续信道，只要满足一定的条件，就都可以通过信源编码和纠错编码来实现信息的有效、可靠传输。信息传输基本模型中的信道编码包含两部分内容：纠错编码和安全编码，它们的实质都是增加信息的冗余度。第 5 章中介绍的纠错编码通过增加冗余度来提升信息传输的可靠性，本章介绍另一种信道编码——安全编码，其作用是提升信息传输的安全性。

安全性是通信中最重要的问题之一。通信网络中出现的安全问题包括保密性、完整性、认证性和不可否认性。保密性（Confidentiality）是指在保证合法接收者成功获取原始信息的同时，窃听者无法获取任何有效信息；完整性（Integrity）保证攻击者在传输过程中不会修改原始信息；认证性（Authentication）确保信息接收者能够识别发送该信息的发件人；不可否认性（Nonrepudiation）保证信息发送者不能否认传输了该信息，且接收者不能否认接收了该信息。

对通信网络安全的攻击可分为两种基本类型：被动攻击和主动攻击。主动攻击是指恶意攻击者故意破坏系统的情况；被动攻击是指窃听者试图解释源信息而不注入任何信息或试图修改信息的情况，即被动攻击者只窃听信息而不修改信息。本章主要关注保密性，因此主要涉及被动攻击者，也就是窃听者。

通信网络中通常采用加密机制来保证信息传输的保密性，如图 7.1.1 所示。在加密机制中，发送方（Alice）使用密钥来加密源信息（明文），将其转换为密文。合法接收方（Bob）通过相应的密钥从密文中提取原始明文。若窃听者（Eve）有权访问密文，但不知道相应的解密密钥，则无法获取源信息。实际上，通常假设窃听者具有有限的时间或有限的计算资源，因此不能测试所有可能的密钥来提取源信息。该过程在图 7.0.1 中示出，图中还示出了物理层通过纠错编解码技术来保证信息传输的可靠性。

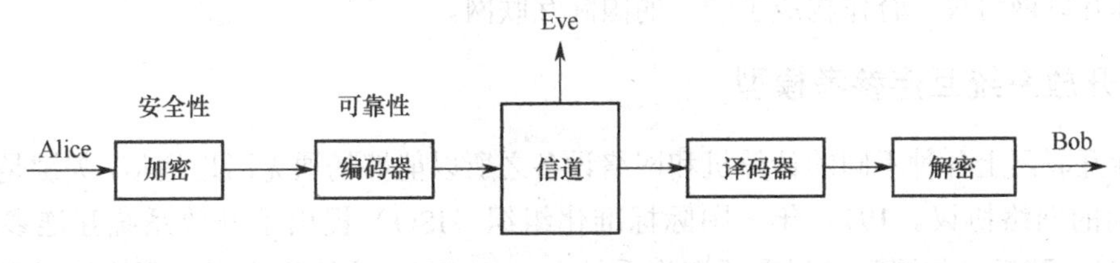

图 7.0.1　含有信道编译码的加密系统模型

加密包括两种主要类型的算法：私钥加密算法和公钥加密算法。私钥加密也称对称密钥加密，因为发送方和接收方共享公共密钥。发送方加密明文，接收方用相同的密钥解密密文。对于公钥加密（也称非对称密钥加密），发送方和接收方具有用于加密和解密的不同密钥。发送方通过公钥加密明文，公钥对网络的所有潜在用户公开，包括任何窃听者。合法接收方维护对应于公钥的私钥，接收方利用该私钥提取由公钥加密的明文。对于其他用户而言，通常在数学上很难（在计算上几乎不可能）只使用关于公钥的信息来导出该私钥。因此，事实上窃听者在没有私钥的情况下无法获得任何有效信息。

与公钥加密算法相比，私钥加密算法更为高效，具有更高的数据吞吐量，但它对密钥管理提出了挑战，如安全密钥存储和分发问题。公钥算法在密钥管理方面很简单，但它需要大量的计算资源。因此，在实践中通常采用混合密码系统，这种系统既能方便地进行密钥管理，又能实现数据传输的高效性，其中私钥由公钥算法分发，数据的加解密使用私钥算法实现。然而，公钥算法的一些缺点也是混合密码系统中不可忽视的问题。除高计算成本外，公钥算法并不是非常安全的，很容易受到中间人攻击。此外，使用公钥算法来分发私钥在网络设计中增加了另一层复杂性。

除上述一般性考虑外，下列原因也给在无线网络中使用加密机制来保证信息的安全传输带来了挑战：（1）无线介质的开放性允许窃听者和攻击者拦截信息的传输（特别是密钥的传输）或降低传输质量；（2）分散网络缺乏基础设施，使得密钥分发变得困难；（3）移动网络（如移动自组织网络）的动态拓扑使得密钥管理变得昂贵。

20 世纪 90 年代，Wyner、Csiszar 和 Korner 提出了信息论安全技术，为解决无线网络安全问题开辟了一个新方向。他们证明无须密钥也可安全地传输机密信息。后来，Maurer、Ahlswede 和 Csiszar 通过信息论的方法研究了私钥协议（包括密钥的生成和分发），证明了两个或多个合法节点可以就对窃听者保密的密钥达成一致。近年来，随着无线网络的出现和日益普及，在一些网络中人们试图采用最少的基础设施，这就使得信息论安全技术更加适用于移动和其他无线网络中，引起了学者的研究兴趣。

7.1 网络模型与安全服务功能

Internet 由美国的 ARPAnet、NSFnet 和与之相连的世界各国计算机网络发展而来，目前已成为世界上规模最大的计算机网络，其中的连接动用了几乎所有的现代化通信手段，包括电话网络、同轴电缆、海底电缆、光纤能信、地面微波通信及卫星微波通信等。与过去的企业内部网络不同，Internet 是一个开放式的分布式计算机系统，主要表现在它不属于任何国家、组织或个人，除地址空间分配外，它没有任何控制中心。各个子网络均独立运行，只是遵循国际互联网协议，合作构成了统一的国际互联网。

7.1.1 开放系统互连参考模型

国际互联网上各种不同的计算机和网络设备之所以能够畅通无阻地通信，关键是它们都遵循相同的网络协议。1977 年，国际标准化组织（ISO）提出了开放系统互连参考模型（OSI-RM），随后又与国际电报电话咨询委员会（CCITT）协同提出了各层协议，开放系统互连（OSI）参考模型于 1983 年 5 月被批准为国际标准。

OSI 参考模型由 7 个功能层组成，分别是物理层、数据链路层、网络层、传输层、会话层、表示层和应用层。不同的网络层次具有不同的功能；同样，各层需要提供不同的安全机制和安全服务，如图 7.1.1 所示。

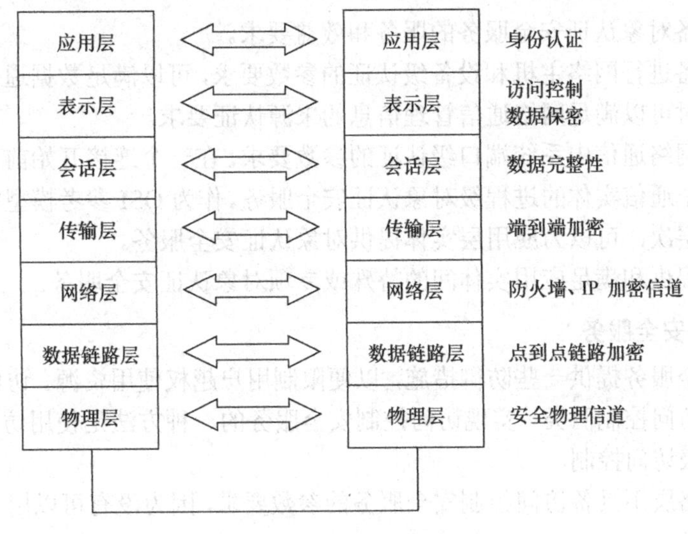

图 7.1.1　OSI 参考模型

7.1.2　安全分层原则

一般情况下，安全服务配置需要符合下列原则。

（1）实现一种服务的方法要尽可能统一。

（2）安全服务系统要能跨层组建。

（3）安全所需的附加功能应尽量避免重复 OSI 的现有功能。

（4）要避免破坏层的独立性。

（5）安全服务系统中可信功能的总数应尽量少。

（6）当安全服务系统中的某实体依赖于较低层提供的安全机制时，任何中间层应按不违反安全的方式构建。

（7）一个层的附加安全功能要尽可能定义在本层内。

（8）如果一种特定的安全服务被认为在不同层上对总的通信安全的影响是不同的，那么可以在多个层上提供。

7.1.3　安全服务功能

OSI 规定了以下 5 种标准的安全服务。一种安全服务是否在 OSI 参考模型的某层实现，依据的是如下 3 点。

参数要求：能否直接提供实现服务的机制所需的参数。

服务要求：该层协议数据单元是否需要这种安全服务。

效益要求：在该层实现这种服务的成本和效益状况。

1. 对象认证安全服务

对象认证安全服务用于识别对象的身份或对身份进行证实。OSI 环境可提供对等实体身份认证和信源认证等服务。对等实体认证用来验证在某一关联的实体中，对等实体的声明是一致的，它可以确认对等实体身份是否真实。数据信源鉴别用于验证所收到数据的来源与所声明的来源是否一致，它不提供防止数据中途被修改的功能。

物理层不具备对象认证安全服务的参数要求。

链路层不具备对象认证安全服务的服务和效益要求。

网络层上具备进行网络主机和设备级认证的参数要求，可以满足数据通信对网关的选择的服务要求，同时可以满足网络通信管理信息的来源认证要求。

传输层具备网络通信中系统端口级认证的参数要求，在一个连接开始前和持续过程中能够提供两个或多个通信实体的进程级对象认证安全服务。作为 OSI 参考模型中最低的满足端认证参数要求的层次，可以为应用层实体提供对象认证安全服务。

应用层可以提供和满足应用实体间的特殊或专项对象认证安全服务。

2．访问控制安全服务

访问控制安全服务提供一些防御措施，以便限制用户越权使用资源。访问控制分为自主访问控制和强制访问控制两类。实现访问控制安全服务的一种方法是使用访问控制表，另一种方法是使用多级访问控制。

物理层和链路层不具备访问控制安全服务的参数要求，因为没有可以用于这样一种访问控制机制的端设备。

网络层可以确定网络层实体的标识，如精确到网络设备或主机级访问的主体和客体标识，因而可以驱动基于网络设备、主机、网段或子网的访问控制机制，提供网络层实体访问控制安全服务。这种服务所控制的对象的粒度非常粗糙，仅在网络层的实体之间有所不同。正因为如此，其控制和保护的范围也相对广泛。

传输层可以提供基于网络服务端口的访问控制机制，控制端到端之间的数据共享或设备共享。

应用层能够提供应用相关的访问控制安全服务，将访问控制建立在应用层实体中，如应用进程或所代表的用户，将保护精确到具体应用过程中涉及的共享资源。

3．数据保密性安全服务

数据保密性安全服务利用数据加密机制防止信息泄露，信息加密可以有多种实现方法。

物理层可以通过成对插入透明的电气转换设备实现线路信号的保密，通过线路物理特性可以提供电磁辐射的控制。物理层的这种保密服务相对简单透明，但只能抵抗线路切入攻击。

链路层可以提供相邻节点间交换数据的保密。从保密作用上看，与物理层一致，它与物理层保密服务构成冗余的线路保密服务。

网络层具备建立网络主机和设备的保密服务条件，在网关上可以提供中继式保密机制或分段式保密机制。但这种保密服务精确到主机或网段级时，即认为保密服务相关的主机或网关是可信的，提供的保密服务是一致的。

传输层具备建立网络服务端口级的端到端交换数据的保密条件，因而可以区分不同端口间数据交换保密的要求。同时，传输层提供的保密是端到端的，传输中间的节点不参与这种数据保密性安全服务。

应用层具备建立应用进程间的交换数据保密性安全服务条件，但同时增加了保密服务参数管理的复杂性，相对低层的保密服务而言，对网络主机的密码算法和密钥管理提出了更高的要求。

4．数据完整性安全服务

数据完整性安全服务防止用户使用修改、复制、插入和删除等手段进行非法篡改信息，保证数据具有完整性。

物理层没有检测或恢复机制，不具备数据完整性安全服务条件。

链路层具备相邻节点之间的完整性服务条件，但对网络上的每个节点增加了系统时空开销，而提供的完整性不是最终意义的完整性，所以提供这种服务被认为不具备效益条件。

就数据完整性保障而言，网络层与链路层相似，被认为不具备效益条件。对网络层实体，它们自己产生和管理的网络管理信息的完整性服务是必需的，但这种服务是物理层内部的需要，不对高层开放，因而不是我们所指的数据完整性安全服务，更应该作为网络层内部机制处理。

传输层因为提供了真正的端到端连接，因此被认为最适合提供数据完整性安全服务，不过传输层提供的数据完整通常不具备语义完整服务性能。

应用层可以建立应用实体相关的语义级完整性服务。

5. 抗抵赖性安全服务

抗抵赖性安全服务是针对对方抵赖的防范措施，用来证实发生过的操作，可分为对发送方防抵赖和对递交方防抵赖，以及发生争执时进行仲裁与公证。

抗抵赖性安全服务必须具备完整的证明信息和公证机制，显然在传输层以下都不具备完整的证明信息交换条件。抗抵赖性安全服务的证明信息的管理与具体服务密切相关，与公证机制相关，因而传输层本身难以胜任，通常建立在应用层之上。

安全服务与服务层次的关系如表 7.1.1 所示。

表 7.1.1　安全服务与服务层次的关系

服　务	层				
	物 理 层	链 路 层	网 络 层	传 输 层	应 用 层
对等实体认证	•	•	Y	Y	Y
数据原发认证	•	•	Y	Y	Y
访问控制服务	•	•	Y	Y	Y
连接保密性	Y	Y	Y	Y	Y
无连接保密性	•	Y	Y	Y	Y
选择字段保密性	•	•	•	•	Y
通信业务流保密性	Y	•	Y	•	Y
带恢复的连接完整性	•	•	•	Y	Y
不带恢复的连接完整性	•	•	Y	Y	Y
选择字段连接完整性	•	•	•	Y	Y
无连接完整性	•	•	Y	Y	Y
选择字段无连接完整性	•	•	•	•	Y
抗抵赖，带数据源证据	•	•	•	•	Y
抗抵赖，带交付证据	•	•	•	•	Y

说明：Y 表示服务应作为一种选项进入该层的标准；• 表示不适宜提供。

7.2　香农的安全编码思想

简而言之，安全通信的目标有二：一是消息传输后，合法接收方要能够准确地恢复原始消息；二是其他非法接收者无法获得任何有效信息。

香农于 1949 年发表了《保密通信的信息理论》一文，提出了通用的保密系统数学模型，用信息论的观点对信息保密问题做了全面论述，用概率统计的方法对信息源、密钥源、接收和截获的信息进行了数学描述和分析，用不确定性和唯一解距离度量了密码体制的保密性，将保密问题的研究引入科学轨道，使信息论成为密码学和密码分析学的一个重要理论基础。

7.2.1 加密系统的信息论分析

保密通信系统的数学模型如图 7.2.1 所示。在图 7.2.1 中，发送方通过编码器将消息 M 编码为码字 C，发送 C 给合法接收方。在传输过程中，码字 C 同时被窃听者无退化地接收（此时对应于最差场景，即窃听信道为无噪信道）。在实际通信系统中，信道中总是存在噪声干扰的，这里假设信道中的噪声已被纠错编码纠正，即消息 M 可被还原的平均差错率足够小。按保密学的传统，我们将发送方称为 Alice，将合法接收方称为 Bob，将窃听者称为 Eve。

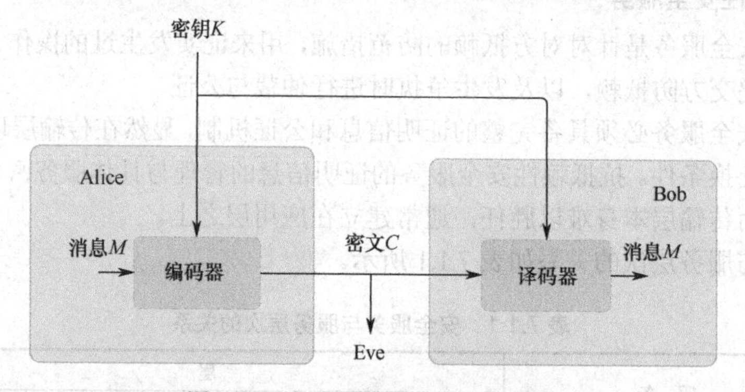

图 7.2.1 保密通信系统的数学模型

考虑到这种最坏的场景后，Bob 就一定比 Eve 具有一定的优势，否则后者也可完全还原消息 M。解决这个问题的方法是采用一个只有 Alice 和 Bob 知道的密钥 K。码字 C 是关于消息 M 和密钥 K 的函数。

若给定 C 的 M 的后验概率等于所有 C 的 M 的先验概率，即 $P_{M|C}=P_M$，则认为该系统是完全安全的。香农提出了采用窃听者关于消息 M 的平均不确定性来度量安全的方法。在信息论中，消息 M 和码字 C 均为随机变量，安全性可由条件熵 $H(M|C)$ 来度量，即窃听者的疑义度。当疑义度等于关于消息的先验不确定性时，可实现"完全保密"，即

$$H(M|C)=H(M) \tag{7.2.1}$$

上式意味着码字 C 与消息 M 是统计独立的，即没有任何破译算法可从码字 C 中提取关于消息 M 的有效信息。从非理想观察模型的角度考虑时，上式表明窃听者收到码字 C 后对原始消息 M 的后验不确定性等于观察前原始消息 M 的先验不确定性，即窃听者从 C 中获取的关于原始消息 M 的有效信息为 0，也就是平均互信息量为

$$I(M;C)=H(M)-H(M|C)=0 \tag{7.2.2}$$

香农的"完全保密"被认为是对"安全"的最严格的定义。

引理 7.1 在香农加密系统中，若一种编码机制可实现完全保密，则有

$$H(K)\geqslant H(M) \tag{7.2.3}$$

证明： 根据完全保密的定义，若加密机制可实现完全保密，则有 $H(M|C)=H(M)$。由于信道为无噪信道，因此解码后的估算消息 M 由 C 和 K 确定，由费诺不等式也可以得到

$H(M|CK)=0$，于是有

$$
\begin{aligned}
H(K) &\geqslant H(K)-H(K|CM) \\
&\geqslant H(K|C)-H(K|CM) \\
&=I(K;M|C) \\
&=H(M|C)-H(M|KC) \\
&=H(M|C) \\
&=H(M)
\end{aligned}
$$

得证。

由引理 7.1 可知，要实现完全保密通信，关于密钥的不确定性就需要大于关于消息 M 的不确定性，即不同密钥的数量必须至少与消息数量一样大，才能实现“完全保密”通信。换句话说，每 1 比特的消息至少有 1 比特的密钥，并且密钥不重复使用，即只有一次一密的密码系统可获得完全保密。

若消息、密钥和码字的数量均相同，则可得到完全保密通信的充要条件。

定理 7.1　若 $|\mathcal{M}|=|\mathbb{C}|=|K|$，则香农加密系统中编码可实现完全保密的充要条件为

- 对于每对不同的 $(m,c)\in\mathcal{M}\times\mathbb{C}$，均存在一个不同的密钥 $k\in K$。
- 密钥 k 在取值集合 K 中满足均匀分布。

证明过程见相关的参考文献。

另外，香农引入了熵的概念来测量消息的信息量和密钥的不确定量，即 $H(M)$ 和 $H(K)$；还引入了“疑义度”的概念来衡量窃听者对信息和密钥的不确定性，即条件熵 $H(M|C)$ 和 $H(K|C)$。通过前面章节的学习，我们知道随机变量的熵表示随机变量所需二进制序列的平均长度（以比特为单位，具有小的错误概率）。根据熵的性质，我们有

$$H(K,M)=H(K)+H(M) \tag{7.2.4}$$

$$H(K,M)=H(H,M,C)=H(K,C)=H(C)+H(K|C) \tag{7.2.5}$$

$$H(K,M)=H(K,M,C)\geqslant H(M,C)=H(C)+H(M|C) \tag{7.2.6}$$

通信达到“完全保密”时，有 $H(M|C)=H(M)$，结合式（7.2.4）和式（7.2.6）可得 $H(K)\geqslant H(C)$。另外，当 $H(C)=H(M)$ 时，根据式（7.2.4）和式（7.2.5）可得 $H(K)=H(K|C)$，也就是说，从码字 C 中不能获得任何关于密钥 K 的有效信息。

从算法的角度来看，可采用“一次一密”的方法实现完全保密通信。图 7.2.2 中展示了单符号二进制消息和单符号二进制密钥的例子。码字由一个消息位与对应的密钥位模 2 加得到。若每次密钥都相互独立且均匀分布，则码字 C 与消息 M 统计独立。对于合法接收方而言，只需将码字 C 与密钥 K 相加即可得到消息 M；而对于窃听者而言，由于不知道密钥 K，收到码字 C 后关于消息 M 的后验概率为等概率分布，因此他不能从 C 中获取关于 M 的任何有效信息，只能对 M 进行随机猜测。

信息	M	0	1	0	1	0	0	0	1	1	0	1
密钥	K	1	0	0	1	1	0	0	0	1	0	1
码字	$C=M\oplus K$	1	1	0	0	1	0	0	1	0	0	1

图 7.2.2　单符号二进制消息和单符号二进制密钥的例子

香农证明了只有“一次一密”算法可实现通信的绝对安全。尽管“一次一密”算法可以实现完全保密通信，但它存在以下局限：

（1）合法接收方必须具有产生并且存储长随机密钥的能力。

（2）每个密钥只能试用一次（否则破译者就可能有破解密钥的机会）。

（3）密钥必须在一个安全信道上进行传输。

因此，除非能找到在 Alice 和 Bob 间传递密钥的一种有效方法，否则“一次一密”算法并不具有实用性。

“一次一密”算法指出每个密钥比特只能使用一次，但现有的实际加密机制都是基于短密钥的重复使用的，因此加密后的码字 C 总会暴露有关消息 M 的信息。一般情况下，被截获的码字越长，消息的不确定性就越小，于是这种密码体制在理论上可被破译。在理论上可被破译并不能说明这种密码体制不安全。若计算消息的时空需求超过实际可供使用的资源，则我们通常认为此时通信就是安全的。因此，传统加密机制中的安全并不是绝对安全，而是有条件的计算安全。

7.2.2 信息论安全技术

尽管香农的论文中考虑的场景是加密系统，但度量窃听者关于原始信息的物理量——疑义度，也是后面发展的无须密钥的信息论安全技术的核心。在信息论中，我们采用窃听者的疑义度来度量安全性，用合法接收方的差错率来度量通信的可靠性，两者相结合促进了信息论技术在对具有安全约束下的通信网络通信极限分析的应用。

信息论安全方法的基本思想是利用物理信道中的内在随机性，探索主信道和窃听信道的差别，使合法接收方受益，进而实现无须密钥就可保证信息的安全传输的目的。在该方法中，传输端有意地增加结构的随机性（随机编码）来避免潜在的窃听者或攻击者获取任何有效信息，同时保证合法接收方可以准确地获取信息。图 7.2.3 中展示了信息论安全技术的系统模型。在该系统中，图 7.0.1 中的“加密”和“编码器”两部分合并为“信道编码”，以便同时保证通信的可靠性（即接收方可以成功获取原始信息）和安全性（即窃听者无法获取任何有效信息）。

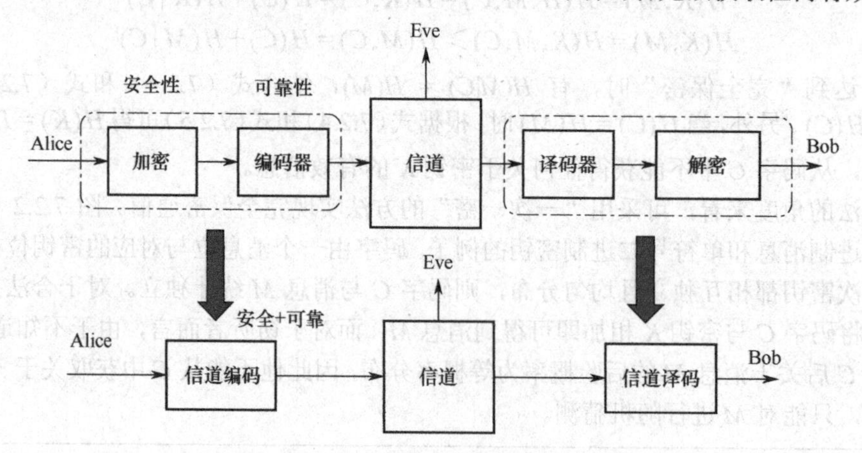

图 7.2.3　信息论安全技术的系统模型

与现代密码系统相比，信息论安全方法无须密钥，因此不存在密钥管理问题，进而显著降低了复杂性并节省了资源。此外，与混合密码系统中采用公钥加密算法来管理密钥相比，信息论安全方法不易受到由终端共享的内在随机性带来的中间人攻击的影响。另外，信息论安全方法实现了可证明的安全性，即对具有无限计算资源、对编解码方法全知的强大窃听者来说，该方法也是有效可行的。

信息论安全方法利用信道随机性的物理层属性，无须使用密钥就可实现安全通信，独立于 ISO 模型中物理层之上的其他层，可与已有密码安全机制共同应用于现有的密码系统中，以便为信息传输增加额外的保护，实现远程终端的密钥协商（包括密钥生成和分发）。

7.2.3　有噪信道的安全通信

由上节的讨论可知，与加密系统中的无噪信道不同，信息论安全编码的本质是利用物理信道中含有的噪声，从主信道和窃听信道的噪声差中受益，进而保证通信的安全性。本节通过一个简单的例子来探索噪声对安全通信的影响。

如图 7.2.4 所示，我们考虑一种特殊的信道：主信道为无噪信道；窃听信道为二进制删除搭线窃听信道，其删除概率为 $\varepsilon \in (0,1)$。在该信道中，发送方 Alice 通过编码器将消息 M 编码成长度为 n 的二进制码字 X^n，通过无噪信道传送给合法接收者 Bob，同时窃听者 Eve 通过二进制删除搭线窃听信道观察到了信道输出 $Z^n \in \{0,1,?\}^n$。消息 M 取自集合 $\mathcal{M} = \{0,1,\cdots,M-1\}$，满足等概率分布。假设不同的消息总被编为不同的码字，于是可靠传输的信息率为 $\frac{1}{n}H(M) = \frac{1}{n}\log_2 M$。

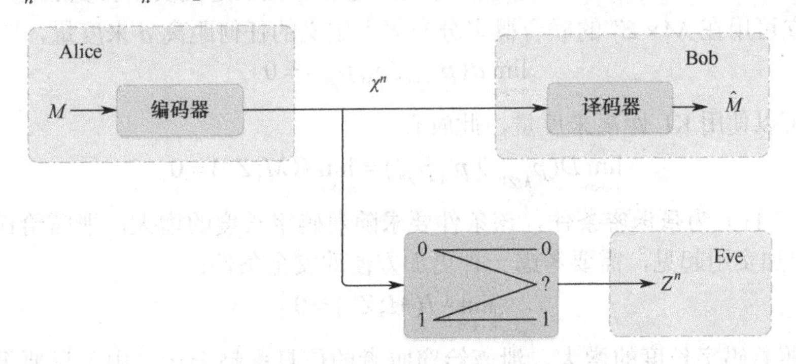

图 7.2.4　二进制删除搭线窃听信道

我们不要求完全保密或消息 M 与码字 X^n 完全统计独立，而考虑一种更容易满足的条件：若保证 $\lim\limits_{n\to\infty} I(M;Z^n) = 0$，则认为该编码机制是安全的。于是，接下来的问题就是如何设计编码器使上述条件满足。下面针对该信道模型考虑一种特殊的编码方法。

【例 7.1】假设消息取值于集合$\{0,1\}$，此时 $H(M) = 1$，编码后的码长 n 可为任意值。令 C_0 和 C_1 分别为具有偶校验和奇校验的所有长度为 n 的序列的集合。为了发送消息 $m \in \{0,1\}$，发送方从集合 C_m 中等概率地随机选取一个码字并发送到信道中，信息率为 $1/n$。现在假设窃听者接收到的序列 Z^n 中含有 k 个删除位：如果 $k > 0$，那么删除位的奇偶校验是奇数或是偶数的概率是相等的；如果 $k = 0$，那么窃听者完全知道发送方发送的码字，并能得出它的奇偶校验。接下来分析窃听者的疑义度，我们引入随机变量 $E \in \{0,1\}$：当 $E = 0$ 时，表示窃听者收到的序列 Z^n 中无删除位；否则，$E = 1$。

我们可以得到疑义度的下限，如下所示：

$$H\left(M|Z^n\right) \geqslant H(M|Z^n E)$$

$$= H(M|Z^n E = 1)(1-(1-\varepsilon)^n) \tag{7.2.7}$$

$$= H(M)(1-(1-\varepsilon)^n) = H(M) - (1-\varepsilon)^n \tag{7.2.8}$$

由 $H(M|Z^nE=0)=0$ 可得式（7.2.7），由 $H(M)=1$ 可得式（7.2.8）。因此平均互信息量为

$$I(M;Z^n)=H(M)-H(M\mid Z^n)\leqslant(1-\varepsilon)^n \tag{7.2.9}$$

随着码字长度 n 的增大，平均互信息量呈指数级递减，直至趋于 0，此时该编码机制可实现安全通信。

由这个例子可见，窃听信道中含有噪声，通过适当的安全编码可使得随机性增强，进而起到迷惑窃听者、提升通信安全性的作用。实际上，随着码字长度的不断增加，其信息率也会降低为 0，尽管信息率递减速度低于平均互信息量，但该编码机制并不实用。我们仅通过这个例子说明：为每条消息分配多个码字并随机地选择它们，有利于混淆窃听者、提升通信的保密性。这也是基于信息论的安全编码机制的基本思想的体现。

7.2.4 完全保密、强保密和弱保密

如上一节提到的，完全保密的概念过于严格，不易进行进一步的分析，因此学者们还提出了另外两种安全的定义：强保密和弱保密。不同于完全保密中要求消息和窃听信道输出序列严格统计独立，采用码长 n 趋于无穷大时的渐进统计独立定义安全会更加便利。从理论上讲，渐进独立可用在 $\mathcal{M}\times\mathcal{Z}^n$ 的联合概率分布集上定义的任何距离 d 来度量，即

$$\lim_{n\to\infty}d(p_{MZ^n},p_M p_{Z^n})=0 \tag{7.2.10}$$

例如，可以使用 KL 距离来度量，此时有

$$\lim_{n\to\infty}D(p_{MZ^n}\parallel p_M p_{Z^n})=\lim_{n\to\infty}I(M;Z^n)=0 \tag{7.2.11}$$

我们称式（7.2.11）为强保密条件，该条件要求随着码字长度的增大，泄露给窃听者的信息趋于 0。为更加实用起见，需要考虑一种更加方便的安全条件：

$$\lim_{n\to\infty}\tfrac{1}{n}I(M;Z^n)=0 \tag{7.2.12}$$

该条件要求随着码字长度的增大，泄露给窃听者的信息率趋于 0。由于只要平均互信息量 $I(M;Z^n)$ 随着 n 的增长成亚线性增长，该条件即可满足，因此这个条件要比强保密更弱一些，称为弱保密条件。

从信息论的角度看，采用渐进统计独立的度量方法也是可行的，因为我们总是尝试选择较为容易的度量方法；遗憾的是，弱保密和强保密是不等同的，更重要的是根据弱保密条件构造的机制可能会有非常明显的安全缺陷。下面通过例题来进一步理解这两个概念。

【例 7.2】 假设 Alice 要发送满足均匀分布的消息 $M\in\{0,1\}^n$，通过密钥 $K\in\{0,1\}^{n-t}$ 将 M 变为码字 $X^n\in\{0,1\}^n$，其中 t 为大于 0 的整数，编码方法如下所示：

$$X^n=(M_1\oplus K_1,\cdots,M_{n-t}\oplus K_{n-t},M_{n-t+1},\cdots,M_n)$$

假设合法接收者 Bob 已知密钥 K，并且密钥 K 的生成满足均匀分布。换句话说，在该编码机制中，消息 M 的前 $n-t$ 位是采用密钥长度为 $n-t$ 的一次一密方法，而对后 t 位的 M 不进行任何保护。窃听者 Eve 直接截获码字 X^n。

根据疑义度的定义，可得

$$H(M|X^n)=n-t=H(M)-t,\quad n\geqslant t$$

因此 $I(M;X^n)=t>0$，所以该编码机制不满足强保密条件。然而，我们注意到当 $n\to\infty$ 时有

$$\tfrac{1}{n}I(M;X^n)=\tfrac{t}{n}\to 0$$

因此该编码机制满足弱保密条件［即式（7.2.12）］。可见弱保密条件和强保密条件不等价。

【例 7.3】假设 Alice 要发送满足均匀分布的消息 $M \in \{0,1\}^n$，并且通过密钥 $K \in \{0,1\}^n$ 将 M 变为码字 $X^n \in \{0,1\}^n$，编码方法如下：

$$X^n = (M_1 \oplus K_1, \cdots, M_t \oplus K_t, \cdots, M_n \oplus K_n)$$

式中，密钥 K 由 Alice 和 Bob 通过一条保密信道共享，K 为全零序列的概率为 $1/n$，其他非全零序列为等概率分布。若用 $\mathcal{O}$ 代表长度为 n 的全零序列，那么密钥 K 的概率分布如下：

$$p_K(k) = \begin{cases} 1/n, & k = \mathcal{O} \\ \dfrac{1-1/n}{2^n-1}, & k \neq \mathcal{O} \end{cases}$$

可见，K 不满足均匀分布，因此该机制不同于一次一密机制，不再满足完全保密条件。和例 7.2 一样，假设窃听者可以直接截获码字 X^n。

下面首先证明该机制满足弱保密条件。为方便证明，我们引入随机变量 J：

$$J \triangleq \begin{cases} 0, & K = \mathcal{O} \\ 1, & K \neq \mathcal{O} \end{cases}$$

由于条件越多，熵值越小，因此可得

$$\begin{aligned} H\left(M|X^n\right) &\geqslant H(M|X^n J) \\ &= H(M|X^n, J=0)p_J(0) + H(M|X^n, J=1)p_J(1) \end{aligned} \tag{7.2.13}$$

根据定义，$J=0$时$K=\mathcal{O}$；$H(M|X^n, J=0)=0$，故式（7.2.13）中我们着重分析

$$H(M|X^n, J=1)p_J(1) = -\sum_{m,x^n} p(m, x^n, j=1)\log p(m \mid x^n, j=1) \tag{7.2.14}$$

联合概率 $p(m, x^n, j=1)$ 可写为

$$p(m, x^n, j=1) = p(m \mid x^n, j=1)p(x^n \mid j=1)p(j=1)$$

式中，

$$p(m|x^n, j=1) = \begin{cases} 0, & m = x^n \\ \dfrac{1}{2^n-1}, & m \neq x^n \end{cases}$$

$$p(x^n|j=1) = \frac{1}{2^n}$$

$$p(j=1) = 1 - \frac{1}{n}$$

代入式（7.2.13）得

$$\begin{aligned} H\left(M|X^n\right) &\geqslant -\sum_{x^n}\sum_{m \neq x^n} \frac{1}{2^n-1}\frac{1}{2^n}\left(1-\frac{1}{n}\right)\log\frac{1}{2^n-1} \\ &= -\left(1-\frac{1}{n}\right)\log\frac{1}{2^n-1} \\ &= \log(2^n-1) - \frac{\log(2^n-1)}{n} \\ &\geqslant \log(2^n-1) - 1 \end{aligned}$$

由 $H(M) = n$ 可得

$$\lim_{n\to\infty}\frac{1}{n}I(M;X^n)=1-\lim_{n\to\infty}\frac{1}{n}H(M|X^n)$$
$$\leqslant 1-\lim_{n\to\infty}\frac{\log(2^n-1)-1}{n}=0$$

因此，该机制满足弱保密条件。然而，

$$\begin{aligned}H(M|X^n)&=H(X^n\oplus K|X^n)\\&=H(K|X^n)\\&\leqslant H(K)\\&=-\frac{1}{n}\log\frac{1}{n}-(2^n-1)\cdot\frac{1-1/n}{2^n-1}\log\frac{1-1/n}{2^n-1}\\&=H_b(1/n)+(1-1/n)\log(2^n-1)\\&<H_b(1/n)+n-1\\&<n-0.5\end{aligned}$$

因此可得 $\lim_{n\to\infty}I(M;X^n)>0.5$，可见该机制不满足强保密条件。

7.2.5 信道的安全编码与传统加密体制的对比

传统密码学中的加密机制主要基于 OSI 参考模型的上层（物理层之上），而信息论安全编码则基于物理层安全技术。这两种安全技术存在较大的差异，因此应对其进行理解，进而根据实际的应用场景来选择合适的技术方案。

经典的计算安全使用公钥加密技术来进行鉴权和私钥分发，但用对称加密技术来有效保持传递的数据。由于到目前为止还没有公开的有效密码破译技术，有些常用的加密算法，如 RSA 和 AES（Advanced Encryption Standard，高级加密标准）目前已在各个领域广泛应用。随着时间的推移，旧加密技术正逐渐被破解，并不断地被新加密算法代替，破解这些新算法更加困难，并且需要更强的计算能力。计算安全基于攻击者的现有计算能力无法在有效时间内破解密码这一假设，因此已有可行的加密技术使得通信达到计算安全。

然而，计算模型也存在缺点。公钥加密安全基于某些单向函数是不可逆的这一猜测，但在数学上并未得到证明。随着计算机性能的提升，一度认为不可行的蛮力攻击现在已触手可及，因此之前认为无法破解的加密机制很可能在不久的将来得到破解。另外，并没有精确的指标能够严格比较不同加密方法的强度，因此加密机制的安全性是根据其能否抵御一系列攻击来判断的。香农和 Wyner 的工作证明：由于加密系统模型中的主信道和窃听信道都为无噪信道，安全容量为 0，因此加密机制是无法实现信息论安全的。另外，现有的密钥分发机制是基于计算模型的，它需要一个值得信任的第三方及比较复杂的协议和系统架构。要生成多个密钥，通常只能通过单个共享密钥执行这一操作，但要付出减少数据保护的代价。

与传统的加密机制不同，物理层安全技术具有计算复杂度低、对窃听者的计算能力与时间等没有限制等特点，更适合于保护物联网中感知网络通信的安全。传统加密协议（如 IEEE 802.11 的 AES-CCMP、GSM 的 A5 等）都是在假设物理层是一个无差错链接的前提下设计和应用的，但物理层信道中总是存在各种噪声和干扰，在无线通信中尤为明显。物理层安全技术利用物理层信道中固有的随机噪声，通过物理层编码、调制等技术来提升通信的安全性。物理层安全的基本思想是加强噪声和通信信道的随机性来迷惑窃听者，进而限制窃听者在物理层对有效信息的提取量；更重要的是，物理层安全技术对窃听者的计算能力等没有限制，可以通过信息论的方法对通信的安全性进行量化，因此这种基于信息论的物理层安全被认为是一种更严格的安全概念。在实践中已通过量子密钥分发实现了物理层安全；理论上，随着码字长度的增大，通信可按指数级接近“完全保密”。

当然，信息论安全技术也存在一些缺点。首先，信息论安全依赖于对平均信息量的度量。设计系统时，我们可使其达到某个安全级别，如可让数据块的安全性很高，但不保证百分之百的安全。在信息论安全中，往往还需要对信道做一些假设，这些假设在实际应用中可能是不准确的。多数情况下，我们对信道的假设往往比较保守，会导致较低的安全容量或信息率。事实上，信息论安全技术已用于某些系统（如光通信），该技术因较为昂贵而未得到广泛应用。

通过上面的对比可见，物理层安全协议在经典系统中的部署可以是 OSI 分层安全解决方案的一部分，在不同的层提供针对不同目的的保密性和身份验证。事实上，所有系统都采用这种模块化方法进行设计。在当今的通信网络中，利用信息论安全技术在物理层提供额外的安全性的方法还未得到实际应用。

7.3　搭线窃听信道

根据香农的研究结论，读者可能认为在实际系统中绝对安全通信是无法实现的。事实上，这种说法过于悲观。要注意的是，图 7.2.1 中的信道模型是最差的极端情况，它未考虑信号由噪声导致的衰退，即信道是无噪信道，而实际的物理信道都是含有噪声的。因此，学者们提出了更接近实际应用的模型，称为**搭线窃听信道**，模型中的主信道和窃听信道都是含有噪声的。

7.3.1　普通搭线窃听信道模型

为了进一步研究噪声对安全通信产生的影响，Wyner 提出了一个新模型——搭线窃听信道模型，这是信息论中信道安全编码的基本模型，如图 7.3.1 所示。发送方 Alice 希望向合法接收方 Bob 传送一条消息 M，同时使该消息对窃听者 Eve 尽可能保密。假设原始消息 M 取值于消息集合 $\mathcal{M}$，且满足随机均匀分布，M 也称**机密消息**。发送方通过编码器将消息 $m\in\mathcal{M}$ 映射为一个码字 $x^n\in\mathcal{X}^n$，编码函数为 $f:\mathcal{M}\to\mathcal{X}^n$，其中 $\mathcal{X}$ 为信道输入符号集合，n 为码字长度，也可视为传递消息的信道数量。码字 x^n 通过离散无记忆信道进行传输，包含主信道和窃听信道，输出分别为 y^n 和 z^n，信道的转移概率为 $P_{YZ|X}(\cdot|\cdot)$。合法接收方通过译码器将接收序列 $y^n\in\mathcal{Y}^n$ 译为估算的消息 $\bar{m}\in\mathcal{M}$，译码函数为 $g:\mathcal{Y}^n\to\mathcal{M}$。

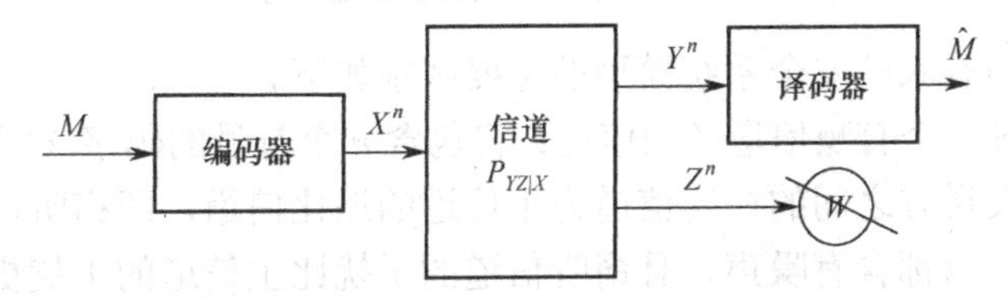

图 7.3.1　Wyner 的搭线窃听信道模型

对于该模型，我们关心通信的两大性能——可靠性与安全性；其中，可靠性可用主信道消息的平均差错率来度量。若码字长度为 n，则其平均差错率 P_e^n 定义为

$$P_{\mathrm{e}}^{(n)} = \Pr\left\{\hat{M} \neq M\right\} = \frac{1}{|\mathcal{M}|}\sum_{m=1}^{|\mathcal{M}|}\Pr\{\hat{m} \neq m\} \tag{7.3.1}$$

安全性，即保密消息对窃听者的安全登记，可用疑义率进行度量，定义如下：

$$R_{\mathrm{e}}^{(n)} = \frac{1}{n}H(M \mid Z^n) \tag{7.3.2}$$

式中，对于通用随机变量 X 和 Y，$H(X \mid Y)$ 表示给定 Y 时 X 的条件熵。根据熵的物理含义可知，疑义率表示的是窃听者收到信道输出 Z^n 后关于消息 M 的不确定性。因此，疑义率越大，通信的安全等级越高。

Wyner 提出了一个新的安全条件——弱保密：不同于香农的“完全保密”中要求窃听者的疑义度等于信息熵，弱保密要求码长 n 足够长时，窃听者的疑义率 $\frac{1}{n}H(M \mid Z^n)$ 尽可能接近消息的熵率 $\frac{1}{n}H(M)$。在这种较为宽松的安全条件下，可以证明存在信道编码方法使得合法接收方的差错率足够小的同时实现安全通信，即同时保证通信的可靠性与安全性。

7.3.2 退化搭线窃听信道模型

安全容量是主信道与窃听信道的平均互信息量之差的最大值，要想让信道的安全容量为正值，就要求主信道的噪声小于窃听信道的噪声，即窃听信道为主信道的退化信道，如图 7.3.2 所示，此时才可能实现可靠、安全的通信。

事实上，信息论安全编码技术的基本思想就是利用主信道与窃听信道间的噪声差，通过编码的方法进一步扩大窃听信道的随机性来迷惑窃听者，进而达到通信安全、可靠的目的。因此，如未做特殊说明，信息论安全编码都基于退化的搭线窃听信道（Degraded Wiretap Channel，DWTC），即窃听信道为主信道的退化信道，也就是说，窃听信道的噪声大于主信道的噪声。

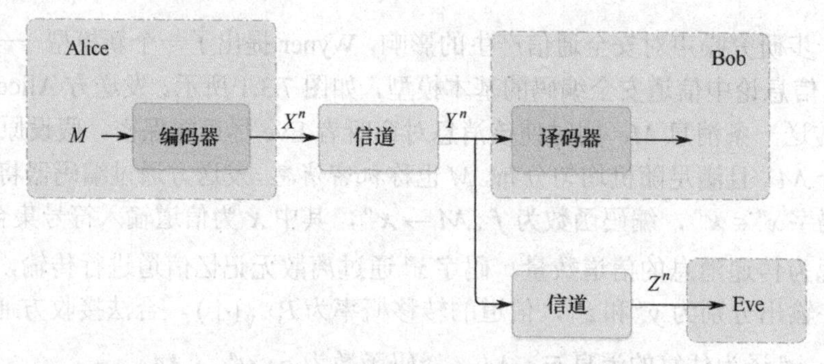

图 7.3.2 退化搭线窃听信道模型

可见，该模型与香农的安全系统模型的主要区别如下。

（1）发送方通过一个有噪信道（主信道）将包含 n 个符号的码字 X^n 发送给合法接收方。

（2）窃听者与发送方之间的窃听信道为主信道的退化信道，即窃听信道的差错率更大。

主信道和窃听信道都含有噪声，且窃听信道的干扰比主信道的干扰更大。在信息论中，干扰越大意味着噪声变量的随机性越强，分布越均匀，对接收方的迷惑性越大，接收方越难从信道输出中获取关于原始消息的有效信息。因此，信道理论安全技术其实就是利用窃听信道噪声变量的随机性，在物理信道前后增加安全编译码器，使发送方与窃听者之间的等效信道的噪声变量的随机性进一步增大，若能接近均匀分布，则窃听者无法获取任何关于原始消息的有效信息，进而实现通信的完全保密。

当通信同时满足可靠性与安全性时，可达到的最大信息率称为安全容量 C_s。退化搭线窃听信道的安全容量 C_s 定义如下。

定义 7.1 DWTC $(\mathcal{X}, p_{Z|Y}p_{Y|X}, \mathcal{Y}, \mathcal{Z})$ 的安全容量为

$$C_s^{\text{DWTC}} = \max_{p_X(\cdot)} I\left(X;Y|Z\right) = \max_{p_X(\cdot)}\left(I\left(X;Y\right) - I(X;Z)\right) \tag{7.3.3}$$

式中，$I(X;Y)$ 代表主信道输入 X 与输出 Y 之间的平均互信息量，$I(X;Z)$ 代表窃听信道输入 X 与输出 Z 之间的平均互信息量。定义 7.1 可用于单符号信道和多符号信道，也可用于连续离散信道。加密系统中的主信道与窃听信道均为无噪信道，即 $Y = Z$，说明窃听者观察到了与合法接收方接收到的相同信道输出，此时 $I(X;Y|Z) = 0$，即 $C_s^{\text{DWTC}} = 0$，信道的安全容量为 0，这就证实传统的加密机制无法提供信息论安全。

由定义 7.1 中可见，安全容量是传送给合法接收方的信息率与泄露给窃听者的信息率之差，这一点特别重要。将安全容量与主信道和窃听信道的信道容量相联系，进一步推导可得安全容量的一个最简表达式，如下所示：

$$\begin{aligned} C_s^{\text{DWTC}} &= \max_{p_X(\cdot)} I(X;Y|Z) \\ &= \max_{p_X(\cdot)}(I(X;Y) - I(X;Z)) \\ &\geqslant \max_{p_X(\cdot)} I(X;Y) - \max_{p_X(\cdot)} I(X;Z) \\ &= C_m - C_e \end{aligned} \tag{7.3.4}$$

式中，C_m 和 C_e 分别表示主信道和窃听信道的信道容量。可见，安全容量至少为主信道的信道容量与窃听信道的信道容量之差；这个不等式是严格的，下面举例说明。

【例 7.4】 在图 7.3.3 所示的 DWTC 中，主信道是错误概率为 p 的 Z 信道，窃听信道是差错概率为 p 的二进制对称信道。令输入概率分布为

$$\boldsymbol{P}_X = [q\ 1-q]$$

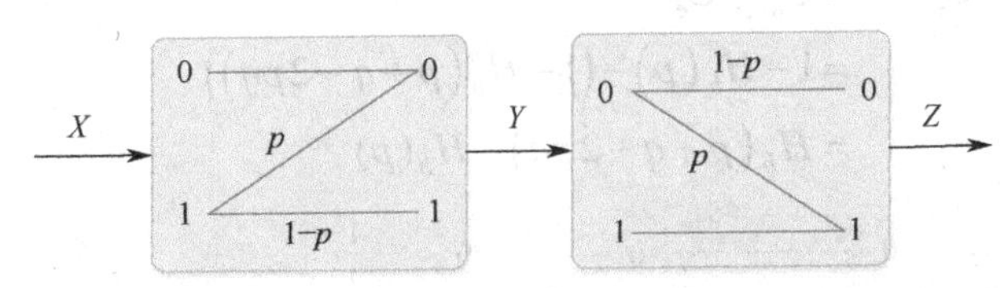

图 7.3.3 非对称信道 DWTC 举例

利用第 3 章中的知识可得

$$C_m = \max_{q\in[0,1]}\left[H_b(q(1-p)) - qH_b(p)\right] = \ln[1 + \bar{p}p^{p\bar{p}^{-1}}]$$

$$C_e = 1 - H_b(p)$$

根据定义 7.1，可得该 DWTC 的安全容量为

$$C_s = \max_{q\in[0,1]}[H_b(q(1-p)) + (1-q)H_b(p) - H_b(p+q-2pq)]$$

假设 $p = 0.1$，根据上式可得 $C_m - C_e \approx 0.232$ 比特，而 $C_s \approx 0.246$ 比特，满足下限要求。对于某些特殊信道，下限值 $C_m - C_e$ 恰好精确地等于 DWTP 的安全容量 C_s。

定义 7.2（弱对称信道）如果离散无记忆信道$(X, p_{Y|X}, Y)$的转移概率矩阵为行排列阵（离散输入对称），且每列之和$\sum_{x} p_{Y|X}(y|x)$独立于列数y，那么称该信道为弱对称信道。

弱对称信道有一条非常重要的性质，如下所示。

引理 7.2 当输入符号概率分布为等概率分布时，弱对称信道的信息率可以达到信道容量，即弱对称信道的最佳输入符号概率分布为等概率分布。

证明： 若输入概率分布为$p_X(\cdot)$，则平均互信息量$I(X;Y)$为

$$I(X;Y) = H(Y) - H(Y|X) = H(Y) - \sum_{x \in X} H(Y|X=x) p_X(x)$$

由于弱对称信道的转移概率矩阵为行排列阵，因此$H(Y|X=x)$为常数，所以有

$$I(X;Y) = H(Y) - H \leqslant \log|Y| - H$$

Y为等概率分布时，式中的等号成立。接下来推导选择$p_X(x) = 1/|X|$时得到输出是等概率分布的。事实上，

$$p_Y(y) = \sum_{x} p_{Y|X}(y|x) p_X(x) = \frac{1}{|X|} \sum_{x} p_{Y|X}(y|x)$$

因为$\sum_{x} p_{Y|X}(y|x)$独立于列数y，所以$p_Y(y)$为常数，根据全概率公式得$p_Y(y) = 1/|Y|$。得证。

定理 7.2（Leung-Yan-Cheong）若 DWTC$(X, p_{Z|Y} p_{Y|X}, Y, Z)$中的主信道和窃听信道均为弱对称信道，则有

$$C_{\mathrm{s}}^{\mathrm{DWTC}} = C_{\mathrm{m}} - C_{\mathrm{e}} \tag{7.3.5}$$

式中，C_{m}和C_{e}分别表示主信道和窃听信道的信道容量。定理的证明请参阅相关的文献。

【例 7.5】 假设 DWTC 如图 7.3.4 所示，由 BSC(p)和 BSC(q)级联而成。主信道为对称信道，根据串联信道的性质可得窃听信道是差错率为$p+q-2pq$的 BSC，也是对称信道。可见，主信道和窃听信道均为弱对称信道，满足定理 7.2 的条件。因此，根据定理 7.2 可得

$$\begin{aligned} C_{\mathrm{s}}^{\mathrm{DWTC}} &= C_{\mathrm{m}} - C_{\mathrm{e}} \\ &= 1 - H_b(p) - \left(1 - H_b(p+q-2pq)\right) \\ &= H_b(p+q-2pq) - H_b(p) \end{aligned}$$

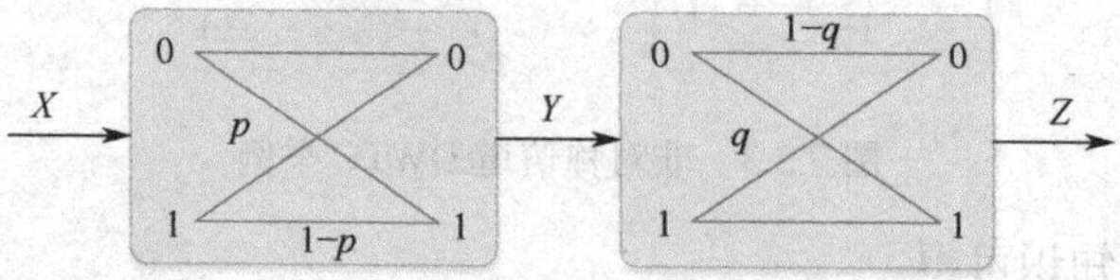

图 7.3.4 弱对称信道 DWTC 举例

7.3.3 高斯搭线窃听信道

高斯搭线窃听信道是一种最有用且最常见的信道模型，指的是主信道和窃听信道均为加性高斯白噪声的信道。在这个模型中，假设信道的输入为X，主信道的输出为Y，窃听信道的输出为Z，则信道间的输入/输出关系如下：

$$Y = X + W$$

$$Z = X + V$$

式中，W、V 分别为主信道和窃听信道的噪声变量，它们的方差分别为 μ^2 和 v^2。各信道间的噪声独立同分布。信道的输入功率受限于 P，即

$$\frac{1}{n}\sum_{i=1}^{n}E[X_i^2]\leqslant P$$

式中，i 代表符号时间（也可视为信道编号）。

定理 7.3　高斯搭线窃听信道的安全容量为

$$C_{\mathrm{s}}=\begin{cases}\frac{1}{2}\log(1+\frac{P}{\mu^2})-\frac{1}{2}\log\left(1+\frac{P}{v^2}\right), & \frac{P}{\mu^2}>\frac{P}{v^2}\\ 0, & \frac{P}{\mu^2}\leqslant\frac{P}{v^2}\end{cases} \tag{7.3.6}$$

上式进一步印证了之前的结论：当主信道的信噪比好于窃听信道的信噪比时，一定存在某种编码机制可以保证通信的信息论安全。定理 7.3 表明，对于高斯搭线窃听信道而言，其最大安全通信信息率（即安全容量）为主信道的信道容量与窃听信道的信道容量之差。

7.3.4　关于搭线窃听信道的几点说明

下面介绍搭线窃听信道模型的一些内在假设。

（1）关于信道状态信息（Channel State Information，CSI）的已知性。只要用于传输的安全编码适用于该信道，窃听者的疑义度就可得到保障。这要求发送方对主信道和窃听信道的信道状态信息是全知的。对于主信道而言，由于 Alice 和 Bob 总可通过合作来收集彼此间的信道状态，因此其状态信息全知的假设是合理的；然而，对于窃听信道而言，信道全知性的假设会受到质疑。如果 Alice 是无线基站且窃听者是网络中的用户，那么 CSI 在发送方是已知的。此外，可以通过基于地理信息的保守估计来得到 CSI。例如，如果已知接收方位于给定的距离之外，那么可以得到接收方的信噪比上限值。

（2）认证性。搭线窃听信道模型中假设主信道已得到认证。原则上讲，由于认证机制可以在协议栈上层实现，因此该假设并未带来限制。注意，如果有短密钥可用，那么可以确保无条件安全的身份认证。身份认证所需的密钥大小通常可缩放为消息大小的对数，因此只需牺牲一小部分安全容量来交换密钥。

（3）被动攻击。搭线窃听信道模型是针对被动攻击（窃听）的，即攻击者不会主动篡改信道上传输的信息。对于主动攻击（干扰），则需要额外的技术来应对。

（4）随机生成器的可用性。与传统编码器（确定性函数）不同，安全编码器是随机编码器，它依赖于完美随机生成器的可用性。实际上，通常采用强伪随机生成器来实现随机函数，但应该恰当地对其进行初始化设置。

（5）弱保密。搭线窃听信道模型中的安全通常是指弱安全，即窃听者的疑义率 $\frac{1}{n}H(M\,|\,Z^n)$ 尽可能地接消息的熵率 $\frac{1}{n}H(M)$，而不是完全保密。相关文献已证明弱保密和完全保密的能力是等价的。

7.4　安全编码方法

由前两节的介绍可知，信息论安全技术的基本思想是通过编码增加随机性，达到迷惑窃

听者、保证通信安全的目的。本节首先介绍 Wyner 安全编码机制，然后介绍最基本的安全编码思想，最后介绍一些具体的编码方法，如分块编码、伴随编码机制等。

7.4.1 Wyner 的安全编码思想

由于只有退化搭线窃听信道（DWTC）的安全容量为正，因此 Wyner 的安全编码是针对退化搭线窃听信道的，即主信道噪声小于窃听信道噪声。由于要通过编码引入随机性，我们用函数$(\mathcal{R}, p_R)$来表示随机函数，它独立于信道和原始消息。由于只有信源知道这个随机函数，因此我们将它称为信源的本地随机。

定义 7.3　退化搭线窃听信道的安全编码$(2^{nR}, n)$码$\mathcal{C}_n$包含：

a．原始消息集合$\mathcal{M}=\{1,2,\cdots,2^{nR}\}$。

b．编码器中信源的本地随机为$(\mathfrak{R}, p_R)$。

c．编码函数$f_n:\mathcal{M}\times\mathfrak{R}\to\mathcal{X}^n$将一条原始消息$M$和本机随机映射为码字$x^n$。

d．译码函数$g_n:\mathcal{Y}^n\to\mathcal{M}\cup\{e\}$将信道的输出映射为估算消息$\hat{m}\in\mathcal{M}$或错误消息$e$。

假设$(2^{nR}, n)$码$\mathcal{C}_n$编码方法由 Alice、Bob 和 Eve 共享，三方均知道$(\mathfrak{R}, p_R)$的统计特性，但是具体的实现函数只有 Alice 知道。原始消息M满足均匀分布，因此可以得到码的信息率为$\frac{1}{n}H(M)\approx R$。码$\mathcal{C}_n$的可靠性由其平均差错率来度量，计算公式如下：

$$P_{\mathrm{e}}(\mathcal{C}_n)\triangleq P[\hat{M}\neq M]=\frac{1}{2^{nR}}\sum_{m=1}^{2^{nR}}P[\hat{M}\neq m\mid m] \tag{7.4.1}$$

码$\mathcal{C}_n$的安全性由疑义度来度量，计算公式如下：

$$E_q(\mathcal{C}_n)\triangleq H(M\mid Z^n) \tag{7.4.2}$$

定义 7.4　对于 DWTC，若存在一系列$(2^{nR}, n)$码$\{\mathcal{C}_n\}_{n\geqslant 1}$，满足如下两个条件：

（1）可靠性条件

$$\lim_{n\to\infty}P_{\mathrm{e}}(\mathcal{C}_n)=0 \tag{7.4.3}$$

（2）弱保密条件

$$\lim_{n\to\infty}\frac{1}{n}E_q(\mathcal{C}_n)\geqslant R_{\mathrm{e}} \tag{7.4.4}$$

则定义信息率-疑义率对(R, R_{e})是可以实现的。

DWTC 的信息率-疑义率域为

$$\mathfrak{R}^{\mathrm{DWTC}}\triangleq\{(R,R_{\mathrm{e}}):\text{可实现的}(R,R_{\mathrm{e}})\} \tag{7.4.5}$$

DWTC 的安全容量为

$$C_{\mathrm{s}}^{\mathrm{DWTC}}\triangleq\sup_R\{R:(R,R)\in\mathfrak{R}^{\mathrm{DWTC}}\} \tag{7.4.6}$$

推论 7.1　根据定义，若信息率-疑义率对(R, R_{e})可以实现，则对任何$R_{\mathrm{e}}'\leqslant R_{\mathrm{e}}$的信息率-疑义率对$(R, R_{\mathrm{e}}')$也都必然可以实现。注意，$(R, R_{\mathrm{e}}')$总是可实现的。

信息率-疑义率域$\mathfrak{R}^{\mathrm{DWTC}}$包含$R_{\mathrm{e}}$不等于$R$的信息率-疑义率对，对任意信息率$R$，疑义率均可以被保证。若满足$R_{\mathrm{e}}=R$的$(R, R_{\mathrm{e}})$可以实现，则称$R$是全保密速率。此时，有

$$\lim_{n\to\infty}\frac{1}{n}I(M;Z^n)=0 \tag{7.4.7}$$

在实际通信中，因为“全保密”是指原始消息完全不被窃听者获知，因此这个概念非常重要。然而，它与香农关于“完全保密”的定义显然是不同的，“完全保密”是香农对信息论安全的定义，满足严格的统计独立特性。

定理 7.4（Wyner）DWTC 的信息率-疑义率域是一个凸域：

$$\mathfrak{R}^{\text{DWTC}}=\bigcup_{p_X(\cdot)}\left\{\begin{matrix}(R,R_{\text{e}})\\ 0\leqslant R_{\text{e}}\leqslant R\leqslant I(X;Y)\\ 0\leqslant R_{\text{e}}\leqslant I(X;Y|Z)\end{matrix}\right\} \tag{7.4.8}$$

给定 $p_X(\cdot)$ 后，信息率-疑义率域的形状通常如图 7.4.1 所示。当信息率小于 $I(X;Y|Z)=I(X;Y)-I(X;Z)$ 时，总能找到可实现全保密信息率的码，即信息率 R 等于安全容量 C_{s}；信息率也可大于 $I(X;Y|Z)$，疑义率饱和在 $R_{\text{e}}=I(X;Y|Z)$ 不变，此时无法保证剩余信息率的安全性。定理 7.4 适用于单符号信道和多符号信道。

该定理的证明见相关的参考文献。

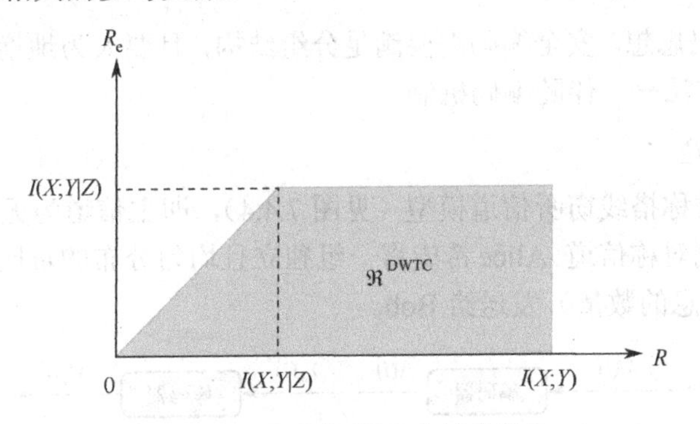

图 7.4.1 信息率-疑义率域的形状

我们希望构造满足全保密的码，以便同时保证通信的可靠性和保密性。7.2.3 节中关于有噪信道安全通信的讨论和举例表明，需要用多个码字表示同一条消息，发送消息时从多个码字中随机选取一个进行发送，以便起到迷惑窃听者的作用。相关文献在证明定理 7.4 时，指出构造 Wyner 安全码一种简单方法是使用分组结构，如图 7.4.2 所示，这恰好是信息论安全编码的核心——通过编码的方式增加码字的随机性。

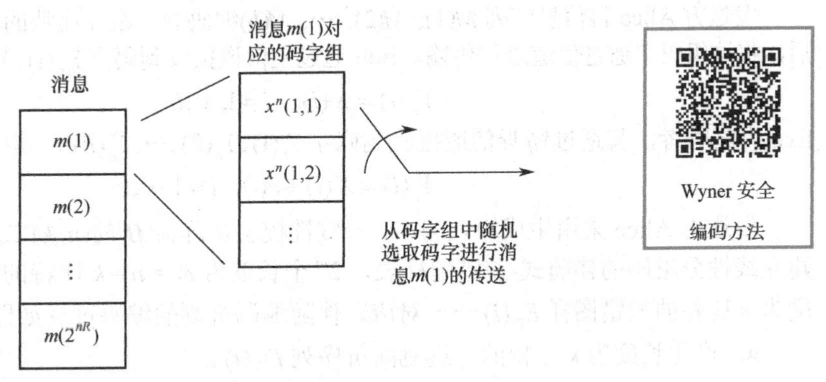

图 7.4.2 Wyner 安全码的分组结构和编码过程

Bloch Matthieu 给出了可以达到安全容量的随机编码方法，如图 7.4.3 所示：主信道中随机生成的码本包含 $2^{nI(X;Y)}$ 个码字，均分为包含相同数量码字的 $2^{n(I(X;Y)-I(X;Z))}$ 个码字组，其中每组包含约 $2^{nI(X;Z)}$ 个码字。每条消息对应一个分组，发送消息时 Alice 选择消息对应的分组，然后在码字组中随机地选择码字发送。这种方法人为地增加了码字的随机性，也是 Wyner 编码思想的一种较为形象的解释。

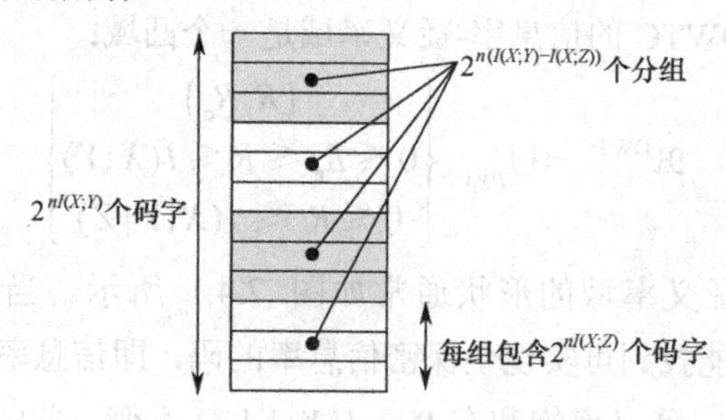

图 7.4.3 安全容量的随机编码方法

7.4.2 伴随编码机制

根据 Wyner 编码思想，安全编码需要满足分组结构，且要人为地增加随机性。下面具体介绍一种安全编码方法——伴随编码机制。

1. 编码机制介绍

信道为二进制对称搭线窃听信道模型（见图 7.4.4），即主信道为无噪信道，窃听信道是差错率为 α 的二进制对称信道。Alice 希望将一组独立且均匀分布的 m 比特消息 $M(1), M(2),\cdots, M(b)$（b 为发送的信息的数量）发送给 Bob。

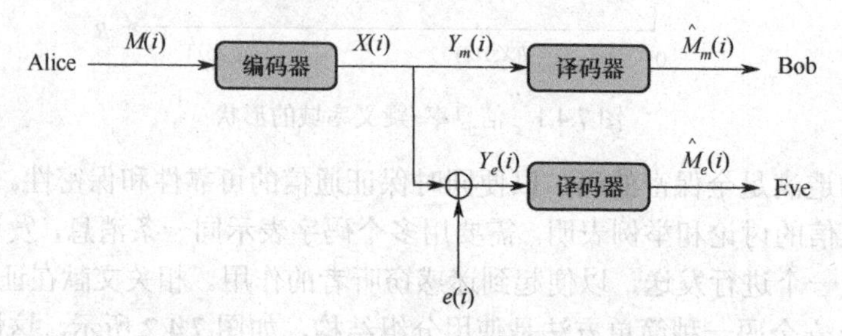

图 7.4.4 二进制对称搭线窃听信道模型

发送方 Alice 将信息序列 $M(1), M(2), \cdots, M(b)$编码为一组 n 比特的码字 $X(1), X(2),\cdots, X(b)$ 后，将这组码字通过信道进行传输。Bob 通过主信道接收到码字 $Y_m(1), Y_m(2),\cdots, Y_m(b)$，其中

$$Y_m(i) = X(i), \quad i = 1,\cdots,b \tag{7.4.9}$$

Eve 为窃听者，其通过窃听信道接收到码字 $Y_e(1), Y_e(2),\cdots, Y_e(b)$，其中

$$Y_e(i) = X(i) + e(i), \quad i = 1,\cdots,b \tag{7.4.10}$$

发送方 Alice 采用生成矩阵为 $\boldsymbol{G}$、一致性校验矩阵为 $\boldsymbol{H}$ 的(n, k)二进制线性分组码。首先建立线性分组码的伴随式-差错图样表，2^m 个长度为 $m = n-k$ 比特的伴随式 $S_T(i)$ 与 2^m 个长度为 n 比特的差错图样 $E_T(i)$ 一一对应。伴随编码机制的编码过程如图 7.4.5 所示。

a. 产生长度为 k 比特的二进制随机序列 $D_R(i)$。

b. 临时码字 $C_T(i) = D_R(i)\times\boldsymbol{G}$，其中 $\boldsymbol{G}$ 是 k 行 n 列的(n, k)线性分组码的生成矩阵，$C_T(i)$

是长度为 n 比特的二进制序列。

c. 设伴随式 $S_T(i)=M(i)$，即要发送的消息。通过查找伴随式-差错图样表找到 $S_T(i)$ 对应的 n 比特差错图样 $E_T(i)$。

d. 码字 $X(i)=C_T(i)+E_T(i)$，发送码字 $X(i)$。其中 $E_T(i)$ 携带了所要发送的消息 $M(i)$ 的信息，$C_T(i)$ 则通过 $D_R(i)$ 随机序列增加码字的随机性。

伴随编码的编码结构恰好是 Wyner 的分组结构的体现，通过随机序列 $D_R(i)$ 人为地增加编码随机性：Alice 采用 2^n 个长度为 n 比特的码字发送 2^m 条 m 比特的不同消息 $M(i)$，将 2^n 个可用码字均分为 2^m 组，每组包含 $2^k=2^{n-m}$ 个码字，分组功能是通过 $X(i)=C_T(i)+E_T(i)$ 实现的。发送消息时，选取对应的码字组，在该码字组中随机选取码字进行发送，随机选取功能是通过随机序列 $D_R(i)$ 实现的。

接收方 Bob 和 Eve 接收到信道输出后，分别算出所接收码字的伴随式作为估算信息：

a. 合法接收方 Bob：

$$\hat{M}_m(i)=Y_m(i)\times \boldsymbol{H}^{\mathrm{T}}=S_T(i)=M(i) \tag{7.4.11}$$

b. 窃听者 Eve：

$$\hat{M}_e(i)=Y_e(i)\times \boldsymbol{H}^{\mathrm{T}}=S_T(i)+S_e(i)=M(i)+S_e(i) \tag{7.4.12}$$

式中，$\boldsymbol{H}$ 为线性随机码的校验矩阵。

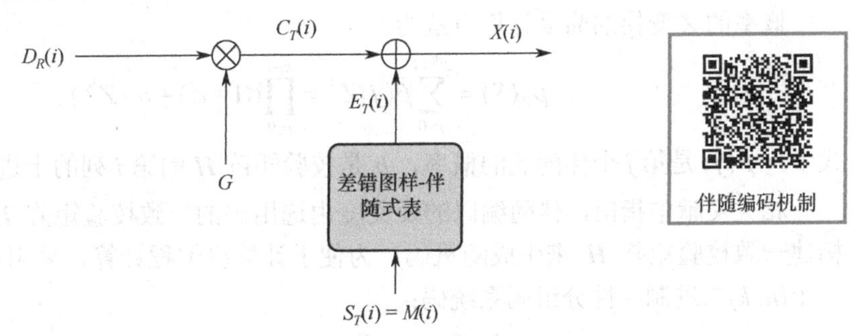

图 7.4.5　伴随编码机制的编码过程

2. 安全性分析

由于主信道为无噪信道，因此 Bob 通过解码可以得到正确的原始消息，进而实现通信的可靠性。下面分析该编码机制的通信安全性。在信息论中，我们用条件熵 $\boldsymbol{H}(M(i)|\hat{M}_e(i))$ 表示窃听者对信息的疑义度，并用它来衡量通信的安全性：疑义度越大，安全性越高；疑义度 $\boldsymbol{H}(M(i)\,|\,\hat{M}_e(i))$ 等于信源熵 $\boldsymbol{H}(M(i))$ 时，通信达到完全保密。对于伴随编码机制，其疑义度的计算方法如下所示：

$$\begin{aligned}\boldsymbol{H}\left(M(i)|\hat{M}_e(i)\right)&=\boldsymbol{H}(M(i),\hat{M}_e(i))-\boldsymbol{H}(\hat{M}_e(i))\\&=\boldsymbol{H}\left(M(i)\right)-\boldsymbol{H}\left(\hat{M}_e(i)\right)+\boldsymbol{H}\left(\hat{M}_e(i)|M(i)\right)\\&=\boldsymbol{H}\left(M(i)\right)-\boldsymbol{H}\left(M(i)+S_e(i)\right)+\boldsymbol{H}\left(M(i)+S_e(i)|M(i)\right)\\&=m-m+0+\boldsymbol{H}(S_e(i)|M(I))\\&=\boldsymbol{H}(S_e(i))=-\sum_{j=0}^{2^m-1}p(S_j)\log_2 p(S_j)\end{aligned} \tag{7.4.13}$$

式中，$S_e(i)=e(i)\times\boldsymbol{H}^{\mathrm{T}}$，$S_j$表示线性码的第$j$个伴随式，$p(S_j)$为$S_j$的概率。接下来简述伴随式$S_j$的分布概率$p(S_j)$的具体计算方法。

由于$S_e(i)=e(i)\times\boldsymbol{H}^{\mathrm{T}}$，可见伴随式的分布概率与信道差错序列$e(i)$的概率$p(e(i))$密切相关。由于$e(i)$是长度为$n$比特的二进制序列，因此共有$2^n$种可能的$e(i)$。已知窃听信道是差错率为$\alpha$二进制对称信道，因此差错序列$e(i)$的概率与其汉明重量相关，计算公式为

$$p(e(i))=\alpha^{w(i)}\cdot(1-\alpha)^{n-w(i)} \tag{7.4.14}$$

式中，$w(i)$是$e(i)$的汉明重量。由于$S_e(i)=e(i)\times\boldsymbol{H}^{\mathrm{T}}$，因此对每个$e(i)$都可算出对应的伴随式$S_e(i)$。由于编码是线性的，因此每$2^k$个不同的$e(i)$对应于一个相同的伴随式$S_j$，共有$2^m$个不同的$S_j$。每个$S_j$的概率由对应的$2^k$个$e(i)$的概率$p(e(i))$求和得到，如下所示：

$$p(S_j)=\sum_{i=0}^{2^n-1}p(e(i))\delta(S_e(i)-S_j) \tag{7.4.15}$$

式中，S_j代表2^m个伴随式中的一个，$0\leqslant j\leqslant 2^m-1$，$\delta$为狄拉克函数。根据上式算出伴随式概率分布$p(S_j)$后，代入式（7.4.13）可得疑义度。

通过上述分析可知，伴随编码机制的疑义度与信道差错率及(n,k)线性分组码的选择密切相关，因此如何选择最优的线性分组码使其通信疑义度达到最高就非常重要。

概率的Z变换的简易计算方法为

$$p_Z(S)=\sum_{j=0}^{2^m-1}\beta(j)Z^j=\prod_{i=0}^{n-1}((1-\alpha)+\alpha\cdot Z^{b_i}) \tag{7.4.16}$$

式中，$\beta(j)$是第j个伴随式的概率，b_i是校验矩阵$\boldsymbol{H}$的第i列的十进制表示。

相关文献中指出，伴随编码的疑义度由选用码的一致校验矩阵$\boldsymbol{H}$决定，因此我们通过构建一致校验矩阵$\boldsymbol{H}$来生成随机码。为便于计算机编程计算，采用具有如下一致校验矩阵一个(n,k)二进制线性分组码系统码：

$$\boldsymbol{H}=\begin{bmatrix}1 & 0 & \cdots & 0 & a_{m0} & \cdots & a_{(n-1)0}\\ 0 & 1 & \cdots & 0 & a_{m1} & \cdots & a_{(n-1)1}\\ \vdots & \vdots & \ddots & \vdots & \vdots & \ddots & \vdots\\ 0 & 0 & \cdots & 1 & a_{m(m-1)} & \cdots & a_{(n-1)(m-1)}\end{bmatrix} \tag{7.4.17}$$

式中，a_{ij}为0或1，i和j分别表示列号和行号，$0\leqslant j\leqslant m-1$，$0\leqslant i\leqslant n-1$。每列可用十进制整数表示为$b_i=\sum_{j=0}^{m-1}a_{ij}\cdot 2^j$。因此，这个一致校验矩阵的整数序列形式为

$$[1,2,4,\cdots,2^{m-1},\boldsymbol{b}_m,\cdots,\boldsymbol{b}_{n-1}] \tag{7.4.18}$$

式中，$m=n-k$，序列中的每个整数由$\boldsymbol{H}$中每列的二进制数转换得到。

例如，已知某(7, 4)线性分组码的一致校验矩阵为

$$\boldsymbol{H}=\begin{bmatrix}1 & 0 & 0 & 1 & 0 & 1 & 1\\ 0 & 1 & 0 & 1 & 1 & 0 & 1\\ 0 & 0 & 1 & 1 & 1 & 1 & 0\end{bmatrix}$$

则该矩阵的整数序列形式可以表示为

$$[1\ \ 2\ \ 4\ \ 6\ \ 5\ \ 3]$$

因此，当研究伴随编码机制的安全性时，若给定了 n、k 值，则可在机制中采用随机码，即首先在 1 到 2^m-1 中随机分别产生一致校验矩阵整数序列形式的 $b_m,\cdots,b_{n-1}$，然后求出各个随机码的疑义度，最后求平均，通过大量随机码试验求得该机制的安全性。

本章基本概念

1. 保密性。

指在保证合法接收者成功获取原始信息的同时，窃听者无法获取任何有效信息。

2. 完整性。

保证攻击者在传输过程中不会修改原始信息。

3. 认证性。

确保信息接收者能够识别发送该信息的发件人。

4. 不可否认性。

保证信息发送者不能否认传输了该信息，并且接收者不能否认接收了该信息。

5. 主动攻击。

指恶意攻击者故意破坏系统的情况。

6. 被动攻击。

指窃听者试图解释源信息而不注入任何信息或试图修改信息的情况。

7. 私钥加密。

也称对称密钥加密，因为发送方和接收方共享公钥。发送方加密明文，接收方用相同的密钥解密密文。

8. 公钥加密。

也称非对称密钥加密，发送方和接收方拥有用来加密和解密的不同密钥。发送方通过公钥加密明文，公钥对网络的所有潜在用户公开，包括任何窃听者。合法接收方维护对应于公钥的私钥，接收方可以利用该私钥提取由公钥加密的明文。

9. 完全保密。

当疑义度等于关于消息的先验不确定性时，可实现完全保密。香农的完全保密被认为是对安全的最严格的定义。完全保密时，平均互信息量为零。一次一密算法可实现完全保密。

10. 强保密。

设 M 为信源发送的消息，Z^n 为窃听信道的输出，使用 KL 距离来度量，强保密条件为

$$\lim_{n\to\infty} D(p_{MZ^n} \| p_M p_{Z^n}) = \lim_{n\to\infty} I(M;Z^n) = 0$$

该条件要求随着码字长度的增大，泄露给窃听者的信息趋于 0。

11. 弱保密。

设 M 为信源发送的消息，Z^n 为窃听信道的输出，弱保密条件为

$$\lim_{n\to\infty} \tfrac{1}{n} I(M;Z^n) = 0$$

该条件要求随着码字长度的增大，泄露给窃听者的信息率趋于 0。

12. 安全容量。

通信同时满足可靠性与安全性时，可达到的最大信息率，称为安全容量 C_s。

13. 退化搭线窃听信道（DWTC）的安全容量：

$$C_{\mathrm{s}}^{\mathrm{DWTC}} = \max_{p_X(\cdot)} I\left(X;Y|Z\right) \geqslant C_{\mathrm{m}} - C_{\mathrm{e}}$$

DWTC 的安全容量至少为主信道的信道容量与窃听信道的信道容量之差。

14. 高斯搭线窃听信道的安全容量。

设信道的输入为 X，主信道的输出为 Y，窃听信道的输出为 Z，则信道间的输入/输出关系如下：

$$Y = X + W$$

$$Z = X + V$$

式中，W、V 分别为主信道和窃听信道的噪声变量，它们的方差分别为 μ^2 和 v^2 。各信道间的噪声独立同分布。信道的输入功率受限于 P，即

$$\frac{1}{n}\sum_{i=1}^{n} E[X_i^2] \leqslant P$$

式中，i 代表符号时间（也可视为信道编号）。上述高斯搭线窃听信道的安全容量为

$$C_{\mathrm{s}} = \begin{cases} \dfrac{1}{2}\log(1+\dfrac{P}{\mu^2}) - \dfrac{1}{2}\log\left(1+\dfrac{P}{v^2}\right), & \dfrac{P}{\mu^2} > \dfrac{P}{v^2} \\ 0, & \dfrac{P}{\mu^2} \leqslant \dfrac{P}{v^2} \end{cases}$$

15. 弱对称信道。

若离散无记忆信道 $(X, p_{Y|X}, Y)$ 的转移概率矩阵为行排列阵（离散输入对称），且每列之和 $\sum_x p_{Y|X}(y\,|\,x)$ 独立于列数 y，则称该信道为弱对称信道。

定理　若 DWTC $(X, p_{Z|Y}p_{Y|X}, Y, Z)$ 中的主信道和窃听信道均为弱对称信道，则有

$$C_{\mathrm{s}}^{\mathrm{DWTC}} = C_{\mathrm{m}} - C_{\mathrm{e}}$$

式中，C_{m} 和 C_{e} 分别表示主信道和窃听信道的信道容量。

习题

7.1　若 DWTC 中的主信道是差错率为 0.05 的 BSC，窃听信道是差错率为 0.1 的 BSC，求该 DWTC 的安全容量。

7.2　已知某个(15, 7, 5) BCH 码的一致校验矩阵如下所示：

$$\boldsymbol{H} = \begin{bmatrix} 1 & 0 & 0 & 0 & 0 & 0 & 0 & 0 & 1 & 1 & 1 & 0 & 0 & 1 & 1 \\ 0 & 1 & 0 & 0 & 0 & 0 & 0 & 0 & 1 & 1 & 0 & 1 & 1 & 1 & 0 \\ 0 & 0 & 1 & 0 & 0 & 0 & 0 & 0 & 0 & 1 & 1 & 0 & 1 & 1 & 1 \\ 0 & 0 & 0 & 1 & 0 & 0 & 0 & 0 & 1 & 1 & 0 & 1 & 0 & 0 & 0 \\ 0 & 0 & 0 & 0 & 1 & 0 & 0 & 0 & 1 & 0 & 1 & 0 & 0 & 0 & 1 \\ 0 & 0 & 0 & 0 & 0 & 1 & 0 & 0 & 0 & 1 & 1 & 0 & 1 & 0 & 0 \\ 0 & 0 & 0 & 0 & 0 & 0 & 1 & 0 & 0 & 0 & 1 & 1 & 0 & 1 & 0 \\ 0 & 0 & 0 & 0 & 0 & 0 & 0 & 1 & 0 & 0 & 0 & 1 & 1 & 0 & 1 \end{bmatrix}$$

（1）写出该矩阵的整数序列形式。

（2）将该码用到伴随编码机制中，若 BSC 的差错率为 0.05，求该机制的疑义度。

7.3　按照以下要求编程实现伴随编码机制安全性（平均疑义度）的计算：

（1）采用随机码。

（2）窃听信道的差错率为 0.05、0.1 和 0.2。

（3）仿真次数为 10000 次。

第 8 章 网络编码

8.1 网络编码基础

本节首先通过著名的蝴蝶网络引入网络编码的基本定义与效用，详细对比网络编码与传统的路由传输技术，然后介绍网络编码的核心思想，最后简单介绍常用的线性网络编码。

8.1.1 蝴蝶网络

在数据传输过程中，人们经常使用蝴蝶网络这个经典的例子来比较传统路由方式与网络编码。典型的蝴蝶网络是一个有向无环的单源多播网络，常用一个加权有向无环图来表示，如图 8.1.1 所示，其中顶点 s 代表信源，顶点 t_1 和 t_2 代表两个信宿，顶点 1、2、3、4 为中间节点。每条有向边的权重均设为 1，即这些边对应的链路的信道容量均为 1，也就是说，每条链路在单位时间内最多可以传输一个单位的数据或符号。信源 s 可以通过蝴蝶网络将信息多播到信宿 t_1 和 t_2，信宿 t_1 和 t_2 都想获取信源 s 发送的全部信息。

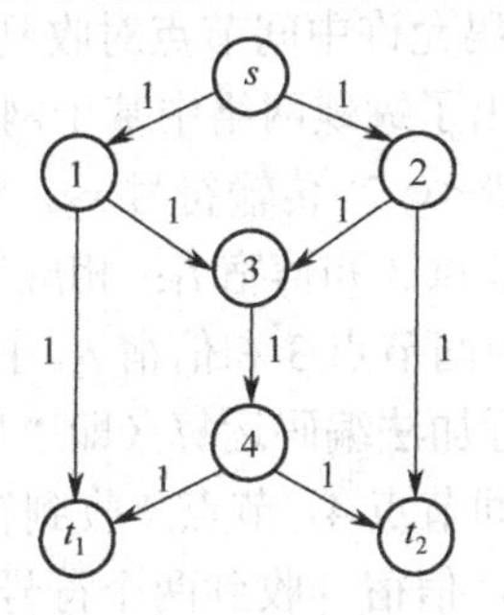

图 8.1.1 蝴蝶网络

在图 8.1.1 所示的蝴蝶网络中，中间节点 3 有两条权重为 1 的输入边，即有向边<1, 3>和<2, 3>，以及一条权重为 1 的输出有向边<3, 4>。节点 3 可以同时接收中间节点 1 和中间节点 2 发送的两个不同符号；但是，由于输出链路<3, 4>的信道容量为 1，因此最多只能发出一个符号。由此可见，链路<3, 4>是蝴蝶网络的传输瓶颈，瓶颈链路所传输的内容会影响整个蝴蝶网络的多播吞吐量。下面在蝴蝶网络中比较传统的路由传输方式与网络编码。

若蝴蝶网络中的数据传输采用传统的路由方式，即网络中的中间节点仅具有存储转发功能，则信源 s 多播两个符号 x_1 和 x_2 到信宿 t_1 和 t_2 的数据传输过程如图 8.1.2 所示。信源 s 通过链路<s, 1>传输符号 x_1，通过链路<s, 2>传输符号 x_2。节点 1 收到符号 x_1 后，将 x_1 通过链路<1, 3>和<1, t_1>分别传送给中间节点 3 和信宿 t_1；相应地，节点 2 收到符号 x_2 后，将 x_2 通过链路<2, 3>和<2, t_2>分别传送给中间节点 3 和信宿 t_2。中间节点 3 收到两个符号 x_1 和 x_2 后，由于它仅有一条容量为 1 的输出链路<3, 4>，这意味着在单位时间内，节点 3 仅能传输一个符号到中间节点 4。如果节点 3 选择通过链路<3, 4>传输符号 x_1 到节点 4，如图 8.1.2(a)所示，节点 4 把接收到的符号 x_1 通过链路<4, t_1>和<4, t_2>分别传送给信宿 t_1 和 t_2，那么信宿 t_1 仅收到一个符号 x_1，而信宿 t_2 收到两个符号 x_1 和 x_2；类似地，如果节点 3 选择通过链路<3, 4>传

输符号 x_2 到节点 4，如图 8.1.2(b)所示，节点 4 把接收到的符号 x_2 通过链路<4, t_1>和<4, t_2>分别传送给信宿 t_1 和 t_2，那么信宿 t_1 收到两个符号 x_1 和 x_2，信宿 t_2 只收到一个符号 x_2。由此可见，在信源 s 的一个多播周期内，如果信息传输采用传统的路由方式，那么蝴蝶网络中的两个信宿中，只有一个信宿 t_1 或 t_2 能够完全接收到信源发出的两个符号 x_1 和 x_2，另一个信宿只能接收到信源发出的一个符号。

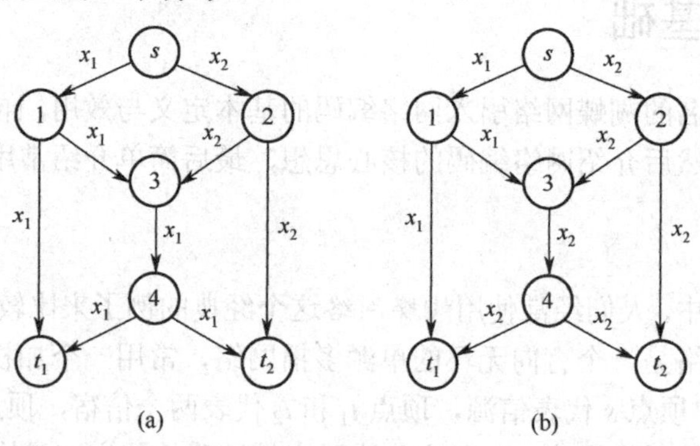

图 8.1.2　信源 s 多播两个符号 x_1 和 x_2 到信宿 t_1 和 t_2 的数据传输过程

如果蝴蝶网络中的数据传输采用网络编码，那么中间节点除具有存储转发功能外，还具有编码的功能。具体而言，网络编码允许中间节点对收到的所有符号进行编码，然后将编码后的符号转发出去。图 8.1.3 中给出了蝴蝶网络中基于网络编码的数据传输过程。信源 s 通过链路<s, 1>传输符号 x_1，通过链路<s, 2>传输符号 x_2。节点 1 收到符号 x_1 后，将 x_1 通过链路<1, 3>和<1, t_1>分别传送给中间节点 3 和信宿 t_1；相应地，节点 2 收到符号 x_2 后，将 x_2 通过链路<2, 3>和<2, t_2>分别传送给中间节点 3 和信宿 t_2。中间节点 3 收到两个符号 x_1 和 x_2 后，对收到的符号 x_1 和 x_2 在二元域进行加法编码运算（即“异或”运算），然后将编码所得的符号 x_1+x_2 通过链路<3, 4>发送给中间节点 4，节点 4 收到符号 x_1+x_2 后，分别通过链路<4, t_1>和<4, t_2>转发给信宿 t_1 和 t_2。至此，信宿 t_1 收到两个符号 x_1 和 x_1+x_2，信宿 t_2 也收到两个符号 x_2 和 x_1+x_2。信宿 t_1 和 t_2 将自己收到的两个符号进行简单的异或运算后，便可恢复信源 s 多播传输的两个符号 x_1 和 x_2。由此可见，在信源 s 的一个多播周期内，通过中间节点的网络编码功能，两个信宿 t_1 和 t_2 都可接收到信源多播的全部信息。

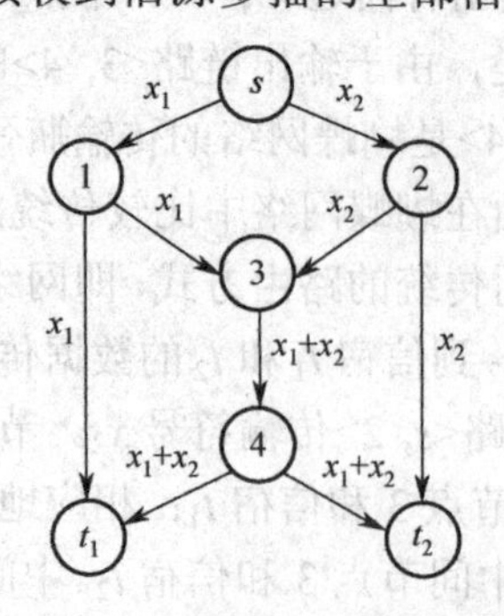

图 8.1.3　蝴蝶网络中基于网络编码的数据传输过程

通过上述蝴蝶网络的例子，我们可以清楚地看到，相较于传统的路由传输方式，在数据传输过程中对中间节点引入网络编码，可以显著地提升多播信息传输率，进而提高网络吞吐量。

8.1.2　网络编码的核心思想

相比于传统的路由技术，网络编码作为一种新型的数据传输技术，其核心思想如下：在信息传输网络中赋予中间节点编码能力，使其能够对接收到的信息进行运算，然后将编码结果转发出去，进而提高网络吞吐量。需要注意的是，引入网络编码后，中间节点必须具有编码能力，信宿相应地必须具有译码功能，这就不可避免地增加了信息传输过程中的运算开销，因此网络编码是以增加运算开销为代价来换取网络吞吐量提升的。除提升网络的吞吐量外，网络编码的优点还包括均衡网络负载、增强网络的健壮性、提升网络安全性等，缺点主要是增加网络的计算开销。

网络编码是在网络的中间节点而非在信源和信宿进行编码的。回忆前面介绍的信源编码和信道编码可知，信源编码是对信源符号进行编码来实现信息压缩的，信道编码则是通过增加冗余来实现信息的可靠传输的。无论是信源编码还是信道编码，我们都只需考虑信源节点和信宿节点，网络编码的研究对象则是信息传输网络中的中间节点，这正是网络编码与信源编码、信道编码的主要区别。

8.1.3　线性网络编码

在网络编码中，需要在网络的中间节点进行编码，在信宿即信息的接收端进行译码。中间节点的编码运算实质上是将中间节点接收到的信息按照一定的规则映射到中间节点的输出信息。我们可以将运算定义为一个函数，于是中间节点接收到的信息为自变量，中间节点的输出信息为函数值，编码规则为函数运算。由于信宿节点需要通过译码运算将接收到的信息恢复为信源发送的原始信息，因此在网络编码中一般选定一个有限域来保证运算的封闭性，无论是编码还是译码都是对所选有限域中的元素进行操作。信源发出的信息、中间节点收到和发出的信息、信宿收到的信息均是有限域中的元素。由于数域具有运算的封闭性，因此信宿节点对其收到的信息进行译码运算得到的结果，仍然是所选有限域中的元素。

给定一个有限域，如果网络编码涉及的编码运算和译码运算都是线性的，那么我们称其为线性网络编码，否则称其为非线性网络编码。不难看出，图 8.1.3 所示蝴蝶网络中采用的编码就是简单的、基于二元有限域的线性网络编码。线性网络编码由于具有运算简单、操作方便等特点，受到了广泛的关注与研究。

8.2　网络编码应用

本节通过具体的例子介绍网络编码在无线通信、分布式存储等领域的应用。

8.2.1　网络编码与无线通信

由于无线链路的不可靠性和物理层的广播特性，网络编码在无线通信中有着广泛的应用场景。网络编码可以充分利用无线媒介的广播特性，使中继节点同时为多个用户转发数据，进而提高信息转发效率。

下面通过一个简单的例子来说明网络编码是如何应用到无线通信中的。考虑一个 3 节点的双向无线信息交换场景，如图 8.2.1 所示。两个无线节点 t_1 和 t_2 希望能与对方互换信息，但是传输距离超出了两个节点的通信范围，导致 t_1 和 t_2 之间不能直接通信，而需要通过一个中

继节点 r 来实现信息互换。此外，按照无线通信的一般设置，假设无线节点 t_1 和 t_2 及中继节点 r 均不能同时发送和接收信息，且它们每个时刻都只能接收来自一个邻近节点发送的信息。在传统的路由转发中，无线节点 t_1 和 t_2 共需要 4 个时隙来完成信息交换，如图 8.2.1(a)所示。在时隙 $T=1$，无线节点 t_1 将数据块 x_1 发送给中继节点 r；在时隙 $T=2$，无线节点 t_2 将数据块 x_2 发送给中继节点 r；在时隙 $T=3$，中继节点 r 将数据块 x_1 转发给无线节点 t_2；在时隙 $T=4$，中继节点 r 将数据块 x_2 转发给无线节点 t_1。为了利用中继节点的广播特性，图 8.2.1(b)中采用了网络编码方法，两个无线节点完成信息交互只需要 3 个时隙，具体的信息传输过程如下：在时隙 $T=1$，无线节点 t_1 将数据块 x_1 发送给中继节点 r；在时隙 $T=2$，无线节点 t_2 将数据块 x_2 发送给中继节点 r；在时隙 $T=3$，中继节点 r 将编码块 x_1+x_2 广播给无线节点 t_1 和 t_2，无线节点 t_1 将自己的数据块 x_1 与收到的编码块 x_1+x_2 进行异或运算，就可恢复无线节点 t_2 传送的数据块 x_2，即 $x_1+(x_1+x_2)=x_2$；同样，无线节点 t_2 将自己的数据块 x_2 与收到的编码块 x_1+x_2 进行异或运算，可以恢复无线节点 t_1 传送的数据块 x_1，即 $x_2+(x_1+x_2)=x_1$。由此可见，在无线通信中应用网络编码，可以有效地减少传输时间，提高网络吞吐量。

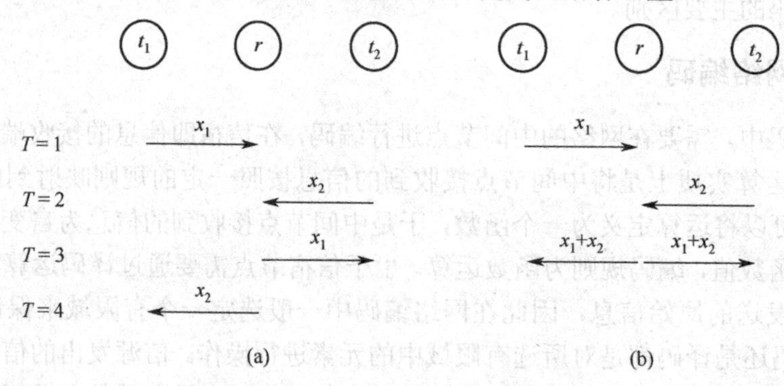

图 8.2.1 3 节点的双向无线信息交换场景

8.2.2 网络编码与分布式存储

大数据时代，随着网络和通信技术的蓬勃发展，信息交互日益增强，各种新型的网络应用和数据服务蓬勃发展，如流媒体、社交网络、在线存储及移动支付等，丰富了人们的生活体验，导致用户数量急剧增加，使得全球数据量呈爆炸式增长。面对海量数据的存储需求，云存储等大规模分布式存储系统应运而生，它有效地整合和利用了分散在网络上的各个节点资源，能够满足用户随时随地存储、访问和分享数据的需求。

分布式存储系统由大量分布在不同地理位置的存储节点组成，不同的存储节点间通过网络实现互联。分布式存储系统中的存储节点大多是廉价的设备，单台设备的可靠性差。随着存储系统规模的日益增大，存储节点故障成为一种常态。据 Facebook 的数据显示，由 3000 个节点组成的 Hadoop 集群平均每天有 22 个失效节点，最高的日失效节点数超过 100 个。导致存储节点失效的原因多种多样，如硬件故障、网络故障、软件升级、恶意攻击和自然灾害等都可导致节点永久或暂时不可用。于是，如何有效保障数据存储的可靠性就成了当前分布式存储系统迫切需要解决的问题。为了提供可靠的数据存储服务，分布式存储系统通过编码引入冗余来增强系统的容错能力。重复编码与纠删编码是最常用的两种容错编码方式。分布式存储系统采用重复编码时，需要首先将存储的数据对象复制多份，然后将不同的副本存储到不同的节点上。谷歌文件系统（Google File System，GFS）和 Hadoop 分布式文件系统（Hadoop

Distributed File System，HDFS）就采用了三副本存储机制，即每个需要存储的文件均被复制三份，然后将三个副本分发到三个不同的节点进行存储。复制编码方式虽然简单，但产生的存储开销大，尤其是大数据时代需要存储爆炸式增长的海量数据，复制编码引发的存储开销成了分布式存储系统的性能瓶颈。由于在同样的容错能力下具有最小的存储开销，纠删编码被广泛地应用于分布式存储系统。分布式存储系统采用纠删编码时，如(n, k)-Reed-Solomon（RS）码，首先需要将待存储的数据对象切分为大小相等的 k 个数据块，然后将 k 个数据块编码为 n 个编码块，保证由 n 个编码块中的任意 k 个编码块都可恢复原数据对象。

尽管引入的冗余可使系统容忍一定数量的节点故障，但是系统的冗余度会随着存储节点的失效而逐渐降低。为了保证系统容错能力的持久性，分布式存储系统还需要有一个高效的节点修复机制，以便在故障发生时能够快速、有效地恢复失效数据，维持系统的冗余度。在分布式存储系统中，衡量节点修复机制的两个重要性能指标是计算复杂度与修复带宽，其中计算复杂度是指失效节点修复过程中涉及的计算量的大小，修复带宽是指在失效节点修复过程中通过存储网络传输的数据量。采用复制编码的分布式存储系统在进行节点修复时，失效节点可直接从其他可用节点下载所需的副本来完成数据修复，修复过程简单高效，不包含任何计算操作，计算复杂度低，修复带宽小。对于采用纠删编码的分布式存储系统，失效节点在进行数据修复时，需要首先从其他幸存节点下载 k 个编码块来恢复原数据对象，然后编码成需要恢复的数据块，修复过程涉及编码与译码运算，计算复杂度高，修复带宽大。

为了能够直观地理解重复编码与纠删编码在存储性能与修复性能方面的优缺点，下面通过一个简单的例子对两种编码方案进行对比分析。假设有一个大小为 200MB 的存储对象需要存储在包含 4 个存储节点的分布式存储系统中。存储对象首先被等分为两个数据块，即数据块 A 和数据块 B，每个数据块的大小为 100MB。如果采用重复编码，那么数据块 A 和 B 分别被复制两份，其中数据块 A 的两个副本分别存储在节点 1 和节点 3，数据块 B 的两个副本分别存储在节点 2 和节点 4，如图 8.2.2(a)所示。

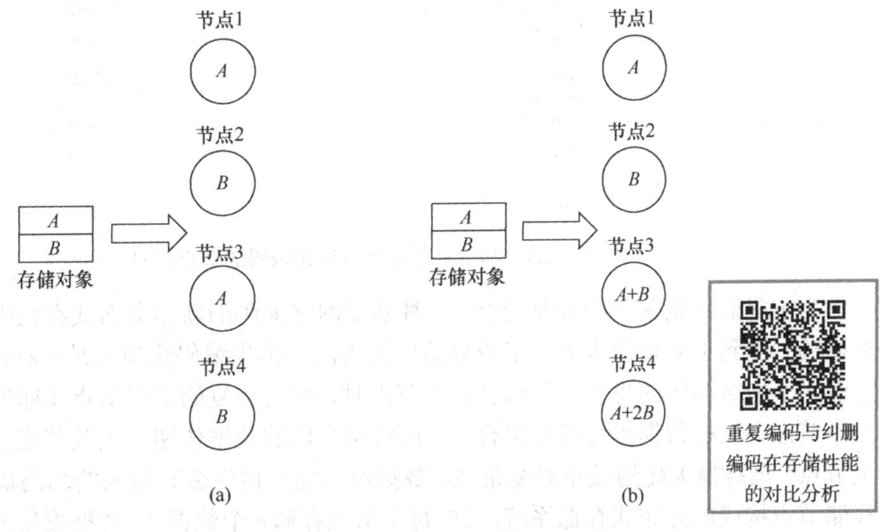

图 8.2.2　基于编码的分布式存储系统

如果采用纠删编码，那么存储对象首先被等分为大小为 100MB 的两个数据块 A 与 B，然后对两个数据块进行(4, 2)-RS 编码，编码后得到 4 个大小均为 100MB 的编码块，即编码

块 A、B、$A+B$、$A+2B$，它们分别被存储在分布式存储系统中的节点 1、节点 2、节点 3 和节点 4，如图 8.2.2(b)所示。由图 8.2.2 可知，无论是采用复制编码还是采用纠删编码，200MB 的存储对象在分布式存储系统中均占用 400MB 的存储空间，所以两种编码方法的存储开销相等。但是，采用复制编码的分布式存储系统只允许任意一个节点失效。例如，在图 8.2.2(a)中，如果节点 1 和节点 3 同时出现故障，那么数据块 A 将永久丢失而无法恢复，进而导致用户无法获取存储对象。图 8.2.2(b)所示的基于纠删编码的分布式存储系统能够容忍任意两个节点失效，因为当失效节点数小于等于 2 时，我们总能从两个幸存节点获取两个编码块，进而通过纠删译码获得原数据对象。由此可见，在同样的存储开销条件下，纠删编码相较于重复编码具有更高的容错能力。换句话说，在同样的容错能力下，纠删编码相较于重复编码具有更低的存储开销。当分布式存储系统进行节点修复时，不失一般性，我们假设节点 1 失效，基于重复编码的节点修复过程与基于纠删编码的节点修复过程分别如图 8.2.3(a)和图 8.2.3(b)所示。由图 8.2.3(a)可知，若采用重复编码，则节点 1 通过直接从幸存节点 3 下载数据块 A 的副本而得以恢复，数据修复过程简单，不需要任何额外的处理。此外，数据修复带宽为 100MB。由图 8.2.3(b)可知，若采用纠删编码，则节点 1 可以通过连接到任意两个幸存节点（如节点 2 与节点 3）来下载两个编码块，如编码块 B 与 $A+B$，然后对下载的编码块进行线性运算，译码出所需的数据块 A，因此修复带宽为 200MB。

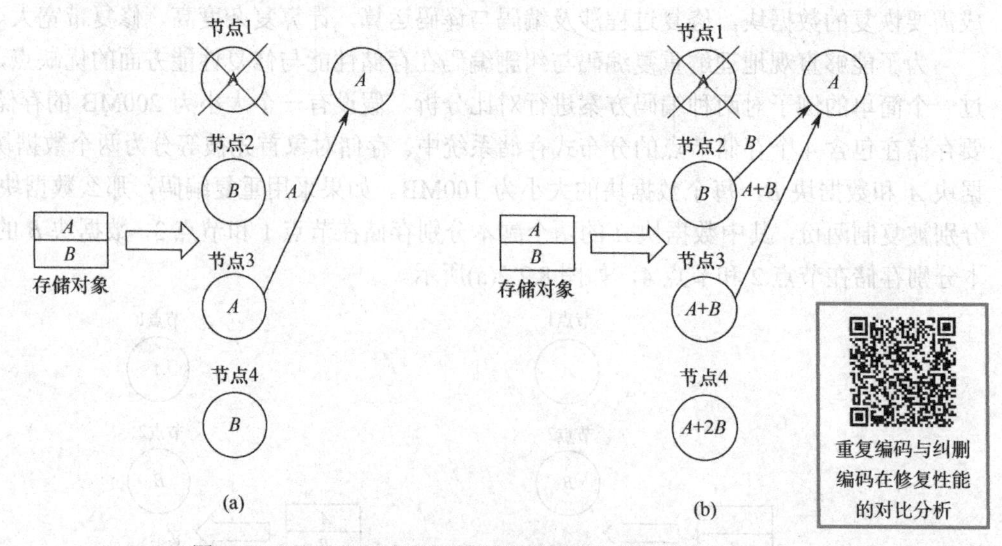

图 8.2.3 基于重复编码与纠删编码的节点修复过程

为了降低纠删编码的修复带宽，一种基于网络编码的新型分布式存储编码方法（称为再生编码）受到了来自学术界和工业界的广泛关注。再生编码实质上是一种改进的纠删编码，它引入了网络编码的思想，在修复失效节点时，参与修复的幸存节点（称为帮助节点）首先对本节点存储的数据进行线性组合，然后将组合后的数据传递给失效节点的替代节点，即新生节点，最终极大化地减小修复带宽。数据对象经过再生编码得到的编码块被分发到由 n 个存储节点构成的分布式存储系统，其中每个节点存储 α 个数据块。数据收集器（Data Collector，DC）可以通过连接到任意 k 个存储节点来重构原始数据对象。当系统内有节点失效时，新生节点连接到任意 d 个帮助节点，并从每个帮助节点下载 β 个数据块来恢复失效数据，其修复带宽为 $d\beta$ 个数据块。注意，新生节点从帮助节点下载的数据块是帮助节点所存数据块的线性组合。

下面给出一个简单的再生编码示例，如图 8.2.4 所示。首先，一个大小为 200MB 的存储对象被分成大小相等的 4 个数据块，即数据块 A_1、A_2、B_1、B_2，其中每个数据块的大小都为 50MB；然后，进行再生编码得到 8 个编码块，并将它们分发到 4 个不同的存储节点，其中每个节点存储 $\alpha = 2$ 个编码块。每个节点存储的具体编码块如图 8.2.4(a)所示，其中节点 1 存储编码块 A_1 和 A_2，节点 2 存储编码块 B_1 和 B_2，节点 3 存储编码块 $A_1 + B_1$ 和 $2A_2 + B_2$，节点 4 存储编码块 $2A_1 + B_1$ 和 $A_2 + B_2$。需要重构原始数据对象时，数据收集器可以连接到任意 $k = 2$ 个存储节点；当有一个失效节点时，不妨设为节点 1 失效，新生节点加入该分布式存储网络，并选择 $d = 3$ 个帮助节点（即节点 2、节点 3 和节点 4）来恢复节点 1 的失效数据 A_1 和 A_2。在节点修复过程中，如图 8.2.4(b)所示，帮助节点首先对自己存储的数据块进行线性编码，然后分别传送 $\beta = 1$ 个线性编码块给新生节点。最后，新生节点对自己收到的所有线性编码块进行计算，得到所需的数据块。本例中节点 1 的修复带宽为 150MB，其相较于图 8.2.4(b)中纠删编码进行节点修复的修复带宽 200MB 减少了 50MB。由此可见，再生码是一种改进的纠删编码，它采用网络编码的思想降低了修复带宽。

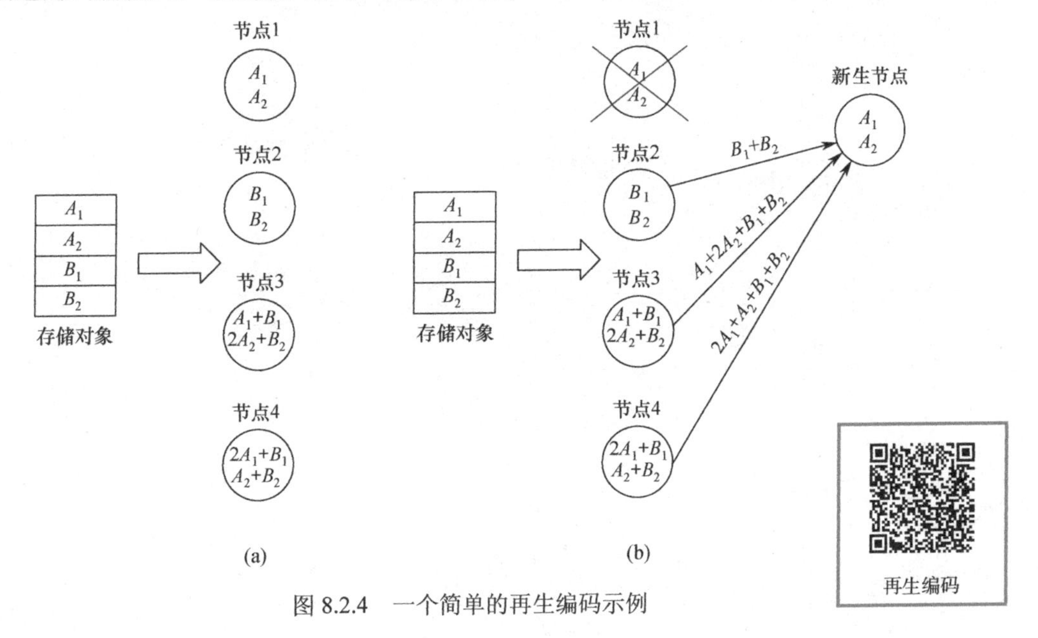

图 8.2.4　一个简单的再生编码示例

本章基本概念

1. 网络编码。

在信息传输网络中赋予中间节点编码能力，使其能够对接收到的信息进行运算，然后将编码结果转发出去，进而提高网络吞吐量。

2. 线性网络编码。

给定一个有限域，如果网络编码涉及的编码运算和译码运算都是线性的，那么我们称其为线性网络编码。

3. 分布式存储系统。

分布式存储系统由大量分布在不同地理位置的存储节点组成，不同的存储节点间通过网络实现互联，有效地整合和利用了分散在网络上的各个节点资源，能够满足用户随时随地存储、访问和分享数据的需求。

4. 再生编码。

再生编码实质上是一种改进的纠删编码，它引入了网络编码的思想，在修复失效节点时，参与修复的幸存节点（称为帮助节点）首先对本节点存储的数据进行线性组合，然后将组合后的数据传递给失效节点的替代节点，即新生节点，最终极大化地减小修复带宽。

习题

8.1 利用蝴蝶网络简述什么是网络编码及网络编码的优点。

8.2 在分布式存储系统中，从系统存储开销和修复带宽两个方面详细比较简单重复编码、纠删编码、再生编码这三种分布式存储编码方案。

8.3 简述再生编码的数据修复机制与数据重构机制。

附录 A　部分定理的证明

1．联合典型序列

所谓典型序列，是指那些平均自信息量逼近熵的序列。

定义 A.1　离散无记忆信源 X 发出 N 长序列 $\overline{x}_i = x_{i_1} x_{i_2} \cdots x_{i_N}$，若

$$\left| I(\overline{x}_i) / N - H(X) \right| < \varepsilon \tag{A.1.1}$$

则称 $\overline{x}_i$ 为 X 的 ε 典型序列，否则称 $\overline{x}_i$ 为 X 的非 ε 典型序列。

根据以上定义，X 发出的所有 N 长序列可划分为两个互不相交的互补子集，即典型序列集合 G_X 和非典型序列集合 $\overline{G}_X$：

$$\begin{aligned} G_X &= \left\{ \overline{x}_i ; \left| I(\overline{x}_i) / N - H(X) \right| < \varepsilon \right\} \\ \overline{G}_X &= \left\{ \overline{x}_i ; \left| I(\overline{x}_i) / N - H(X) \right| \geqslant \varepsilon \right\} \end{aligned} \tag{A.1.2}$$

关于典型序列的概率、序列落入典型序列集合的概率及典型序列的数量，有如下结论。

定理 A.1　典型序列具有如下性质。

（1）典型序列 $\overline{x}_i$ 的概率满足

$$2^{-N[H(X)+\varepsilon]} < P(\overline{x}_i) < 2^{-N[H(X)-\varepsilon]} \tag{A.1.3}$$

当序列长度 N 足够大时，可近似认为所有典型序列的概率是相等的：

$$P(\overline{x}_i) \approx 2^{-NH(X)} \tag{A.1.4}$$

（2）长度足够时，序列 $\overline{x}_i$ 落入典型序列集合的概率几乎为 1，即对任意小的正数 ε 和 δ，当 N 足够大时，有

$$P[\overline{x}_i \in G_X] \geqslant 1 - \delta \tag{A.1.5}$$

（3）在典型序列集合 G_X 中，所含典型序列的个数 $|G_X|$ 处于如下范围：

$$(1-\delta) 2^{N[H(X)-\varepsilon]} < |G_X| < 2^{N[H(X)+\varepsilon]} \tag{A.1.6}$$

即 X 的 ε 典型序列数量约为 $2^{NH(X)}$。

证明：（1）根据典型序列的定义式（A.1.1）可直接推出式（A.1.3）。

（2）因为信源无记忆，故

$$I(\overline{x}_i) = \sum_{k=2}^{N} I(x_{i_k})$$

所以

$$P\left[\overline{x}_i \in G_X\right] = P\left\{ \left| \frac{I(\overline{x}_i)}{N} - H(X) \right| < \varepsilon \right\} = P\left\{ \left| \frac{1}{N} \sum_{k=2}^{N} I(x_{i_k}) - H(X) \right| < \varepsilon \right\}$$

而 $E\left[I(x_{i_k}) \right] = H(X)$，根据大数定理有

$$\lim_{N\to\infty} P\left[\overline{x}_i \in G_X\right] = \lim_{N\to\infty} P\left\{ \left| \frac{1}{N} \sum_{k=2}^{N} I(x_{i_k}) - H(X) \right| < \varepsilon \right\} = 1$$

上式说明，对于任意小的正数 δ，当 N 足够大时，有

$$\left|P\left[\overline{x}_i \in G_X\right]-1\right| \leqslant \delta$$

即

$$P\left[\overline{x}_i \in G_X\right] \geqslant 1-\delta$$

（3）由

$$1=\sum_{\overline{x}_i} P(\overline{x}_i) \geqslant \sum_{\overline{x}_i \in G_X} P(\overline{x}_i) > \sum_{\overline{x}_i \in G_X} 2^{-N[H(X)+\varepsilon]} = \left|G_X\right| 2^{-N[H(X)+\varepsilon]}$$

得

$$\left|G_X\right| < 2^{N[H(X)+\varepsilon]}$$

又由

$$1-\delta \leqslant P\left[\overline{x}_i \in G_X\right] = \sum_{\overline{x}_i \in G_X} P(\overline{x}_i) < \sum_{\overline{x}_i \in G_X} 2^{-N[H(X)-\varepsilon]} = \left|G_X\right| 2^{-N[H(X)-\varepsilon]}$$

得

$$\left|G_X\right| > (1-\delta) 2^{N[H(X)-\varepsilon]}$$

类似地，可定义联合典型序列。

定义 A.2　若 $\overline{x}_i$ 和 $\overline{y}_j$ 分别是 X 和 Y 的 N 长 ε 典型序列，且

$$\left|I(\overline{x}_i, \overline{y}_j)/N - H(XY)\right| < \varepsilon \tag{A.1.7}$$

则称序列对 $(\overline{x}_i, \overline{y}_j)$ 为 X 与 Y 的联合 ε 典型序列，否则称其为 X 与 Y 的非联合 ε 典型序列。

联合 ε 典型序列集合记为 G_{XY}，非联合 ε 典型序列集合记为 $\overline{G}_{XY}$。关于联合典型序列的概率、序列落入典型序列集合的概率及典型序列的数量，有如下定理。

定理 A.2　典型序列具有如下性质。

（1）典型序列对 $(\overline{x}_i, \overline{y}_j)$ 的概率满足

$$2^{-N[H(XY)+\varepsilon]} < P(\overline{x}_i, \overline{y}_j) < 2^{-N[H(XY)-\varepsilon]} \tag{A.1.8}$$

当序列长度 N 足够大时，可近似认为所有典型序列对的概率是相等的：

$$P(\overline{x}_i, \overline{y}_j) \approx 2^{-NH(XY)} \tag{A.1.9}$$

（2）长度足够大时，序列对 $(\overline{x}_i, \overline{y}_j)$ 落入联合典型序列集合的概率几乎为 1，即对任意小的正数 ε 和 δ，当 N 足够大时，有

$$P\left[(\overline{x}_i, \overline{y}_j) \in G_{XY}\right] \geqslant 1-\delta \tag{A.1.10}$$

（3）在联合典型序列集合 G_{XY} 中，所含联合典型序列的个数 $\left|G_{XY}\right|$ 处于如下范围：

$$(1-\delta) 2^{N[H(XY)-\varepsilon]} < \left|G_{XY}\right| < 2^{N[H(XY)+\varepsilon]} \tag{A.1.11}$$

即联合典型序列的数量约为 $2^{NH(XY)}$。

证明方法与定理 A.1 的证明类似，从略。

定理 A.3　若 $\overline{x}_i$ 与 $\overline{y}_j$ 相互独立，则对任意小的正数 ε 和 δ，当 N 足够大时，$(\overline{x}_i, \overline{y}_j)$ 落入联合典型序列集合的概率满足

$$(1-\delta) 2^{-N[I(X;Y)+3\varepsilon]} < P\left[(\overline{x}_i, \overline{y}_j) \in G_{XY}\right] < 2^{-N[I(X;Y)-3\varepsilon]} \tag{A.1.12}$$

证明：因为 $\overline{x}_i$ 与 $\overline{y}_j$ 相互独立，所以

$$P\left[(\overline{x}_i,\overline{y}_j)\in G_{XY}\right]=\sum_{(\overline{x}_i,\overline{y}_j)\in G_{XY}}P(\overline{x}_i,\overline{y}_j)=\sum_{(\overline{x}_i,\overline{y}_j)\in G_{XY}}P(\overline{x}_i)P(\overline{y}_j)$$

由

$$\begin{aligned}\sum_{(\overline{x}_i,\overline{y}_j)\in G_{XY}}P(\overline{x}_i)P(\overline{y}_j)&>\sum_{(\overline{x}_i,\overline{y}_j)\in G_X}2^{-N[H(X)+\varepsilon]}2^{-N[H(Y)+\varepsilon]}\\&>(1-\delta)2^{N[H(XY)-\varepsilon]}2^{-N[H(X)+\varepsilon]}2^{-N[H(Y)+\varepsilon]}\\&=(1-\delta)2^{-N[I(X;Y)+3\varepsilon]}\end{aligned}$$

得

$$P\left[(\overline{x}_i,\overline{y}_j)\in G_{XY}\right]>(1-\delta)2^{-N[I(X;Y)+3\varepsilon]}$$

再由

$$\begin{aligned}\sum_{(\overline{x}_i,\overline{y}_j)\in G_{XY}}P(\overline{x}_i)P(\overline{y}_j)&<\sum_{(\overline{x}_i,\overline{y}_j)\in G_X}2^{-N[H(X)-\varepsilon]}2^{-N[H(Y)-\varepsilon]}\\&<2^{N[H(XY)+\varepsilon]}2^{-N[H(X)-\varepsilon]}2^{-N[H(Y)-\varepsilon]}\\&=2^{-N[I(X;Y)-3\varepsilon]}\end{aligned}$$

得

$$P\left[(\overline{x}_i,\overline{y}_j)\in G_{XY}\right]<2^{-N[I(X;Y)-3\varepsilon]}$$

根据联合典型序列的概念，可以引出联合典型编码和译码方法。把 X 和 Y 分别视为DMC的输入和输出，选择 X 的 N 长典型序列 w_m 作为消息 s_m 码字，传送 w_m 时，接收序列为 $\overline{y}$，由联合典型序列的性质可知，随着 N 的增大，$(w_m,\overline{y})$ 是联合典型序列对的概率逼近1。联合典型译码就是将接收序列 $\overline{y}$ 译为与之联合典型的码字 w_m，保证正确译码的概率逼近1。

2．有噪信道编码定理的证明

假设有 M 条等可能的消息 $\{s_1,s_2,\cdots,s_M\}$ 需要传送，对每条消息 $s_m(m=1,2,\cdots,M)$ 都从信道输入集合 A^N 中选择一个 N 长序列作为码字 $w_m(m=1,2,\cdots,M)$，M 个码字组成一个码：

$$W=\{w_1,w_2,\cdots,w_M\}\subset A^N$$

则使用码 W 传送消息时的平均差错率为

$$P_{eW}=\sum_{m=1}^{M}P(w_m)P(e|w_m)=\frac{1}{M}\sum_{m=1}^{M}P(e|w_m)\tag{A.2.1}$$

若采取随机编码方法，则码字中各码元按概率 $P(a)(a\in A)$ 从 A 中随机选出，这样得到的码字 $w_m\in A^N$ 必然是典型序列。从 A^N 中选出 M 个典型序列作为码字组成一个码，可编出一系列码，这一系列码重新组成一个码集合 $\{W\}$。为避开从 $\{W\}$ 中找出特定好码这一难题，可以考虑 $\{W\}$ 的平均性能，在 $\{W\}$ 上求 P_{eW} 的统计平均：

$$\overline{P}_{eW}=\sum_{\{W\}}P(W)P_{eW}=\frac{1}{M}\sum_{m=1}^{M}\sum_{\{W\}}P(W)P(e|w_m)\tag{A.2.2}$$

若采取合适的译码方法使 $\overline{P}_{eW}$ 逼近零，则 $\{W\}$ 中至少存在一个好码 W^*，其 P_{eW^*} 逼近零。

由于采用随机编码，得到各个码字 $w_m,m=1,2,\cdots,M$ 的方法是相同的，因此 $P(e|w_m)$ 在 $\{W\}$ 上的统计平均值 $\sum_{\{W\}}P(W)P(e|w_m)$ 是与 m 无关的量，不妨取 $m=1$，则

$$\overline{P}_{eW}=\frac{1}{M}\sum_{m=1}^{M}\sum_{\{W\}}P(W)P(e\mid w_m)=\sum_{\{W\}}P(W)P(e\mid w_1)\triangleq\overline{P}_{ew_1} \tag{A.2.3}$$

传送 w_1 时，将接收序列 $\overline{y}$ 译为 w_1 而出现译码错误的情况分以下两种：

（1）$\overline{y}$ 与 w_1 不是联合典型的，即 $(w_1,\overline{y})$ 不是联合典型序列对。

（2）$\overline{y}$ 不但与 w_1 联合典型，而且与 w_1 以外的其他码字 w' 联合典型。

记事件 E_i 为

$$E_i=\left\{(w_m,\overline{y})\in G_{XY}\right\} \tag{A.2.4}$$

则有

$$\overline{P}_{eW}=\overline{P}_{ew_1}=P(\overline{E}_1\cup E_2\cup E_3\cdots\cup E_M) \tag{A.2.5}$$

再由 $P(\bigcup_k A_k)\leqslant\sum_k P(A_k)$ 得

$$\overline{P}_{eW}\leqslant P(\overline{E}_1)+\sum_{i=2}^{M}P(E_i) \tag{A.2.6}$$

由定理 A.2，得

$$P(\overline{E}_1)=1-P(E_1)\leqslant 1-(1-\delta)=\delta \tag{A.2.7}$$

又因为 $\overline{y}$ 是与 w_1 统计相关的信道输出，所以 $\overline{y}$ 与 w_1 以外的码字相互独立，故按定理 A.3 有

$$P(E_i)<2^{-N[I(X;Y)-3\varepsilon]}\ ,\quad i=2,3,\cdots,M \tag{A.2.8}$$

结合以上三式，得

$$\begin{aligned}\overline{P}_{eW}&<\delta+\sum_{i=2}^{M}2^{-N[I(X;Y)-3\varepsilon]}\\&=\delta+(M-1)2^{-N[I(X;Y)-3\varepsilon]}\\&<\delta+M2^{-N[I(X;Y)-3\varepsilon]}\\&=\delta+2^{NR}2^{-N[I(X;Y)-3\varepsilon]}\\&=\delta+2^{-N[I(X;Y)-R-3\varepsilon]}\end{aligned} \tag{A.2.9}$$

如果编码时按信道最佳输入分布来选择码字，那么 $I(X;Y)=C$。因此，只要

$$R<I(X;Y)-3\delta=C-3\delta \tag{A.2.10}$$

则当 N 足够大时，可使

$$2^{-N[I(X;Y)-R-3\varepsilon]}<\delta \tag{A.2.11}$$

这时有

$$\overline{P}_{eW}<2\delta \tag{A.2.12}$$

这说明只要码长 N 足够大，随机码集合 $\{W\}$ 中就至少有一个码的平均差错率 P_e 满足

$$P_e<2\delta \tag{A.2.13}$$

这就是香农第二编码定理给出的结论。

3．费诺不等式的证明

因为

$$P_e=\sum_{Y,X-a^*}P(a_i,b_j)$$

$$1-P_e=1-\sum_{Y,X-a^*}P(a_i,b_j)=\sum_{X,Y}P(a_i,b_j)-\sum_{Y,X-a^*}P(a_i,b_j)=\sum_{Y}P(a_j^*,b_j)$$

所以

$$H(P_e,1-P_e)+P_e\log(r-1)=P_e\log\frac{r-1}{P_e}+(1-P_e)\log\frac{1}{1-P_e}$$

$$=\sum_{Y,X-a^*}P(a_i,b_j)\log\frac{r-1}{P_e}+\sum_{Y}P(a_j^*,b_j)\log\frac{1}{1-P_e}$$

而

$$H(X|Y)=\sum_{X,Y}P(a_i,b_j)\log\frac{1}{P(a_i|b_j)}$$

$$=\sum_{Y,X-a^*}P(a_i,b_j)\log\frac{1}{P(a_i|b_j)}+\sum_{Y}P(a_j^*,b_j)\log\frac{1}{P(a_j^*|b_j)}$$

所以

$$H(X|Y)-H(P_e,1-P_e)-P_e\log(r-1)$$

$$=\sum_{Y,X-a^*}P(a_i,b_j)\log\frac{P_e}{(r-1)P(a_i|b_j)}+\sum_{Y}P(a_j^*,b_j)\log\frac{1-P_e}{P(a_j^*|b_j)}$$

应用不等式$\ln z\leqslant z-1$，有

$$H(X|Y)-H(P_e,1-P_e)-P_e\log(r-1)$$

$$\leqslant(\log 2)\sum_{Y,X-a^*}P(a_i,b_j)\left[\frac{P_e}{(r-1)P(a_i|b_j)}-1\right]+(\log 2)\sum_{Y}P(a_j^*,b_j)\left[\frac{1-P_e}{P(a_j^*|b_j)}-1\right]$$

$$=(\log 2)\left[\frac{P_e}{(r-1)}\sum_{Y,X-a^*}P(b_j)-\sum_{Y,X-a^*}P(a_i,b_j)+(1-P_e)\sum_{Y}P(b_j)-\sum_{Y}P(a_j^*,b_j)\right]$$

$$=(\log 2)\left[\frac{P_e}{(r-1)}\times(r-1)-P_e+(1-P_e)\times 1-(1-P_e)\right]=0$$

即

$$H(X|Y)\leqslant H(P_e,1-P_e)+P_e\log(r-1)$$

4. 有噪信道编码逆定理的证明

考虑图A.1所示的传送模型，M条消息编码成M个N长码字，由N次扩展信道传送，编码后的信息率为

$$R=\frac{H(S)}{N}\ \text{比特/码元}$$

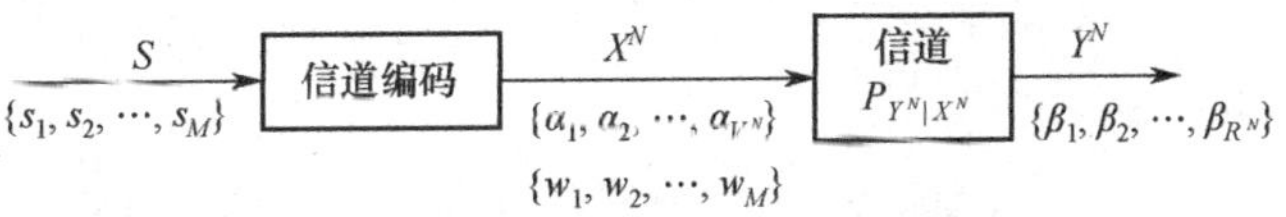

S $\{s_1,s_2,\cdots,s_M\}$ → 信道编码 → X^N $\{\alpha_1,\alpha_2,\cdots,\alpha_{r^N}\}$ $\{w_1,w_2,\cdots,w_M\}$ → 信道 $P_{Y^N|X^N}$ → Y^N $\{\beta_1,\beta_2,\cdots,\beta_{R^N}\}$

图A.1 N次扩展信道传递M条消息

根据费诺不等式，有

$$H\left(S|Y^N\right)\leqslant H\left(P_e,1-P_e\right)+P_e\log\left(M-1\right) \tag{A.4.1}$$

根据二元熵的性质及码字数不大于信道入口符号串个数，得

$$H\left(P_e,1-P_e\right)\leqslant 1,\ M\leqslant V^N \tag{A.4.2}$$

所以式（A.4.1）变为

$$H\left(S|Y^N\right)\leqslant 1+P_e\log\left(V^N-1\right)<1+P_e\log V^N \tag{A.4.3}$$

根据数据处理定理和信道容量定义，有

$$I(S;Y^N)\leqslant I(X^N;Y^N)\leqslant NC \tag{A.4.4}$$

则

$$I\left(S|Y^N\right)=H(S)-I\left(S;Y^N\right)\geqslant H(S)-NC \tag{5.2.12}$$

于是有

$$H(S)-NC<1+P_e\log V^N$$

所以有

$$P_e>\frac{H(S)/N-C-1/N}{V}=\frac{R-C-C/N}{\log V}$$

若$R>C$，不妨设$R=C+\lambda$，λ是一个大于零的常数，则当$N\to\infty$时有

$$P_e>\frac{\lambda}{\log V}=\lambda'$$

即P_e大于一个确定的正数，不逼近零。

参考文献

[1] Shannon, C. E. (1948). *A Mathematical Theory of Communication.* Bell System Technical Journal, 27, pp. 379-423 & 623-656, July & October, 1948

[2] Hartley R V L. *Transmission of Information*. The Bell System technical journal, 1965, 7(3): 535-563

[3] James Gleick. *The Information: A History, a Theory, a Flood*. New York: Pantheon, 2011

[4] Arieh Ben-Naim. *Information Theory - Part I: An Introduction to the Fundamental Concepts*. World Scientific Publishing, 2017

[5] Landauer R. *Information is Physical*. American Institute of Physics, 1991: 23-29

[6] Landauer R. *Irreversibility and Heat Generation in the Computing Process*. IBM Journal of Research and Development, 2000

[7] Cui K Y, Chen G, Xu Z Y, et al. *Line-of-sight Visible Light Communication System Design and Demonstration*. 2010 7th International Symposium on Communication Systems, Networks & Digital Signal Processing (CSNDSP 2010), IEEE, 2010: 11535439

[8] Chen Y C, Wen S S, Wu Y X, et al. *Long-range Visible Light Communication System Based on LED Collimating Lens*. Optics Communications, 2016, 377: 83-88

[9] 廖琳，黄涛. 信源、信息内容、情绪特征对微博转发的影响探究[J]. 现代情报，2020(9)

[10] 章坚民，张嘉誉，倪明，等. 智能变电站通信网络的广义信源和流量计算模型[J]. 电力系统自动化，2019，第 43 卷（13）: 147-159

[11] 孔德鹏，张大明，袁苑，等. 塑料光纤的研究与应用进展[J]. 光子学报，2019，第 48 卷（11）: 71-85

[12] 胡先志，杨博. 光纤通信原理[M]. 武汉：武汉理工大学出版社，2019

[13] 赵太飞，马壮，李星善，等. 近距离 LED 光通信直视信道模型研究[J]. 光子学报，2020, 49(1): 34-44

[14] 金鑫，肖勇，曾勇刚，张乐平. 低压电力线宽带载波通信信道建模及误差补偿[J]. 中国电机工程学报，2020, 40(09): 2800-2809

[15] M. Bloch and J. Barros. *Physical-Layer Security: From Information Theory to Security Engineering.* Cambridge University Press, 2011

[16] Yingbin Liang, H. Vincent Poor and Shlomo Shamai. *Information Theoretic Security*. Lecture Notes in Computer Science, Springer, 2015

[17] James V Stone. *Information Theory －A Tutorial Introduction*. Sebtel Press, 2015

[18] Ke Zhang, Martin Tomlinson, Mohammed Z. Ahmed, M. Ambroze and Miguel R. D. Rodrigues. *Best Binary Equivocation Code Construction for Syndrome Coding*. IET communications, Vol.8, Iss.10, pp.1696-1704, 2014

[19] Ke Zhang, Martin Tomlinson, Mohammed Z. Ahmed, Xiaolin Ma. *Expected Security Performance of Random Linear Binary Codes in Syndrome Coding*. IET Communications, Vol. 12, Iss. 13, pp. 1555-1562, 2018

[20] M. Bloch. *Physical Layer Security*. Ph. D thesis, School of Electrical Computer Engineering, Georgia Institutue of Technology, Aug, 2008

[21] C. E. Shannon. *Communication Theory of Secrecy Systems*. Bell Syst. Tech. J., vol.28, pp. 656-715, 1949

[22] Peter Sweeney. *Error Control Coding －An Introduction.* Prentice Hall, 1991

[23] Lin Shu. *Error Control Code*. Prentice Hall, 2004

[24] 张春田，苏育挺，张静. 数字图像压缩编码[M]. 北京：清华大学出版社，2006

[25] David Salomon. *Data Compression* - *The Complete Reference, Fourth Edition*. Springer, 2007

[26] 刘雪冬. 面向视觉监控的视频压缩研究[D]. 华中科技大学，2009

[27] Raymond W. Yeung. *Information Theory and Network Coding*. Springer, 2010

[28] Christian Fragouli & Emina Soljanin. *Network Coding Applications*. Now Publishers, 2008

[29] ［新加坡］Tracey Ho，［澳］Desmond S. Lun. 网络编码导论[M]. 冯贵年，叶建设，刘国胜译. 北京：清华大学出版社，2016

[30] 周清峰，张胜利，开彩红，李瑜波. 无线网络编码[M]. 北京：人民邮电出版社，2014

[31] ［美］Muriel Medard，Alex Sprintso. 网络编码基础与应用[M]. 郝建军，郭一珺译. 北京：机械工业出版社，2014

[32] 蒲保兴，秦波莲著. 网络编码研究基础[M]. 北京：人民邮电出版社，2016